普通高等教育"十一五"规划教材

数控机床 PLC 编程

陈贤国　编著

国防工业出版社

·北京·

内 容 简 介

本书根据国家发展先进制造业,培养机电一体化专门人才的要求而编写的。本书以内置于FANUC数控系统和SINUMERIK 810D/840D数控系统的可编程控制器为对象,系统地阐述了其工作原理、指令系统及编程。全书共7章,内容包括可编程控制器的一般结构及其基本工作原理,FANUC PMC系列和SIMATIC S7系列性能规格及构成,编程软件,指令系统,编程,PMC顺序程序示例,PLC程序示例。

本书可作为普通高等学校和高职高专院校相关专业教材,还可作为数控行业技术人员的参考用书。

图书在版编目(CIP)数据

数控机床PLC编程/陈贤国编著.—北京:国防工业出版社,2010.1
普通高等教育"十一五"规划教材
ISBN 978-7-118-06595-4

Ⅰ.①数... Ⅱ.①陈... Ⅲ.①可编程序控制器-应用-数控机床-高等学校-教材 Ⅳ.①TG659

中国版本图书馆CIP数据核字(2009)第204244号

※

*国防工业出版社*出版发行

(北京市海淀区紫竹院南路23号 邮政编码100048)
北京奥鑫印刷厂印刷
新华书店经售

*

开本787×1092 1/16 印张24½ 字数568千字
2010年1月第1版第1次印刷 印数1—4000册 定价39.00元

(本书如有印装错误,我社负责调换)

国防书店:(010)68428422   发行邮购:(010)68414474
发行传真:(010)68411535   发行业务:(010)68472764

序　言

中国工程院院士　　*周勤之*

上海机床厂有限公司董事长　　*许郢生*

　　机床工业是我国装备制造业的重要基础,其产品技术及其自动化或智能化程度能直接或间接地体现出国内工业的现代化水平。当今,数字技术的迅猛发展不仅为机床产业的技术进步提供了条件,同时也为现代制造技术和数控技术发展以进一步满足市场需求提出了更高的要求。因此,注重机床数控系统及其相关控制技术的创新与研发,对从根本上改变我国数控机床产品技术水平相对落后的现状具有极其重要的意义。

　　可编程控制器(PLC)作为先进数控控制系统中的一个重要分支,近年来在工业自动化控制领域中的应用越来越广泛,尤其在控制能力、组机周期和硬件成本等方面所表现出来的综合优势,是其他工业控制系统所难以比拟的。随着 PLC 技术的不断发展,它在位置控制、过程控制和数据处理等方面的运用越来越多。可编程控制器在数控机床上的应用目前也已进入了一个新的阶段。它可以通过信号接口接受数控系统的指令来完成对机床复杂加工的过程控制,简便了机床的操作程序,从而达到提高精度和质量的目的。

　　上海第三机床厂副总工程师陈贤国是一位长期从事数控机床研究的技术专家。尤其是在机床电气自动化技术方面具有深厚的理论基础与实践经验,曾为本企业乃至上海机床行业的产品技术进步作出过许多重要贡献。这次,他所编写出版的《数控机床 PLC 编程》教材,可谓是 PLC 在数控机床上实际运用及经验的汇总或集成。它作为一本培养机电一体化人才和数控机床控制编程专业操作人员的实用教材,既具有教学上的理论深度,又能对实际控制操作起到指导作用,应该说,本书是迄今为止第一本较为系统和完善并可用于高等院校 PLC 教学的专业教科书。它不仅丰富了有关高校 PLC 编程的专业教材,更为我国数控机床的技术与制造创新,并进一步缩短或赶超国际先进水平奠定了一定的基础。从这个意义上来说,陈贤国花了巨大的精力所编就的这部教材,也体现了他为培养现代化数控机床专业人才不惜呕心沥血的无私奉献精神,以及振兴我国先进装备制造业的高度责任感。对此,我们向他表示由衷的敬意。

　　当今,世界数控机床新技术发展的特征越来越鲜明,它们集中在高速高效、高精度、高可靠性、复合化、多轴化、智能化和网络化等方面。譬如,在高精度上,超精密加工已经成为世界工业强国的发展方向,其精度已经从微米级到亚微米级,现在到了纳米级,并且应用范围日趋广泛。同样,作为数控机床发展趋势的编程自动化,也已经在数控加工中开始运用。这些新技术及其发展趋势,其实已为国内数控机床的发展摆开了一个挑战的舞台。如何应对这一挑战,并争取赶上,这是每一个数控机床专业技术人员以及行业全体干部职工所面临的现实课题,也是肩负的神圣使命。

世界先进技术并非高不可攀,要能够正视困难和差距,从基础性科研和专业教学抓起,深化产学研合作,广泛积聚人才,致力于技术创新,并不断推出适应市场发展要求的高新技术产品。可以深信,在不久的将来,我国的机床制造业一定会步入一条高速发展的康庄大道,并跻身世界先进之林。

前　言

随着微电子技术和计算机技术的飞速发展,在工业领域以单机自动控制到生产线的自动化乃至整个工厂的自动化,从柔性制造系统到工业机器人,可编程控制器无处不在。它是"先进国家三大支柱"之首的工业自动化理想控制装置,已被广泛应用于现代工业自动化各个领域,起着越来越重要的作用。

数控机床集计算机技术、自动控制技术、自动检测技术和精密制造技术与一体,是各种精密机械部件、数控系统、伺服系统、可编程控制器等其他系统的集合,是一种典型的机电一体化精密加工设备。

本书主要以内置于日本 FANUC 数控系统和 SINUMERIK 810D/840D 数控系统的可编程控制器为对象,阐述其结构、指令、编程方法和数控系统接口信号。书中包含大量的可应用于数控机床的程序示例,以培养学生养成逻辑分析能力的习惯,提高学生的学习兴趣。程序设计的过程可以千变万化,但程序设计的结果应该是唯一的。本书强调 PLC 程序的清晰性和易读性。

本书可作为高等院校 PLC 编程教学的专业教科书,适用于大专院校机电一体化专业和自动化专业学习的学生,使他们在学习了解和掌握 PLC 技术的同时能更快、更好地了解和掌握数控技术,能真正地熟悉并掌握数控机床 PMC/PLC 程序的编写方法和技巧。

在本书的编写过程中,我要特别感谢周勤之院士(中国工程院)和许郁生先生(上海电气机床集团党委书记)为该书所写的序言;特别感谢在我长期工作中给予我支持和鼓励的领导周哲伟(上海电气重工集团党委书记)、袁建平(上海电气机床集团执行副总裁)和侯佩勇(上海第三机床厂厂长)等,使我有机会在企业这个工作大舞台上得到实践和锻炼;非常感谢上海师范大学信息与机电工程学院、林军老师、西门子(中国)有限公司 DT MC(SCB7 层)的张敬毅、西门子工业自动化与驱动技术集团北京培训中心的于涛老师、北京发那科机电有限公司的侯长合在本书编写过程中所给予我的支持、帮助和指导。

由于编写时间较仓促,加之本人的技术水平和编写水平有限,书中难免会有错误之处,恳请广大师生读者提出宝贵的意见。

作　者

V

目　录

第1章　可编程控制器的一般结构及基本工作原理

1.1　可编程控制器的产生、特点、应用及其发展

1.1.1　可编程控制器的产生

在可编程控制器问世前，传统的继电器控制在工业控制领域占主导地位。传统的继电器控制系统是按预先设定好的时间或条件采用固定的硬件接线逻辑方式并行工作。一旦生产工艺过程发生变化，想要改变控制的顺序就难以适应，必须重新设计控制线路来改变控制系统的硬件接线逻辑。因此，传统的继电器控制系统设计周期长、成本高、体积大、耗电量多、响应速度慢，而且可靠性、通用性、灵活性和适应性都较差，不利于产品的更新换代。

20 世纪 60 年代，计算机技术开始应用于工业控制领域。随着小型计算机的出现和大规模生产以及多机群控的发展，人们曾试图用小型计算机来实现工业控制，代替传统的继电器硬件连线控制。但是由于采用小型计算机实现工业控制价格昂贵、编程技术复杂、编程难度大，且输入输出电路不相匹配，抗干扰能力难以适应恶劣工业环境等原因而未能在工业控制领域得到推广和应用。

20 世纪 60 年代末期，美国汽车制造工业竞争激烈。1968 年，美国最大的汽车制造商——通用汽车公司(GM)为了适应生产制造工艺不断更新的需要，首先公开招标对控制系统提出了具体要求，以寻找开发一种比继电器控制更可靠、功能更齐全、响应速度更快；将继电器控制的硬线逻辑转变为计算机的软逻辑编程，将计算机的编程方法和程序输入方式加以简化，较计算机编程更简单易学，使不熟悉计算机的人们也能方便操作使用的面向控制过程、面向用户的"指令"编程；将继电器控制的简单易懂、使用方便、价格低廉的优点与计算机的系统功能完善性、灵活性、通用性强的优点系统结合起来的新型工业控制器。

从用户角度提出开发新一代控制器的主要内容包括：

(1) 编程方便，易在现场修改程序；

(2) 维修方便，采用插件式结构；

(3) 可靠性高，具有较强的抗干扰能力；

(4) 通用性强，易于功能扩充；

(5) 适应性强，输入输出可为市电，输出触点容量要求 2A 以上，可直接驱动接触器；

(6) 存储方便，数据可直接送入管理计算机，用户存储器大于 4KB；

(7) 性价比高，完全可与继电器控制竞争。

1969 年，美国数字设备公司(DEC)根据上述要求研制出世界首台可编程控制器 PDP-14，并在美国通用汽车公司的生产线上首次试用，取得了满意的效果，成功实现了产品生产的自动控制，可编程控制器自此诞生。

1971 年，日本从美国引进了该项新技术，很快就研制出了日本首台可编程控制器。1973年—1974 年，联邦德国和法国也相继研制出了本国的首台可编程控制器。我国从 1974 年开始研制，1977 年开始应用于工业生产。各国的相继引入，使可编程控制器应用得到了迅速发展。

鉴于当时可编程控制器虽然采用了计算机的设计思想，但还仅仅只能进行逻辑运算，故将其称为可编程逻辑控制器，简称 PLC（Programmable Logic Controller）。

20 世纪 70 年代后期，随着微电子技术和计算机技术的迅速发展，微电子技术被应用于可编程逻辑控制器中，使其具有了更多的计算机功能，不仅能用软逻辑编程取代继电器控制的硬线逻辑，还增加了运算、逻辑判断处理和数据传送等功能，真正做到了小型化和超小型化，成为了一种新型的电子计算机工业控制装置。1980 年，美国电气制造商协会（National Electrical Manufacturers Association，NEMA）给可编程控制器作了如下的定义："可编程控制器是一个数字式的电子装置，它使用了可编程序的记忆以存储指令，用来执行诸如逻辑、顺序、计时、计数和演算等功能，并通过数字或模拟的输入和输出，以控制各种机械或生产过程。一部数字电子计算机若是用来执行PLC之功能者,亦被视同为PLC,但不包括鼓式或机械式顺序控制器"。NEMA 给了可编程序控制器一个新的名称 Programmable Controller，简称"PC"。但是 PC 容易与个人计算机（Personal Computer）混淆，因此，为了避免造成名词术语混乱，人们仍习惯地用 PLC 表示可编程序控制器的缩写。由此可知，可编程序控制器已并非意味着仅仅只具有逻辑运算功能了。

1982 年，国际电工委员会（IEC）专门为可编程控制器下了严格定义。曾于 1982 年 11 月颁发了可编程控制器标准草案第一稿,1985 年 1 月又颁发了第二稿,1987 年 2 月颁发了第三稿。草案中对可编程控制器的定义是："可编程控制器是一种数字运算操作的电子系统，专为在工业环境下应用而设计。它采用了可编程序的存储器，用来在其内部存储执行逻辑运算、顺序控制、定时、计数和算术操作等面向用户的指令，并通过数字式或模拟式的输入/输出，控制各种类型的机械或生产过程。可编程控制器及其有关外围设备，都按易于工业系统联成一个整体，易于扩充其功能的原则设计"。此定义强调了可编程控制器是"数字运算操作的电子系统"，即它也是一种计算机。它是"专为在工业环境下应用而设计"的计算机。这种工业计算机采用"面向用户的指令"，因此编程方便。它能完成逻辑运算、顺序控制、定时、计数和算术操作，还具有"数字量或模拟量的输入/输出控制"的能力，并且非常容易与"工业控制系统联成一体"，易于"扩充"。定义还强调了可编程控制器直接应用于工业环境，它必须具有很强的抗干扰能力、广泛的适应能力和应用范围。这也是区别于一般计算机控制系统的一个重要特征。应该强调的是，可编程控制器与以往所讲的鼓式、机械式的顺序控制器在"可编程"方面有本质的区别。由于可编程控制器引入了微处理器及半导体存储器等新一代电子器件，并按规定的指令进行程序编制，能灵活地对其修改，即用软件方式来实现"可编程"的目的。

日本电气控制学会也曾对可编程控制器定义："可编程控制器是将逻辑运算、顺序控制、时序和计数以及数值运算等控制程序，用一串指令的形式存放到存储器中，然后根据存储的控制内容，经过模拟、数字等输入输出部件，对生产设备和生产过程进行控制的装置"。

由于可编程控制器一直在不断发展，到目前为止还未能对其下最后的定义。

1.1.2 可编程控制器的特点

可编程控制器采用一种可编程的存储逻辑，将控制过程以程序方式存放在存储器内部，执行逻辑运算、顺序控制、定时、计数与数值运算等面向用户的指令，并通过数字或模拟式输入/输出来控制。存储逻辑的优点是具有较大的灵活性和可扩展性。通过修改存储器中的程序指令

2

即可对控制逻辑作必要的修改，就能改变生产工艺的控制过程，而修改程序要比修改硬件连线逻辑容易得多，使硬件真正软件化。可编程序控制器的优点在于"可"字。从软件上讲，它的程序可编，也不难编。从硬件上讲，它的配置可变且也易变。可编程控制器主要特点如下：

1. 编程方便、简单易学

可编程控制器的最大特点之一就是大多数采用了易学易懂的梯形图编程语言，它是以计算机软件技术构成了人们惯用的继电器控制电路图为基础的形象编程语言。梯形图符号和定义与传统的继电器控制电路图非常类似。可编程控制器内部没有实际的继电器、时间继电器、计数器，但是它们通过程序（软件）与系统内存而实实在在地存在着，其数量之多是继电器控制系统难以想象的。它们内部的入出点可无限次地使用，且不是靠物理过程，而是通过软逻辑来传递入出相关信息的一个过程。信息有其自身的规律，它便于处理、传递、存储、移植及再使用。在学习了解了可编程控制器的工作原理和特点后就可以较快地掌握编程技术，在熟悉其编程指令后就能应用于实际控制过程中。今天，计算机知识和应用已经非常普及，可编程控制技术和传统的电气控制技术之间已不会再存在专业上的"鸿沟"。

2. 功能丰富

可编程控制器具有非常丰富的功能：

(1) 丰富处理信息的指令可进行复杂的逻辑处理和进行各种数据类型的处理与运算；

(2) 可扩展的输入输出模块及数量可观的内部继电器、计数器、定时器等可进行大规模入出信息变换的控制；

(3) 具有较强的监控和自检功能，可以时时显示异常状态和自身的故障诊断；

(4) 丰富的外部设备可建立友好的人机界面，以进行信息交换；

(5) 具有的通信接口可为工业系统自动化、智能化及其远程控制、诊断创造条件。

3. 操作方便

1) 硬件配置方便

可编程控制器硬件是由各专门制造商按一定的标准和规格生产的，因此，可以做到产品的系列化和模块化，配备有品种齐全的各种硬件模块，可供用户根据实际需要灵活配置和扩展选用。

2) 硬件安装方便

模块式结构的可编程控制器各个模块体积都较小，硬件安装简单，组装容易，相互连接非常方便；内部也不需要接线和焊接，只需要编写用户控制程序；可以通过修改用户程序，方便、快速地适应生产工艺条件的变化。

3) 使用方便

程序中的地址可以无数次的使用而不受限制，因此设计人员在设计硬件电路控制时，除必要的硬件控制和互锁外，只需要考虑输入输出点的个数，这给前期的设计工作带来了极大的方便。在设计编制用户控制程序时，由于可编程序控制器具有非常丰富的处理信息的指令系统、存储信息的内部器件资源丰富、共享和内部继电器接点可无数次使用而不受限制等便利，给后期的用户控制程序编制工作又带来了极大的方便。

4) 改用方便

模块式结构的可编程控制器可以重复利用，一旦控制的设备不再使用，而它的一些功能模块仍可以作为备件或通过改编用户程序用于其他的控制设备，重复使用率高。

5) 维护方便

可编程控制器具有较强的监控和自检功能，能时时监控、显示异常状态；用户可以在线监控可编程控制器执行程序的过程，检查输入输出信号状态；通过通信接口，可以进行远程网络诊断，给现场维护、故障诊断提供了较强的检测手段，减轻了设备维护的工作强度，提高了设备的使用效率。

4. 运行稳定可靠

可编程控制器是专门为工业控制而设计的。在设计和制造过程中，可编程控制器制造商从硬件和软件方面特别考虑了它在恶劣的工业环境使用条件下的适应性和抗干扰等多层次相应措施，以确保其运行工作的稳定性、信息入出的可靠性和较高的实时性及较强的抗干扰能力。

在硬件方面，采用了光电隔离，这是抗干扰的主要措施之一。可编程控制器的输入输出电路一般通过光电耦合器来传递信号、建立联系，使外部电路与内部 CPU 之间无直接的电路联系，有效地抑制了外部干扰源对它的影响。同时，还可以防止外部高电压窜入 CPU 模块。滤波是抗干扰的另一主要措施，在其电源电路和输入输出模块中，设置了多种滤波电路，对高频干扰信号有良好的抑制作用，可确保控制程序的运行不受外界的干扰。可编程控制器是以集成电路为基本元器件的电子设备，元器件多为无触点的，内部处理不依赖于接点，也为其可靠工作运行提供了物质基础。

在软件方面，设置了故障检测与监控诊断程序。可编程控制器的工作方式为扫描加中断，既可保证它能有序正常地运行工作，避免出现"死循环"，而且又能处理急于处理的信息，保证了在应急情况下的及时响应，使其能更可靠地运行。通常，可编程控制器整机的平均无故障率可达 2 万 h～5 万 h，甚至更高。

5. 设计施工周期短

可编程控制器丰富的、可以共享的内部资源取代了传统继电器控制系统中大量的中间继电器、时间继电器、计数器等部件，使电气控制柜的设计和安装接线工作量大为减少。如果使用可编程序控制器，在产品硬件控制系统设计完成后用户控制程序通常可以先在实验室进行模拟调试，然后再到生产现场进行整机联动的统调，可以使产品调试周期大大缩短。由于控制逻辑程序的可复制性，可以大大缩短设计施工周期和降低时间成本，尤其对批量的控制设备和生产线，具有更明显的经济效益和社会效益。

1.1.3 可编程控制器的应用领域

如今，在科技发达的工业国家，可编程控制器已经广泛应用于钢铁、石油、化工、电力、建材、机电一体化、汽车、轻纺、交通运输、环保及文化娱乐等各行各业。随着可编程控制器制造技术、控制技术的不断发展和进步，性能价格比的不断提高，已日益成为工业控制中一个重要的理想控制工具。它的应用大致可归纳为以下几个方面：

1. 开关量的逻辑控制

可编程控制器取代了传统的继电器控制系统，对开关量实现逻辑控制，这是可编程控制器在各领域中最基本、最广泛的控制应用，如机床电气控制，数控机床、铸造机械、运输带输送、包装机械的控制，注塑机的控制，化工系统中各种泵和电磁阀的控制，冶金企业的高炉上料系统、轧机、连铸机、飞剪的控制，电镀生产线、啤酒灌装生产线、汽车配装线、电视机和收音机的生产线控制等。

2. 位置控制

可编程控制器可用于对直线运动或圆周运动的控制。早期直接用开关量 I/O 模块连接位置传感器与执行机构，现在一般使用专用的位置运动控制模块。目前，世界上各主要可编程控制器制造商生产的可编程控制器几乎都具有位置控制功能。可编程控制器的位置控制功能可以广泛地应用于各种金属切削机床、金属成型机械、机器人和电梯等。

3. 闭环过程控制

过程控制是指对温度、压力、流量等连续变化的模拟量的闭环控制。可编程控制器通过模拟量 I/O 模块实现模拟量与数字量之间的 A/D、D/A 转换，并对模拟量进行闭环比例、积分、微分（Proportional、Integrating、Differentiation）控制，即 PID 控制，可用 PID 子程序来实现，也可使用专用的 PID 模块。可编程控制器的模拟量控制功能已经广泛应用于塑料挤压成型机、加热炉、热处理炉、锅炉等设备，还广泛应用于轻工、化工、机械、冶金、电力和建材等行业。

4. 数据采集处理

现代的可编程控制器具有数学运算、数据传送、格式转换、位操作、排序和查表等功能，完成数据的采集、分析和处理。这些数据可以与存储在存储器中的参考值比较，也可以通过数据通信接口传送到其他智能装置。数据处理一般可以用于大、中型控制系统，如柔性制造系统（Flexible Manufacturing System，FMS）、过程控制系统等。

5. 机器人控制

机器人作为工业过程自动生产线中的重要设备，已成为未来工业生产自动化的三大支柱之一。目前，许多机器人制造公司选用可编程控制器作为机器人的智能控制器来控制完成各种机械动作。随着可编程控制器体积的进一步缩小、智能化功能的进一步增强，它在机器人控制中的应用必将会越来越普遍。

6. 通信连网

可编程控制器具有通信连网的功能，依靠先进的工业网络技术与上位计算机和其他智能设备之间通信可以通过双绞线、同轴电缆或光缆将其连成网络，迅速有效地收集、传送生产和管理数据，以实现信息的交换，构成"分散集中控制"的分布式控制系统。目前，可编程控制器之间通信还未能实现互操作性，可编程控制器之间的通信网络还是各制造厂家专用的。可编程控制器与计算机之间的通信多数可以通过它们都具有的 RS-232 接口和一些内置有支持各自通信协议的接口进行。一些可编程控制器生产商正采用工业标准总线向标准通信协议靠拢。

1.1.4　可编程控制器国内外现状及发展趋势

可编程控制器自问世以来发展极为迅速。1971 年，日本开始生产可编程控制器。1973 年，欧洲开始生产可编程控制器。20 世纪 70 年代末和 80 年代初，可编程控制器已成为世界先进工业国家工业控制领域占主导地位的基础自动化设备，它的应用几乎覆盖了所有的工业领域。可编程控制器自身所具有的模块化结构、智能化功能、较高性价比以及开发容易、操作方便、性能稳定和运行可靠等特点使其在工业生产控制过程中占有越来越重要的地位。随着集成电路的发展和网络时代的到来，可编程控制器的应用前景越来越广泛，必将成为当今世界先进控制技术之一，并受到业界的青睐。到目前为止，世界各国的一些著名电气公司几乎都在生产可编程控制器。作为工业自动化的三大支柱（可编程控制器技术、机器人和计算机辅助设计与制造）之一的可编程控制器技术，将会处于当代电气控制装置主导地位。

可编程控制器从诞生到现在大致经历了 4 次换代：

1. 第一代

1969 年—1973 年是可编程控制器的初创时期。在这个时期，可编程控制器从有触点不可编

5

程的硬接线顺序控制器发展成为小型机的无触点可编程逻辑控制器，可靠性比以往的继电器控制系统有较大提高，灵活性也有所增强。其主要功能仅限于逻辑运算、计时、计数和顺序控制等，1位微处理器由中小规模集成电路组成，存储器为磁芯存储器。

2. 第二代

1974年—1977年是可编程控制器的发展中期。在这个时期，由于8位单片CPU和集成存储器芯片的出现，可编程控制器得到了迅速发展和完善，普遍应用于工业生产过程控制。除了原有第一代功能外，可编程控制器又增加了数值运算、数据的传递和比较、模拟量的处理以及自诊断等功能，可靠性进一步得到提高，产品逐步趋向实用性，实现了系列化。

3. 第三代

1978年—1983年，可编程控制器进入了成熟阶段。在这个时期，微型计算机行业已出现了高性能16位微处理器及位片式微处理器，MCS251系列单片机也由Intel（英特尔）公司推出，使可编程控制器也开始朝着大规模、高速度和高性能方向发展。可编程控制器在产量上每年以30%的递增量迅速增长；在结构上，除了采用微处理器及EPROM、EEPROM、CMOS RAM等LSI（Large Scale Integration）电路外，还向多微处理器发展，使其处理速度大大提高；在功能上又增加了浮点运算、平方、三角函数、脉宽调制变换等多种功能；在通信上初步形成了分布式可编程控制器的网络系统，具有了连网通信功能和远程I/O处理能力；在编程语言上逐步规范化、标准化。此外，自诊断功能及容错技术发展迅速，使可编程控制器系统的可靠性得到了进一步提高。

4. 第四代

1984年以后，可编程控制器的规模更大，存储器的容量又提高了1个数量级(最高可达896KB)，有些可编程控制器已采用了32位微处理器及高性能位片式微处理器。多台可编程控制器可与大系统一起连成整体的分布式控制系统，在编程软件方面，有的已可以与通用计算机系统兼容。除了传统的梯形图、语句表外，编程语言还有用于机床控制的数控语言等。在人机接口方面，采用了更为直观的LCD（液晶显示器），使用户的编程和操作更加方便、灵活。从硬件上发展了具有自带微处理器智能功能的PLC输入/输出模块，加快发展生产高集成度的输入/输出模块，以节省空间、降低系统的生产成本。另一方面，可扩展输入输出的点数进一步增大，以适应控制范围的增大和在系统中使用A/D或D/A通信及其他特殊功能模块的需要。

随着近年来数字电子技术的飞速发展，可编程控制器的CPU芯片集成度越来越高、新型大容量存储器不断更新换代，使其运算速度、运算精度以数量级提高，工作速度越来越快，产品功能越来越强，操作使用越来越方便。特别是远程通信功能可以实现可编程控制器之间和可编程控制器与管理计算机之间的通信网络，形成多层分布控制系统或整个工厂的自动化网络，适应了加工对象变换（柔性）的自动化机械制造系统（FMS），为工业自动化提供了有力的工具，加速了机电一体化的进程。国外一些著名的大公司推出的各种紧凑型和微型的可编程控制器新品，不仅体积小，而且功能大有提高，将原来的大中型可编程控制器才具有的功能如模拟量处理、数据通信等移植到小型可编程控制器上，使其价格不断下降，真正成为了继电器的替代物。大中型可编程控制器更是向高运算速度、高运算精度、大容量、智能化和网络化等方面发展，以适应不同控制系统的要求。新一代的可编程控制器真正具有了名副其实的逻辑运算、运动控制、数据处理、通信连网、智能化等功能。

近十九年来，我国的可编程控制器研制、生产、应用也迅速发展，特别是应用方面，在引进一些成套设备的同时，也配套引进了不少可编程控制器。例如，上海宝钢第一期工程和第二期工程、秦川电站、北京吉普车生产线、西安的彩色和冰箱生产线等都采用了可编程控制器进行控制。

但是，我国生产和制造的可编程控制器工艺技术还有待提高，与主要的可编程控制器厂商如日本和美国等发达国家相比还有差距。在引进、吸收和消化国外可编程控制器技术的同时，还必须通过集成创新，加快发展我国可编程控制器产品的步伐，努力使我国的工业自动化程度提高到一个新水平。

随着集成电路的发展和网络时代的到来，今天的可编程控制器逐步形成一门较为独立的新兴技术和具有特色的工业控制系列产品，逐步发展成为解决自动化控制最有效、便捷的控制手段和途径，可编程控制器应用领域必将会越来越广阔。

1.2 可编程控制器的一般结构及基本工作原理

1.2.1 可编程序控制器的一般结构

可编程序控制器是基于计算机技术、自动控制技术和通信技术发展而来的，是一种以微处理器为核心的用于工程自动控制的新型工业自动控制装置，其本质是一台工业控制专用计算机，既不同于普通的计算机，又不同于一般的计算机控制系统。作为一种特殊形式的专用计算机控制装置，它在系统结构、硬件组成、软件结构以及 I/O 通道、用户界面诸多方面都有其特殊性。

虽然各种可编程控制器内部结构和功能的组成不尽相同，但是主体结构形式还是基本相同的。其硬件主要由 CPU (中央处理器)、内存储器、I/O 单元、电源和其他可选部件包括编程器、外存储器、通信接口、扩展接口等组成。在其内部或与外部组件之间的信息交换，均在一个总线系统支持下进行的，如图 1-1所示。

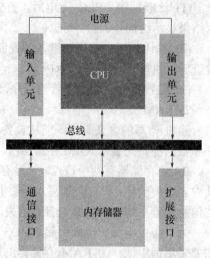

图 1-1 PLC 基本单元

1. CPU(中央处理器)

CPU 是可编程控制器的硬件核心，它的性能决定了可编程控制器的工作速度、控制规模等重要特性。CPU 主要由运算器、控制器和寄存器等组成。运算器负责用于对数据进行数值运算和逻辑运算，即数据的加工处理；控制器负责用于对程序规定的控制信息进行分析、控制并协调输入/输出操作或内存访问；寄存器用于临时存储指令、地址、数据和运算的中间结果，CPU 和内存储器等构成了可编程控制器的主机。CPU 通过地址总线、数据总线和控制总线与存储单元、接口和输入输出单元相连接，诊断和监控可编程控制器的硬件状态；CPU 按系统程序赋予的功能接受用户程序和数据，读取、解释并执行用户程序；CPU 按扫描方式工作，从存储器地址所存放的第一条用户程序开始，在无中断或跳转控制的情况下，按存储号地址递增的顺序逐条扫描用户程序直到程序结束，然后再从头开始周而复始的地周期性扫描。每扫描完一次，用户程序就被执行一次，按时序接收输入状态，更新输出状态，与外部设备交换信息。CPU 实现了对整个可编程控制器的控制和管理，起到了大脑中枢神经的作用。

7

衡量 CPU 性能主要有如下五个方面：

(1) 输入输出点的扩展能力；

(2) 指令的执行速度；

(3) 工作内存容量；

(4) 通信能力；

(5) CPU 上所集成的能力。

2. 内存储器

内存储器是由半导体器件构成具有记忆功能的一种存储器，一般容量不是很大，但存取速度较快。内存储器的形式有 CMOS RAM、EPROM 和 EEPROM 等。按存储功能分，内存储器通常可以分为只读存储器（Read Only Memory，ROM）和随机读/写存储器（Random Access Memory，RAM）两类。它直接与 CPU 相联系的存储设备，是可编程控制器不可缺少的组成单元。

1) ROM

ROM 是指用户只能从设备中读取数据，而不能往里写数据的存储器。它的特点就是系统断电后存储器中的内容依然存在。ROM 主要负责存放可编程控制器的系统程序，而系统程序则由可编程控制器制造商事先在研制系统时用相应 CPU 指令系统编好的程序并固化到 ROM 中，当然，还包括固化一些固定参数。因此，用户是不能随意修改存储器中的内容。系统程序主要控制和完成可编程控制器各种功能，主要包括以下几方面：

(1) 诊断程序。PLC 上电后，首先由程序检查可编程控制器各部件操作是否正常，并将检查结果显示给操作人员。

(2) 编译程序。将用户键入的控制程序语言编译成机器语言，并可以对用户程序进行语法检查后再执行。

(3) 监控程序。相当于管理程序，可以根据用户需要调用相应的内部程序进行在线监控。

2) RAM

随机读/写的含义是指既能从设备中读取数据，也可以向该设备写入数据。一切要执行的程序和数据都要先装入 RAM 存储器内，工作时 CPU 可以直接从 RAM 中读取数据。

RAM 存储器有两个特点。一是存储器中的数据可以反复使用。从 RAM 存储器读出数据时其内容不被破坏，只有向其写入新数据时 RAM 存储器中的内容才被刷新。二是 RAM 存储器中的信息随着系统主机的断电自然消失，RAM 存储器是主机处理数据的临时存储区。

为了防止电源掉电而引起 CMOS RAM 存储器中的数据丢失，以确保控制系统的可靠运行，主要采用锂电池作为 RAM 存储器的后备电源的一种预防保护措施，保证掉电时不会丢失用户程序和部分工作数据等信息。RAM 存储器中一般存放以下内容：

(1) 用户程序。由用户根据控制对象生产工艺要求而编制的应用程序。为了便于调试、修改、扩充和完善，用户程序一般存储在用户内存中。

(2) 逻辑变量。在可编程控制器运行过程中经常变化、经常存取的一些工作数据。这些工作数据状态都是由用户程序初始设置和运行情况而定存放于 RAM 中。

3. 电源

可编程控制器的电源单元主要包括系统的电源和备用电池。系统电源由交流输入电源转换成供可编程控制器中主要电子电路（CPU、内存储器等）工作所需要的直流电源。电源的工作稳定性直接影响到可编程控制器的性能，关系到其可靠性。因此，一般交流输入端都设计了一种尖峰脉冲的吸收电路，以提高抗干扰能力，保证可编程控制器能正常工作。备用电池通常选用锂电池，主要用于系统在掉电情况下保存 RAM 存储器中的用户程序和数据。

4. I/O 单元

I/O 单元是 CPU 与工业现场 I/O 设备之间电气回路的接口电路，是可编程控制器的重要组成部分。根据输入输出信号的类型划分为 DI/DO（数字量输入输出）模块、AI/AO（模拟量输入输出）模块和专用的特殊功能模块。可编程控制器通过输入模块将用户设备各种控制信号如按钮、限位开关和传感器等状态信号或信息（不论是开关量还是模拟量信号电平）转换成 CPU 能接受处理的数字信号；输出模块将 CPU 处理后的数字信号转化成被控设备所能接受的电压或电流信号，以驱动如电机、继电器或电磁阀等电器件。

5. 其他外部设备

1) 编程器

编程器是可编程控制器不可缺少的外部设备，它可实现程序的写入、调试及监控。编程器一般有两种：专用编程器和简易编程器。当可编程控制器刚诞生的相当一段时间里，基本上以上述两种编程器对可编程控制器进行编程操作。专用编程器（如西门子的 PG710 系列）价格相当贵且携带不方便。简易编程器对各个可编程控制器的生产厂商而言，均有对应产品西门子 PG635（早期），它携带方便，非常适合于生产现场的调试，但使用时不是很直观。编程器的作用就是实现人机信息交换，进行程序的输入、编辑和功能的开发等。

随着计算机技术的发展，可编程控制器的功能越来越强大。利用计算机的普及和计算机的性价比，可编程控制器制造商将目光投入到编程软件的开发上。到目前为止，一般可编程控制器制造商都研制出开发环境适用于在通用计算机上编制用户程序的编程软件，极大地方便了用户程序的编制、复制和存储。

2) 外存储器

外存储器简称外存，也可称为辅存。它是内存的延伸，在可编程控制器中其主要作用就是可以对用户程序和数据等进行备份保存。在数控系统中一般都带有闪存卡接口，有些系统还带有软驱和硬盘。闪存卡是一种非常实用的外存，为用户程序和设备数据进行备份与恢复都带来了很大的方便。

3) 通信接口

可编程控制器配有各种通信接口，包括串行数据接口 RS-232 和 RS-485、以太网等。它与上位计算机等外界设备连接，可进行程序和数据的装载和归档，可在线监控程序的执行过程和程序的输入输出状态信息；与其他可编程控制器连接，可组成多机系统或连成网络，以实现更大规模控制；与打印机连接，可将过程信息、系统参数等输出打印。

4) 扩展接口

基于可编程控制器基本模块之外的扩展功能模块单元与系统主机总线连接的接口，便于用户根据不同的控制对象要求灵活配置和扩展所需的控制功能模块。

1.2.2 可编程控制器的基本工作原理

可编程控制器具有许多计算机的特点，它是基于计算机但并不等同于一般计算机，它们的工作方式有所不同。计算机采用的是等待命令的工作方式，而可编程控制器采用的是循环扫描的工作方式。循环扫描的工作方式是可编程控制器区别于计算机控制系统的一个最大特点。因此，可编程控制器是专为工业生产过程的自动控制而开发的通用控制器。

可编程控制器对程序执行过程，即是 CPU 对用户程序循环扫描并顺序执行的工作过程。每一次扫描程序执行过程都要经过输入采样、程序处理和输出刷新，如图 1-2 所示。

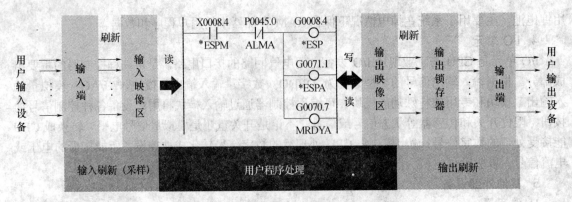

图 1-2　可编程控制器程序执行过程

1. 输入刷新

输入刷新，即输入采样是 CPU 以扫描方式按顺序将所有输入端的信号状态（"1"或"0"）读入到专门开辟存放输入信息映像区的内存中寄存起来。输入映像区每一对应位（软接点）与输入点是一一对应的，它的状态是由输入刷新得到的，所以它反映的就是实际的输入状态。

2. 程序处理

在用户程序处理阶段，CPU 按先上后下、先左后右的顺序对程序指令逐条进行扫描，并从输入映像区中和输出映像区中读取有关数据，然后进行"处理"，即按程序对数据进行相应逻辑、算术运算，再将执行结果重新存入输出映像区中。这样输出映像区中的内容会随着程序处理的进程而发生变化。

3. 输出刷新

当所有指令处理完后，进入了输出刷新阶段。将输出映像区中所有输出继电器的状态（接通/断开）映射到输出锁存器，这一过程称为输出刷新。输出映像区每一对应位称为输出继电器（或称输出线圈）与输出锁存器是一一对应的。输出锁存器以一定方式输出被控设备所能接受的电压或电流信号驱动用户设备，这时才是真正的 PLC 实际输出。

应当注意，在程序处理和输出刷新阶段时，CPU 是不读取外部输入状态信息的，即输入映像区中的内容不会随着输入状态信号变化而变化。只有在下一个扫描周期对输入状态采样后输入映像区中的内容才被重新读入刷新。决定这个处理滞后的响应时间可以从几毫秒到几十毫秒甚至上百毫秒不等。这就要求做到用户程序的最长扫描周期必须小于系统设备电器改变状态的保持时间，否则，就有可能来不及读取外部的输入状态信息而影响到设备系统的正常工作。

可编程控制器在执行一次整个循环扫描的过程称为循环周期，包括自诊断（监控处理）、与外部端口通信和程序执行。完成一个循环周期所需要的时间称为循环时间，也称为扫描周期。扫描周期主要取决于三个因素：一是 CPU 执行指令的速度；二是每条指令所占用的时间；三是指令条数的多少，即用户程序的长短。它是随着实际运行的条件和外部端口有无通信而变化的。对于可编程控制器循环扫描的一个过程而言，循环时间是可编程控制器的一个重要参数，即

循环时间=监控处理+外部端口通信+输入刷新+程序处理+输出刷新

由于可编程控制器是由继电器控制发展而来的，而 CPU 扫描用户程序的时间远远要小于继电器的动作时间，因此，对于响应速度要求不高的控制系统来说，只要采用循环扫描的办法对整个程序进行重复的扫描，输入点变化的保持时间和用户程序的滞后响应时间都是可以接受的，是完全可以解决其中的矛盾的。但对控制时间要求较严格时，为了保证响应速度，就需要精确地计算响应时间。

可编程控制器与继电器控制的重要区别之一就是工作方式的不同。继电器控制是"并行"方式工作的，也就是说，按同时执行的方式工作的。只要多个继电器接通条件同时满足，就可以使它们同时动作。而可编程控制器是以反复扫描的方式工作的，它是循环、连续地逐条处理程序，任一时刻它只能执行一条指令，这就是说，可编程控制器是以"串行"方式工作的。这种"串行"工作方式可以避免继电器控制的触点竞争和时序无序的问题。

随着大规模集成电路的发展和 CPU 运算处理速度的提高，可编程控制器作为一种工业控制专用电子计算机，所有控制信息在机内都是通过"0"和"1"两种数字状态进行传输、运算、处理和存储的。可编程控制器的控制原理本质上就是用机内特定寄存器的状态来反映逻辑控制中电路的"接通"与"断开"状态。可编程控制器的每个元件都由内部的一个存储单元来实现。每个元件都有不同的功能，有其固定的地址。由于这些元件都靠软件实现，因此它们的常开和常闭触点的使用次数没有限制，可以自由使用。

尽管可编程控制器品种很多，大、中、小型可编程控制器的功能各有不同，但它们的工作原理基本相同。

1.3　可编程控制器的基本技术性能指标

可编程控制器的基本技术性能指标如下。

1. I/O 点数

可编程控制器 I/O 点数是一项重要的技术性能指标。I/O 点越多，I/O 模块就越多，控制的规模就越大。控制规模大，一方面意味着用户程序和扫描循环时间变长，就要求可编程控制器系统的工作速度越高，不然就会影响到对输入信号的响应速度；另一方面意味着输入、输出映射区增大，要求用户内存容量就大。输入点信号可分为开关量或模拟量两种，输出点可以根据其所能承受负载分为继电器输出型、可控硅输出型和晶体管输出型。一般常用输出点负载电流为 0.2A、0.5A 和 2A。

2. 工作速度

工作速度（扫描速度）是指 CPU 执行指令的速度及对急需处理的输入信号的响应速度。一般以执行 1000 步的指令所需时间来衡量，故单位为 ms/千步。现在通常以执行一步指令时间来衡量表示扫描速度，如 μs/步。这个时间当然越短越好，已从微秒级缩短到零点微秒级，并随着微处理器技术的进步，这个时间还在缩短。

I/O 响应时间是指从检测到一个输入信号（即输入位 ON）直至相应输出一个控制信号（即将处理结果相应输出给一个输出位)所需要的时间。响应时间取决于循环时间、I/O 延迟和用户程序中的执行情况。

当可编程控制器恰巧在一次扫描输入刷新结束前检测到输入信号，则响应时间最短；当可编程控制器恰巧在一次扫描输入刷新结束后检测到输入信号，则响应时间最长，二者相差响应时间正好是一个扫描周期的时间，则有

最短响应时间=输入延迟+循环时间+输出延迟

最长响应时间=输入延迟+2×循环时间+输出延迟

因此，基于编程规则来合理安排指令的顺序，以尽可能地减少扫描周期所造成响应时间的延长。当然，对于有特殊要求的高速输入立即响应的信号，也可以采用高速输入计数器和中断方式来加以解决。

注：从输入点到输入位的响应和从输出位到输出点的实际响应称为输入输出延迟。

3. 内存容量

可编程控制器内存主要包括用户内存及系统内存两大部分。用户内存主要存储用户程序和用户数据，内存越大可存储的用户程序步数越大。系统内存是与 CPU 配置在一起的，对于用户而言它主要体现于可编程控制器能提供多少内部器件。不同的内部器件占据系统内存的不同区域，在物理上并无这些器件，仅仅为 RAM。在可编程控制器中程序指令是以"步"存放的。1 步占用 1 个地址单元，1 个地址单元一般占用 2B。一条指令往往不止 1 步，以 1KB=1024 字节计算，内存容量为 1000 步可编程控制器，其内存为 2KB。一般以所能存放用户程序的步数多少来衡量内存的容量。

4. 指令数

将一个可编程控制器所具有的指令全体称为其指令系统。它所包含的指令数和各指令的作用体现了可编程控制器的功能和性能。指令一般分为基本指令和功能指令两大类：基本指令是设计程序时最常用到的指令，它们执行对一位（二进制）的逻辑操作；功能指令包括一些数据处理指令和数据运算指令等，它们被用于处理字节的译码、编码、传送、移位等，用于对整数、浮点数运算以及字节（字）逻辑运算等。在设计编程之前有必要了解和弄清可编程控制器的指令系统。

一般来讲，软件功能越强、性能越好的可编程控制器其指令系统中指令数种类必然丰富，所能处理、运算的能力也就越强。因此，指令数是衡量可编程控制器软件功能强弱的一项重要指标。

5. 内部继电器

可编程控制器内部继电器是广义的，主要用以存放变量状态、中间结果和数据等。内部继电器按数据存放形式可以分为易失性继电器和保持性继电器：易失性继电器表示断电后数据丢失；保持性继电器在断电后通过备用锂电池依然保持断电前的状态。内部继电器按功能可以分为标志继电器、计数器、计时器和数据寄存器等。它们不是继电器控制线路中的物理继电器，是变量存储的"软继电器"，可以给用户在许多特殊功能或简化整体系统设计时提供使用。因此，内部继电器的配置和数量是衡量可编程控制器硬件功能的一项重要指标。

6. 高级功能模块

常用的可编程控制器除主控模块外都还可以灵活配置各种高级功能模块。高级功能模块主要针对一些要求特殊的专门功能，如 A/D 模块、D/A 模块、高速计数模块、位置控制模块、轴定位模块、温度控制模块以及远程通信模块等。这些高级功能模块的多少、功能的强弱常常是衡量可编程控制器产品性能高低的一个重要标志。将可编程控制器中的 CPU 集成于 SINUMERIK（西门子数字控制）数控系统或 FANUC（发那科）数控系统给用户提供了更加丰富的高级功能。

1.4 可编程控制器在数控机床上的应用

数控机床集计算机技术、自动控制技术、自动检测技术和精密制造技术于一体，是各种精密机械部件、数控系统、伺服系统、可编程控制器（通常已将其 CPU 集成于 CNC 中）等其他系统的集合，是一种典型的机电一体化精密加工设备。

数控机床选用的作为一种计算机控制的数控系统，其核心就是计算机与实时控制技术。进入 20 世纪 90 年代以来，计算机硬件和软件技术迅速发展到了一个新的高度，使数控技术从传统的封闭体系结构模式走出来，融入主流计算机技术中，并随着主流计算机技术的飞速进步而快速发展。在功能强大、技术先进的通用计算机软硬件平台上构筑数控系统的核心——运动控制软件系统并充分利用通用计算机软硬件的优势把数控相关的特殊硬件模块缩小到最小规模，从而使数字控制性能得到迅速提升。数控系统具有以下一些主要功能：多坐标控制（多轴控制）、多种函数的插补、多种编程代码的转化、各种形式数据输入、各种加工方式的选择和故障的自诊断等。

数控机床的控制部分可以分为数字控制和顺序程序控制两部分，它们是两个不同的控制部件。数字控制主要可以完成复杂的运算及机床坐标轴位置的移动，即控制刀具的运动轨迹（如直线插补，圆弧插补等）和主轴的转速控制；而顺序程序控制主要对机床侧输入信息进行采样（如按钮状态、信号位置状态以及监控信号状态）和接收数控的 M 代码、T 代码与 S 代码等，完成对数控机床外围部件的控制（如主轴高、低速挡位的变挡、刀具交换的整个动作顺序、转台夹紧和放松、机床的液压电机、冷却电机等各种泵、阀的接通/关闭）。

在数控机床控制中，数字控制与顺序程序控制二者缺一不可。它们之间可以通过各系统商规定的接口信号进行相互间的信息交互，如将数字控制中的 M、T 和 S 代码通过接口信号传输给可编程控制器，而可编程控制器将机床侧的输入信息通过系统变量反馈给系统。因此，可编程控制器是数字控制与机床本体之间的桥梁，通过它建立了机床本体与数控系统主 CPU 的信息交互，最终共同实现数控机床复杂的电气控制。

日本 FANUC 数控系统和德国 SINUMERIK 数控系统各自集成了可编程控制器的 CPU，使数控机床的控制结构更加紧凑合理，人机交互更加友好。数控系统不仅具有了可编程控制器的一些高级功能，而且功能更丰富，通信功能更强，保证了数控机床对某些实时性要求很高的信号（如急停、超程）得到迅速响应，大大提高了机床工作运行的可靠性。

1.5　可编程控制器的应用设计

可编程控制器通过编制用户程序来实现对生产工艺流程的控制。一台可编程控制器可用于控制不同的控制对象，只需要改变用户程序的控制逻辑就可以实现对不同对象的控制要求。因此，程序的软件设计是实现自动控制的关键；程序编制的方法和技巧直接影响到编程的效率和程序编制的准确性；把握控制时序是设计处理逻辑关系很重要的一环。

程序设计和编制的技巧需要在长期的工作实践中不断地去思考、去体会、去总结，是经验逐渐积累的过程。在程序设计过程中，要熟练掌握程序最基本的设计方法、步骤，合理地选用可编程控制器的各种编程指令，按实际控制对象的时序（如加工中心刀具交换的整个过程）分析输入与输出及内部接点的对应关系，并根据相互间的逻辑关系适当化简，从而使控制程序设计更为简单、清晰、易懂。

1.5.1　程序设计方法

1. 替代设计法

用可编程控制器程序(梯形图)替代原有继电器逻辑控制电路。程序设计有现存控制电路作参考，设计简单，宜适用于控制较简单的设备改造。

2. 数字电路设计法

利用数字电路的基本理论和设计方法来进行可编程控制器程序设计，可以化简比较复杂的控制逻辑关系，使得程序更容易读懂、更容易理解，提高了编程的效率和准确性，在实际编程中具有一定的指导作用。对一些编制可编程控制器程序的初学者，能迅速提高其逻辑分析能力和程序设计能力。

(1) 根据控制要求分配输入、输出接点，有时还要分配内部继电器和定时器/计数器等。

(2) 分析逻辑关系，绘制时序图。

(3) 根据时序图，列出输出信号的逻辑表达式。

(4) 根据列出的逻辑表达式编制梯形图。

3. 流程图设计法

流程图是描述对控制过程分解若干清晰的"过程块、节点和判定"特性的一种图形。在此基础上进行编程，可以使整个控制过程明了、程序层次结构清晰、逻辑性严密、容易分析和查找问题。

4. 经验法

利用已掌握的典型控制程序再根据实际的控制对象要求进行组合编程。经验法可以缩短控制程序的设计周期，提高控制程序的准确性和可靠性，使产品设计成本降低。

在实际的控制程序设计中需要灵活掌握运用不同的设计方法。对一些复杂的控制程序设计，往往会组合这些设计方法用于不同的控制环节，以达到程序设计快速、准确、可靠的目的。

1.5.2 程序设计步骤

1. 确定 I/O 点数和形式

设计一个控制程序任务，首先应该详细分析被控对象的具体控制过程，要求弄清楚哪些设备或部件是发送信号给系统主机的，如按钮、行程开关、传感器等，对数控机床控制还要考虑各轴回参考点减速信号、检测仪器的跳步信号等；哪些设备要从系统主机得到命令，如电机停止或转动、电磁阀接通或断开、指示灯亮或灭等。然后对这些I/O点进行统一编号即确定I/O"位"，并计算出总的 I/O 点数。在实际应用中，还必须再考虑 15%～20%备用点数，以便以后功能的扩充，是很有必要的。

输入信号可以有开关量或模拟量信号两种。输出信号根据其所能承受的负载可以分为继电器型（交/直流负载，响应慢）、可控硅型（交流负载，响应快）和晶体管型（直流负载，响应快）等几种形式。因此，必须考虑输出点的形式和承受负载能力。

FANUC 数控系统外置的 I/O 模块的输出点按承受负载电流的能力有 0.2A 和 2A（DC24V）两种；而 SINUMERIK 数控系统外置的 I/O 模块的输出点按承受负载电流的能力有 0.5A 和 2A（DC24V）、0.5A 和 1A（AC120V）、2A 和 5A（继电器输出）等几种。

2. 确定控制顺序

编制设备的用户程序，首先必须要弄清所控制的（要实现的）设备动作。在具体编制程序过程中，按各个动作的先后次序及时序确定控制动作的顺序。同时，还必须考虑各动作之间的相互关系、互锁和解锁条件，最终完成对设备实际控制的顺序程序。

3. 分配工作位

内部继电器中的工作位（中间标志位）在程序控制过程中使用最为频繁。工作位的线圈是可编程控制器内部存储器的一位，起中间暂存作用，不能作为输出控制用。通常，工作位的数量一般足以满足程序的编制，且其触点的使用数量又没有限制。因此，当编制一句组合条件程序直接产生一个执行条件有困难时，只要不超出可编程控制器的存储容量都可以考虑通过使用工作位来间接解决，使用户程序表达更加清晰。FANUC PMC 顺序程序中用 R 地址来表示中间标志；SINUMERIK PLC 程序用 M 地址来表示中间标志。分配这些工作位时，根据系统允许的地址按工作要求有规律地使用，以便为调试、检查程序提供方便。

4. 编程语言

分析了控制任务，确定了 I/O 位和工作位后，使用相应的编程语言将整个控制过程描述出来。其中梯形图语言表示整个控制过程是一种常用的表示方法，但它不是控制电路。

5. 编程语言的转换

数控系统制造商一般都已开发了各自的编程软件，规定了用户程序的编制语言。SINUMERIK 数控系统内置可编程控制器可以允许采用三种不同的编程语言编制用户程序。用梯形图或功能图编程语言编制的用户程序比较容易直接转换成语句表，而用语句表编程语言编制的用户程序必须遵循一定的编程语法规则才能转换成梯形图或功能图，甚至有些特殊的 STL 指令是无法转换成梯形图或功能图的，这是必须要注意的。而 FANUC 数控系统内置可编程控制器目前还通常以梯形图语言的形式编制用户顺序程序。

1.5.3 程序设计技巧

1. 减少输入点数

利用上升沿正逻辑信号使一个按钮控制设备的启动和停止。利用编码的原理，通过方式开关确定多种控制方式状态。

2. 定时器的利用

定时器在实际控制程序中使用频繁，它可以提高系统采集输入信号的可靠性（如状态信号到位+延时），可以对设备起到自动启动、停止和状态监控（基本指令+定时器+定时器）的作用。

3. 参数的利用(数控机床)

FANUC 数控系统的 K 参数（除系统占用之外）和 SINUMERIK 810D/840D 数控系统的机床参数（DB20）在实际用户程序中非常有用。可以根据需要直接通过数控系统屏幕对参数位进行设置，通过参数位设置可以随意对部分子程序进行调用，做到控制程序的模块化、通用化，有利于编制不同控制对象的程序，有利于用户程序的初期调试和诊断。

4. 逻辑代数的应用

逻辑代数（又称布尔代数）是按一定逻辑规律进行运算的代数，是研究逻辑电路的数学工具，也是研究、分析和简化用户程序的有效工具。在用户程序中，大部分逻辑控制由一些基本指令构成，它们在程序中以"0"和"1"表示两种对立的逻辑状态，构成了最基本的与运算（逻辑乘）、或运算（逻辑加）和非运算（逻辑非），它们之间的组合可以构成异或运算（异或门）。因此，用逻辑代数研究逻辑结果与逻辑变量间的关系，根据逻辑表达式画出梯形图，能使用户控制程序简化明了，使系统的扫描速度、响应时间得到提高。

1.5.4 程序设计注意事项

编制用户程序就是用编程语言把一个控制任务描述出来，在这个过程中应注意以下几点：

(1) 了解所选数控系统中可编程控制器的技术指标，特别是可编程控制器的执行速度、编程语言、内存容量、指令数和种类、I/O 点数、可编程控制器输出点的输出形式和带负载能力。

(2) 遵循编程语言中信号流向规则，梯形图中的信号流向总是从左到右，从上到下，不能倒流；当有几个串联回路相并联时，应将触点最多的那个回路放在最上面；当有几个并联回路串联时，应将触点最多的回路放在最左边；当有几个线圈并联时，含有触点的支路应放在无触点支路的下面，并作好对地址的注释，便于解读。

(3) 可编程控制器输入信号和 CNC 输出信号都是只读（Read Only）信号，不能作为线圈输出。

(4) 可编程控制器输出信号和 CNC 输入信号都是可读可写（Read/Write）信号。对它们的输出线圈而言，输出地址不能重复，否则该地址的状态不能确定，但对输出线圈进行置位/复位时输出地址可以重复。

(5) 计数器号和定时器号在程序中不能重复。

(6) 进行字节（Byte）、字（Word）和双字（Double Word）操作或数据运算时数据格式要统一。

(7) 在采取硬件互锁的同时，有必要再通过用户程序进行软件互锁以保证设备运行可靠。

(8) 当进行急停/复位操作时，使所有的机械运动处于停止状态。

(9) 对完整的用户程序作好必要的备份。

思考题与习题

1. 简述可编程控制器的发展过程。
2. 简述可编程控制器的主要特点。
3. 可编程控制器主要可应用于哪几个方面？
4. 可编程控制器从诞生起发展到现在大致经历了几个时期？
5. 简述可编程控制器的主体结构组成。
6. 简述可编程控制器的硬件核心 CPU 的主要作用。
7. 衡量 CPU 性能有哪几个方面？
8. 简述可编程控制器的基本工作原理。
9. 简述可编程控制器与继电器控制的重要区别。
10. 可编程控制器基本技术性能指标有哪些？
11. 扫描速度一般以执行_____来衡量。
12. 可编程序控制器内存主要包括_____和_____两大部分。内存的容量一般以所能存放用户程序的_____来衡量。
13. 可编程控制器软件功能强弱的一项重要指标以_____来衡量。
14. 可编程控制器硬件功能的一项重要指标以_____来衡量。
15. 数控机床的控制部分可以分为_____和_____两部分，它们之间通过_____进行相互间的信息交互。它们的各自作用是什么？
16. 简述 PLC 程序设计的一般步骤和注意的方面。

第 2 章 FANUC PMC 和 SIMATIC S7 系列性能规格及构成

2.1 概 述

可编程控制器在机床控制尤其是在数控机床控制中的应用越来越广泛。数控机床数字控制系统（硬件）主要包括数控系统、伺服系统、可编程控制器和测量反馈接口等。

数控系统作为一种计算机控制系统，能完成复杂的算术运算，其核心就是计算机与实时控制技术。它是数控机床控制的神经系统，其性能直接影响到数控机床的性能，决定了数控机床的发展。日本 FANUC 和德国 SIEMENS（西门子）都是全球数控系统著名制造商。他们将可编程控制单元的核心——CPU 分别集成于新一代 FANUC 数控系统和 SINUMERIK 810D/840D（西门子数控系统）中，一起完成复杂的逻辑运算和刀具运动轨迹。

2.1.1 数控系统

何谓数控？完整的定义应该是计算机数字控制，简称 CNC（Computerized Numerical Control）。以 SINUMERIK 840D 为例，其数控系统由一台计算机和一个数控单元（Numerical Control Unit，NCU）模块组成。类似的一台计算机由人机通信（Man Machine Communication，MMC）和操作面板（Operator Panel，OP）组成。MMC 有自己独立的 CPU，相当于一台计算机主机并带有各种通信接口等；OP 包括了计算机的显示器和键盘，MMC+OP（SIMUMERIK 810D/840D）如图 2-1 所示。

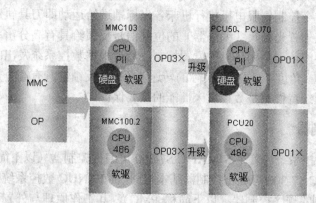

图 2-1 MMC+OP（SIMUMERIK 810D/840D）

MMC 主要分为 MMC100.2 和 MMC103 两种。其中 MMC100.2 的 CPU 为 486，带有 3.5 英寸（1 英寸=25.4mm）软驱接口而不自带硬盘；MMC103 的 CPU 为 PⅡ，带有 3.5 英寸软驱接口并自带硬盘。一般来说，SINUMERIK 810D 系统适宜选配 MMC100.2，SINUMERIK 840D 系统适宜选配 MMC103，这样选配系统的性价比较高。

PCU（PC Unit）是专门为配合西门子最新的操作面板(OP10、OP10s、OP10c、OP12 和 OP15)而开发的升级版 MMC 单元。

PCU 主要分为 PCU20、PCU50 和 PCU70 三种。PCU20 对应于 MMC100.2，带有 3.5 英寸软驱接口但不自带硬盘。PCU50 和 PCU70 对应于 MMC103，带有 3.5 英寸软驱接口并自带硬盘。与 MMC 所不同的是，PCU 的软件是基于 Windows NT 或 Windows XP 操作系统环境下运行的。

PCU 的软件被称作人机接口（Human Machine Interface，HMI）。HMI 又分为两种，即嵌入式 HMI 和高级 HMI。通常，PCU20 装载的是嵌入式 HMI，而 PCU50 和 PCU70 则装载高级HMI。

数控系统与可编程控制器之间的信息应答可以通过系统商定义的接口信号进行信息交互。SINUMERIK 840D 数字控制系统组成如图 2-2 所示。

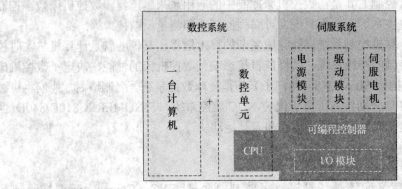

图 2-2   SINUMERIK 840D 数字控制系统

2.1.2　伺服系统

伺服系统一般由电源模块、驱动模块单元和伺服电机组成（FANUC β 电机所选配的独立伺服单元无需电源模块）。驱动模块单元又可分为进给模块和主轴模块两种。前者根据数控系统发出的速度和位置指令控制伺服电机执行机床各坐标轴进给运动即刀具轨迹运动，同时伺服电机的内置式编码器或外置光栅尺（编码器）的位置信号反馈给具有高分辨率的进给模块测量接口，从而形成一个半闭环（全闭环）的位置控制。后者根据数控系统发出的转速（角度）指令控制机床主轴的转速（角度），同样将实际的转速（角度）反馈给具有高分辨率的主轴模块测量接口。因此，伺服系统特性也是数控机床性能的重要保证。

2.1.3　可编程控制器

SINUMERIK 数控系统内置了 SIMATIC S7-300 可编程控制器（以下简称 PLC），其工作原理与标准的 SIMATIC S7-300 可编程控制器基本相同。而 FANUC 数控系统内置的可编程控制器是一种负责机床控制的顺序控制器（以下简称 PMC），其工作原理与外置可编程控制器也基本相同。它们对一些特殊的功能如定位轴控制、通信等更易实现。数字控制（NC）程序可以通过读取系统变量来判断机床动作的状态而决定加工程序的执行过程；PMC/PLC 将 NC 发出的 M代码或 T 代码等通过接口信号译码后执行机床的动作。NC 与 PMC/PLC 的信息通过接口信号进行交互，使得数控机床更具有良好的可操作性、可靠性以及加工的灵活性。

FANUC 数控系统和 SINUMERIK 810D/840D 数控系统都可以选配标准的机床控制面板(车

床版或铣床版），都不占有 PMC/PLC 的 I/O 物理地址的点数，且还带有许多可自定义键。因此，充分利用这些自定义键可以节省 PMC/PLC 的 I/O 点数，可相对降低一些机床的制造成本。

2.2 PMC 系列的性能规格和构成

可编程机床控制器(Programmable Machine Controller, PMC)由内置于 FANUC 数控系统主机中 PMC 控制模块和外置的 I/O 模块单元组成。它与 PLC 非常相似，其顺序程序作为一种能让 CPU 进行运算处理的程序，先被转换成可以让 CPU 进行译码和运算处理的一种格式（机器语言指令），然后再将结果存放在系统的 RAM 或 ROM 存储器中。这样 CPU 就可以高速读取存放在存储器中的每条指令，通过运算操作来执行对机床及相关设备进行顺序控制。由于它专用于负责对机床的控制，所以也称为可编程机床控制器。

随着数字技术的不断发展，FANUC 公司不断开发了不同性能规格的 PMC 系列（其型号、规格和性能如表 2-1 所列），以适用于不同性能档次的数控系统。不同类型的 PMC，其程序容量、处理速度、基本指令数和功能指令数以及非易失性存储区都会等有所不同，顺序程序编写的结构形式也不一样。

表 2-1 FANUC PMC 系列规格性能

PMC 类型		PMC-SA1	PMC-SA3	PMC-SB7	0i mate-D PMC/L	0i-D PMC/L	0i-D PMC
适用数控系统	0i mate-MB/TB	●					
	0i mate-MC/TC	●					
	0i mate-MD/TD				●		
	FS 0i-MA/TA	●					
	FS 0i-MB/TB	●		●			
	FS 0i-MC/TC	●		●			
	FS 0i-MD/TD					●	●
	FS 16i/18i-MB			●			
基本指令处理速度/(μs/步)		5	0.15	0.033	0.1	0.1	0.025
第一级程序扫描/ms		8					
程序级数		2	2	3	3①	3①	3
程序容量	梯图最大步数	5000	16000	24000	5000	5000(B 包)	24000
	梯图步数扩展(选项)	—	24000	32000/0iMC 64000/16iMB	8000	8000	32000
	符号、注释/KB	1～128	1～128	1～②	1～②	1～②	1～②
	信息/KB	8～64	8～64	8～②	8～②	8～②	8～②
基本指令数		12	14	14	14	14	14
功能指令数		48	64	69	92（105）①	92（105）③	93（105）③
I/O Link	最大输入点（X）	1024	1024	2048	256	1024	2048
	最大输出点（Y）	1024	1024	2048	256	1024	2048

PMC 类型		PMC-SA1	PMC-SA3	PMC-SB7	0i mate-D PMC/L	0i-D PMC/L	0i-D PMC
内部继电器/B		1000	1500	8500	1500	1500	8000
固定计数器（C）		—	—	100 个	20 个	20 个	100 个④
固定定时器（T）		100 个	100 个	500 个	100 个	100 个	500 个④
保持型存储器	保持继电器（K）	20B	20B	100B	20B	20B	100B
	可变定时器（T）	40 个	40 个	250 个	40 个	40 个	250 个④
	可变计数器（C）	20 个	20 个	100 个	20 个	20 个	100 个④
	数据表/B	1860	1860	10000	3000	3000	10000
标签 （L）		—	999	9999	9999	9999	9999
子程序（P）		—	512	2000	512	512	5000
编程语言	梯形图	●	●	●	●	●	●
计算机编程软件	FAPT LADDER Ⅱ	●	●	—	—	—	—
	FAPT LADDER Ⅲ	●	●	●	● 软件版本 V5.7	●	●⑤

① 由于与其他机型的程序可进行兼容，故可在第三级中创建程序，但是不能对程序进行处理；

② 各部分的容量并没有限制，但顺序程序的总容量(梯形图、符号/注释、信息等的总和)不能超过其存储量；

③ 括号内数值表示全部的功能指令数，括号外数值则表示其中的有效功能指令数；

④ 可变计数器，4B/个；固定计数器，2B/个；可变/固定定时器，2B/个；

⑤ 黑点表示适用

2.2.1 PMC 顺序程序处理

1. 优先级执行时间

根据所选 PMC 类型的不同，PMC 顺序程序的组成会有所不同。PMC-SA1 一般为第一级（LEVEL 1）和第二级（LEVEL 2）两层程序；而 PMC-SB7 可以为第一级（LEVEL 1）、第二级（LEVEL 2）和第三级（LEVEL 3）三层程序（其中第三级是根据实际需要而添加的），同时还可以添加子程序，如图 2-3 所示。

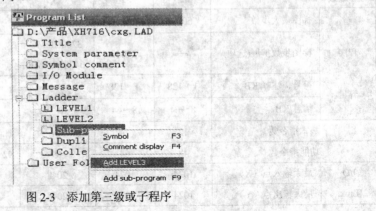

图 2-3　添加第三级或子程序

PMC 顺序程序的第一级为优先级，系统每隔 8ms（实际执行时间）对第一级程序执行一次。因此，对一些要求系统急速处理的急停信号、位置极限信号等编辑在第一级程序中为宜，以保证这些信号能及时得到处理。这也是 PMC 与其他 PLC 对特殊信号处理的区别之一。

(1) PMC-SA1 第一级和第二级程序的理论计算执行时间的公式为

$$5ms \times LADDER\ EXEC/100 = 5ms \times 150/100 = 7.5ms$$

式中　LADDER EXEC——第一级和第二级程序执行比。

PMC-SA1 第一级和第二级程序执行比不需设置，系统默认 150ms，如图 2-4 所示。

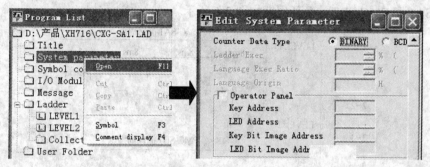

图 2-4　PMC-SA1 不设置 LADDER EXEC

在 7.5ms 执行时间之内，除去完成执行第一级程序所需时间之后，余下的时间再用来执行第二级程序。如果第二级程序较长，系统会自动对它进行分割，分割得到的每一部分与第一级程序共同构成 7.5ms 的执行时间段。

(2) PMC-SB7 可以有第三级程序。如果不添加第三级程序，则可以将 LADDER EXEC 设定为最大值 150，如图 2-5 所示。如果添加第三级程序，则第三级程序的理论计算执行时间公式为

$$7.5ms - 5ms \times LADDER\ EXEC/100 = 7.5ms - （第一级和第二级程序的理论计算执行时间）$$

从上式中可以得出：当 LADDER EXEC 参数设为最大值 150ms 时，第三级程序的执行时间等于 0，系统将无法正常执行第三级程序。因此，当减小 LADDER EXEC 参数设定值即减少了第一级和第二级程序的执行时间，第三级程序的执行时间就不等于 0。当 LADDER EXEC 参数设为最佳值 100ms 时，第一级和第二级程序、第三级程序的理论计算执行时间分别为

第一级和第二级程序的理论计算执行时间=$5ms \times LADDER\ EXEC/100 = 5ms \times 100/100 = 5ms$

第三级程序的理论计算执行时间=$7.5ms - 5ms \times 100/100 = 2.5ms$

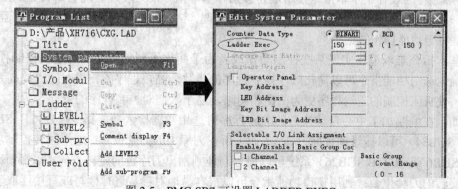

图 2-5　PMC-SB7 可设置 LADDER EXEC

2. 循环周期

PMC 顺序程序的循环周期是指完整执行一次 PMC 顺序程序所需要的时间。

循环周期主要取决于顺序程序的总步数和第一级程序的大小。在第一级程序步数一定的情况下，第二级程序越长，意味着第二级程序的分割数越大，相应的循环周期也越长；在第二级程序步数一定的情况下，第一级程序越长，也意味着第二级程序的分割数越大，相应的循环周期也越长。实际上，PMC 顺序程序的循环周期等于 $8\text{ms} \times n$(第二级顺序程序分割所得的数目)。一旦顺序程序编制完成，PMC 顺序程序的循环周期也就定了。

PMC-SA1 和 PMC-SB7 的循环周期如图 2-6 所示。

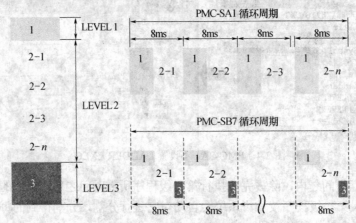

图 2-6　PMC-SA1 和 PMC-SB7 循环周期

注：实际执行时间（8ms）与理论执行时间（7.5ms）相差 0.5ms 是被系统本身占用了。

3. 响应时间

响应时间是系统对信号处理的反映能力。处理周期越短，信号的响应时间就越短，响应能力越强。但 PMC 顺序程序是逐条执行的，外部信号的变化是随机的，所以信号响应的时间并非固定。信号响应时间是反映系统灵敏度的一个重要指标。

2.2.2　PMC 指令分类

PMC 编程指令分为基本指令和功能指令两大类。根据不同的 PMC 类型，基本指令和功能指令的种类和数量都会有所增减。

(1) 基本指令。可以对二进制位进行与、或、非等逻辑操作实现基本的位逻辑操作的指令。在 PMC 顺序程序设计中基本指令使用最为频繁。基本指令及处理过程说明如表 2-2 所列。

(2) 功能指令。可以对二进制字节进行数据处理、格式转换、字节的逻辑运算等运算操作，完成一些特定功能操作的指令。

在基本指令难以编制实现某些控制动作或者为了简化编制繁锁冗长的逻辑控制程序时,灵活、正确地选用功能指令可以简化顺序控制程序的步数，缩短程序的扫描时间，提高系统的响应速度，使机床控制的逻辑程序更为简捷和明晰，易于人们对控制程序的解读。

例如，在编制加工中心自动换刀的顺序程序时选用数据检索功能指令（DSCH SUB17 或 DSCHB SUB34）可以搜寻到目标刀具（T 码）所在刀库中的刀套位置；选用回转控制功能指令（ROT SUB6 或 ROTB SUB26）系统可以很容易地判别出刀库链的旋转方向（以最短路径）和刀库链旋转的刀套位数；利用窗口功能指令可以很容易地对参数进行读写或直接读取坐标轴移动的位置坐标值。一次复杂的逻辑判断就完全可以由一条功能指令迎刃而解了。

22

表 2-2　基本指令及处理过程说明

基本指令编号	基本指令		处理过程说明
	格式 1	格式 2	
1	RD	R	读入指定的信号状态并设置在 ST0 中
2	RD NOT	RN	读入指定的信号的逻辑状态取非后设置在 ST0 中
3	WRT	W	将逻辑运算结果（ST0 的状态）输出到指定的地址
4	WRT NOT	WN	将逻辑运算结果（ST0 的状态）取非后输出到指定的地址
5	AND	A	逻辑与
6	AND NOT	AN	将指定地址的信号状态取非后逻辑与
7	OR	O	逻辑或
8	OR NOT	ON	将指定地址的信号状态取非后逻辑或
9	RD STK	RS	将寄存器内容左移一位，把指定地址的信号状态设到 ST0
10	RD NOT STK	RNS	将寄存器的内容左移一位，把指定地址的信号状态取非后设到 ST0
11	AND STK	AS	ST0 和 ST1 逻辑与后，堆栈寄存器右移一位
12	OR　STK	OS	ST0 和 ST1 逻辑或后，堆栈寄存器右移一位
13	SET	SET	ST0 内容与指定地址信号状态逻辑或，将结果输到指定地址
14	RST	RST	ST0 内容取反与指定地址信号状态逻辑与，将结果输出到指定地址

2.3　S7 系列的性能规格和构成

标准的 SIMATIC S7-300 是一种功能强大的中档可编程控制器。其模块化硬件结构和无风扇结构设计使各种模块之间可以以不同的方式灵活组合在一起，且具有很强的工业环境适应性，易于扩展和维护，从而使控制系统的设计、应用更加灵活方便。SIMATIC S7-300 在面向制造工业领域中成为一种既经济又切合实际解决方案的可编程控制器，可以满足适应不同领域、不同控制对象的需求。

标准的 SIMATIC S7-300 可编程控制器的主要特点如下：

(1) 循环周期短，处理速度高；

(2) 指令集丰富，指令功能强大；

(3) 产品设计紧凑，节省空间；

(4) 模块化硬件结构，安装灵活；

(5) 不同性能档次的 CPU 可供选择；

(6) 无需电池备份，基本免维护；

(7) 工业环境适应性强，可在恶劣的气候条件下使用。

SIMATIC S7-300 有各种不同性能档次的 CPU 模块可供使用。其 CPU 家族如表 2-3 所列。

表 2-3　SIMATIC S7-300 的 CPU 家族

标准型 CPU 系列	紧凑型 CPU 系列	故障安全型 CPU 系列
CPU312	CPU312C	CPU315F-2DP
CPU314	CPU313C	CPU317F-2DP
CPU315-2DP	CPU313C-2PTP	
CPU317-2DP	CPU314C-2PDP	
CPU318-2	CPU314C-2DP	

SINUMERIK 8x0D 数控系统的核心紧凑型控制单元（Compact Control Unit，CCU）/数控单元（Numerical Control Unit，NCU）模块包含了 NC CPU 和 PLC CPU。不同型号的 CCU/NCU 模块带有不同性能档次的 NC CPU 和 PLC CPU，并配以与其对应的系统软件（需单独定购），可以满足控制轴数从最小 2 轴到最多 31 轴不等的 CCU/NCU 模块系列，方便用户根据实际需要选用不同型号的 CCU/NCU 模块。CCU/NCU 模块如图 2-7 所示。

SINUMERIK 810D 的 CCU 模块负责处理所有 CNC、PLC 和通信任务。它集成了驱动功率模块，分为 2 轴版（驱动两个最大不超 11N·m 进给电机）和 3 轴版（驱动两个最大不超过 9N·m 进给电机和一个 9kW 主轴电机）两种规格。它都带有一个 PROFIBUS-DP 接口、6 个反馈测量接口等。根据需要还可以在 CCU 模块单元右侧连接

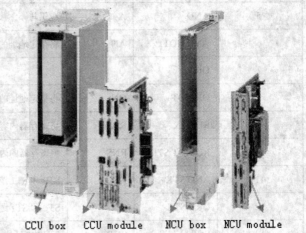

CCU box　CCU module　NCU box　NCU module

图 2-7　CCU/NCU 模块

SIMODRIVE 611D 驱动模块，将伺服控制轴数扩展到 5 轴。一个数控和驱动完美统一的紧凑型控制单元性价比较高。

SINUMERIK 840D 的 NCU 模块负责处理所有 CNC、PLC 和通信任务，带有 4 点高速 NC I/O。模块上具有不同的接口（PROFIBUS-DP、SIMATIC 接口等）可用于与外设 I/O 进行通信。它可支持的最大通道数达 10 个（DB21～DB30），最多可控制 31 个轴（DB31～DB61）。SINUMERIK 840D、SIMODRIVE 611D 驱动系统以及内置的 PLC 一起构成了全数字控制系统，可以完全满足机床各种复杂的加工任务和控制精度。

SINUMERIK 8x0D 数控系统内置 PLC CPU 的关键数据如表 2-4 所列。

表 2-4　内置 PLC CPU 关键数据

数控系统（SINUMERIK）		SIMATIC S7-300				
		CPU314	CPU314C-2DP	CPU315-2DP		CPU317-2DP
		6ES7 314-1AE01 0AB0	6ES7 314-6CF00 0AB0	6ES7 315-2AF01 0AB0	6ES7 315-2AF03 0AB0	6ES7 317-2AJ00 0AB0
810D	CCU1	●①				
	CCU2			●		
	CCU3				●	

24

数控系统 （SINUMERIK）		SIMATIC S7-300				
		CPU314	CPU314C-2DP	CPU315-2DP		CPU317-2DP
		6ES7 314-1AE01 0AB0	6ES7 314-6CF00 0AB0	6ES7 315-2AF01 0AB0	6ES7 315-2AF03 0AB0	6ES7 317-2AJ00 0AB0
840D	NCU561.2				●	
	NCU561.3				●	
	NCU561.4		●			
	NCU571.2			●		
	NCU571.3				●	
	NCU571.4		●			
	NCU572.2			●		
	NCU572.3			●	●	
	NCU572.4		●			
	NCU573.2			●		
	NCU573.3			●	●	
	NCU573.4		●			
	NCU573.5					●
用户存储器/KB （用户程序、用户数据和基本程序）		64/ 96/ 128	96/160/224/288 352/416/ 480	96/160/224/ 288/352/ 416/480	64/96/128/ 160/192/224 256/288	128 768（最大）
数据块存储器/KB		=用户存储器	至 96	至 96	=用户存储器	Max.256
位存储器		2048	4096	2048/4096②	4096	32768
定时器		128	256	128	128	512
计数器		64	256	64	64	512
最大标志数		4096	4096	4096	4096	4096
I/O/B 　数字 　模拟		768（总的 I/O） 64	1024/1024 64	1024/1024 64	1024/1024 64	4096（总的 I/O） 256
I/O 扩展模块		24	24	24	24	24
处理时间 - 位指令 （I/O） - 字指令		0.3ms/KA③ 1ms/KA～4ms/KA	0.1ms/KA 0.25ms/KA～ 1.2ms/KA	0.3ms/KA 1ms/KA～4ms/KA	0.3ms/KA 1ms/KA～ 4ms/KA	≤0.031ms/KA 0.1ms/KA
最大数据块长度/KB		16	16	16	16	32
最大 FC、FB 块长度/KB		16	24	24	24	64
程序块/数据块 OB FB FC DB		1、40、100 1～127 1～127 1～127	1、40、100 0～255 0～255 1～399	1、40、100 0～255 0～255 1～399	1、40、100 0～255 0～255 1～399	1、40、100 2048 （FB、FC、DB 总和）
编程语言		梯形图、语句表、功能图				
编程软件		STEP7 Version 4.2～Version 5.4				

① 表示黑点适用；

② 表示带 PLC 操作系统 03.10.13 之后的；

③ 表示 1KA=1024 个指令，相当于 3KB

2.3.1 可编程控制器组成

标准的 SIMATIC S7-300 可编程控制器通常由电源模块（PS）、CPU 主模块、接口模块（IM）、信号模块（SM）和功能模块（FM）等部件组成。各个模块安装在 DIN 标准导轨上，并用螺丝固定。这种安装形式既可靠又能满足电磁兼容要求。除电源模块、CPU 模块和接口模块外，在一个机架上并排安装不得超过 8 个模块，这些模块总是位于接口模块的右边。

S7-300 可编程控制器槽号和对应信号模块起始地址如图 2-8 所示。

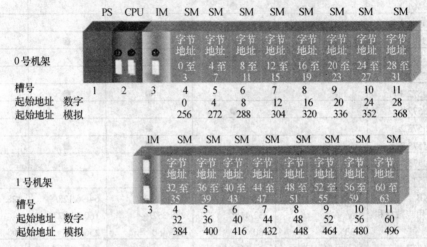

图 2-8　S7-300 槽号和对应信号模块起始地址

1. 模块的种类

(1) 电源模块（PS）。将市电电压转换为 24V 直流工作电压，为 S7-300 可编程控制器 CPU 和 24V 直流负载电路提供电源。

(2) 中央处理单元（CPU）。由控制和运算器、存储器操作系统和编程器接口组成运行操作程序和用户程序，CPU 总位于 0 号机架。

(3) 接口模块（IM）。连接 S7-300 各个机架，将 S7-300 背线总线从一个机架连到下一个机架。

(4) 信号模块（数字量和模拟量 I/O）。使不同的过程信号电平与 S7-300 的内部信号相匹配，几乎对所有类型的现场信号都适用。

(5) 功能模块（FM）。用于时间要求苛刻、存储器容量要求较大的过程信号处理任务，如定位控制、温度测量和闭环控制等。

(6) 通信处理器（CP）。供点对点连接或通过 PROFIBUS 和工业以太网进行通信。

2. 机架模块安装原则

(1) 接口模块总位于 3 号槽（0 号机架：槽 1 电源模块；槽 2 CPU 模块），且总位于第一信号模块的左边。

(2) 每个机架不能超过 8 个模块（SM、FM、CP），这些模块位于接口模块右边。

(3) 能插入的模块数（SM、FM、CP）受到 S7-300 背板总线允许提供的电流限制。

2.3.2 内置 PLC 组成

内置 PLC 主要由集成在 CCU 模块/NCU 模块中 PLC CPU 和外置的位于 1 号机架的

SIMATIC 接口模块与 I/O 信号模块组成，如图 2-9 所示。

根据其 PLC CPU 处理器的不同型号，它们的程序容量、处理速度、指令集数和非易失性存储区都会有所不同（具体性能数据可以参考表 2-4）。

它与标准的 SIMATIC S7-300 可编程控制器的工作原理是相同的，它们之间的主要区别在于内置 PLC 增加其与数控核心(Numerical Control Kernel，NCK)之间进行信息交互的接口信号。因为 PLC 用户程序与 NCK、MMC 之间以及与机床控制面板（Machine Control Panel，MCP）之间都需要建立信息的交互。这种用于信息交互的媒体称为信号接口。

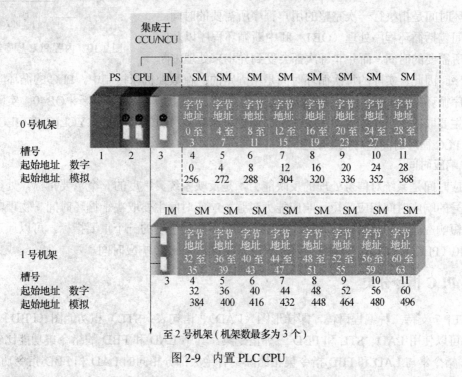

图 2-9　内置 PLC CPU

数控系统与 PLC 之间的接口信号分为 MCP 信号、PLC 信息报警信号、通道信号以及轴相关信号等。当数控机床配以 SINUMERIK 810D/840D 系统时，1 号机架包含了外置的 SIMATIC 接口模块和 I/O 信号模块等硬件，通过接口模块与 NCU 模块上的 SIMATIC 接口相连，就可以使 I/O 模块的信号与数控系统之间实现通信。

在编制数控机床用户程序时，不仅完全可以选用标准的 SIMATIC S7-300 的绝大部分指令，而且随 CCU/NCU 模块系统软件一起提供的 Toolbox (工具盒)中还包含了许多 PLC 基本程序块，如标准铣床版/车床版面板的基本程序块 FC19/FC25 等，为实际编制用户控制程序提供了极大方便。PLC 基本程序块分配（SINUMERIK 810D/840D）见附录 C。

2.3.3　内置 PLC 程序处理

当系统上电之后，操作系统首先启动初始化组织模块 OB100，调用 FB1（启动功能块）执行初始化处理。当 OB100 运行结束之后，通过操作系统调用主程序 OB1（循环处理组织块）对用户程序执行循环处理。

一个 OB 块的执行是否可以被另一个 OB 块的调用而中断是由其优先级决定的，高优先级的 OB 块可以中断低优先级的 OB 块。

因此，会出现系统硬件报警导致 OB40（报警处理组织块）被调用，同时 FC3（报警控制功能）被 OB40 调用之后会导致程序循环处理被中断，因为 OB1 的优先级最低（OB90除外）。S7-300 CPU 中组织块的优先级是固定的。

OB 块类型与 CPU 型号相关，其型号确定所支持的 OB块类型。内置 PLC 程序结构如图 2-10 所示。

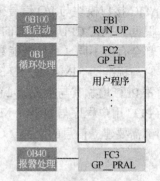

图 2-10　内置 PLC 程序结构

1. 循环时间

循环时间是指执行一次完整的用户程序所需要的时间。循环时间包括循环程序处理（OB1）和中断循环程序以及刷新映像所需要的时间，而并非每次都会受到异步来处理中断循环程序。因此，实际的每次循环时间是不固定的；在数控机床控制中，PLC 的循环时间主要包括程序循环处理 OB1 和刷新映像所需要的时间、过程处理报警（中断）OB40。实际每次循环时间主要取决于用户程序的步数，可以通过机床参数 10100（PLC_CYCLIC_TIMEOUT）设定最大 PLC 循环时间超时报警响应。

2. 响应时间

响应时间是系统对信号处理的反映能力，是反映系统灵敏度的一个重要指标。处理周期越短，信号的响应时间相应就短，响应能力越强。响应时间主要取决于循环时间。物理响应时间介于最短响应时间和最长响应时间之间，是反映系统灵敏度的一个重要指标，可以通过机床参数 10110（PLC_CYCLIC_TIME_AVERAGE）设定最大 PLC 响应时间。

2.3.4　PLC 指令分类

STEP 7 支持三种编程语言，即梯形图（LAD）、语句表（STL）和功能图（FBD）。编制用户程序可以使用 LAD、STL 和 FBD 三种指令集。其中 LAD 和 FBD 的指令集功能比较相似，而 STL 指令集与 LAD 和 FBD 指令集相比除具有绝大部分相同的 LAD 和 FBD 指令功能外，还增加了累加器指令和装入/传输指令。用户程序可以灵活地选用不同语言的指令进行混合编写，这给程序的编制带来了很大的方便。在一般情况下，如果程序块中没有错误，梯形图/功能图可以直接转换为语句表。但是，并非所有的语句表都可以转换为梯形图或功能图，这除了指令的因素之外，还要符合一定的编辑语法才能转换。

配以 SINUMERIK 810D/840D 系统的数控机床，其 PLC 编程不仅可以灵活选用标准SIMATIC S7-300 的绝大部分指令，而且随数控系统一起提供的 TOOLBOX 中有许多实用的基本程序块（功能和功能块）可以被调用（见附录 C）。但是在实际的应用过程中，要特别注意工具盒（TOOLBOX）的软件版本必须符合数控单元 NCU 模块的系统软件版本要求。因此，建议在编写用户程序时可以将符合所订 NCU 系统软件版本的 TOOLBOX 中的基本程序块一起复制到用户程序中，这样才能保证数控系统与用户程序的兼容。

编写程序的指令一般可以选择英文和德文两种用户语言来表达。打开 SIMATIC 管理器窗口，选择【Option】→【Customize】，弹出【Customize】对话选择框，如图 2-11 所示。在【Customize】对话框中可以选择所要编写指令的用户语言，最后单击【OK】按钮，即完成指令用户语言选择。

LAD 和 FBD 指令集（英文和德文）如表 2-5 所列（LAD 和 STL 指令集如表 4-2 所列）。

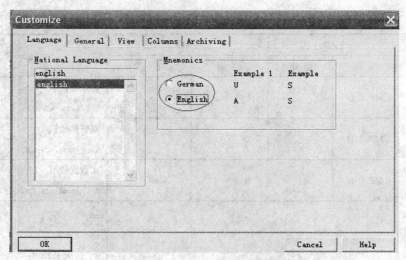

图 2-11 指令用户语言选择

表 2-5 LAD、FBD 指令集

指令功能 分 类	LAD		FBD		说 明
	英 语	德 语	英 语	德 语	
1	-| |-				常开接点（地址）
	-|/|-				常闭接点（地址）
	-|NOT|-				信号流取反
	-( )		=		输出线圈/赋值
	-(#)-		#		中间输出
	-(R)		R		复位
	-(S)		S		置位
位逻辑 Bit Logic	RS				复位置位触发器
	SR				置位复位触发器
	-(N)-		N		RLO 下降沿检测
	-(P)-		P		RLO 上升沿检测
	-(SAVE)		SAVE		将 RLO 存入 BR 存储器
	NEG		NEG		地址下降沿检测
	POS		POS		地址上升沿检测
			>=1		与
			&		或
			--|		逻辑输入
			--0|		逻辑取反输入

指令功能分类	LAD		FBD		说　明
	英　语	德　语	英　语	德　语	
2 比较 Comparator	CMP ？ I		？ I		整数比较 ？：（==，<>；>，<；>=，<=）
	CMP ？ D		？ D		双整数比较 ？：（==，<>；>，<；>=，<=）
	CMP ？ R		？ R		实数比较 ？：（==，<>；>，<；>=，<=）
	注：每一类比较包含 6 种比较指令				==　（相等） <>　（不相等） >　　（大于） <　　（小于） >=　（大于等于） <=　（小于等于）
3 转换 Converter	BCD_I		BCD_I		BCD 码转换为整数（16 位）
	BCD_DI		BCD_DI		BCD 码转换为双整数（32 位）
	I_BCD		I_BCD		整数（16 位）转换为 BCD 码
	DI_BCD		DI_BCD		双整数（32 位）转换为 BCD 码
	I_DI		I_DI		整数（16 位）转换为双整数（32 位）
	DI_R		DI_R		双整数转为浮点数（32 位，IEEE）
	INV_I		INV_I		整数的二进制反码（16 位）
	INV_DI		INV_DI		双整数的二进制反码（32 位）
	NEG_I		NEG_I		整数的二进制补码（16 位）
	NEG_DI		NEG_DI		双整数的二进制补码（32 位）
	NEG_R		NEG_R		浮点数求反
	ROUND		ROUND		舍入为双整数（32位双整数）
	TRUNC		TRUNC		舍去小数取整为双整数
	CEIL		CEIL		上取整（32位双整数）
	FLOOR		FLOOR		下取整（32 位双整数）
4 计数器 Counters	S_CUD	ZAEHLER	S_CUD	ZAEHLER	加一减计数器
	S_CU	Z_VORW	S_CU	Z_VORW	加计数器
	S_CD	Z_RUECK	S_CD	Z_RUECK	减计数器
	-(SC)	-(SZ)	SC	SZ	设置计数值线圈
	-(CU)	-(ZV)	CU	ZV	加计数器（线圈）
	-(CD)	-(ZR)	CD	ZR	减计数器（线圈）
5 数据块 Data Block	-(OPN)		OPN	AUF	打开数据块：DB 或 DI

指令功能 分　类	LAD		FBD		说　明
	英　语	德　语	英　语	德　语	
6 跳转 Jumps	LABEL		LABEL		跳转标号
	-（JMP）		JMP		有条件跳转
	-（JMP）		JMP		无条件跳转
	-（JMPN）		JMPN		若非零则跳转
7 整数算术运算 Integer Math	ADD_I		ADD_I		整数加法
	ADD_DI		ADD_DI		双整数加法
	SUB_I		SUB_I		整数减法
	SUB_DI		SUB_DI		双整数减法
	MUL_I		MUL_I		整数乘法
	MUL_DI		MUL_DI		双整数乘法
	DIV_I		DIV_I		整数除法
	DIV_DI		DIV_DI		双整数除法
	MOD_DI		MOD_DI		双整数除法的余数（32 位）
8 浮点算术运算 Floating-Point Math	ADD_R		ADD_R		实数加法（基本指令）
	SUB_R		SUB_R		实数减法（基本指令）
	MUL_R		MUL_R		实数乘法（基本指令）
	DIV_R		DIV_R		实数除法（基本指令）
	ABS		ABS		浮点数绝对值运算（基本指令）
	SQR		SQR		浮点数平方运算（扩展指令）
	SQRT		SQRT		浮点数平方根运算（扩展指令）
	EXP		EXP		浮点数指数运算（扩展指令）
	LN		LN		浮点数自然对数运算（扩展指令）
	SIN		SIN		浮点数正弦运算（扩展指令）
	COS		COS		浮点数余弦运算（扩展指令）
	TAN		TAN		浮点数正切运算（扩展指令）
	ASIN		ASIN		浮点数反正弦运算（扩展指令）
	ACOS		ACOS		浮点数反余弦运算（扩展指令）
	ATAN		ATAN		浮点数反正切运算（扩展指令）
9 赋值　Move	MOVE		MOVE		赋值

指令功能分类	LAD		FBD		说 明
	英 语	德 语	英 语	德 语	
10 程序控制 Program Control	-(CALL)		CALL		由线圈调用 FC/SFC（无参数）
	CALL_FB		CALL_FB		调用功能块（FB）
	CALL_FC		CALL FC		调用功能（FC）
	CALL_SFB		CALL_SFB		调用系统功能块（SFB）
	CALL_SFC		CALL SFC		调用系统功能（SFC）
	-(MCR<)		MCR<		主控继电器区接通
	-(MCR>)		MCR>		主控继电器区断开
	-(MCRA)		MCRA		主控继电器启动
	-(MCRD)		MCRD		主控继电器停止
	-(RET)		RET		有条件块返回
11 移位和循环 Shift/Rotate	SHR_I		SHR_I		整数右移
	SHR_DI		SHR_DI		双整数右移
	SHL_W		SHL_W		字左移
	SHR_W		SHR_W		字右移
	SHL_DW		SHL_DW		双字左移
	SHR_DW		SHR_DW		双字右移
	ROL_DW		ROL_DW		双字左循环
	ROR_DW		ROR_DW		双字右循环
12 定时器 Times	S_PULSE	S_IMPULS	S_PULSE	S_IMPULS	脉冲 S5 定时器
	S_PEXT	S_VIMP	S_PEXT	S_VIMP	扩展脉冲 S5 定时器
	S_ODT	S_EVERZ	S_ODT	S_EVERZ	接通延时 S5 定时器
	S_ODTS	S_SEVERZ	S_ODTS	S_SEVERZ	保持型接通延时 S5 定时器
	S_OFFDT	S_AVERZ	S_OFFDT	S_AVERZ	断电延时 S5 定时器
	-(SP)	-(SI)	SP	SI	脉冲定时器（线圈）
	-(SE)	-(SV)	SE	SV	扩展脉冲定时器（线圈）
	-(SD)	-(SE)	SD	SE	接通延时定时器（线圈）
	-(SS)		SS		保持型接通延时定时器（线圈）
	-(SF)	-(SA)	SF	SA	断开延时定时器（线圈）

指令功能 分 类	LAD		FBD		说 明
	英 语	德 语	英 语	德 语	
13 状态位 Status Bits	OV --│--		OV		溢出异常位
	OV --│/--				溢出异常位取反
	OS --│--		OS		存储溢出异常位
	OS --│/--				存储溢出异常位取反
	BR --│--	BIE --│--	BR	BIE	异常位二进制结果
	BR --│/--	BIE--│/--			异常位二进制结果取反
	UO---│--		UO		无序异常位
	UO --│/--				无序异常位取反
	==0--│--		==0		结果位等于"0"
	==0--│/--				结果位等于"0"取反
	<>0--│--		<>0		结果位不等于"0"
	<>0--│/--				结果位不等于"0"取反
	>0 --│--		>0		结果位大于"0"
	>0 --│/--				结果位大于"0"取反
	<0 --│--		<0		结果位小于"0"
	<0 --│/--				结果位小于"0"取反
	>=0--│--		>=0		结果位大于等于"0"
	>=0--│/--				结果位大于等于"0"取反
	<=0--│--		<=0		结果位小于等于"0"
	<=0--│/--				结果位小于等于"0"取反
14 字逻辑 Word Logic	WAND_W		WAND_W		字和字相"与"
	WAND_DW		WAND_DW		双字和双字相"与"
	WOR_W		WOR_W		字和字相"或"
	WOR_DW		WOR_DW		双字和双字相"或"
	WXOR_W		WXOR_W		字和字相"异或"
	WXOR_DW		WXOR_DW		双字和双字相"异或"

思考题与习题

1. 简述数控机床控制系统的基本组成。

2. 数控系统作为一种计算机控制系统，其核心就是_____与_____。

3. PMC 由内置于 FANUC 数控系统主机中_____和_____组成。

4. 简述 PMC 顺序程序第一级和第二级对循环周期的影响。

5. 简述循环周期与响应时间的关系。

6. 标准的 SIMATIC S7-300 可编程控制器有哪些主要特点？

7. 简述 SINUMERIK 810D 的 CCU 模块和 SINUMERIK 840D 的 NCU 模块共同点和不同点。

8. 内置/标准 SIMATIC S7-300 可编程控制器在一个机架上并排安装不得超过_____模块，这些模块总是位于_____的右边。

9. 通过机床参数_____设定内置 PLC 最大循环时间超时报警响应。

10. 通过机床参数_____设定内置 PLC 最大响应时间。

11. STEP 7 支持三种编程语言。在一般情况下梯形图/功能图可以直接转换为_____。_____语句表都可以转换为_____，除了_____因素之外还要符合_____才能转换。

12. 在实际应用PLC基本程序块过程中，TOOLBOX的软件版本必须_____NCU模块的系统软件版本要求。

第3章 编程软件

编程软件是编制用户控制程序必需的一种工具。到目前为止，还没有一种编程软件能适用于不同品牌的可编程控制器。因此，每个可编程控制器制造商都开发了仅适用于自己系统指令的编程软件。FAPT LADDER-Ⅲ是 FANUC 公司开发的可用于数控机床 PMC 顺序程序的编程软件，其最新版本为 FAPT LADDER-Ⅲ V5.7，增加了适用 PMC 类型为 0i Mate-D PMC/L、0i-D PMC 和 0i-D PMC/L 的编程功能。STEP 7 编程软件是西门子公司开发的可用于 SIMATIC S7-300 可编程控制器的编程软件。2006 年正式发布的最新版本为 STEP 7 V5.4。全面了解、熟悉掌握和灵活应用 FAPT LADDER-Ⅲ和 STEP 7 编程软件，将会给数控机床的 PMC/PLC 编程带来很大的方便。

3.1 FAPT LADDER-Ⅲ编程软件

FAPT LADDER-Ⅲ编程软件运行在操作系统 Windows 98/NT4.0/2000/Me 或 Windows XP 环境下。它是适用于对 PMC-SAI/SA3/SB7 等不同 PMC 类型的一种编程软件，给用户提供了编制 PMC 顺序程序的一种友好的窗口环境。

FAPT LADDER-Ⅲ 提供了离线和在线两种模式，如表 3-1 所列，并包括了一系列编辑的应用工具，如图 3-1 所示。

表 3-1 FAPT LADDER-Ⅲ 主要功能

编 辑 模 式	功 能
离线	顺序程序离线编辑（反编辑）和注释
	顺序程序的传送
	顺序程序的打印
在线	顺序程序在线编辑与修改
	监控、调试顺序程序（通过 RS-232 或以太网）
	诊断包括对梯图的监控、信号状态和分析
	写入 F-ROM

图 3-1 FAPT LADDER-Ⅲ编辑应用工具

1. 标题

主要用于对程序进行一个文档备案处理。备案的项目可以包括机床厂名、PMC 类型、顺序程序的编制版本、程序编辑者和注释等。字符的长度是有限制的。

2. 系统参数

用于对程序中使用的计数器数据类型（二进制或 BCD）进行选择。对可添加第三级程序的 PMC 类型（如 PMC-SB7）对 LADDER EXEC（第一级和第二级程序的执行比）参数进行设置。

3. 符号注释

用于创建编辑包括机床输入输出信号（X、Y）、NC 接口信号（G、F）、PMC 参数（C/K/D/T）和其他（R/A/P）等符号和注释。全局符号在程序中有效。能在系统屏幕上显示的符号不宜超过 6 个字符。

4. I/O 地址分配

用于设定分配与 I/O LINK 连接的 I/O 单元模块（包括标准机床控制面板）的起始地址。

5. 信息（报警）

用于制作在系统屏幕上能显示的报警内容或信息提示内容编辑到对应的 A 地址中。

6. 用户程序

FAPT LADDER-Ⅲ支持用梯形图编程语言编制能对机床进行顺序控制的用户程序。

3.1.1 安装/卸载 FAPT LADDER-Ⅲ

随着 FAPT LADDER-Ⅲ软件版本的不断升级，其内容不断更新，功能更加丰富。但对 PC 机操作系统软硬件的要求更高。因此，在安装之前，必须了解其对 PC 机操作系统软硬件的要求（目前，PC 机安装的 Windows XP 操作系统以及内存容量基本都能满足）。

1. 安装

(1) 将 FAPT LADDER-Ⅲ编程软件安装盘放入 PC 机光驱，双击自动安装图标。显示屏弹出 FAPT LADDER-Ⅲ软件版本安装画面，如图 3-2 所示。

(2) 单击【Setup Start】按钮，弹出选择所需的安装语言，如图 3-3 所示。

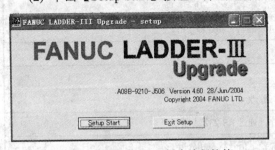
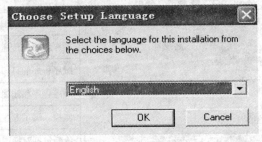

图 3-2　开始安装 V4.6 版本编程软件　　　　图 3-3　选择安装的语言

(3) 按屏幕每次弹出的安装步骤指南信息提示，一步一步地完成余下的安装步骤，如图 3-4 所示。

2. 卸载

卸载 FAPT LADDER-Ⅲ软件时可以按照通常的 Windows 步骤进行：

(1) 打开"控制面板"，双击"添加/删除程序"图标；

(2) 在当前安装程序项目中，选中 FAPT LADDER-Ⅲ，然后单击【添加/删除组件】按钮，完成 FAPT LADDER-Ⅲ 编程软件的卸载。

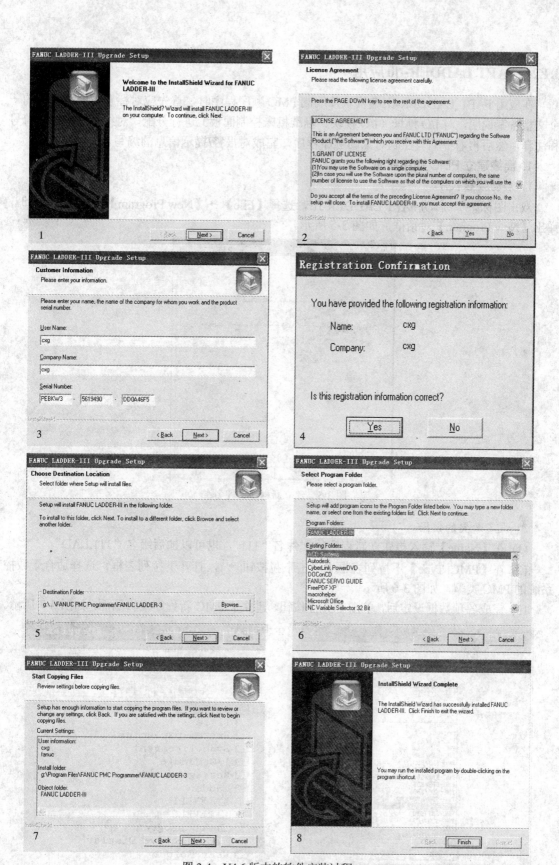

图 3-4 V4.6 版本的软件安装过程

3.1.2 FAPT LADDER-Ⅲ应用

在应用 FAPT LADDER-Ⅲ编程软件编制 PMC 顺序程序时，首先应对标题作所编程序的一个文档备案说明，对 I/O 地址（I/O 模块、标准机床控制面板）进行分配，对绝对地址编辑符号和注释，然后再着手编写控制对象的顺序程序，完成对报警/提示信息的编写。

1. 离线建立 PMC 顺序程序

1) 启动编程软件

双击图标，启动 FAPT LADDER-Ⅲ，选择【File】→【New Program】或单击图标，弹出【New Program】对话框，如图 3-5 所示。

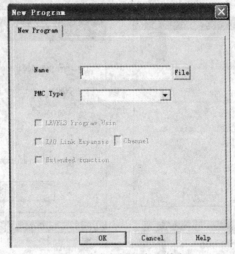

图 3-5　建立新程序文件名

2) 设定必要的数据

(1) 在【Name】输入想建立新程序的文件名"111"，也可以加后缀名"111.LAD"。

(2) 在【PMC Type】下拉列表框中单击下拉按钮，打开下拉列表框，选择适合于数控系统的 PMC 类型，如图 3-6 所示。

(3) 完成各项数据设定后，单击【OK】按钮，建立了 PMC 新程序编辑画面，如图 3-7 所示。

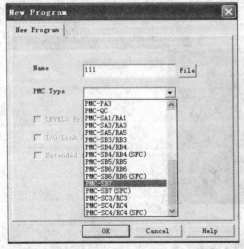

图 3-6　建立新文件名、选择 PMC 类型

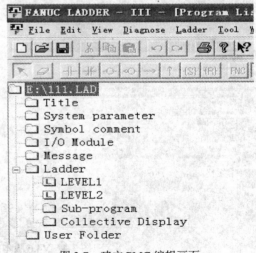

图 3-7　建立 PMC 编辑画面

2. 离线打开 PMC 顺序程序

1) 双击图标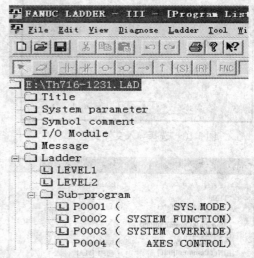启动 FAPT LADDER-Ⅲ

(1) 选择【File】→【Open Program】或单击图标，弹出【Open Program】对话框，如图 3-8 所示。

(2) 输入想要打开的"程序文件名"，单击【打开】按钮，显示"程序编辑画面"，如图 3-9 所示。

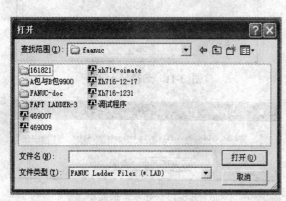

图 3-8　打开程序对话框

图 3-9　程序编辑画面

2) 直接打开 PMC 顺序程序

找到想要打开的 PMC 顺序程序文件的存放路径，直接双击该文件的图标 即可打开该 PMC 顺序程序。

3. 导入（复制）PMC 顺序程序

在编制一个新工程的 PMC 程序过程中，往往可以利用一些已有的 PMC 程序内容导入一些子程序、报警/提示信息（Message）等，在此基础上再进行修改和补充，可以缩短编程和调试的时间。

(1) 打开或新建与被导入程序文件 PMC 类型一致的 PMC 程序。

(2) 选择【File】→【Import】，弹出【Import】对话框，如图 3-10 所示。

(3) 选择导入文件的类型：FANUC LADDER-Ⅲ FILE（*LAD），然后单击【Next】按钮，在【Specify import file name (*LAD)】栏下选择要被导入的*.LAD 文件名，如图 3-11 所示。

(4) 单击图 3-11 中【Next】按钮，弹出【Import】对话框，如图 3-12 所示。

(5) 选中【Import】对话框内想要导入的内容（如 P1 和 P2），然后单击【Finish】按钮，弹出提示信息"是否覆盖或添加"，如图 3-13 所示。

(6) 若无疑义，单击【是】按钮，随后在打开的 PMC 程序出现复制或添加的内容，完成整个导入（复制）过程。

注意：导入的程序和被导入程序的 PMC 类型必须一致，否则会显示出错信息，如图 3-14 所示。

4. 不同 PMC 类型的程序间转换

早期版的 FANUC LADDER 编程软件是在 DOS 环境下运行。目前，普遍使用的 FANUC

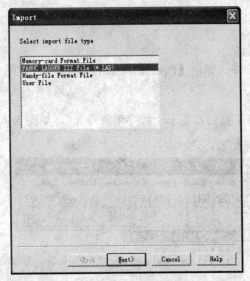

图 3-10　选择导入文件类型

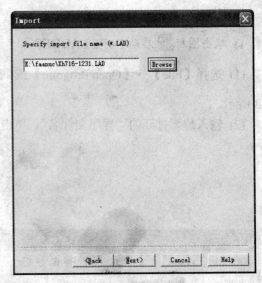

图 3-11　选择导入文件

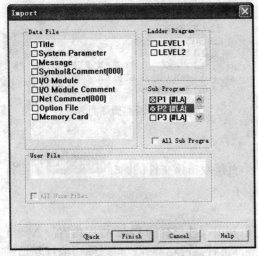

图 3-12　选择导入的内容

图 3-13　导入替换提示

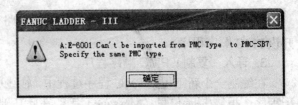

图 3-14　程序导入出错提示

LADDER-Ⅲ 编程软件版本均可以在 Windows 操作环境下运行。FANUC 数控系统的型号很多，PMC 类型就更多。同一型号的数控系统也可以根据需要选择配置不同 PMC 类型的编辑软件包。常用编辑 PMC 软件包分 A 包和 B 包：A 包可以选择 PMC-SB7 类型编程；而 B 包则选择 PMC-SA1 类型编程。二者的指令数和允许的程序步数都有所不同。

因此，实现在同一 Windows 运行环境下不同 PMC 类型的程序间转换，对 PMC 程序的设计、提高编程效率和缩短 PMC 程序的开发周期显得尤为重要。

在 Windows 操作环境下运行，PMC 程序 PMC-SAI 转换为 PMC-SB7 的过程如下：

1) 建立转换的中间文件

(1) 双击图标 ▦，启动 FAPT LADDER-Ⅲ编程软件。

(2) 选择【File】→【Open Program】，打开希望 PMC-SAI 转换为 PMC-SB7 的 PMC 程序文件。

(3) 选择工具栏【Tool】→【Mnemonic Convert】，弹出【Mnemonic Conversion】对话框，如图 3-15 所示。

(4) 在【Mnemonic】一栏输入含文件存放路径的中间文件名：E:\CXG-SB7。

(5) 在转换数据类型【Convert】一栏，单击下拉列表框按钮▼，选择转换的内容，一般选择 ALL。

(6) 在选择【Selection】一栏，单击下拉按钮▼，选择转换的形式，一般选择 P-G Compatible。

(7) 完成以上选项后，单击【OK】按钮，弹出数据转换情况信息如图 3-16 所示。确定无错后关闭此页，再单击【Close】按钮，关闭【Mnemonic Conversion】页面，建立转换后的中间文件。该文件可以通过 Windows 写字板打开。

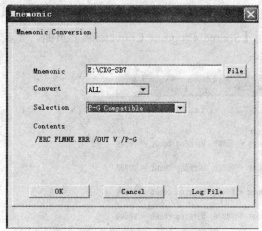

图 3-15　建立转换中间文件名

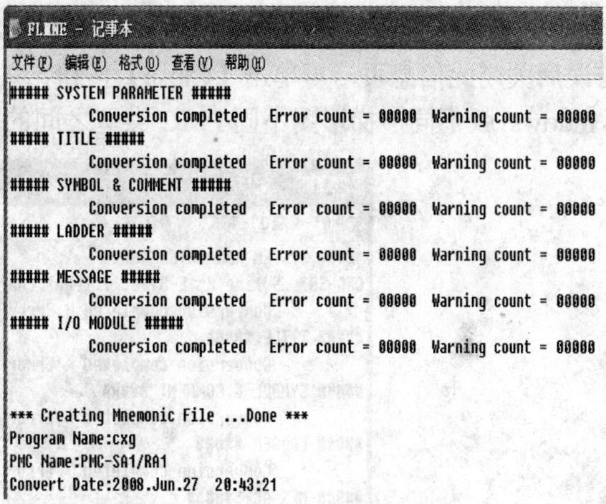

图 3-16　中间数据转换信息

2) 中间文件转换源程序

(1) 选择【File】→【New Program】，弹出【New Program】对话框。

(2) 在【New Program】对话框中的【Name】一栏输入新文件名 CXG-SB7，在【PMC Type】下拉列表框中单击下拉按钮▼，打开下拉列表框，选择希望转换的 PMC-SB7，然后单击【OK】按钮，从而建立转换后的新 PMC 程序。

(3) 选择工具栏【Tool】→【Source Program Convert】，弹出【Source Program Conversion】对话框。在【Source Program Conversion】对话框中的【Mnemonic】一栏输入含存放路径新文件名，如 E:\CXG-SB7，如图 3-17 所示。

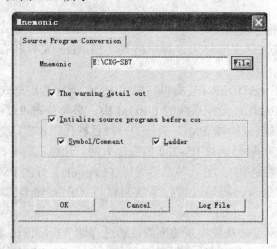

图 3-17　输入数据转换文件名

(3) 完成各项选项，单击【OK】按钮，弹出数据转换替换提示信息，如图 3-18 所示。

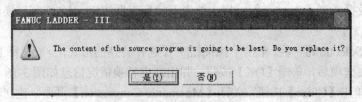

图 3-18　数据转换替换提示

(4) 确认提示信息，单击【是】按钮，弹出数据转换后情况信息，如图 3-19 所示。显示无错误后关闭此信息页，再单击【Close】按钮，关闭【Source Program Conversion】页面，完成 Windows 版下同一梯形图不同 PMC 类型之间的转换。

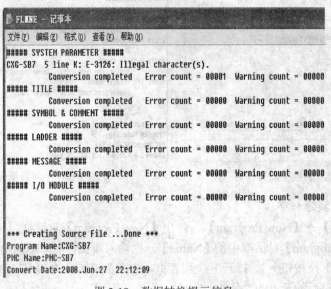

图 3-19　数据转换提示信息

注意：PMC 顺序程序转换的原则必须遵循低版本 PMC 顺序程序可以向高版本 PMC 顺序程序转换，功能指令少的 PMC 类型可以向功能指令多的 PMC 类型转换，否则会发生转换错误。

5. 程序格式文件的相互转换

PMC 顺序程序格式文件主要分为计算机格式（*.LAD）文件和存储卡格式文件(M-Code format)两种。

通过计算机由 FAPT LADDER-Ⅲ 编辑完成的 PMC 顺序程序格式文件称为计算机格式文件。它不能直接装载到 FANUC 数控系统的 F-ROM 中，必须首先通过编译（Compilation），即将已经编制好的源程序转换成能被 PMC 执行的一种目标代码才能传输到数控系统的 F-ROM 中。传输的方法有两种：一种是通过 RS-232 口或以太网，计算机将编译（Compile）好的 PMC 顺序程序直接装载到数控系统中；另一种是将编译（Compile）好的 PMC 顺序程序以存储卡格式导出，存储到 CF 存储卡，再通过数控系统接口将 CF 存储卡的内容装载到数控系统的 F-ROM 中。

通过 RS-232、以太网直接从数控系统下载或通过存储卡直接读出备份的 PMC 顺序程序称为存储卡格式文件。它是二进制文件，不能被 FAPT LADDER-Ⅲ 直接识别和读取，不能进行修改、编辑和打印，必须经过反编译，即将目标代码转换成源程序后才能被 FAPT LADDER-Ⅲ编辑和打印。

1）计算机格式(.LAD)文件转换成存储卡格式（二进制）文件

（1）打开想要转换的 PMC 程序，选择【Tool】→【Compile】，弹出【Compile】对话框，如图 3-20 所示。

（2）如果不设置密码，单击图 3-20 中【Exec】按钮，如果编辑的 PMC 顺序程序有错误，则弹出【Compile】提示框（编译完成，错误=1），如图 3-21 所示，且必须退出，修改 PMC 顺序程序后再重新编译。如果顺序程序正确，则提示错误=0，然后单击【Close】按钮，完成编译。

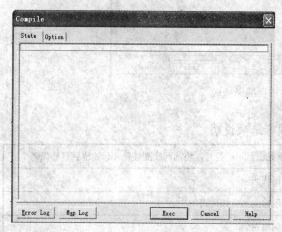

图 3-20　编译对话框

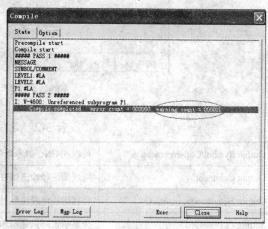

图 3-21　编译出错提示

（3）如果设置密码，单击图 3-20 中【Option】选项卡，弹出【Option】选项卡对话框（选项卡选项说明如表 3-2 所列）。选中【Setting of Password】复选框，如图 3-22 所示。

（4）单击【Exec】按钮，弹出【Password】对话框，如图 3-23 所示。

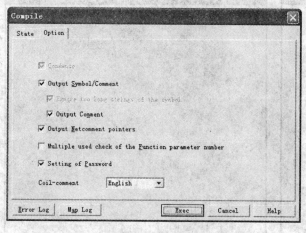

图 3-22　选择设置密码

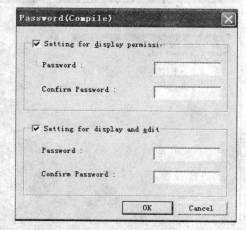

图 3-23　输入编译密码

（5）设置密码完后单击【OK】按钮，如果顺序程序正确，弹出【Compile】提示框（编译完成，错误=0），如图 3-24 所示。再单击【Close】按钮，完成编译。如果顺序程序有错误，则提示错误=1，如图 3-21 所示，且必须退出，修改 PMC 顺序程序后再重新编译。

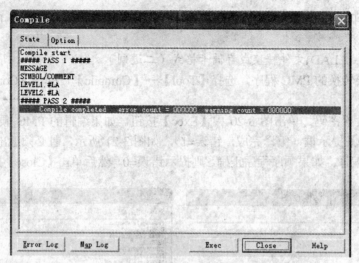

图 3-24 文件转换编译完成

表 3-2 选项卡选项说明

Output Symbol/Coil-comment	可以在 CNC 显示器单元上显示的符号，将随同线圈注释一起输出到目标代码
Output Comment	将线圈注释输出到目标代码
Output Netcomment pointers	将梯图程序段注释显示输出到目标代码
Setting of Password	分显示密码；显示和编辑密码

(6) 选择【File】→【Export】，弹出【Export】对话选择框，如图 3-25 所示。

(7) 在【Export】对话框中，选择想要导出的存储卡格式文件，单击【Next】按钮，弹出指定导出文件名【Specify export file name】文本框，如图 3-26 所示。

图 3-25 选择导出文件类型

图 3-26 指定导出文件

(8) 在【Specify export file name】文本框中，输入指定导出并含文件存放路径的文件名，如 E:\CXG-SB7mem。最后单击【Finish】按钮，完成计算机格式文件转换为存储卡格式文件的过程。转换后的存储卡格式的 PMC 顺序程序可以通过存储卡直接装载到数控系统中。

注意：转换后的 PMC 顺序程序文件的图标是一个 Windows 图标，即操作系统不能识别的文件格式，只有内置 FANUC 系统的 PMC 才能识别。

2) 存储卡格式（二进制）文件转换成计算机格式(.LAD)文件

(1) 双击图标![]启动 FAPT LADDER-III，选择【File】→【New Program】或单击图标 □|，弹出【New Program】对话框，新建一个 PMC 类型与存储卡格式类型一致的空文件。

(2) 选择【File】→【Import】，弹出【Import】对话选择框，如图 3-27 所示。

(3) 在【Import】对话框中，选择想要导入的存储卡格式文件，单击【Next】按钮，弹出指定导入文件名【Specify import file name】文本框，如图 3-28 所示。

图 3-27 选择导入文件类型

图 3-28 指定导入文件

(4) 在【Specify import file name】文本框中，输入指定导入并含文件存放路径的文件名，如 E:\CXG-SB7mem。

(5) 单击【Finish】按钮，弹出【Import completed】确认框，如图 3-29 所示。

(6) 单击【确定】按钮，完成存储卡格式文件的导入，弹出反编译【Decompile】对话框，如图 3-30 所示。

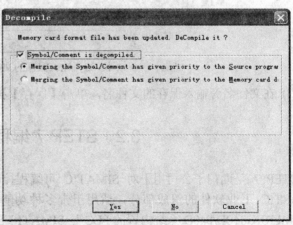
图 3-30 反编译上载文件选择

图 3-29 导入完成

(7) 单击【Symbol/Comment is decompiled】复选框，选中反编译到源程序。最后单击【Yes】按钮，目标代码反编译为源程序，完成存储卡格式文件转换为计算机格式文件的整个过程。转换后的 PMC 程序可以通过 FAPT LADDER-III直接进行编辑、修改和打印。

6. PMC 顺序程序以文本文件输出

以当前显示编辑的梯图为基础，FAPT LADDER-III能将当前编辑的梯图转换为文本格式的文件输出。转换后的文本文件能通过文本编辑器如写字板被打开，并可以对文本文件再进行注释、修改和打印。本书中 PMC 程序是以该方法再进行编辑注释的。

(1) 打开或编辑显示想以文本文件形式输出的 PMC 程序，如图 3-31 所示。

(2) 选择【Tool】→【Output a text format file...】，如图 3-32 所示，单击后弹出【另存为】对话框，如图 3-33 所示。

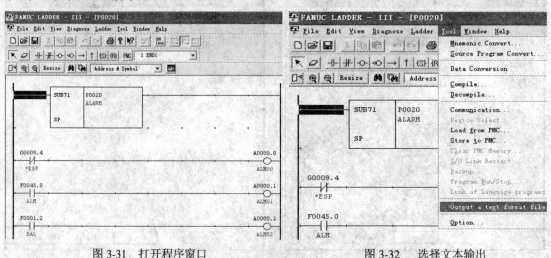

图 3-31　打开程序窗口　　　　　　　　图 3-32　选择文本输出

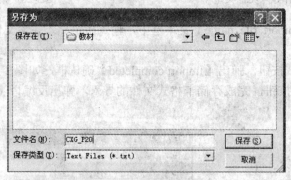

图 3-33　输入保存的文本名

(3) 在文件名旁输入保存的文件名，单击【保存】按钮，完成文本文件的输出。

3.2　STEP 7 编程软件

STEP 7 是西门子公司用于对 SIMATIC 可编程控制器进行组态和编程的标准软件包，是 SIMARTIC 工业软件的组成部分，适用于带多种功能的标准 SIMATIC S7-300 应用。由于 SINUMERIK 810D/840D 系统内置的 PLC 是 SIMATIC S7-300，因此，编制 PLC 用户程序可选用 STEP 7 标准软件包。

STEP 7 标准软件包运行在操作系统 Windows 2000/XP 专业版下，它包括一系列应用工具，如图 3-34 所示。

图 3-34　STEP 7 应用工具

1. SIMATIC 管理器

集中统一进行项目所有数据管理，在线和离线编程的相互切换，为用户提供 STEP 7 标准软件包的集成、统一的人机友好界面。

2. 编程语言

STEP 7 集成了可用于 S7-300 的三种编程语言梯形图（Ladder Logic，LAD）、语句表(Statement List，STL)和功能图(Function Block Diagram，FBD)的编辑、编译和调试。

3. 符号编辑器

用于创建和管理所有的全局变量，为 I/O 信号、存储器与块编辑符号和注释。通过它创建的全局符号表在整个用户程序中有效。

4. 硬件组态

用于对 PLC 机架上硬件模块、启动特性和局部数据进行地址和参数的重新配置。

5. 硬件诊断

用于对各硬件模块在线状态进行诊断并显示有关故障的详细信息。对 CPU 而言，还可以显示用户程序处理过程中的故障原因等，为模块故障的排除提供了快速处理解决的依据。

6. 网络组态(NETPRO)

用于组态通信网络、赋值网络连接和网络各通信设备的参数，以完成各个设备的通信。

从 1997 年起至今，陆续发布了 STEP 7 V2.1、STEP 7 V3.2、STEP 7 V4.02、STEP 7 V5.0、STEP 7 V5.1、STEP 7 V5.2、STEP 7 V5.3 和最新版 STEP 7 V5.4。随着版本的不断升级、软件的内容不断更新，其功能更加丰富。不同版本的 STEP 7 标准软件包对 PC 机操作系统软硬件的要求如表 3-3 所列。

表 3-3　STEP 7 标准软件包对 PC 机软硬件要求

STEP 7 标准软件包			
软件版本	V5.1	V5.3+SP1	V5.4+SP1
发布日期	2000 年 8 月	2004 年 9 月	2006 年 9 月
MS Windows 98	适用		
MS Windows Me	适用		
MS Windows 2000 Professional （SP1 or higher）	适用	适用　（SP3）	适用　（SP4）
MS Windows XP Professional （SP1 or higher）	适用	适用	适用　（SP2）
RAM	至少 64MB	至少 256MB	至少 512MB

47

3.2.1 安装/卸载 STEP 7

1. 安装

(1) 将有授权的 STEP 7 安装软件盘放入驱动（光驱或软驱），启动安装盘双击 SETUP.EXE 程序，弹出安装显示画面（STEP 7 V4.02）或语言选择画面（STEP 7 V5.1、STEP 7 V5.3 和 STEP 7 V5.4），如图 3-35 所示。

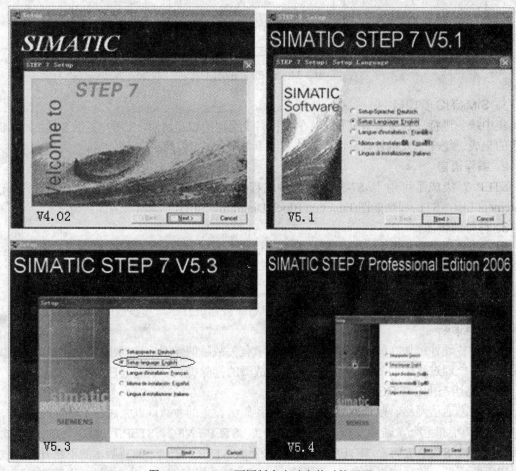

图 3-35　STEP 7 不同版本启动安装时的画面

(2) 选择安装的语言（以 STEP 7 V5.3 为例），单击【Next】按钮，弹出用户可以选择的安装软件对话框，如图 3-36 所示。

(3) 选中 STEP 7 V5.3，授权管理器软件和 Acrobat Reader 阅读软件（若已安装，可以不选择）。单击【Next】按钮，弹出开始安装 STEP 7 V5.3 的提示对话框，如图 3-37 所示。随后可以依照计算机屏幕每次弹出的安装步骤指南信息提示一步一步地进行安装，直到弹出选择安装类型画面，如图 3-38 所示。

(4) 选择 STEP 7 安装类型。可选的安装类型有典型安装[Typical]（安装所有语言、所有应用程序、项目示例、通信功能和文档）、最小安装[Minimal]（只安装一种语言和 STEP 7 程序，没有示例）和用户自定义安装[Custom]（用户可以选择希望安装的语言、程序、项目示例、通信功能和文档），一般选择典型安装。单击【Change】按钮可以改变安装路径。单击【Next】按钮，弹出选择安装语言，如图 3-39 所示。

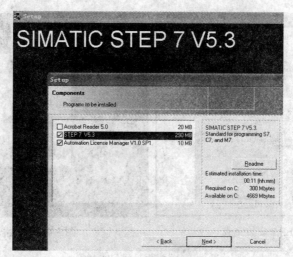

图 3-36   选择安装软件

图 3-37   STEP 7 软件开始安装

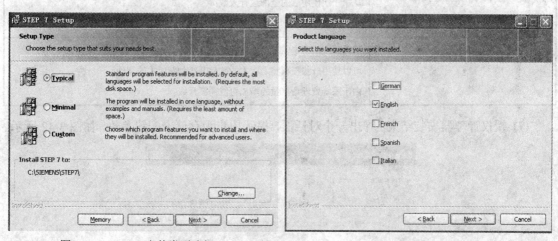

图 3-38   STEP 7 安装类型选择   图 3-39   STEP 7 安装语言选择

(5) 选择需要的安装语言，单击【Next】按钮，正式开始安装 STEP 7 V5.3。整个安装过程大约需要 20min，直到弹出安装完成画面，如图 3-40 所示。

(6) 单击【Finish】按钮，进入授权管理器软件安装，弹出安装授权管理器软件开始提示，如图 3-41 所示。

在安装过程中，安装程序会自动检查硬盘上是否有授权。如果发现没有授权，会出现一条提示用户安装授权信息，指出该软件只能在授权的情况下可以使用，因为授权是使用 STEP 7 软件的"钥匙"。在这种情况下选择【Yes】，插入授权盘，立即运行授权程序；选择【No】继续安装，稍后再安装执行授权程序。可以提供用户的授权主要类型如表 3-4 所列。

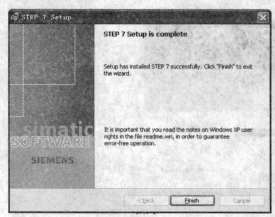

图 3-40 STEP 7 安装完成 　　　　　　　　　图 3-41 开始安装授权管理器

表 3-4 授权的类型

授权类型	说　　明
单用户授权（Single License）	软件只能在单独的计算机上使用，使用时间没有限制
浮动授权（Floating License）	软件可以在一个计算机网络上使用，使用时间没有限制
验证授权（Trial License）	可以按照以下限制使用软件： 最多 14 天的使用时间； 从第一次使用后的全部运行天数； 用于测试使用
升级授权（Upgrade License）	当前系统的特定需求可能需要软件升级： 可以使用升级授权将老版本的软件升级到新版本的软件； 由于系统处理数据量的增加可能需要升级

(7) 授权管理器安装结束，弹出一个对话框，提示用户为存储卡配置参数，如图 3-42 所示。

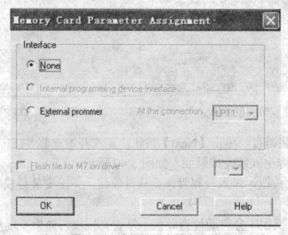

图 3-42 选择配置存储卡参数

① 如果用户没有存储卡，选择【None】。

② 如果使用编程器（PG），选择【Internal…】。

③ 如果使用计算机（PC），选择【External…】。

（8）单击【OK】按钮，弹出安装 PG/PC 接口对话框，如图 3-43 所示。PG/PC 接口是系统通过适配器与 PC 机之间进行通信的接口。其中 PC Adapter、CP5611 和 CP5511 等驱动集成在 STEP 7 中。可以根据实际情况进行有选择地安装适配器驱动。

（9）完成 PG/PC 接口安装，单击【OK】按钮，弹出安装成功选择是否重启计算机对话框，如图 3-44 所示（建议选择立即重新启动计算机为宜），最终完成安装 STEP 7 软件的整个过程。

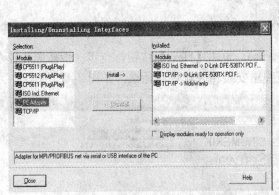

图 3-43　选择 PG/PC 接口

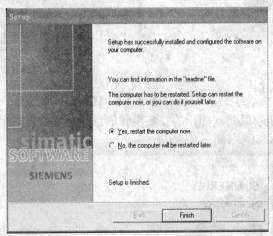

图 3-44　STEP 7 整个安装完成

2. 安装注意事项

（1）在安装之前，如果计算机已经安装了旧版本 STEP 7，务必先将其完全卸载（需要时还要对注册表项删除和组件文件删除）后再进行安装。如果使用新版覆盖旧版会存在一个不足，就是以后再做卸载时无法将旧版本保留的部分彻底删除。

（2）在安装时，安装文件的路径名中不能含有中文字符，否则可能会发生安装向导无法启动或在安装的过程中系统提示某些文件丢失或找不到。

（3）对 STEP 7V5.3 以上非中文版，在安装前还需要先对 Windows 的默认区域和语言进行设置。

① 开始→控制面板→语言和区域设置→区域和语言选项→弹出区域和语言选项对话框。

② 在区域选项卡选择"英语(美国)"，在高级选项卡同样选择"英语（美国）"。确认后，计算机需断电重启才能开始安装 STEP 7 V5.3 非中文版软件。

③ 当软件安装结束以后，需恢复 Windows 默认区域和语言为"中文(中国)"。

3. 安装 TOOLBOX 软件

TOOLBOX 是西门子公司为 SINUMERIK 810D/840D 系统配套提供给用户编制数控机床 PLC 用户程序所需应用的基本程序块，包括组织块（OB）、系统功能（SFC）、功能（FC）、功能块（FB）和数据块（DB）等，如图 3-45 所示。

TOOLBOX 软件的版本必须依据用户所订的 CCU/NCU 系统软件的版本而定。

（1）将 TOOLBOX 安装软件盘放入光驱。启动安装盘，双击【SETUP.EXE】图标，弹出安装语言选择对话框，如图 3-46 所示。

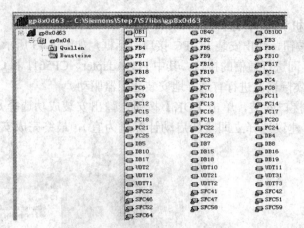

图 3-45 TOOLBOX 基本程序块

(2) 选择安装的语言（以 TOOLBOX V6.3 为例），单击【Next】按钮，一步一步按照计算机屏幕每次弹出的安装步骤信息提示进行，直至弹出安装相关软件对话框，如图 3-47 所示。

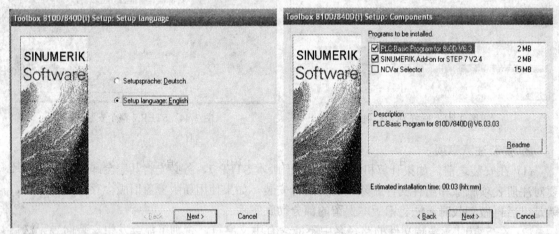

图 3-46 选择安装语言   图 3-47 选择安装程序

(3) 选中【PLC Basic Program 8x0D V 6.3】和【SINUMERIK Add on for STEP 7 V.2.4】选项，单击【Next】按钮，弹出所选软件分步安装和直至全部安装完成的画面，如图 3-48 所示。

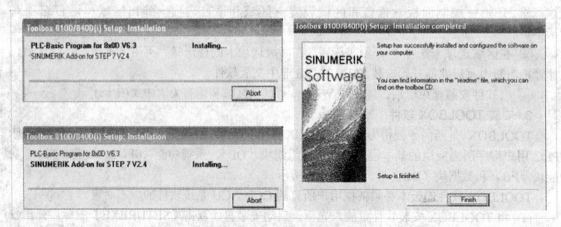

图 3-48 开始/完成安装程序

4. 安装 TOOLBOX 软件注意事项

(1) 如果不对数控机床 PLC 进行硬件组态,可选择放弃安装 SINUMERIK Add on for STEP 7 V.2.4 应用程序。如果安装该软件,那么,在进行硬件组态时提供了 SINUMERIK 硬件的相关信息。

(2) PLC 与 NCK 之间的数据交换可以调用高级功能块 FB2/ FB3(读/写 NC 变量)。但交换的数据必须借助 NC 变量选择器工具将需交换的变量编辑生成源文件,然后通过 STEP 7 软件编译后建立 DB 数据块。因此,建议在第一次安装 TOOLBOX 软件时,选中【NCVar. Select】一同安装。

5. 卸载

卸载 STEP 7 编程软件时,可以按照通常的 Windows 步骤进行:

(1) 打开"控制面板",双击"添加/删除程序"图标;

(2) 在当前安装程序项目中,选中 STEP 7 V5.3,然后单击【添加/删除组件】按钮,可以完成 STEP 7 编程软件的卸载。

3.2.2 STEP 7 应用

1. 离线建立 PLC 程序

(1) 双击 STEP 7 图标，打开 SIMATIK 管理器窗口。选择【File】→【New…】或单击图标，弹出【New…】对话框。在 Name 处输入新文件项目名,如图 3-49 所示。

(2) 单击【OK】按钮,弹出了不含 PLC 站(Station)、子网(Supnet)和 S7 程序(Program)三个对象的新项目视图,如图 3-50 所示。图中仅在右侧窗口显示一个 MPI 子网对象,用户还不能进行硬件组态、编写 PLC 程序。因此,必须通过【Insert】菜单以手动方式向新项目插入一个站对象,先进行硬件组态,再插入一个独立的 S7 程序对象,编写用户程序;也可以先直接插入一个独立的 S7 程序对象,编写用户程序,再进行硬件组态。

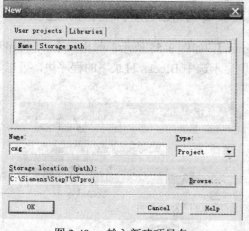

图 3-49　输入新建项目名

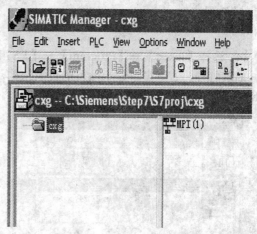

图 3-50　初始建立项目

(3) 选择【Insert】→【Station】→【SIMATIC 300 Station】,如图 3-51 所示,弹出一个站对象 SIMATIC 300(1),对其选中,在其右边窗口出现 Hardware 图标,如图 3-52 所示。

① 双击【Hardware】图标,进入硬件组态界面,如图 3-53 所示。

② 选择【View】→【Catalog】或单击工具栏图标（显示/隐藏硬件目录),弹出硬件目录选择框,打开 SIMATIC 300 子目录,找到 S7-300 机架,将 Rail 拖曳到左上方视图可以添加

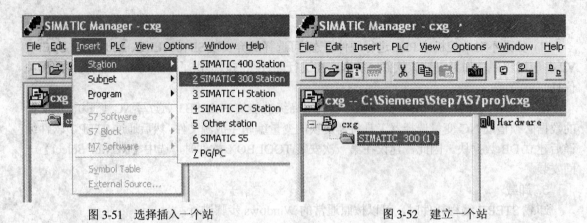

图 3-51　选择插入一个站　　　　　　　　　　　　图 3-52　建立一个站

一个主机架，如图 3-54 所示。然后可以选择在硬件目录找到与系统版本及实际硬件一致的 CPU 型号拖曳到主机架内。硬件目录下方显示出选中项目的详细信息。

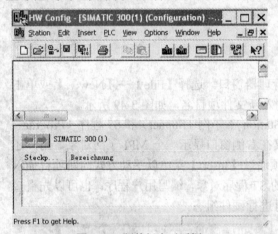

图 3-53　硬件组态对话框

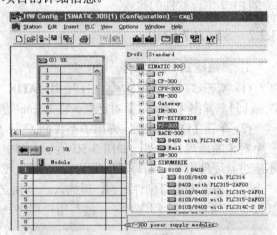

图 3-54　可选 CPU 型号（已装 TOOLBOX）

（4）选择【Insert】→【Program】→【1.S7 Program】，如图 3-55 所示，弹出一个 S7 程序对象，对其打开，右侧窗口显示项目的目录结构，左侧显示选中 Blocks 目录下的程序块，可以编制用户程序，如图 3-56 所示。

图 3-55　选择插入一个 S7 程序

图 3-56　建立一个 S7 程序

① 选中【Blocks】或【S7 Program】→【Insert】→【S7 Block】→【3 Function.】，如图 3-57 所示，弹出添加 FC 功能属性设置对话框，如图 3-58 所示。

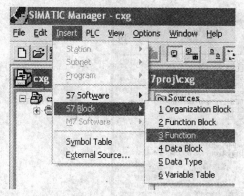

图 3-57 插入 FC 功能

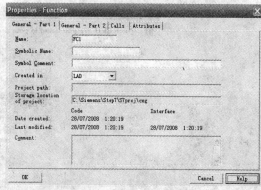

图 3-58 FC 功能属性设置

② 在对话框中输入所选程序块的名称（FC1）、符号名和注释，选择该程序块的编程语言（也可以只输入程序块名称），单击【OK】按钮，完成程序块的插入和属性设置，如图 3-59 所示。

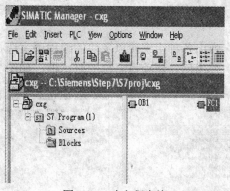

图 3-59 建立程序块

2. 直接创建一个项目(包括站和 S7 程序)

(1) 双击 STEP 7 图标 ，打开 SIMATIK 管理器窗口。选择【File】→【New Project Wizard】，弹出【New Project Wizard】对话框，如图 3-60 所示。

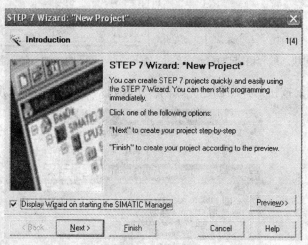

图 3-60 【New Project Wizard】对话框

(2) 单击【Preview】按钮，再单击【Next】按钮，弹出各种 CPU 型号的选择框，如图 3-61 所示。

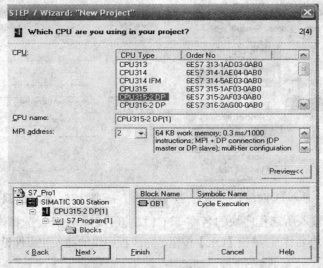

图 3-61　选择的 CPU 型号

(3) 单击【Next】按钮，弹出各种组织块以及块的编程语言选择框，如图 3-62 所示。

(4) 单击【Next】按钮，弹出创建新项目名称的对话框，如图 3-63 所示。

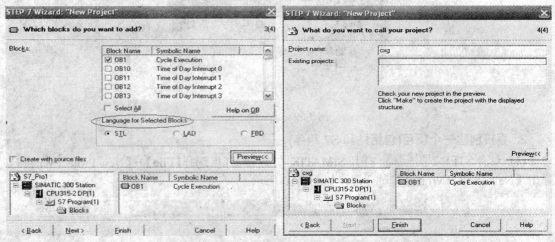

图 3-62　组织块、编程语言选择　　　　　　　　图 3-63　输入新项目名称

(5) 单击【Finish】按钮，弹出创建完成的一个项目对象，如图 3-64 所示。

图 3-64　创建一个项目对象

56

3. 打开 PLC 用户程序

(1) 双击 STEP 7 图标，打开 SIMATIC 管理器窗口。

(2) 单击【File】→【Open...】或单击图标，弹出【Open】项目列表框，如图 3-65 所示。

(3) 选中项目列表窗口内想要打开的"程序文件"或单击【Browse】按钮，搜寻存放在其他路径的项目程序文件，最后单击【OK】按钮，弹出"程序编辑画面"对话框，如图 3-66 所示。

图 3-65 【Open】项目列表

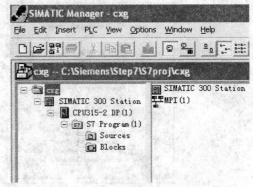

图 3-66 程序编辑画面

4. 打开 TOOLBOX 基本程序块

(1) 双击 STEP 7 图标，打开 SIMATIC 管理器窗口。

(2) 单击【File】→【Open...】或单击图标，弹出【Open】项目列表框。单击【Libraries】选项卡，会显示已装有的库文件，如图 3-67 所示。

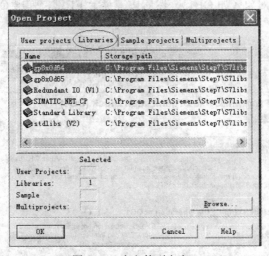

图 3-67 库文件列表窗口

(3) 选中需要打开的 TOOLBOX 版本库文件（如 gp8x0d64，其中 64 表示为 6.4 版本），单击【OK】按钮，弹出 TOOLBOX 中所有基本程序块，如图 3-45 所示。

(4) 新建或打开一个项目，将打开的库文件 gp8x0d63 内的基本程序块复制到新建项目下的 Blocks 文件夹内，这样就可以开始编辑带 SINUMERIK 8x0D 系统的数控机床 PLC 用户程序。

5. 帮助文本

在编制 PLC 用户程序过程时，一般可以有三种方式直接从 STEP 7 中获得联机帮助。这给用户解决编程中遇到的问题或困难带来很大的方便。

1) 打开整个帮助文本

(1) 双击 STEP 7 图标，打开 SIMATIC 管理器窗口。

(2) 单击【Help】→【Contents】，弹出【HTML 帮助】整个帮助文本，如图 3-68 所示。

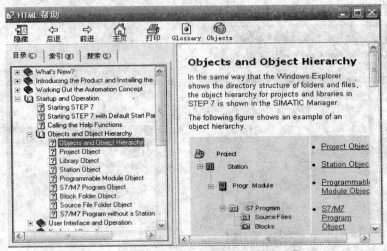

图 3-68　打开整个帮助文本

2) 打开对象帮助文本方法一

(1) 双击 STEP 7 图标，打开 SIMATIC 管理器窗口。

(2) 打开项目程序文件，如图 3-64 所示。

(3) 选中想获帮助的对象（如 OB1），然后按键盘上 F1 键，弹出 OB1 帮助文本，如图 3-69 所示。

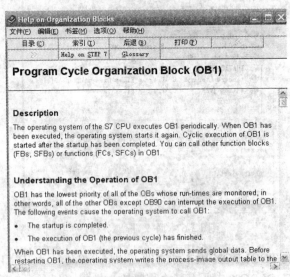

图 3-69　打开对象帮助文本方法一

3) 打开对象帮助文本方法二

(1) 双击 STEP 7 图标，打开 SIMATIC 管理器窗口。

(2) 打开项目程序文件，如图 3-64 所示。

(3) 单击工具栏上的图标 ▶?，当鼠标光标变成 ▷?，然后拖曳选中想获帮助的对象（如 Blocks），弹出 Blocks 帮助文本，如图 3-70 所示。

图 3-70 打开对象帮助文本方法二

思考题与习题

1. 安装编程软件应该注意哪些方面？
2. 简述 PMC 顺序程序格式文件的相互转换。
3. 存储卡格式文件转换成计算机格式文件时，需新建一个_____与_____一致的空文件。
4. STEP 7 标准软件包包括_____一系列应用工具。
5. 安装了旧版本 STEP 7 软件，务必先将其完全_____后再对新版本 STEP 7 软件进行安装。对 STEP 7 V5.3 以上非中文版，在安装前还需要先对 Windows 的默认区域和语言的区域选项卡与高级选项卡选择_____。在安装时，安装文件的路径名中不能含有_____，安装完成后恢复_____。

第4章 指令系统

指令系统是指可编程控制器所具有的全体指令。指令系统按指令功能可以分为基本指令和功能指令两大类。基本指令主要执行对一位（二进制）的逻辑操作，能灵活实现一些有效的电气控制，是程序设计中最常选用的指令。功能指令可以完成一些特定功能的操作，可以进行一些复杂的数据处理，如字节或字逻辑处理、算术运算等。使用功能指令可以简化一些复杂控制过程的程序，会给程序编制带来很大的方便。

因此，了解了 PMC/PLC 的指令系统，熟悉和掌握每个指令的用途，灵活合理地选用好每个指令，对编辑完善 PMC/PLC 用户程序至关重要。

本章将主要介绍 FANUC 数控系统内置 PMC 和 SINUMERIK 数控系统内置 PLC 的常用指令。

4.1 PMC 指令

梯形图(LAD)是 FANUC PMC 程序的编程语言，是一种图形化的编程语言，其指令以图形元素表示。在程序编辑的工具栏上会出现最常用的选择基本指令和单击下拉式列表框按钮列出的所有功能指令（功能指令号和功能指令名）窗口，如图 4-1 所示。

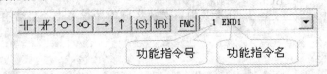

图 4-1 常用选择指令窗口

基本指令在编制 PMC 顺序程序时使用最为频繁，可以对二进制位进行与、或、非等位逻辑操作。根据 PMC 类型，可以使用的基本指令共有 12 种或 14 种（表 2-2）。实际使用可参考第 6 章示例。

功能指令可以对二进制字节进行数据处理、格式转换、字节逻辑运算等运算操作，可以简化那些基本指令难以编制的一些控制机床动作的程序，并完成一些特定的功能操作。

4.1.1 功能指令的功能分类

根据不同的 PMC 类型，可以使用的功能指令数量会有所不同。按其功能分类及处理过程说明汇总如表 4-1 所列。功能指令主要的功能分类如下：

1. 程序控制

程序控制包括主程序结束、子程序开始/结束以及有条件/无条件调用子程序等指令，这是实现程序段所必须的。

2. 跳转(逻辑控制)

通过跳转或跳转标号（L1～L999）实现无条件/有条件的跳转，完成用户程序中的逻辑控制。

3. 信息显示

将编制的相应报警/提示信息通过指定的信息号显示在 CNC 显示器上。

4. 位逻辑

位逻辑主要按二进制位的两个数字"1"和"0"进行位运算处理，处理包括位与、位或、位非、位异或等。数字"1"和"0"是构成二进制数字系统的基础，在 LAD 表示的接点与线圈中，"1"表示动作或通电，"0"表示未动作或未通电。

5. 定时器

在 CPU 的存储器中，为定时器保留有存储区。该存储区为每一个定时器地址保留 4 个字节。具体能够使用的定时器数目参考 PMC 类型技术数据。

6. 计数器

具有对加/减计数的 BCD 码或二进制进行环形计数的功能，在 CPU 的存储器中，为每一个计数器地址保留 4 个字节。具体能够使用的计数器数目参考 PMC 类型技术数据。

7. 旋转控制

指令主要对刀库链（刀具位置）和转塔刀架（刀具位置）进行回转控制。其主要功能是选择最短路径的旋转方向、计算当前位置与实际位置的旋转步数以及计算到目标位置之前的一步或到目标位置之前一个位置的步数。

8. 比较

可以对 BCD 数值、二进制数值和数值一致性判别进行比较，比较结果的输出是根据进行比较的数值格式等而定。特别是旋转控制指令具有对刀套旋转位置判别、刀库链旋转最短路径判别的功能。

9. 译码

指令主要对二进制码（BCD 码）数据进行译码。在 FANUC 数控机床中主要对 M 代码进行译码。

10. 代码转换

可以实现不同数据格式（BCD 码和二进制码）之间的相互转换或同一数据格式的转换（二进制字节数或 BCD 码位数变化）。二进制格式转换 BCD 码的符号结果保存到寄存器地址 R9000 中。

11. 算术运算

可以用于各类数值运算，实现 2 位/4 位 BCD 或 1 个字节～4 个字节（8 位或 32 位）的加、减、乘、除和求余等算术运算。

12. 数据传送

可以从指定的源地址（各字节二进制数据）传入到指定的目标地址（各字节二进制数据）中。

13. 数据检索

从指定的数据表头地址开始搜索指定数据所在数据表中的数据，将结果保存到指定的地址。

14. 数据处理

可以对程序中变址修改的数据以及对通过窗口功能读写 PMC 和 CNC 之间的不同数据等进行处理。

15. 字节逻辑运算

根据布尔逻辑，可以对 1 个字节、2 个字节或 4 个字节逐位进行字节逻辑运算。

表 4-1 功能指令分类及处理过程说明

指 令 功 能		功 能 指 令		处理过程说明	PMC 型号	
分类	编号	名称	号		SA1	SB7
程序控制	1	END1	SUB 1	第一级程序结束	●	●
	2	END2	SUB 2	第二级程序结束	●	●
	3	END3	SUB 48	第三级程序结束	×	●
	4	END	SUB 64	梯形图程序结束	×	●
	5	CALL	SUB 65	有条件调用子程序	×	●
	6	CALLU	SUB 66	无条件调用子程序	×	●
	7	SP	SUB 71	子程序开始	×	●
	8	SPE	SUB 72	子程序结束	×	●
跳转	9	COM	SUB 9	公用线控制开始	●	●
	10	COME	SUB 29	公用线控制结束	●	●
	11	JMP	SUB 10	跳转	●	●
	12	JMPE	SUB 30	跳转结束	●	●
	13	LBL	SUB 69	标号	×	●
	14	JMPB	SUB 68	标号跳转 1	×	●
	15	JMPC	SUB 73	标号跳转 2	×	●
信息显示	16	DISPB	SUB 41	信息显示	●	●
	17	EXIN	SUB 42	外部数据输入	●	●
位逻辑	18	DIFU	SUB 57	上升沿检测	×	●
	19	DIFD	SUB 58	下降沿检测	×	●
定时器	20	TMR	SUB 3	定时器	●	●
	21	TMRB	SUB 24	定时器（固定）	●	●
	22	TMRC	SUB 54	定时器（可变）	●	●
计数器	23	CTR	SUB 5	计数器(BCD/二进制)	●	●
	24	CTRC	SUB 55	计数器（二进制）	●	●
	25	CTRB	SUB 56	固定计数器	×	●
旋转控制	26	ROT	SUB 6	旋转控制（BCD）	●	●
	27	ROTB	SUB 26	旋转控制（二进制）	●	●
比较	28	COMP	SUB 15	BCD 数值比较	●	●
	29	COMPB	SUB 32	二进制数值比较	●	●
	30	COIN	SUB 16	BCD 一致判别	●	●
译码	31	DEC	SUB 4	BCD 译码	●	●
	32	DECB	SUB 25	二进制译码	●	●
代码转换	33	DCNV	SUB 14	数据格式转换	●	●
	34	DCNVB	SUB 31	扩展数据格式转换	●	●
	35	COD	SUB 7	BCD 代码转换	●	●
	36	CODB	SUB 27	二进制代码转换	●	●

指 令 功 能		功 能 指 令		处理过程说明	PMC 型号	
分类	编号	名称	号		SA1	SB7
算术运算	37	ADD	SUB 19	BCD 加法运算	●	●
	38	ADDB	SUB 36	二进制加法运算	●	●
	39	SUB	SUB 20	BCD 减法运算	●	●
	40	SUBB	SUB 37	二进制减法运算	●	●
	41	MUL	SUB 21	BCD 乘法运算	●	●
	42	MULB	SUB 38	二进制乘法运算	●	●
	43	DIV	SUB 22	BCD 除法运算	●	●
	44	DIVB	SUB 39	二进制除法运算	●	●
	45	NUME	SUB 23	BCD 常数赋值	●	●
	46	NUMEB	SUB 40	二进制常数赋值	●	●
数据传送	47	MOVB	SUB 43	1 个字节数据传送	×	●
	48	MOVW	SUB 44	2 个字节数据传送	×	●
	49	MOVN	SUB 45	任意字节数据传送	×	●
	50	MOVE	SUB 8	1 个字节逻辑与	●	●
	51	MOVOR	SUB 28	1 个字节逻辑或	●	●
	52	XMOV	SUB 18	BCD 变址修改数据传送	●	●
	53	XMOVB	SUB 35	二进制变址修改数据传送	●	●
数据检索	54	DSCH	SUB 17	BCD 数据检索	●	●
	55	DSCHB	SUB 34	二进制数据检索	●	●
数据处理	56	WINDR	SUB 51	窗口数据读取	●	●
	57	WINDW	SUB 52	窗口数据写入	●	●
	58	PAR1	SUB 11	奇偶校验	●	●
	59	SFT	SUB 33	移位寄存器	●	●
字节逻辑	60	EOR	SUB 59	异或	×	●
	61	AND	SUB 60	逻辑与	×	●
	62	OR	SUB 61	逻辑或	×	●
	63	NOT	SUB 62	逻辑非	×	●

注：×表示不适用；●表示适用

4.1.2 功能指令的功能描述

每个功能指令都有其独特的功能，即使同一功能的指令，往往由于其所要求的指令数据类型不同而分为同一功能的两个功能指令。因此，在实际编程的过程中要特别注意所选功能指令的数据类型。

下面按表 4-1 指令功能编号的顺序逐一对每个功能指令的功能和对指令的处理过程进行较为详细的说明，以方便阅读。同时，对个别功能指令还以举例的形式加以表述，以便使读者加深对功能指令在实际应用中的理解。

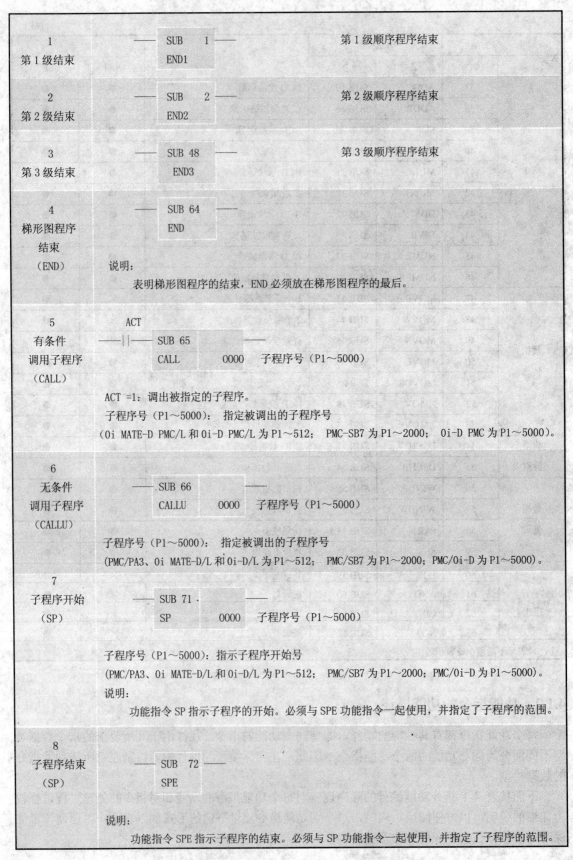

1 第1级结束	—— SUB 1 —— END1	第1级顺序程序结束
2 第2级结束	—— SUB 2 —— END2	第2级顺序程序结束
3 第3级结束	—— SUB 48 —— END3	第3级顺序程序结束
4 梯形图程序 结束 （END）	—— SUB 64 —— END	

说明：
　　表明梯形图程序的结束，END 必须放在梯形图程序的最后。

5 有条件 调用子程序 （CALL）	ACT ——┤├—— SUB 65 —— CALL 0000 子程序号（P1～5000）

ACT =1：调出被指定的子程序。
　子程序号（P1～5000）：指定被调出的子程序号
（0i MATE-D PMC/L 和 0i-D PMC/L 为 P1～512；PMC-SB7 为 P1～2000；0i-D PMC 为 P1～5000）。

6 无条件 调用子程序 （CALLU）	—— SUB 66 —— CALLU 0000 子程序号（P1～5000）

　子程序号（P1～5000）：指定被调出的子程序号
（PMC/PA3、0i MATE-D/L 和 0i-D/L 为 P1～512；PMC/SB7 为 P1～2000；PMC/0i-D 为 P1～5000）。

7 子程序开始 （SP）	—— SUB 71 —— SP 0000 子程序号（P1～5000）

　子程序号（P1～5000）：指示子程序开始号
（PMC/PA3、0i MATE-D/L 和 0i-D/L 为 P1～512；PMC/SB7 为 P1～2000；PMC/0i-D 为 P1～5000）。
说明：
　　功能指令 SP 指示子程序的开始。必须与 SPE 功能指令一起使用，并指定了子程序的范围。

8 子程序结束 （SP）	—— SUB 72 —— SPE

说明：
　　功能指令 SPE 指示子程序的结束。必须与 SP 功能指令一起使用，并指定了子程序的范围。

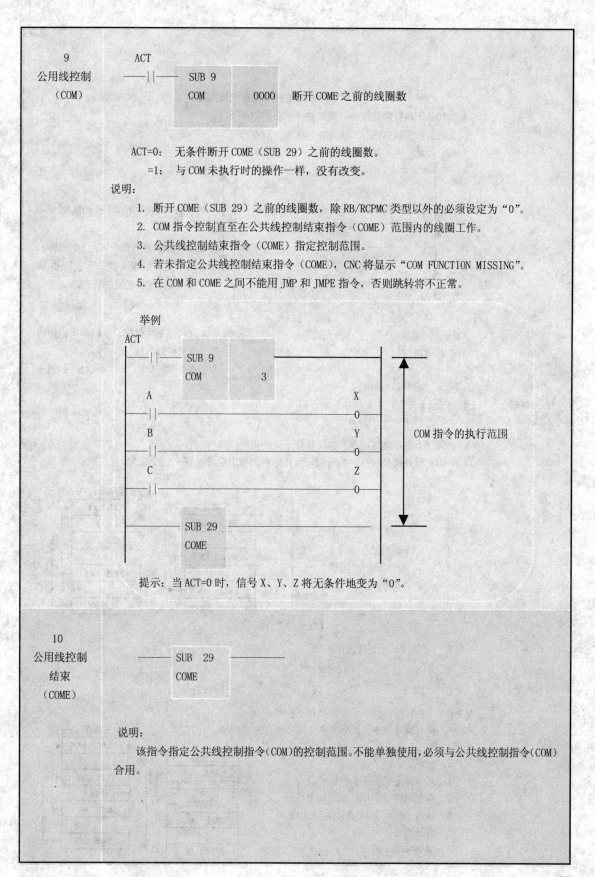

9	ACT			
公用线控制	——||——	SUB 9		
（COM）		COM	0000	断开 COME 之前的线圈数

ACT=0： 无条件断开 COME（SUB 29）之前的线圈数。

　=1： 与 COM 未执行时的操作一样，没有改变。

说明：

1. 断开 COME（SUB 29）之前的线圈数，除 RB/RCPMC 类型以外的必须设定为"0"。
2. COM 指令控制直至在公共线控制结束指令（COME）范围内的线圈工作。
3. 公共线控制结束指令（COME）指定控制范围。
4. 若未指定公共线控制结束指令（COME），CNC 将显示"COM FUNCTION MISSING"。
5. 在 COM 和 COME 之间不能用 JMP 和 JMPE 指令，否则跳转将不正常。

举例

ACT
——\|\|—— SUB 9

COM　　　3

A　　　　　　　　　　　　X
——\|\|——　　　　　　　　　○

B　　　　　　　　　　　　Y
——\|\|——　　　　　　　　　○　　　　COM 指令的执行范围

C　　　　　　　　　　　　Z
——\|\|——　　　　　　　　　○

—— SUB 29

COME

提示：当 ACT=0 时，信号 X、Y、Z 将无条件地变为"0"。

10			
公用线控制	——	SUB	29
结束		COME	
（COME）			

说明：

该指令指定公共线控制指令（COM）的控制范围。不能单独使用，必须与公共线控制指令（COM）合用。

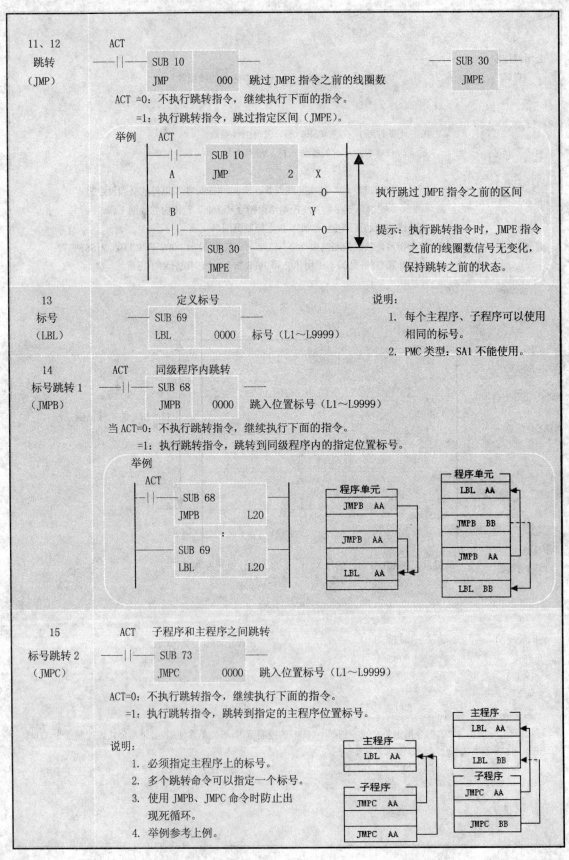

11、12
跳转
（JMP）

ACT
——||—— SUB 10 ————————————— —— SUB 30 ——
　　　　 JMP　　　　 000　跳过 JMPE 指令之前的线圈数　　 JMPE

ACT =0：不执行跳转指令，继续执行下面的指令。
　　 =1：执行跳转指令，跳过指定区间（JMPE）。

举例　　 ACT
　　——||—— SUB 10 —————————————
　　　A　　 JMP　　　　 2　X
　　——||—————————————————○
　　　B　　　　　　　　　 Y
　　——||—————————————————○
　　　　 SUB 30
　　　　 JMPE

执行跳过 JMPE 指令之前的区间

提示：执行跳转指令时，JMPE 指令
　　 之前的线圈数信号无变化，
　　 保持跳转之前的状态。

13
标号
（LBL）

定义标号
—— SUB 69 ——
LBL　　 0000　标号（L1～L9999）

说明：
1. 每个主程序、子程序可以使用
　 相同的标号。
2. PMC 类型：SA1 不能使用。

14
标号跳转 1
（JMPB）

ACT　同级程序内跳转
——||—— SUB 68 ——
　　　 JMPB　 0000　跳入位置标号（L1～L9999）

当 ACT=0：不执行跳转指令，继续执行下面的指令。
　　 =1：执行跳转指令，跳转到同级程序内的指定位置标号。

举例
　　 ACT
　——||—— SUB 68 ——
　　　 JMPB　　 L20
　　　　 SUB 69
　　　 LBL　　　 L20

15
标号跳转 2
（JMPC）

ACT　子程序和主程序之间跳转
——||—— SUB 73 ——
　　　 JMPC　 0000　跳入位置标号（L1～L9999）

ACT=0：不执行跳转指令，继续执行下面的指令。
　　 =1：执行跳转指令，跳转到指定的主程序位置标号。

说明：
1. 必须指定主程序上的标号。
2. 多个跳转命令可以指定一个标号。
3. 使用 JMPB、JMPC 命令时防止出
　 现死循环。
4. 举例参考上例。

66

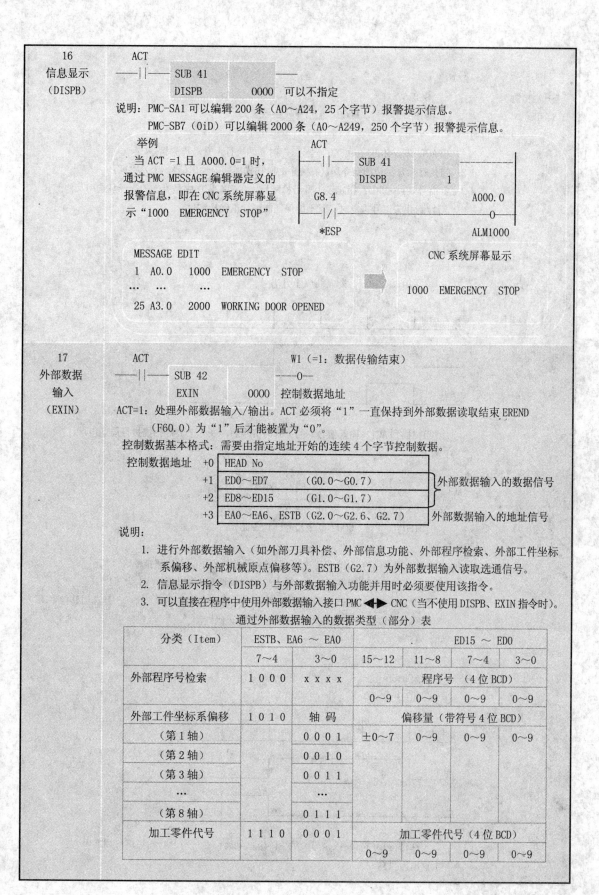

16 信息显示（DISPB）	ACT ——│├── SUB 41 　　　　DISPB　　　　0000　可以不指定

说明：PMC-SA1 可以编辑 200 条（A0~A24，25 个字节）报警提示信息。

　　　PMC-SB7（0iD）可以编辑 2000 条（A0~A249，250 个字节）报警提示信息。

举例

当 ACT =1 且 A000.0=1 时，通过 PMC MESSAGE 编辑器定义的报警信息，即在 CNC 系统屏幕显示"1000　EMERGENCY　STOP"

```
            ACT
          ——│├── SUB 41
                  DISPB      1
            G8.4                        A000.0
          ——│/├───────────────────────( )
            *ESP                        ALM1000
```

MESSAGE EDIT

1　A0.0　1000　EMERGENCY　STOP

…　…　…

25 A3.0　2000　WORKING DOOR OPENED

CNC 系统屏幕显示

1000　EMERGENCY　STOP

17 外部数据输入（EXIN）	ACT　　　　　　　　　W1（=1：数据传输结束） ——│├── SUB 42　　　--○-- 　　　　EXIN　　　0000　控制数据地址

ACT=1：处理外部数据输入/输出。ACT 必须将"1"一直保持到外部数据读取结束 EREND（F60.0）为"1"后才能被置为"0"。

控制数据基本格式：需要由指定地址开始的连续 4 个字节控制数据。

控制数据地址　+0　| HEAD No
　　　　　　　+1　| ED0~ED7　　　　　（G0.0~G0.7）　　外部数据输入的数据信号
　　　　　　　+2　| ED8~ED15　　　　 （G1.0~G1.7）
　　　　　　　+3　| EA0~EA6、ESTB（G2.0~G2.6、G2.7）　外部数据输入的地址信号

说明：

1. 进行外部数据输入（如外部刀具补偿、外部信息功能、外部程序检索、外部工件坐标系偏移、外部机械原点偏移等）。ESTB（G2.7）为外部数据输入读取选通信号。

2. 信息显示指令（DISPB）与外部数据输入功能并用时必须要使用该指令。

3. 可以直接在程序中使用外部数据输入接口 PMC ◄► CNC（当不使用 DISPB、EXIN 指令时）。

通过外部数据输入的数据类型（部分）表

分类（Item）	ESTB、EA6 ~ EA0		ED15 ~ ED0			
	7~4	3~0	15~12	11~8	7~4	3~0
外部程序号检索	1 0 0 0	x x x x	程序号（4 位 BCD）			
			0~9	0~9	0~9	0~9
外部工件坐标系偏移	1 0 1 0	轴码	偏移量（带符号 4 位 BCD）			
（第 1 轴）		0 0 0 1	±0~7	0~9	0~9	0~9
（第 2 轴）		0 0 1 0				
（第 3 轴）		0 0 1 1				
…		…				
（第 8 轴）		0 1 1 1				
加工零件代号	1 1 1 0	0 0 0 1	加工零件代号（4 位 BCD）			
			0~9	0~9	0~9	0~9

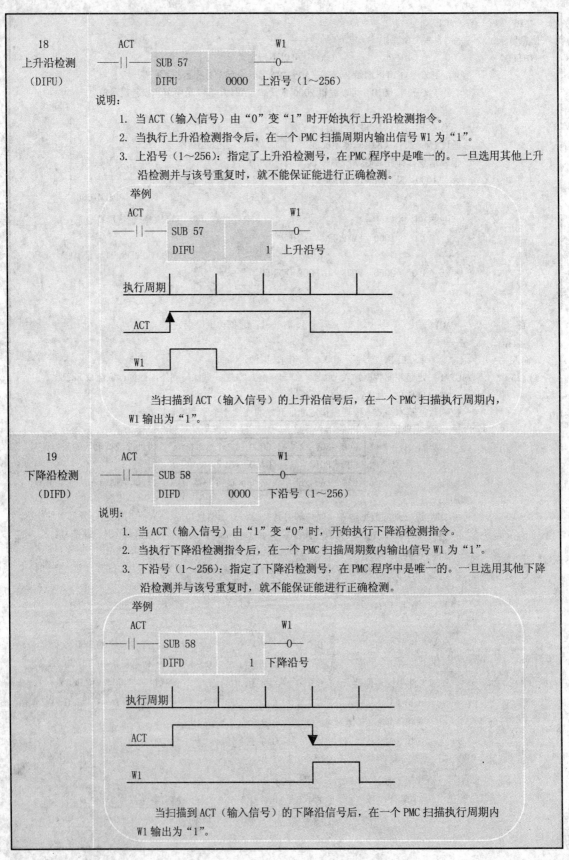

| 18
上升沿检测
（DIFU） | ACT
——\|\|—— SUB 57
DIFU | 0000 | W1
——O——
上沿号（1～256） |

说明：

1. 当 ACT（输入信号）由"0"变"1"时开始执行上升沿检测指令。

2. 当执行上升沿检测指令后，在一个 PMC 扫描周期内输出信号 W1 为"1"。

3. 上沿号（1～256）：指定了上升沿检测号，在 PMC 程序中是唯一的。一旦选用其他上升
   沿检测并与该号重复时，就不能保证能进行正确检测。

举例

| ACT
——\|\|—— SUB 57
DIFU | 1 | W1
——O——
上升沿号 |

当扫描到 ACT（输入信号）的上升沿信号后，在一个 PMC 扫描执行周期内，
W1 输出为"1"。

| 19
下降沿检测
（DIFD） | ACT
——\|\|—— SUB 58
DIFD | 0000 | W1
——O——
下沿号（1～256） |

说明：

1. 当 ACT（输入信号）由"1"变"0"时，开始执行下降沿检测指令。

2. 当执行下降沿检测指令后，在一个 PMC 扫描周期数内输出信号 W1 为"1"。

3. 下沿号（1～256）：指定了下降沿检测号，在 PMC 程序中是唯一的。一旦选用其他下降
   沿检测并与该号重复时，就不能保证能进行正确检测。

举例

| ACT
——\|\|—— SUB 58
DIFD | 1 | W1
——O——
下降沿号 |

当扫描到 ACT（输入信号）的下降沿信号后，在一个 PMC 扫描执行周期内
W1 输出为"1"。

20 延时导通 定时器 （TMR）	ACT ——||——	SUB 3 TMR	W1 ——O— 00　定时器号

ATC=0：关闭定时器；　　ATC=1：启动定时器。

W1 =1：　即定时器启动，ATC 为"1"保持至达到定时时间（T）后，W1 输出为"1"接通。

说明：

　　1. 1～8 定时器号，定时时间以 48ms 为精度
　　　　（最大 1572.8s），余数舍去。
　　　　9～40 定时器号，定时时间以 8ms 为精度
　　　　（最大 262.1s），余数舍去。

　　2. 定时时间可以通过 PMC 参数（T）随意
　　　　修改，一般用于润滑泵定时启动/停止。

ATC
W1
T=定时时间 － *
*--定时时间除不尽 8或48（精度）的余数

---

21 固定延时 导通定时器 （TMRB）	ACT ——||——	SUB 24 TMRB	W1 ——O— 00　定时器号 0000　定时时间（ms）

ATC=0：关闭定时器；　　ATC=1：启动定时器。

W1 =1：即定时器启动，ATC 为"1"保持至达到定时时间（T）后，W1 输出为"1"接通。

说明：

　　1. 定时时间以 8ms 为精度(SA1：最大 262136ms；
　　　　SB7：最大 32760000ms)，余数舍去。

　　2. 定时时间随顺序程序一起写入 ROM 中，不
　　　　易修改，除非通过顺序程序修改设置。

　　3. 一般用于不随意修改的场合（如刀库动作）。

ATC
W1
T=定时时间 － *
*--定时时间除不尽 8（精度）的余数

---

22 可变延时 导通定时器 （TMRC）	ACT ——||——	SUB 54 TMRC	W1 ——O— 00　定时精度（设定数 0 表示 8ms；1 表示 48ms……） 0000　设定时间值的地址(占 2 个字节) 0000　计时的地址(占 4 个字节)

ATC=0：关闭定时器；　　ATC=1：启动定时器。

W1 =1：即定时器启动，ATC 为"1"保持至计时值与定时时间一致后，W1 输出为"1"接通。

说明：当达到定时时间（T）后：

　　1. 允许随意设定定时精度，对所有定时精度的设定时间值均在 0～32767 的范围（以二进
　　　　制形式设定）。

　　2. 实际定时时间=定时精度×设定时间值，不
　　　　可能会产生余数。

　　3. 定时器数量不受限制。指定定时器计时的首
　　　　地址。计时区域占用连续 4 个字节地址。

　　4. 一般用于允许经常修改的场合。

ATC
W1
T=8或48（精度）×设定时间值

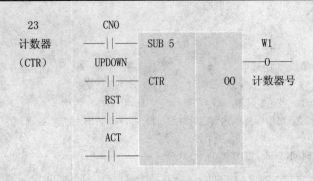

23	CNO			
计数器	——||——	SUB 5		W1
（CTR）	UPDOWN			——O——
	——||——	CTR	00	计数器号
	RST			
	——||——			
	ACT			
	——||——			

CNO　=0：　计数器初始值为 0。
　　　=1：　计数器初始值为 1。
UPDOWN　=0：　加计数（初始值由 CNO 状态而设）。
　　　　=1：　减计数（初始值为计数器预置值）。
RST　=1：计数器复位。当累加值被复位后，若加计数时，则根据 CNO 的设定变为 0 或 1；
　　　　若减计数时，则变为计数器预置值。
ATC　=1：取"0"到"1"的上升沿进行计数。
W1　=1：计数结束输出。加计数为最大值，减计数为最小值时输出为"1"。

说明：
　　1. 能进行递增/递减计数的环形计数器，可以用于对刀库刀套位置的计数。
　　2. 计数的数据格式（二进制/BCD）由系统参数（SYSPRM）进行设定。
　　3. 计数器号：PMC/SA1、0i MATE-D/L 和 0i-D/L 为 1-20，PMC/SB7 和 0i-D 为 1-100。
　　4. 每个计数器占 4 个字节，前 2 个字节存放预置计数值，后 2 个字节存放当前计数值。
　　5. 举例详见第 6 章编程例子。

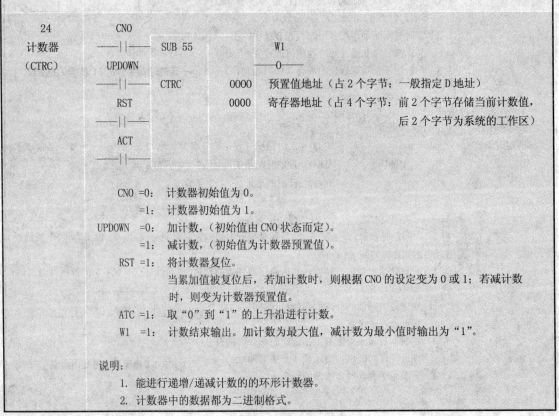

24	CNO			
计数器	——||——	SUB 55		W1
（CTRC）	UPDOWN			——O——
	——||——	CTRC	0000	预置值地址（占 2 个字节：一般指定 D 地址）
	RST		0000	寄存器地址（占 4 个字节：前 2 个字节存储当前计数值，
	——||——			后 2 个字节为系统的工作区）
	ACT			
	——||			

CNO　=0：　计数器初始值为 0。
　　　=1：　计数器初始值为 1。
UPDOWN　=0：　加计数，（初始值由 CNO 状态而定）。
　　　　=1：　减计数，（初始值为计数器预置值）。
RST　=1：　将计数器复位。
　　　　当累加值被复位后，若加计数时，则根据 CNO 的设定变为 0 或 1；若减计数
　　　　时，则变为计数器预置值。
ATC　=1：　取"0"到"1"的上升沿进行计数。
W1　=1：　计数结束输出。加计数为最大值，减计数为最小值时输出为"1"。

说明：
　　1. 能进行递增/递减计数的的环形计数器。
　　2. 计数器中的数据都为二进制格式。

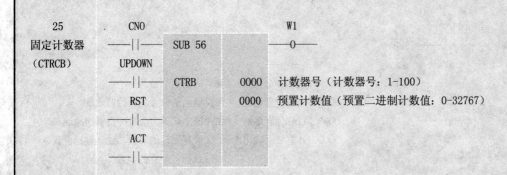

25	CNO		W1
固定计数器	──┤├──	SUB 56	──O──
（CTRCB）	UPDOWN		
	──┤├──	CTRB	0000	计数器号（计数器号：1-100）
	RST		0000	预置计数值（预置二进制计数值：0-32767）
	──┤├──		
	ACT		
	──┤├──		

CNO =0： 计数器初始值为 0。

      =1： 计数器初始值为 1。

UPDOWN =0： 加法计数（初始值由 CNO 状态而设）。

           =1： 减法计数（初始值为计数器预置值）。

RST =1： 将计数器复位。

         当前计数值被复位后，若加计数时，则根据 CNO 的设定变为 0 或 1；若减计数时，则变为计数器预置值。

ATC =1： 取"0"到"1"的上升沿进行计数。

W1 =1： 计数结束输出。当加计数为最大值，减计数为最小值时输出为"1"。

累积值：

    地址 C5000 用作 CTRB 的当前计数值。C5000 对应计数器 1；C5002 对应计数器 2。一个数据占用 2 个字节。

说明：

    固定计数器（CTRB）的数据为二进制格式，系统参数（SYSPRM）设定无效。

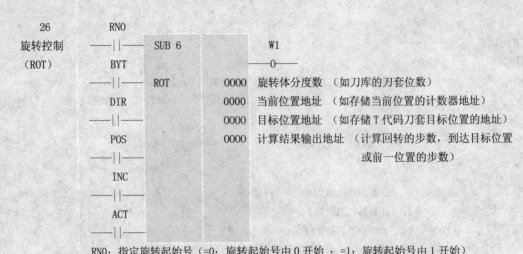

26	RNO			W1
旋转控制	—| |—	SUB 6		—O—
（ROT）	BYT			
	—| |—	ROT	0000	旋转体分度数 （如刀库的刀套位数）
	DIR		0000	当前位置地址 （如存储当前位置的计数器地址）
	—| |—		0000	目标位置地址 （如存储 T 代码刀套目标位置的地址）
	POS		0000	计算结果输出地址 （计算回转的步数，到达目标位置
	—| |—			或前一位置的步数）
	INC			
	—| |—			
	ACT			
	—| |—			

RNO：指定旋转起始号（=0：旋转起始号由 0 开始 ；=1：旋转起始号由 1 开始）

BYT：指定处理位置数据的位数（=0：2 位 BCD 代码；=1：4 位 BCD 代码）

DIR：选择最短路径旋转方向（=0：旋转方向始终正向；=1：选择最短路径旋转方向）

POS：指定计算条件（=0：计算目标位置；=1：计算目标位置前一位的位置）

INC：指定位置或步数（=0：计算位置号；=1：计算步数）

ACT：执行指令（=0：不执行 ROT 指令，W1 没改变；=1：执行 ROT 指令）

W1：旋转方向（当 ATC=1 时，0 表示正向旋转，号码递增，1 表示反向旋转，号码递减）

说明：

　　该指令能完成判别最短路径旋转方向、计算出旋转步数和到达目标位置前一步数。

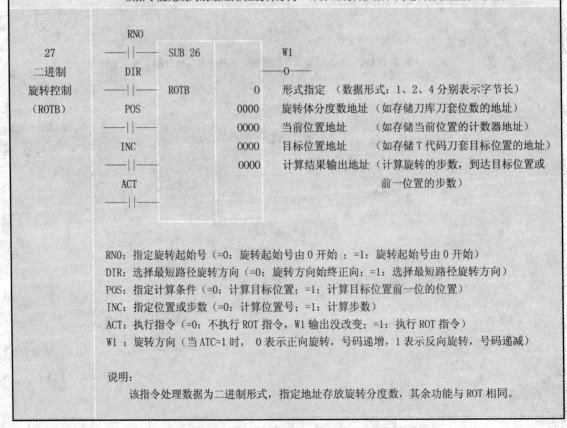

27	RNO			W1
	—| |—	SUB 26		—O—
二进制	DIR			
旋转控制	—| |—	ROTB	0	形式指定 （数据形式：1、2、4 分别表示字节长）
（ROTB）	POS		0000	旋转体分度数地址 （如存储刀库刀套位数的地址）
	—| |—		0000	当前位置地址 （如存储当前位置的计数器地址）
	INC		0000	目标位置地址 （如存储 T 代码刀套目标位置的地址）
	—| |—		0000	计算结果输出地址（计算旋转的步数，到达目标位置或
	ACT			前一位置的步数）
	—| |—			

RNO：指定旋转起始号（=0：旋转起始号由 0 开始 ；=1：旋转起始号由 0 开始）

DIR：选择最短路径旋转方向（=0：旋转方向始终正向；=1：选择最短路径旋转方向）

POS：指定计算条件（=0：计算目标位置；=1：计算目标位置前一位的位置）

INC：指定位置或步数（=0：计算位置号；=1：计算步数）

ACT：执行指令（=0：不执行 ROT 指令，W1 输出没改变；=1：执行 ROT 指令）

W1：旋转方向（当 ATC=1 时，0 表示正向旋转，号码递增，1 表示反向旋转，号码递减）

说明：

　　该指令处理数据为二进制形式，指定地址存放旋转分度数，其余功能与 ROT 相同。

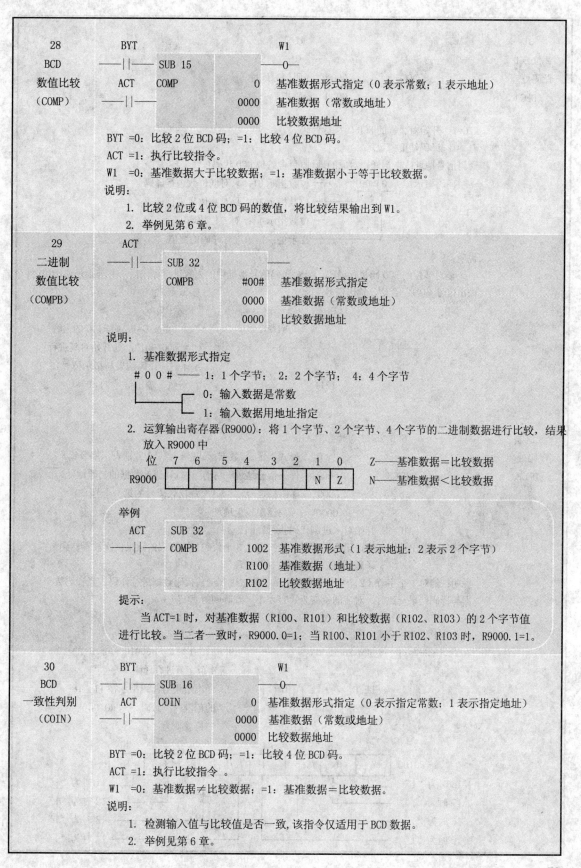

28 BCD 数值比较 （COMP）	BYT ——||—— SUB 15 ACT COMP ——||——	W1 ——O—— 0 基准数据形式指定（0 表示常数；1 表示地址） 0000 基准数据（常数或地址） 0000 比较数据地址

BYT =0：比较 2 位 BCD 码；=1：比较 4 位 BCD 码。

ACT =1：执行比较指令。

W1 =0：基准数据大于比较数据；=1：基准数据小于等于比较数据。

说明：

　　1. 比较 2 位或 4 位 BCD 码的数值，将比较结果输出到 W1。

　　2. 举例见第 6 章。

29 二进制 数值比较 （COMPB）	ACT ——||—— SUB 32 COMPB	——— #00# 基准数据形式指定 0000 基准数据（常数或地址） 0000 比较数据地址

说明：

　　1. 基准数据形式指定

　　　# 0 0 # ── 1：1 个字节；2：2 个字节；4：4 个字节

　　　　　　　0：输入数据是常数

　　　　　　　1：输入数据用地址指定

　　2. 运算输出寄存器（R9000）：将 1 个字节、2 个字节、4 个字节的二进制数据进行比较，结果放入 R9000 中

位   7 6 5 4 3 2 1 0   Z——基准数据＝比较数据

R9000 □□□□□□ N Z   N——基准数据＜比较数据

举例

　　ACT   SUB 32   ———

　　——\|\|—— COMPB   1002   基准数据形式（1 表示地址；2 表示 2 个字节）

　　　　　　　　　　　　R100   基准数据（地址）

　　　　　　　　　　　　R102   比较数据地址

提示：

　　当 ACT=1 时，对基准数据（R100、R101）和比较数据（R102、R103）的 2 个字节值进行比较。当二者一致时，R9000.0=1；当 R100、R101 小于 R102、R103 时，R9000.1=1。

30 BCD 一致性判别 （COIN）	BYT ——||—— SUB 16 ACT COIN ——||——	W1 ——O—— 0 基准数据形式指定（0 表示指定常数；1 表示指定地址） 0000 基准数据（常数或地址） 0000 比较数据地址

BYT =0：比较 2 位 BCD 码；=1：比较 4 位 BCD 码。

ACT =1：执行比较指令 。

W1 =0：基准数据≠比较数据；=1：基准数据＝比较数据。

说明：

　　1. 检测输入值与比较值是否一致，该指令仅适用于 BCD 数据。

　　2. 举例见第 6 章。

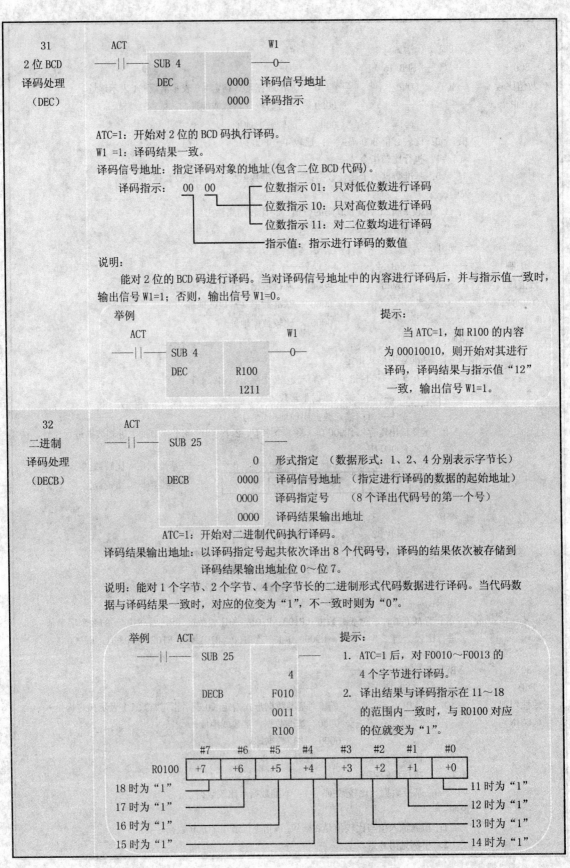

| 31
2 位 BCD
译码处理
（DEC） | ACT
——\|\|—— SUB 4
DEC | W1
——○—
0000 译码信号地址
0000 译码指示 |

ATC=1：开始对 2 位的 BCD 码执行译码。

W1 =1：译码结果一致。

译码信号地址：指定译码对象的地址(包含二位 BCD 代码)。

译码指示：　00　00　┌─ 位数指示 01：只对低位数进行译码
　　　　　　　　　 ├─ 位数指示 10：只对高位数进行译码
　　　　　　　　　 └─ 位数指示 11：对二位数均进行译码
　　　　　　　　　 └─ 指示值：指示进行译码的数值

说明：

　　能对 2 位的 BCD 码进行译码。当对译码信号地址中的内容进行译码后，并与指示值一致时，输出信号 W1=1；否则，输出信号 W1=0。

举例　　　　　　　　　　　　　　　　　　　提示：

ACT　　　　　　　　　　W1　　　　　　　当 ATC=1，如 R100 的内容
——\|\|—— SUB 4　　　　——○—　　　　　为 00010010，则开始对其进行
　　　 DEC　　R100　　　　　　　　　　 译码，译码结果与指示值 "12"
　　　　　　　 1211　　　　　　　　　　 一致，输出信号 W1=1。

| 32
二进制
译码处理
（DECB） | ACT
——\|\|—— SUB 25
DECB | 0　形式指定　（数据形式：1、2、4 分别表示字节长）
0000 译码信号地址 （指定进行译码的数据的起始地址）
0000 译码指定号　（8 个译出代码号的第一个号）
0000 译码结果输出地址 |

ATC=1：开始对二进制代码执行译码。

译码结果输出地址：以译码指定号起共依次译出 8 个代码号，译码的结果依次被存储到译码结果输出地址位 0～位 7。

说明：能对 1 个字节、2 个字节、4 个字节长的二进制形式代码数据进行译码。当代码数据与译码结果一致时，对应的位变为 "1"，不一致时则为 "0"。

举例　ACT　　　　　　　　　　　　　　提示：
——\|\|—— SUB 25　　　　　——　　　1. ATC=1 后，对 F0010～F0013 的
　　　　　　 4　　　　　　　　　　　　 4 个字节进行译码。
　　　 DECB　F010　　　　　　　　　2. 译出结果与译码指示在 11～18
　　　　　　 0011　　　　　　　　　　 的范围内一致时，与 R0100 对应
　　　　　　 R100　　　　　　　　　　 的位就变为 "1"。

　　　　　　　　#7　　#6　　#5　　#4　　#3　　#2　　#1　　#0
　　R0100　　 +7　 +6　 +5　 +4　 +3　 +2　 +1　 +0
18 时为 "1"　　　　　　　　　　　　　　　　　　　　　　11 时为 "1"
17 时为 "1"　　　　　　　　　　　　　　　　　　　　　　12 时为 "1"
16 时为 "1"　　　　　　　　　　　　　　　　　　　　　　13 时为 "1"
15 时为 "1"　　　　　　　　　　　　　　　　　　　　　　14 时为 "1"

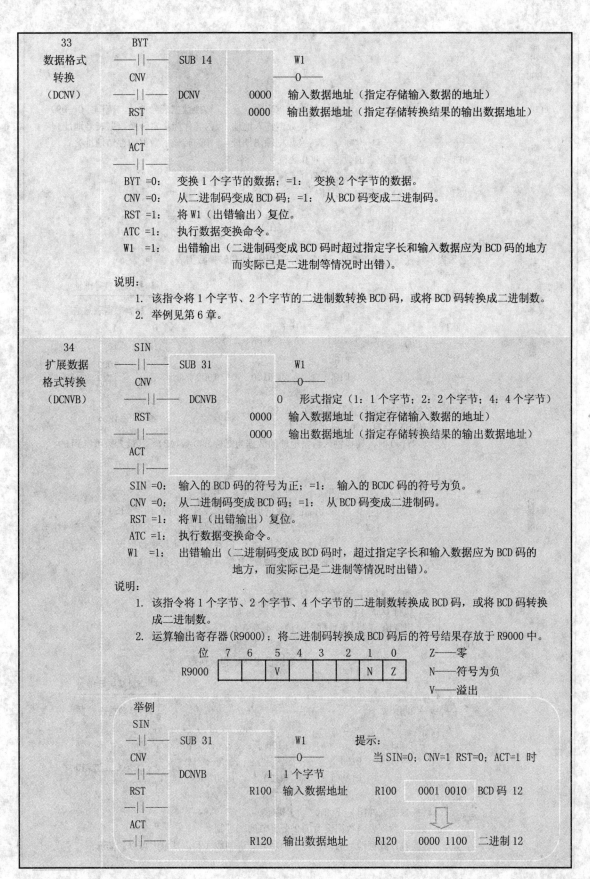

33	BYT			
数据格式	——‖——	SUB 14		W1
转换	CNV			—〇—
（DCNV）	——‖——	DCNV	0000	输入数据地址（指定存储输入数据的地址）
	RST		0000	输出数据地址（指定存储转换结果的输出数据地址）
	——‖——			
	ACT			
	——‖——			

BYT =0：变换 1 个字节的数据；=1：变换 2 个字节的数据。

CNV =0：从二进制码变成 BCD 码；=1：从 BCD 码变成二进制码。

RST =1：将 W1（出错输出）复位。

ATC =1：执行数据变换命令。

W1 =1：出错输出（二进制码变成 BCD 码时超过指定字长和输入数据应为 BCD 码的地方
而实际已是二进制等情况时出错）。

说明：

1. 该指令将 1 个字节、2 个字节的二进制数转换 BCD 码，或将 BCD 码转换成二进制数。

2. 举例见第 6 章。

34	SIN			
扩展数据	——‖——	SUB 31		W1
格式转换	CNV			—〇—
（DCNVB）	——‖——	DCNVB	0	形式指定（1：1 个字节；2：2 个字节；4：4 个字节）
	RST		0000	输入数据地址（指定存储输入数据的地址）
	——‖——		0000	输出数据地址（指定存储转换结果的输出数据地址）
	ACT			
	——‖——			

SIN =0：输入的 BCD 码的符号为正；=1：输入的 BCDC 码的符号为负。

CNV =0：从二进制码变成 BCD 码；=1：从 BCD 码变成二进制码。

RST =1：将 W1（出错输出）复位。

ATC =1：执行数据变换命令。

W1 =1：出错输出（二进制码变成 BCD 码时，超过指定字长和输入数据应为 BCD 码的
地方，而实际已是二进制等情况时出错）。

说明：

1. 该指令将 1 个字节、2 个字节、4 个字节的二进制数转换成 BCD 码，或将 BCD 码转换
成二进制数。

2. 运算输出寄存器(R9000)：将二进制码转换成 BCD 码后的符号结果存放于 R9000 中。

位	7	6	5	4	3	2	1	0		Z——零
R9000			V				N	Z		N——符号为负
										V——溢出

举例

SIN				提示：
—‖—	SUB 31		W1	
CNV			—〇—	当 SIN=0；CNV=1 RST=0；ACT=1 时
——‖——	DCNVB	1	1 个字节	
RST		R100	输入数据地址	R100 0001 0010 BCD 码 12
—‖—				⇩
ACT				
—‖—		R120	输出数据地址	R120 0000 1100 二进制 12

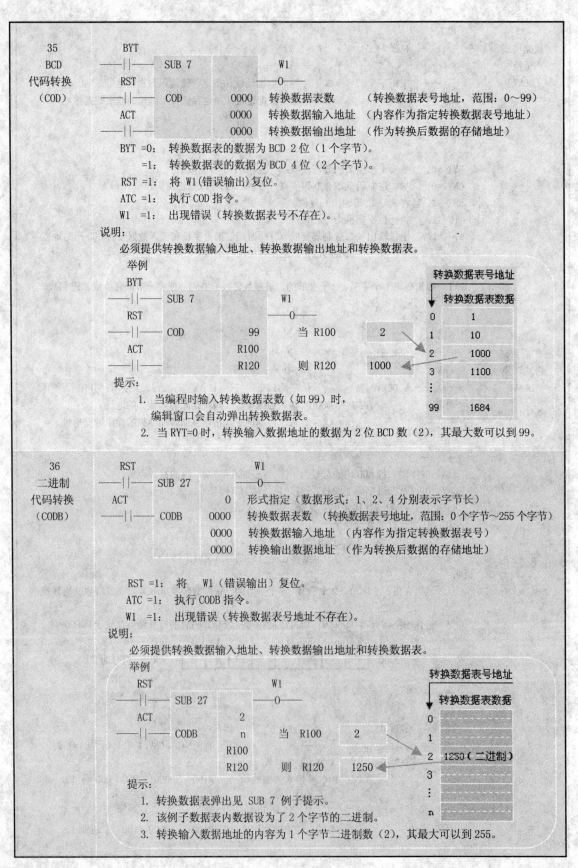

35
BCD
代码转换
（COD）

BYT
——||—— SUB 7　　　　　　　　W1
RST　　　　　　　　　　　——○——
——||—— COD　0000　转换数据表数　（转换数据表号地址，范围：0～99）
ACT　　　　　0000　转换数据输入地址　（内容作为指定转换数据表号地址）
——||——　　　0000　转换数据输出地址　（作为转换后数据的存储地址）

BYT =0:　转换数据表的数据为 BCD 2 位（1 个字节）。
　　　=1:　转换数据表的数据为 BCD 4 位（2 个字节）。
RST =1:　将 W1(错误输出)复位。
ATC =1:　执行 COD 指令。
W1 =1:　出现错误（转换数据表号不存在）。

说明:
必须提供转换数据输入地址、转换数据输出地址和转换数据表。

举例
BYT
——||—— SUB 7　　　　　　　W1
RST　　　　　　　　　——○——
——||—— COD　　99　　当 R100　　2
ACT　　　　R100
——||——　　R120　　则 R120　　1000

转换数据表号地址
转换数据表数据
0	1
1	10
2	1000
3	1100
⋮	
99	1684

提示:
1. 当编程时输入转换数据表数（如 99）时，
　编辑窗口会自动弹出转换数据表。
2. 当 RYT=0 时，转换输入数据地址的数据为 2 位 BCD 数（2），其最大数可以到 99。

36
二进制
代码转换
（CODB）

RST　　　　　　　　　W1
——||—— SUB 27　　　——○——
ACT　　　　　0　形式指定（数据形式：1、2、4 分别表示字节长）
——||—— CODB　0000　转换数据表数　（转换数据表号地址，范围：0 个字节～255 个字节）
　　　　　　　0000　转换数据输入地址　（内容作为指定转换数据表号）
　　　　　　　0000　转换输出数据地址　（作为转换后数据的存储地址）

RST =1:　将　W1（错误输出）复位。
ATC =1:　执行 CODB 指令。
W1 =1:　出现错误（转换数据表号地址不存在）。

说明:
必须提供转换数据输入地址、转换数据输出地址和转换数据表。

举例
RST　　　　　　　　　　W1
——||—— SUB 27　　　　——○——
ACT　　　　　2
——||—— CODB　n　　当　R100　　2
　　　　　R100
　　　　　R120　　则　R120　　1250

转换数据表号地址
转换数据表数据
0	
1	
2	1250（二进制）
3	
⋮	
n	

提示:
1. 转换数据表弹出见 SUB 7 例子提示。
2. 该例子数据表内数据设为了 2 个字节的二进制。
3. 转换输入数据地址的内容为 1 个字节二进制数（2），其最大可以到 255。

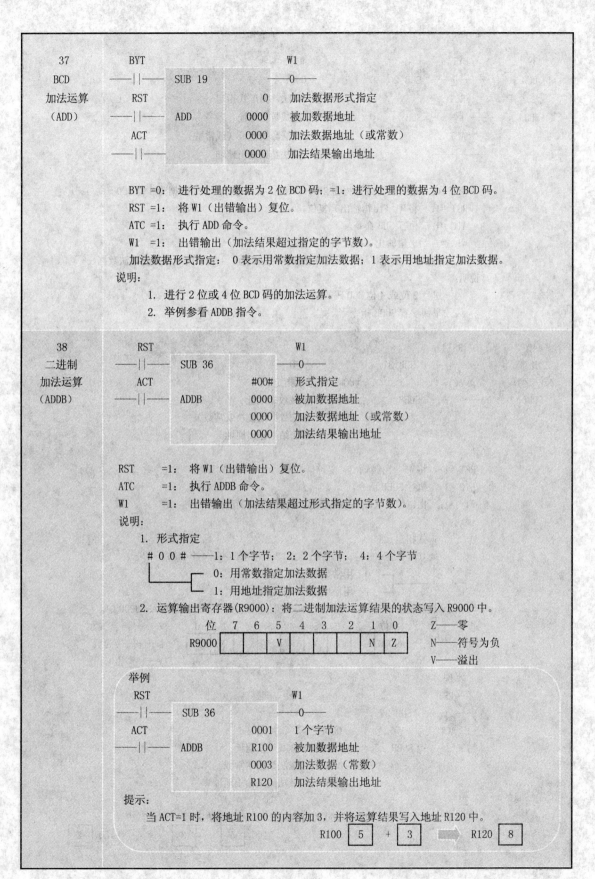

37	BYT			W1	
BCD	——||——	SUB 19		——○	
加法运算	RST			0	加法数据形式指定
（ADD）	——||——	ADD		0000	被加数据地址
	ACT			0000	加法数据地址（或常数）
	——||——			0000	加法结果输出地址

BYT =0： 进行处理的数据为 2 位 BCD 码；=1：进行处理的数据为 4 位 BCD 码。

RST =1： 将 W1（出错输出）复位。

ATC =1： 执行 ADD 命令。

W1 =1： 出错输出（加法结果超过指定的字节数）。

加法数据形式指定： 0 表示用常数指定加法数据；1 表示用地址指定加法数据。

说明：

    1. 进行 2 位或 4 位 BCD 码的加法运算。

    2. 举例参看 ADDB 指令。

38	RST			W1	
二进制	——||——	SUB 36		——○	
加法运算	ACT			#00#	形式指定
（ADDB）	——||——	ADDB		0000	被加数据地址
				0000	加法数据地址（或常数）
				0000	加法结果输出地址

RST =1： 将 W1（出错输出）复位。

ATC =1： 执行 ADDB 命令。

W1 =1： 出错输出（加法结果超过形式指定的字节数）。

说明：

    1. 形式指定

    # 0 0 # ——1：1 个字节； 2：2 个字节； 4：4 个字节

           ┌── 0：用常数指定加法数据

           └── 1：用地址指定加法数据

    2. 运算输出寄存器(R9000)：将二进制加法运算结果的状态写入 R9000 中。

位	7	6	5	4	3	2	1	0	
R9000			V				N	Z	Z——零

N——符号为负

V——溢出

举例

RST			W1	
——||——	SUB 36		——○	
ACT			0001	1 个字节
——||——	ADDB		R100	被加数据地址
			0003	加法数据（常数）
			R120	加法结果输出地址

提示：

    当 ACT=1 时，将地址 R100 的内容加 3，并将运算结果写入地址 R120 中。

R100 [5] + [3] ➡ R120 [8]

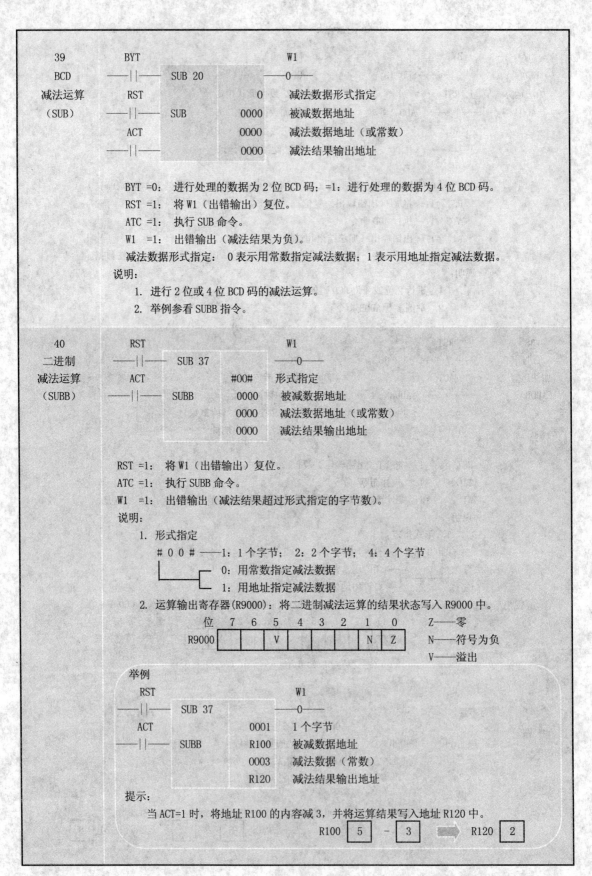

39	BYT			W1
BCD	—| |—	SUB 20	—○—
减法运算	RST		0	减法数据形式指定
（SUB）	—| |—	SUB	0000	被减数据地址
	ACT		0000	减法数据地址（或常数）
	—| |—		0000	减法结果输出地址

BYT =0： 进行处理的数据为 2 位 BCD 码；=1：进行处理的数据为 4 位 BCD 码。
RST =1： 将 W1（出错输出）复位。
ATC =1： 执行 SUB 命令。
W1 =1： 出错输出（减法结果为负）。
减法数据形式指定： 0 表示用常数指定减法数据；1 表示用地址指定减法数据。

说明：
1. 进行 2 位或 4 位 BCD 码的减法运算。
2. 举例参看 SUBB 指令。

40	RST			W1
二进制	—| |—	SUB 37	—○—
减法运算	ACT		#00#	形式指定
（SUBB）	—| |—	SUBB	0000	被减数据地址
			0000	减法数据地址（或常数）
			0000	减法结果输出地址

RST =1： 将 W1（出错输出）复位。
ATC =1： 执行 SUBB 命令。
W1 =1： 出错输出（减法结果超过形式指定的字节数）。

说明：
1. 形式指定

0 0 # ——1：1 个字节； 2：2 个字节； 4：4 个字节
     └──┌── 0：用常数指定减法数据
         └── 1：用地址指定减法数据

2. 运算输出寄存器(R9000)：将二进制减法运算的结果状态写入 R9000 中。

位	7	6	5	4	3	2	1	0
R9000			V				N	Z

Z——零
N——符号为负
V——溢出

举例

	RST			W1
	—| |—	SUB 37	—○—
	ACT		0001	1 个字节
	—| |—	SUBB	R100	被减数据地址
			0003	减法数据（常数）
			R120	减法结果输出地址

提示：
当 ACT=1 时，将地址 R100 的内容减 3，并将运算结果写入地址 R120 中。

R100 | 5 | － | 3 | ➡ | R120 | 2 |

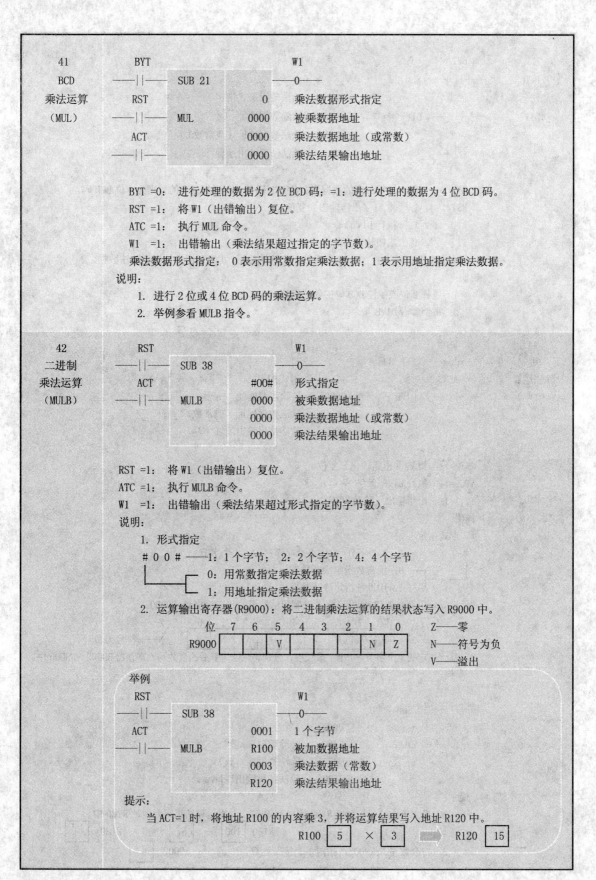

| 41
BCD
乘法运算
（MUL） | BYT
——||——
RST
——||——
ACT
——||—— | SUB 21

MUL | W1
——0——
0
0000
0000
0000 | 乘法数据形式指定
被乘数据地址
乘法数据地址（或常数）
乘法结果输出地址 |

BYT =0： 进行处理的数据为 2 位 BCD 码；=1：进行处理的数据为 4 位 BCD 码。

RST =1： 将 W1（出错输出）复位。

ATC =1： 执行 MUL 命令。

W1 =1： 出错输出（乘法结果超过指定的字节数）。

乘法数据形式指定： 0 表示用常数指定乘法数据；1 表示用地址指定乘法数据。

说明：

    1. 进行 2 位或 4 位 BCD 码的乘法运算。

    2. 举例参看 MULB 指令。

| 42
二进制
乘法运算
（MULB） | RST
——||——
ACT
——||—— | SUB 38

MULB | W1
——0——
#00#
0000
0000
0000 | 形式指定
被乘数据地址
乘法数据地址（或常数）
乘法结果输出地址 |

RST =1： 将 W1（出错输出）复位。

ATC =1： 执行 MULB 命令。

W1 =1： 出错输出（乘法结果超过形式指定的字节数）。

说明：

    1. 形式指定

    # 0 0 # ——1：1 个字节；2：2 个字节；4：4 个字节

               0：用常数指定乘法数据

               1：用地址指定乘法数据

    2. 运算输出寄存器(R9000)：将二进制乘法运算的结果状态写入 R9000 中。

位	7	6	5	4	3	2	1	0	
R9000			V				N	Z	Z——零 N——符号为负 V——溢出

举例

| | RST
——||——
ACT
——||—— | SUB 38

MULB | W1
——0——
0001
R100
0003
R120 | 1 个字节
被加数据地址
乘法数据（常数）
乘法结果输出地址 |

提示：

    当 ACT=1 时，将地址 R100 的内容乘 3，并将运算结果写入地址 R120 中。

R100 | 5 | × | 3 | ⇒ R120 | 15 |

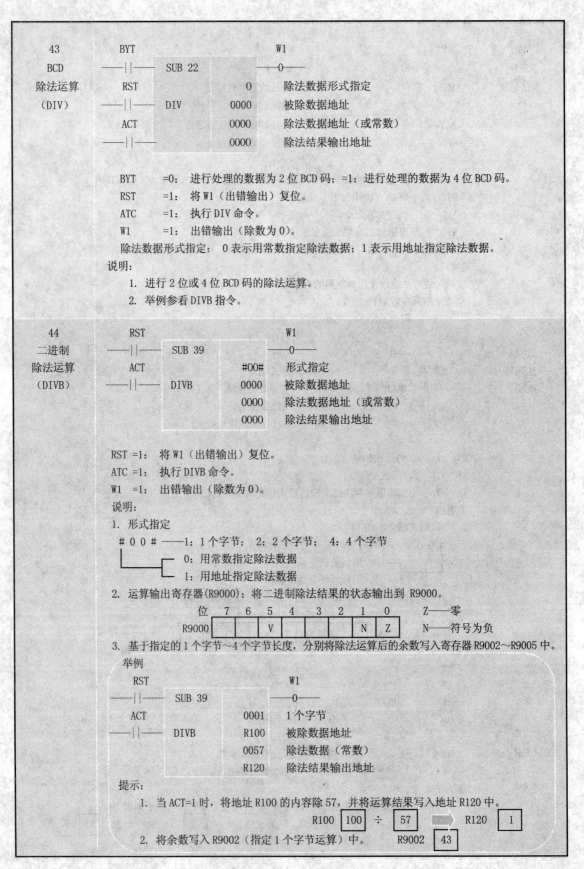

43	BYT				W1
BCD	—| |—	SUB 22			—〇—
除法运算	RST			0	除法数据形式指定
（DIV）	—| |—	DIV	0000	被除数据地址
	ACT		0000	除法数据地址（或常数）
	—| |—		0000	除法结果输出地址

BYT　=0：进行处理的数据为 2 位 BCD 码；=1：进行处理的数据为 4 位 BCD 码。

RST　=1：将 W1（出错输出）复位。

ATC　=1：执行 DIV 命令。

W1　=1：出错输出（除数为 0）。

除法数据形式指定：　0 表示用常数指定除法数据；1 表示用地址指定除法数据。

说明：

1. 进行 2 位或 4 位 BCD 码的除法运算。

2. 举例参看 DIVB 指令。

44	RST				W1
二进制	—| |—	SUB 39			—〇—
除法运算	ACT		#00#	形式指定
（DIVB）	—| |—	DIVB	0000	被除数据地址
			0000	除法数据地址（或常数）
			0000	除法结果输出地址

RST =1：将 W1（出错输出）复位。

ATC =1：执行 DIVB 命令。

W1 =1：出错输出（除数为 0）。

说明：

1. 形式指定

　#00#——1：1 个字节；　2：2 个字节；　4：4 个字节

　　　　0：用常数指定除法数据

　　　　1：用地址指定除法数据

2. 运算输出寄存器(R9000)：将二进制除法结果的状态输出到 R9000。

　　　位　7　6　5　4　3　2　1　0　　　Z——零

　　R9000　|　|　|　V　|　|　|　|　N　|　Z　|　　N——符号为负

3. 基于指定的 1 个字节～4 个字节长度，分别将除法运算后的余数写入寄存器 R9002～R9005 中。

举例

	RST				W1
	—| |—	SUB 39			—〇—
	ACT		0001	1 个字节
	—| |—	DIVB	R100	被除数据地址
			0057	除法数据（常数）
			R120	除法结果输出地址

提示：

1. 当 ACT=1 时，将地址 R100 的内容除 57，并将运算结果写入地址 R120 中。

　R100 | 100 | ÷ | 57 | ⇒ R120 | 1 |

2. 将余数写入 R9002（指定 1 个字节运算）中。　R9002 | 43 |

80

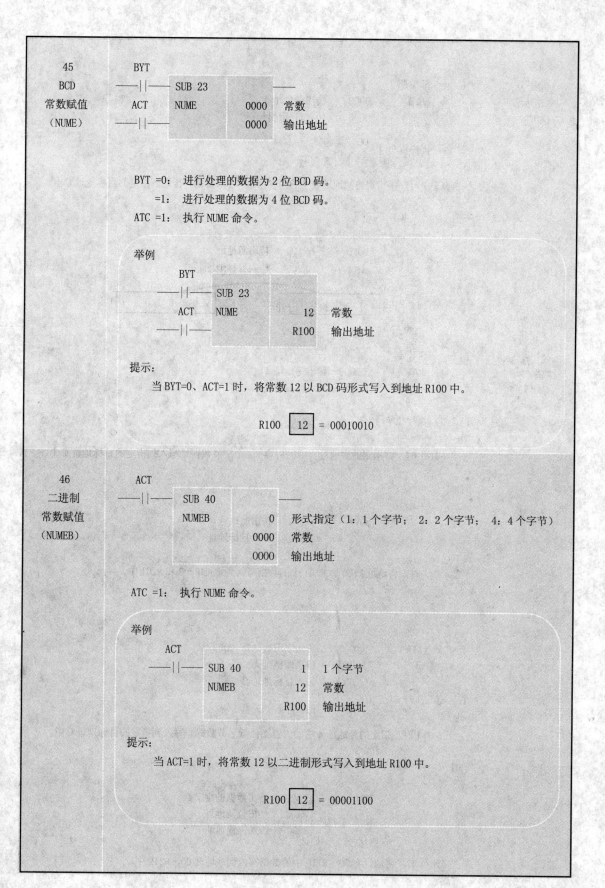

| 45
BCD
常数赋值
（NUME） | BYT
——\|\|——
ACT
——\|\|—— | SUB 23
NUME | 0000
0000 | 常数
输出地址 |

BYT =0: 进行处理的数据为 2 位 BCD 码。

　　=1: 进行处理的数据为 4 位 BCD 码。

ATC =1: 执行 NUME 命令。

举例

| | BYT
——\|\|——
ACT
——\|\|—— | SUB 23
NUME | 12
R100 | 常数
输出地址 |

提示:

　　当 BYT=0、ACT=1 时，将常数 12 以 BCD 码形式写入到地址 R100 中。

R100 　12　 = 00010010

| 46
二进制
常数赋值
（NUMEB） | ACT
——\|\|—— | SUB 40
NUMEB | 0
0000
0000 | 形式指定（1：1 个字节；2：2 个字节； 4：4 个字节）
常数
输出地址 |

ATC =1: 执行 NUME 命令。

举例

| | ACT
——\|\|—— | SUB 40
NUMEB | 1
12
R100 | 1 个字节
常数
输出地址 |

提示:

　　当 ACT=1 时，将常数 12 以二进制形式写入到地址 R100 中。

R100 　12　 = 00001100

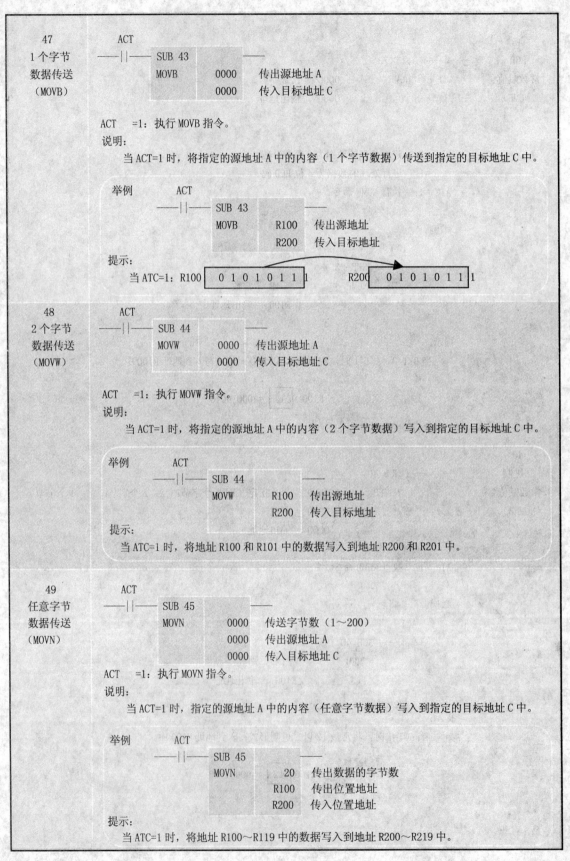

47
1 个字节
数据传送
（MOVB）

```
        ACT
    ——| |—— SUB 43          ——
             MOVB    0000    传出源地址 A
                     0000    传入目标地址 C
```

ACT =1：执行 MOVB 指令。

说明：

　　当 ACT=1 时，将指定的源地址 A 中的内容（1 个字节数据）传送到指定的目标地址 C 中。

举例

```
        ACT
    ——| |—— SUB 43
             MOVB    R100    传出源地址
                     R200    传入目标地址
```

提示：

　　当 ATC=1：R100 ☐ 0 1 0 1 0 1 1 1 ☐　　　R200 ☐ 0 1 0 1 0 1 1 1 ☐

48
2 个字节
数据传送
（MOVW）

```
        ACT
    ——| |—— SUB 44          ——
             MOVW    0000    传出源地址 A
                     0000    传入目标地址 C
```

ACT =1：执行 MOVW 指令。

说明：

　　当 ACT=1 时，将指定的源地址 A 中的内容（2 个字节数据）写入到指定的目标地址 C 中。

举例

```
        ACT
    ——| |—— SUB 44
             MOVW    R100    传出源地址
                     R200    传入目标地址
```

提示：

　　当 ATC=1 时，将地址 R100 和 R101 中的数据写入到地址 R200 和 R201 中。

49
任意字节
数据传送
（MOVN）

```
        ACT
    ——| |—— SUB 45          ——
             MOVN    0000    传送字节数（1～200）
                     0000    传出源地址 A
                     0000    传入目标地址 C
```

ACT =1：执行 MOVN 指令。

说明：

　　当 ACT=1 时，指定的源地址 A 中的内容（任意字节数据）写入到指定的目标地址 C 中。

举例

```
        ACT
    ——| |—— SUB 45
             MOVN    20      传出数据的字节数
                     R100    传出位置地址
                     R200    传入位置地址
```

提示：

　　当 ATC=1 时，将地址 R100～R119 中的数据写入到地址 R200～R219 中。

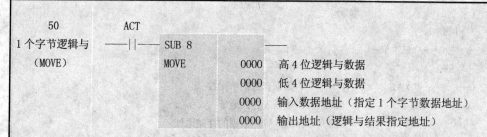

50
1 个字节逻辑与
（MOVE）

ACT
——| |—— SUB 8 ——
MOVE　　　0000　　高 4 位逻辑与数据
　　　　　0000　　低 4 位逻辑与数据
　　　　　0000　　输入数据地址（指定 1 个字节数据地址）
　　　　　0000　　输出地址（逻辑与结果指定地址）

ATC =0： 不执行 MOVE 指令；=1： 执行 MOVE 指令。

说明：

将高/低 4 位逻辑与数据和输入数据逐位相与，将相与的结果输出到一个指定的地址中。对数据起到屏蔽作用。

举例

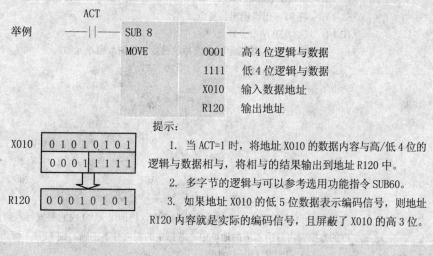

ACT
——| |—— SUB 8 ——
MOVE　　　0001　　高 4 位逻辑与数据
　　　　　1111　　低 4 位逻辑与数据
　　　　　X010　　输入数据地址
　　　　　R120　　输出地址

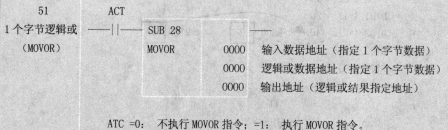

提示：

1. 当 ACT=1 时，将地址 X010 的数据内容与高/低 4 位的逻辑与数据相与，将相与的结果输出到地址 R120 中。

2. 多字节的逻辑与可以参考选用功能指令 SUB60。

3. 如果地址 X010 的低 5 位数据表示编码信号，则地址 R120 内容就是实际的编码信号，且屏蔽了 X010 的高 3 位。

51
1 个字节逻辑或
（MOVOR）

ACT
——| |—— SUB 28 ——
MOVOR　　0000　　输入数据地址（指定 1 个字节数据）
　　　　　0000　　逻辑或数据地址（指定 1 个字节数据）
　　　　　0000　　输出地址（逻辑或结果指定地址）

ATC =0： 不执行 MOVOR 指令；=1： 执行 MOVOR 指令。

说明：

将逻辑或数据与输入数据逐位相或，将相或的结果输出到一个指定的输出地址中。

举例

ACT
——| |—— SUB 28 ——
MOVOR　　R100　　输入数据地址
　　　　　D010　　逻辑或数据地址
　　　　　R120　　输出地址

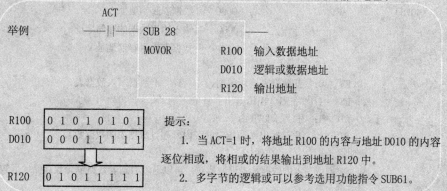

提示：

1. 当 ACT=1 时，将地址 R100 的内容与地址 D010 的内容逐位相或，将相或的结果输出到地址 R120 中。

2. 多字节的逻辑或可以参考选用功能指令 SUB61。

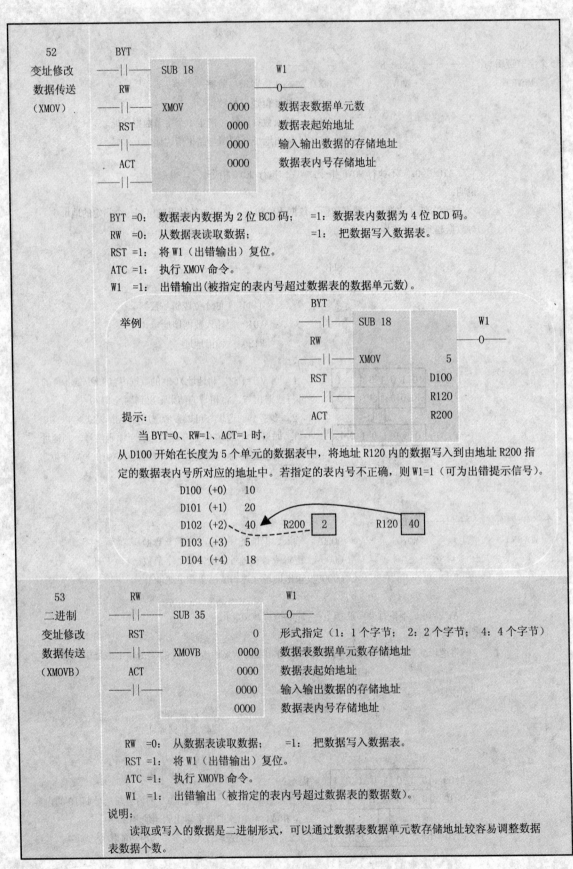

52
变址修改
数据传送
（XMOV）

BYT			
——||——	SUB 18		W1
			——O——
RW			
——||——	XMOV	0000	数据表数据单元数
RST		0000	数据表起始地址
——||——		0000	输入输出数据的存储地址
ACT		0000	数据表内号存储地址
——||——			

BYT =0： 数据表内数据为 2 位 BCD 码； =1：数据表内数据为 4 位 BCD 码。
RW =0： 从数据表读取数据； =1： 把数据写入数据表。
RST =1： 将 W1（出错输出）复位。
ATC =1： 执行 XMOV 命令。
W1 =1： 出错输出(被指定的表内号超过数据表的数据单元数)。

举例

BYT			
——||——	SUB 18		W1
			——O——
RW			
——||——	XMOV	5	
RST		D100	
——||——		R120	
ACT		R200	
——||——			

提示：
当 BYT=0、RW=1、ACT=1 时，
从 D100 开始在长度为 5 个单元的数据表中，将地址 R120 内的数据写入到由地址 R200 指定的数据表内号所对应的地址中。若指定的表内号不正确，则 W1=1（可为出错提示信号）。

D100 (+0) 10
D101 (+1) 20
D102 (+2) 40   R200 [2]   R120 [40]
D103 (+3) 5
D104 (+4) 18

53
二进制
变址修改
数据传送
（XMOVB）

RW			
——||——	SUB 35		W1
			——O——
RST		0	形式指定（1：1 个字节； 2：2 个字节； 4：4 个字节）
——||——	XMOVB	0000	数据表数据单元数存储地址
ACT		0000	数据表起始地址
——||——		0000	输入输出数据的存储地址
		0000	数据表内号存储地址

RW =0： 从数据表读取数据； =1： 把数据写入数据表。
RST =1： 将 W1（出错输出）复位。
ATC =1： 执行 XMOVB 命令。
W1 =1： 出错输出（被指定的表内号超过数据表的数据数）。

说明：
读取或写入的数据是二进制形式，可以通过数据表数据单元数存储地址较容易调整数据表数据个数。

84

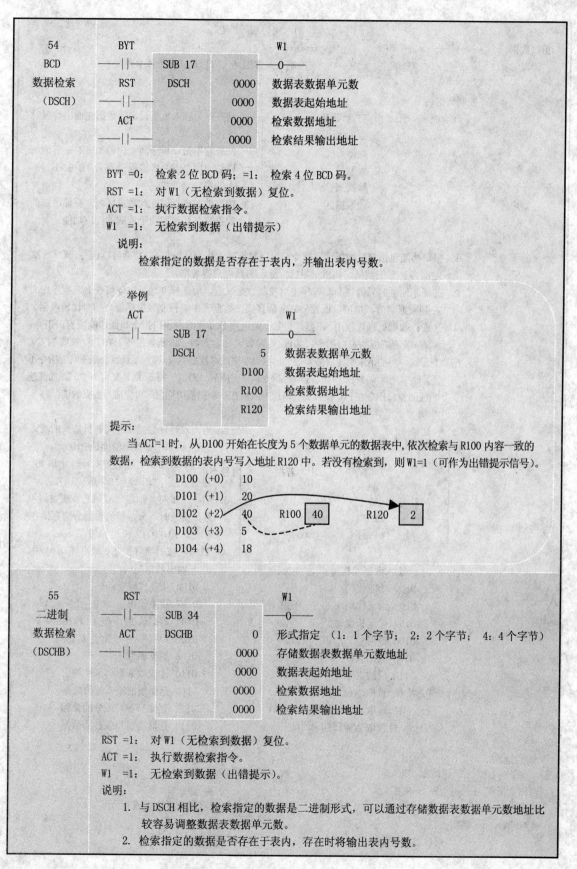

54	BYT				W1
BCD	—||—	SUB 17			—O—
数据检索	RST	DSCH	0000	数据表数据单元数	
（DSCH）	—||—		0000	数据表起始地址	
	ACT		0000	检索数据地址	
	—||—		0000	检索结果输出地址	

BYT =0：检索 2 位 BCD 码；=1：检索 4 位 BCD 码。

RST =1：对 W1（无检索到数据）复位。

ACT =1：执行数据检索指令。

W1 =1：无检索到数据（出错提示）

说明：

    检索指定的数据是否存在于表内，并输出表内号数。

举例

ACT			W1
—||—	SUB 17		—O—
	DSCH	5	数据表数据单元数
		D100	数据表起始地址
		R100	检索数据地址
		R120	检索结果输出地址

提示：

    当 ACT=1 时，从 D100 开始在长度为 5 个数据单元的数据表中，依次检索与 R100 内容一致的数据，检索到数据的表内号写入地址 R120 中。若没有检索到，则 W1=1（可作为出错提示信号）。

    D100 （+0） 10
    D101 （+1） 20
    D102 （+2） 40   R100 40   R120 2
    D103 （+3） 5
    D104 （+4） 18

55	RST			W1
二进制	—||—	SUB 34		—O—
数据检索	ACT	DSCHB	0	形式指定 （1：1 个字节； 2：2 个字节； 4：4 个字节）
（DSCHB）	—||—		0000	存储数据表数据单元数地址
			0000	数据表起始地址
			0000	检索数据地址
			0000	检索结果输出地址

RST =1：对 W1（无检索到数据）复位。

ACT =1：执行数据检索指令。

W1 =1：无检索到数据（出错提示）。

说明：

1. 与 DSCH 相比，检索指定的数据是二进制形式，可以通过存储数据表数据单元数地址比较容易调整数据表数据单元数。

2. 检索指定的数据是否存在于表内，存在时将输出表内号数。

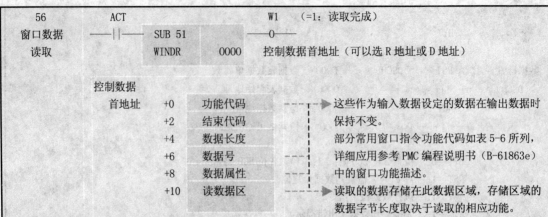

56	ACT		W1 (=1: 读取完成)
窗口数据	——| |—— SUB 51		——○——
读取	WINDR	0000	控制数据首地址（可以选 R 地址或 D 地址）

控制数据

首地址	+0	功能代码	┄┄┄┄▶ 这些作为输入数据设定的数据在输出数据时
	+2	结束代码	保持不变。
	+4	数据长度	部分常用窗口指令功能代码如表 5-6 所列，
	+6	数据号	┄┄┄┄ 详细应用参考 PMC 编程说明书（B-61863e）
	+8	数据属性	中的窗口功能描述。
	+10	读数据区	┄┄┄┄▶ 读取的数据存储在此数据区域，存储区域的
			数据字节长度取决于读取的相应功能。

说明：

1. 窗口功能包括窗口数据读取指令和窗口数据写入指令。通过窗口功能可以读写 PMC 和 CNC 之间各种系统数据，如机床坐标位置、刀具寿命等数据。

2. 选择 R 地址时只能在 PMC 程序中对控制数据赋值，而选择 D 地址时既可在 PMC 程序中对控制数据赋值，也可以通过 PMC 参数直接在数据表中对控制数据赋值，相对比较灵活。

3. 在进行数据处理过程中，根据读写数据的速度分高速响应窗口指令和低速响应窗口指令。标有*低速响应的窗口指令（如读/写参数、设定参数、诊断数据等）在 PMC 接收到 CNC 对于读、写的请求响应后需要数个扫描周期完成对数据的读/写，而且数个低速响应指令不能同时执行，需要在一个低速响应指令执行完成后（W1=1）将其 ACT 复位为 "0"。而高速响应的窗口指令在 PMC 接收到的请求响应后在一个扫描周期内即可完成对数据的读/写。

举例：

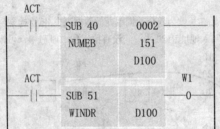

	ACT		
	——| |—— SUB 40	0002	
		NUMEB	151
			D100
	ACT		W1
	——| |—— SUB 51		——○——
		WINDR	D100

提示：

1. 将读取时钟数据（时间和日期）的功能代码 151 直接赋给地址 D100。

2. 通过 PMC 参数直接对数据号地址 D106 进行设置（如设为 "0" 或 "1"）。

3. 当 ACT=1 时，则将读取到的系统当前年、月、日或时、分、秒的数据分别存储在地址 D110、D112 和 D114 中。

4. 数据区域的字节长度 6 输出到 D104 中。

输入数据结构

D100	功能代码	151	
D102	结束代码	–	不设
D104	数据长度	–	不设
D106	数据号	N	设置
D108	数据属性	–	不设
D110	读数据区	–	不设

其中：N=0 读取当前日期
N=1 读取当前时间
N=-1 读取当前日期和时间

输出数据结构

D100	功能代码	151	
D102	结束代码	–	
D104	数据长度	6	输出
D106	数据号	N	
D108	数据属性	–	
D110	读取数据存储区		输出

其中：D110 存储当前年或时的数据
D112 存储当前月或分的数据
D114 存储当前日或秒的数据

57	ACT		W1 (=1: 写入完成)
窗口数据	——| |—— SUB 52		——○——
写入	WINDW	0000	控制数据首地址（可以选 R 地址或 D 地址）
（WINDW）	说明：		

可以参考读窗口指令的说明。写窗口指令举例可以参见第 5 章。

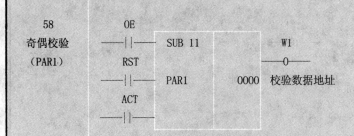

58	OE				
奇偶校验	——||——	SUB 11		W1	
（PAR1）	RST			—○—	
	——||——	PAR1	0000	校验数据地址	
	ACT				
	——||——				

OE =0：进行奇校验；=1：进行偶校验。

RST =1：将 W1(错误输出)复位。

ATC =1：执行奇偶校验指令。

W =1：奇偶校验中发生异常时输出接通

说明：

1. 当一组给定检测的二进制数据位和 1 位校验组成中"1"的个数加起来之和为奇数称为奇校验（Odd Parity）。

2. 当一组给定检测的二进制数据位和 1 位校验组成中"1"的个数加起来之和为偶数称为偶校验为偶校验（Even Parity）。

3. 对被指定的二进制数据位地址进行奇偶校验，如果校验异常，则输出 W1=1。

注意：

在 FANUC PMC 编程资料中 OE=0 为偶校验；OE=1 为奇校验。但在实际使用中正好意思相反。

举例

四位二进制编码器（8 工位转塔刀架）偶校（包括校验码）真值表

刀架工位（十进制）		1	2	3	4	5	6	7	8
检测数据位	位 0	1	0	1	0	1	0	1	0
	位 1	0	1	1	0	0	1	1	0
	位 2	0	0	0	1	1	1	1	0
	位 3	0	0	0	0	0	0	0	1
校验位	位 5	1	1	0	1	0	0	1	1

提示：

当 ACT=1、OE=1 时，工位 1　R100　0010 0001　W1=0　（校验数据正常）

工位 3　R100　0000 0011　W1=0　（校验数据正常）

工位 6　R100　0000 0100　W1=1　（校验数据异常）

工位 8　R100　0010 0000　W1=1　（校验数据异常）

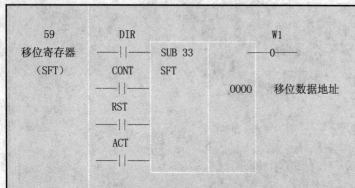

| 59
移位寄存器
（SFT） | DIR
——||——
CONT
——||——
RST
——||——
ACT
——||—— | SUB 33
SFT | W1
——○——

_0000　移位数据地址 |

DIR　=0：把数据向左移位；=1：把数据向右移位。

CONT　=0：移入 0；=1：原来的位为 1 时，保留原来的 1。

RST　=1：断开移出 W1。

ACT　=1：执行 SFT 指令。

说明：

将连续的 2 个字节数据向左或向右移动一位。移出前，移位位=1，则移出后 W1=1。

举例

| DIR
—||—
CONT
—||—
RST
—||—
ACT
—||— | SUB 33
SFT

R100 | W1
——○—— |

	R101	R100	W1
	0010 0000	1100 1000	0
	0001 0000	0110 0100	0
	0000 1000	0011 0010	0
	0000 0100	0001 1001	0
	0000 0010	0000 1100	1
	0000 0001	0000 0110	0
	0000 0000	1000 0011	0
	0000 0000	0100 0001	1
	0000 0000	0010 0000	1
	0000 0000	0001 0000	0
	0000 0000	0000 1000	0
	0000 0000	0000 0100	0
	0000 0000	0000 0010	0
	0000 0000	0000 0001	0
	0000 0000	0000 0000	1

提示：

1. 当 DIR=1、CONT=0、RST=0，且 ACT 端得到一个上升沿脉冲时，将 R100 和 R101 的值向右移 1 位。当 ACT 常为 1 时，连续执行向右移位。

2. 在进行移位前，如果 R100.0=1，则移出后 W1 变为"1"。

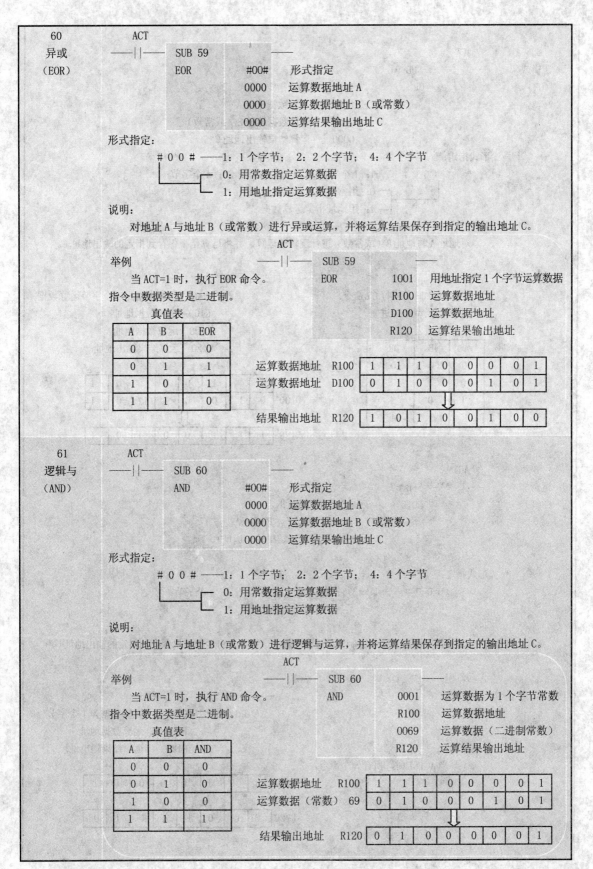

60
异或
（EOR）

ACT
——||—— SUB 59 —————
EOR   #00#   形式指定
         0000   运算数据地址 A
         0000   运算数据地址 B（或常数）
         0000   运算结果输出地址 C

形式指定：

＃０ ０ ＃——1：1 个字节； 2：2 个字节； 4：4 个字节
            0：用常数指定运算数据
            1：用地址指定运算数据

说明：

    对地址 A 与地址 B（或常数）进行异或运算，并将运算结果保存到指定的输出地址 C。

举例

当 ACT=1 时，执行 EOR 命令。
指令中数据类型是二进制。

                  ACT
           ——||—— SUB 59 —————
           EOR   1001   用地址指定 1 个字节运算数据
                  R100   运算数据地址
                  D100   运算数据地址
                  R120   运算结果输出地址

真值表

A	B	EOR
0	0	0
0	1	1
1	0	1
1	1	0

运算数据地址 R100

1	1	1	0	0	0	0	1

运算数据地址 D100

0	1	0	0	0	1	0	1

结果输出地址 R120

1	0	1	0	0	1	0	0

61
逻辑与
（AND）

ACT
——||—— SUB 60 —————
AND   #00#   形式指定
         0000   运算数据地址 A
         0000   运算数据地址 B（或常数）
         0000   运算结果输出地址 C

形式指定：

＃０ ０ ＃——1：1 个字节； 2：2 个字节； 4：4 个字节
            0：用常数指定运算数据
            1：用地址指定运算数据

说明：

    对地址 A 与地址 B（或常数）进行逻辑与运算，并将运算结果保存到指定的输出地址 C。

举例

当 ACT=1 时，执行 AND 命令。
指令中数据类型是二进制。

                  ACT
           ——||—— SUB 60 —————
           AND   0001   运算数据为 1 个字节常数
                  R100   运算数据地址
                  0069   运算数据（二进制常数）
                  R120   运算结果输出地址

真值表

A	B	AND
0	0	0
0	1	0
1	0	0
1	1	1

运算数据地址 R100

1	1	1	0	0	0	0	1

运算数据（常数）69

0	1	0	0	0	1	0	1

结果输出地址 R120

0	1	0	0	0	0	0	1

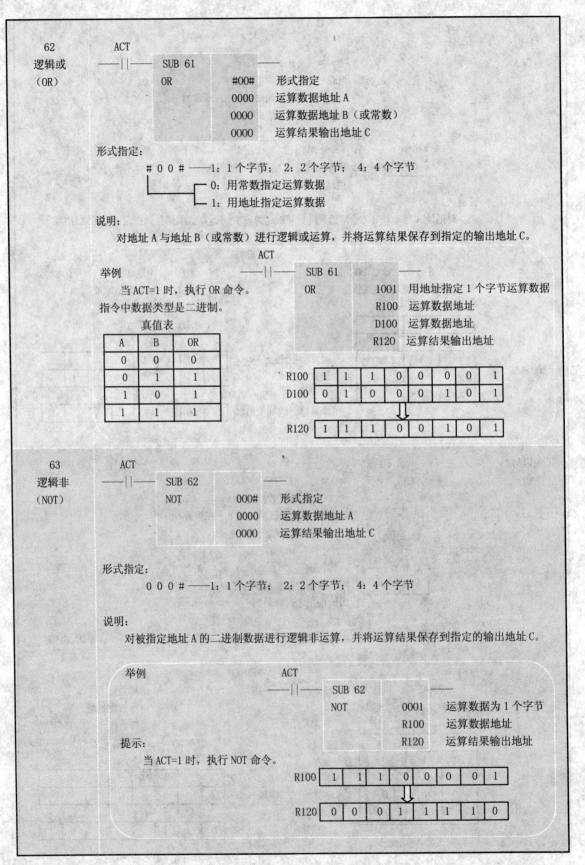

62
逻辑或
（OR）

ACT
—| |— SUB 61
OR
#00# 形式指定
0000 运算数据地址 A
0000 运算数据地址 B（或常数）
0000 运算结果输出地址 C

形式指定：

#00#——1：1 个字节；2：2 个字节；4：4 个字节
0：用常数指定运算数据
1：用地址指定运算数据

说明：
对地址 A 与地址 B（或常数）进行逻辑或运算，并将运算结果保存到指定的输出地址 C。

举例
当 ACT=1 时，执行 OR 命令。
指令中数据类型是二进制。

ACT
—| |— SUB 61
OR
1001 用地址指定 1 个字节运算数据
R100 运算数据地址
D100 运算数据地址
R120 运算结果输出地址

真值表

A	B	OR
0	0	0
0	1	1
1	0	1
1	1	1

R100	1	1	1	0	0	0	0	1
D100	0	1	0	0	0	1	0	1
R120	1	1	1	0	0	1	0	1

63
逻辑非
（NOT）

ACT
—| |— SUB 62
NOT
000# 形式指定
0000 运算数据地址 A
0000 运算结果输出地址 C

形式指定：

000#——1：1 个字节；2：2 个字节；4：4 个字节

说明：
对被指定地址 A 的二进制数据进行逻辑非运算，并将运算结果保存到指定的输出地址 C。

举例

ACT
—| |— SUB 62
NOT
0001 运算数据为 1 个字节
R100 运算数据地址
R120 运算结果输出地址

提示：
当 ACT=1 时，执行 NOT 命令。

R100	1	1	1	0	0	0	0	1
R120	0	0	0	1	1	1	1	0

4.2 PLC 指令

STEP 7 支持三种编程语言，分别是 LAD（梯形图）、STL（语句表）和 FBD（功能图）。编制 PLC 用户程序时可以使用 LAD、STL 和 FBD 三种指令集。

梯形图的指令语法与一个继电器的梯形逻辑电路相似；功能图使用与布尔代数相类似的逻辑框来表达逻辑。它们的指令集功能有些相似。

STL 指令集与 LAD 和 FBD 指令集相比除具有绝大部分相同的 LAD 和 FBD 指令功能外，还增加了累加器指令（Accumulators）和装入/传输指令(Load/Transfer)，使 STL 指令集更为丰富，给程序编制带来了很大的灵活性。

编制用户程序时，可以根据需要允许混合使用三种编程语言。通常的情况下，如果程序中没有错误，梯形图/功能图可以直接转换为语句表。但并非所有的语句表都可以转换为梯形图或功能图，因为除指令的因素之外还要符合一定的编写语法才能转换，而不能转换的仍保持原来的 STL 语句。

编写用户程序指令的用户语言可以通过【Customize】对话框进行英文或德文的选择。选择操作参考 2.3.4 节。

4.2.1 指令的功能分类

使用任何一种编程语言进行编程时，可以使用的指令及可以供调用的功能（FC）和功能块（FB）统称为编程元素。按编程元素窗口中的指令（以 LAD 编辑窗口元素顺序），本章节将 LAD 和 STL 指令集汇总并按其功能分类，如表 4-2 所列。

1. 位逻辑指令(Bit Logic Instructions)

位逻辑指令主要按二进制位的两个数字"1"和"0"进行位运算处理，处理包括位与、位或、位非、位异或等。"1"和"0"是构成了二进制数字系统的基础，在 LAD 表示的接点与线圈中，"1"表示动作或通电，"0"表示未动作或未通电。

2. 比较指令(Comparison Instructions)

比较指令分为整数比较、双整数比较和实数比较三类，每一类比较的内容可以分为相等、不等、大于、小于、大于等于和小于等于。根据对所选的两个比较内容进行比较，如果比较结果为真，则 RLO 为"1"。

3. 转换指令(Conversion Instructions)

转换指令可以将要转换存储器中的内容进行 BCD 码转换成整数或双整数、整数的二进制反码、浮点数求反等转换或更改符号，转换结果保存到新的存储器（字或双字）中。

4. 计数器指令(Counter Instructions)

在 CPU 的存储器中为计数器保留存储区。该存储区为每一个计数器地址保留一个 16 位字。计数器指令是访问计数器存储区的唯一功能，具体能够使用的计数器数目参考 CPU 技术数据。

5. 数据块指令(Data Block Instructions)

数据块指令可以打开一个共享数据块（DB）或背景数据块（DI），具有一种数据块无条件调用功能。数据块打开后，可以通过 CPU 内的数据块寄存器 DB 或 DI 直接访问数据块的内容。

6. 逻辑控制（跳转）指令(Logic Control Instructions)

该指令通过跳转标签（LABEL——最多 4 个字符）和无条件或有条件的跳转，以实现用户程序中的逻辑控制。

7. 整数算术运算指令(Integer Math Instructions)

该指令可以实现两个整数之间（16 位或 32 位）的加、减、乘、除和取余等算术运算。

8. 浮点算术运算指令(Floating-Point Math Instructions)

标准 IEEE32 位浮点数所属的数据类型称为 REAL。使用浮点算术运算指令可以实现对标准 IEEE32 位浮点数的算术运算。

9. 赋值指令(Move Instructions)(仅 LAD 和 FBD)

赋值指令可以将 IN 输入端的指定值，如 BYTE（字节）、WORD（字）或 DWORD（双字）等数据复制到 OUT 输出端指定的地址中。对用户定义的数据类型（如数组或结构）必须使用系统功能 "BLAKMOVE"（SFC20）进行复制。

10. 程序控制指令(Program Control Instructions)

程序控制指令包括块调用指令以及通过主控制继电器（Master Control Relay）实现程序段使能控制指令。

11. 移位和循环指令(Shift & Rotate Instructions)

移位指令根据 IN 输入端要移位的位数数值对要移位的存储器中内容向左或向右逐位移动。所移出的空位用零也可以用符号位的信号状态填入，移出的位可以装入状态字 CC1 位的信号状态。

循环移位指令根据 IN 输入端要循环的位数数值通过状态字的 CC1 位对要移位的存储器中全部内容执行循环地逐位左移或右移。空出的位用 IN 输入端移出位的信号状态填入。

12. 定时器指令(Timer Instructions)

在 CPU 的存储器中，为定时器保留存储区。该存储区为每一个定时器地址保留一个 16 位存储字。具体能够使用的定时器数目参考 CPU 技术数据。

13. 状态位指令(Status Bit Instructions)(仅 LAD 和 FBD)

状态字是 CPU 中存储区内的一个寄存器，用于指示 CPU 运算结果的状态。状态位指令是位逻辑指令，针对状态字的各位进行操作。通过状态位可以判断 CPU 运算中溢出、异常、进位和比较结果等状态。

14. 字逻辑指令(Word Logic Instructions)

根据布尔逻辑该指令，可以对 WORD（字）或 DWORD（双字）逐位进行字或双字逻辑运算。

15. 装载和传输指令(Load & Transfer Instructions)(仅 STL)

装载（L）和传输（T）指令主要对程序中的数据实现传输，装载指令将数据送到累加器，而传输指令又将该累加器中的数据传送到目标地址中。指令的执行与语句逻辑操作结果（RLO）无关。

16. 累加器操作指令(Accumulator Instructions)(仅 STL)

这类指令主要用于累加器之间的操作，如累加器 1 和累加器 2 中的内容交换、带有两个累加器或四个累加器中的内容复制等。

提示：在数控机床用户程序中，可以根据需要直接调用 TOOLBOX 中的基本程序块（FC、FB 等）。

表 4-2　LAD、STL 指令集

指令功能分类	LAD		STL		说　明
	英　语	德　语	英　语	德　语	
1 位逻辑 Bit Logic	-||-		A / O	U / O	常开接点（地址）
	-|/|-		AN / ON	UN / ON	常闭接点（地址）
	-|NOT|-		NOT		信号流取反
	-（　）		=		输出线圈/赋值
	-（ #)-				中间输出
	-（ R)		R		复位
	-（ S)		S		置位
	RS				复位置位触发器
	SR				置位复位触发器
	-（ N)-		FN		RLO 下降沿检测
	-（ P)-		FP		RLO 上升沿检测
	-（SAVE)		SAVE		将 RLO 存入 BR 存储器
	NEG				地址下降沿检测
	POS				地址上升沿检测
			CLR		ROL 清零（=0）
			SET		ROL 置位（=1）
			X ／ XN ＊		"异或" / "异或非"
			A（/ AN（ ＊	U（/ UN(	"与"嵌套开始/"与非"嵌套开始
			O（/ON（ ＊		"或"嵌套开始/"或非"嵌套开始
			X（/ XN（ ＊		"异或" / "异或非"嵌套开始
			） ＊		嵌套闭合
	注：＊表示在本书指令集中未表述				
2 比较 Comparison	CMP ？I		？I		整数比较 ？:（==，<>；>，<；>=，<=）
	CMP ？D		？D		双整数比较 ？:（==，<>；>，<；>=，<=）
	CMP ？R		？R		实数比较 ？:（==，<>；>，<；>=，<=）
	注：每一类比较包含六种比较指令				==（相等）；　　<>（不相等） >（大于）；　　<（小于） >=（大于等于）；<=（小于等于）

指令功能分类	LAD		STL		说　明
	英语	德语	英语	德语	
3 转换 Converter	BCD_I		BTI		BCD 码转换为整数（16 位）
	BCD_DI		BTD		BCD 码转换为双整数（32 位）
	I_BCD		ITB		整数（16 位）转换为 BCD 码
	DI_BCD		DTB		双整数（32 位）转换为 BCD 码
	I_DI		ITD		整数（16 位）转换为双整数（32 位）
	DI_R		DTR		双整数转为浮点数（32 位，IEEE）
	INV_I		INVI		整数的二进制反码（16 位）
	INV_DI		INVD		双整数的二进制反码（32 位）
	NEG_I		NEGI		整数的二进制补码（16 位）
	NEG_DI		NEGD		双整数的二进制补码（32 位）
	NEG_R		NEGR		浮点数求反
	ROUND		RND		舍入为双整数（32位双整数）
	TRUNC		TRUNC		舍去小数取整为双整数
	CEIL		RND+		上取整（32位双整数）
	FLOOR		RND-		下取整（32 位双整数）
			CAW		交换累加器 1 低字中的字节顺序
			CAD		交换累加器 1 中的字节顺序（32 位）
4 计数器 Counters	S_CUD	ZAEHLER			加—减计数器
	S_CU	Z_VORW			加计数器
	S_CD	Z_RUECK			减计数器
	-(SC)	-(SZ)			设置计数值线圈
	-(CU)	-(ZV)	CU	ZV	加计数器（线圈）
	-(CD)	-(ZR)	CD	ZR	减计数器（线圈）
			FR		使能计数器（任意）
			S		置计数器初值
			R		复位计数器
			L		将当前计数器值（整数）装入累加器 1
			LC		将当前计数器值（BCD 码）装入累加器 1

（续）

指令功能分类	LAD		STL		说　明
	英语	德语	英语	德语	
5 数据块 Data Block	-(OPN)		OPN	AUF	打开数据块：DB 或 DI
			CDB	TDB	交换共享数据块和背景数据块
			L DBLG		将共享数据块的长度装入 ACCU1 中
			L DBNO		将共享数据块的块号装入 ACCU1 中
			L DILG		将背景数据块的长度装入 ACCU1 中
			L DINO		将背景数据块的块号装入 ACCU1 中
6 跳转 Jumps	LABEL		LABEL		跳转标号
	-(JMP)		JU / JC	SPA / SPB	无条件跳转/有条件跳转
	-(JMPN)		JN	SPN	若非零则跳转
			JL	SPL	跳转到标号
			JCN	SPBN	若 RLO=0，则跳转
			JCB	SPBB	若 RLO=1，则连同 BR 一起跳转
			JNB	SPBNB	若 RLO=0，则连同 BR 一起跳转
			JBI	SPBI	若 BR=1，则跳转
			JNBI	SPBIN	若 BR=0，则跳转
			JO	SPO	若 OV=1，则跳转
			JOS	SPS	若 OS=1，则跳转
			JZ	SPZ	若零，则跳转
			JP	SPP	若正，则跳转
			JM	SPM	若负，则跳转
			JPZ	SPPZ	若正或零，则跳转
			JMZ	SPMZ	若负或零，则跳转
			JUO / LOOP	SPU / LOOP	若无效数，则跳转/循环
7 整数 算术运算 Integer Math	ADD_I		+I		整数加法
	ADD_DI		+DI		双整数加法
	SUB_I		-I		整数减法
	SUB_DI		-DI		双整数减法
	MUL_I		*I		整数乘法
	MUL_DI		*DI		双整数乘法
	DIV_I		/I		整数除法
	DIV_DI		/DI		双整数除法
	MOD_DI		MOD		双整数除法的余数（32 位）
			+		加一个常数（16 位，32 位）

指令功能分类	LAD		STL		说　明
	英　语	德　语	英　语	德　语	
8	ADD_R		+R		实数加法（基本指令）
	SUB_R		-R		实数减法（基本指令）
	MUL_R		*R		实数乘法（基本指令）
	DIV_R		/R		实数除法（基本指令）
	ABS		ABS		浮点数绝对值运算（基本指令）
	SQR		SQR		浮点数平方运算（扩展指令）
浮点算术运算 Floating -Point Math	SQRT		SQRT		浮点数平方根运算（扩展指令）
	EXP		EXP		浮点数指数运算（扩展指令）
	LN		LN		浮点数自然对数运算（扩展指令）
	SIN		SIN		浮点数正弦运算（扩展指令）
	COS		COS		浮点数余弦运算（扩展指令）
	TAN		TAN		浮点数正切运算（扩展指令）
	ASIN		ASIN		浮点数反正弦运算（扩展指令）
	ACOS		ACOS		浮点数反余弦运算（扩展指令）
	ATAN		ATAN		浮点数反正切运算（扩展指令）
9 赋值 Move	MOVE				赋值
（10）	-(CALL)		UC（无条件） CC（有条件）		由线圈调用 FC/SFC（无参数）
	CALL_FB		CALL FBn1,DBn2		调用功能块（FB）
	CALL_FC		CALL FCn		调用功能（FC）
程序控制 Program Control	CALL_SFB		CALL SFBn1,DBn2		调用系统功能块（SFB）
	CALL_SFC		CALL SFCn		调用系统功能（SFC）
	-(MCR<)		MCR（		主控继电器区接通
	-(MCR>)		）MCR		主控继电器区断开
	-(MCRA)		MCRA		主控继电器启动
	-(MCRD)		MCRD		主控继电器停止
	-(RET)		BEC		有条件块返回
			BEU		无条件块结束
			BE		块结束

指令功能分类	LAD		STL		说　明
	英语	德语	英语	德语	
11　　　　　移位和循环　Shift/Rotate	SHR_I		SSI		整数右移
	SHR_DI		SSD		双整数右移
	SHL_W		SLW		字左移
	SHR_W		SRW		字右移
	SHL_DW		SLD		双字左移
	SHR_DW		SRD		双字右移
	ROL_DW		RLD		双字左循环
	ROR_DW		RRD		双字右循环
			RLDA		通过 CC1 累加器 1 循环左移（32 位）
			RRDA		通过 CC1 累加器 1 循环右移（32 位）
12　　　　　定时器　Times	S_PULSE	S_IMPULS			脉冲 S5 定时器
	S_PEXT	S_VIMP			扩展脉冲 S5 定时器
	S_ODT	S_EVERZ			接通延时 S5 定时器
	S_ODTS	S_SEVERZ			保持型接通延时 S5 定时器
	S_OFFDT	S_AVERZ			断电延时 S5 定时器
	-(SP)	-(SI)	SP	SI	脉冲定时器（线圈）
	-(SE)	-(SV)	SE	SV	扩展脉冲定时器（线圈）
	-(SD)	-(SE)	SD	SE	接通延时定时器（线圈）
	-(SS)		SS		保持型接通延时定时器（线圈）
	-(SF)	-(SA)	SF	SA	断开延时定时器（线圈）
			FR		使能定时器（任意）
			R		复位定时器
			L		将当前定时器值作为整数装入累加器 1
			LC		将当前计数器值作为 BCD 码装入累加器 1

97

指令功能分类	LAD		STL		说　明
	英 语	德 语	英 语	德 语	
13 状态位 Status Bits	OV --||--				溢出异常位
	OV --|/|--				溢出异常位取反
	OS --||--				存储溢出异常位
	OS --|/|--				存储溢出异常位取反
	BR --||--	BIE --||--			异常位二进制结果
	BR --|/|--	BIE --|/|--			异常位二进制结果取反
	UO ---||--				无序异常位
	UO --|/|--				无序异常位取反
	==0--||--				结果位等于"0"
	==0--|/|--				结果位等于"0"取反
	<>0--||--				结果位不等于"0"
	<>0--|/|--				结果位不等于"0"取反
	>0 --||--				结果位大于"0"
	>0 --|/|--				结果位大于"0"取反
	<0 --||--				结果位小于"0"
	<0 --|/|--				结果位小于"0"取反
	>=0--||--				结果位大于等于"0"
	>=0--|/|--				结果位大于等于"0"取反
	<=0--||--				结果位小于等于"0"
	<=0--|/|--				结果位小于等于"0"取反
14 字逻辑 Word Logic	WAND_W		AW	UW	字和字相"与"
	WAND_DW		AD	UD	双字和双字相"与"
	WOR_W		OW		字和字相"或"
	WOR_DW		OD		双字和双字相"或"
	WXOR_W		XOW		字和字相"异或"
	WXOR_DW		XOD		双字和双字相"异或"

指令功能分类	LAD		STL		说　明
	英　语	德　语	英　语	德　语	
15			L		装入
			L STW		将状态字装入ACCU1
			LAR1 AR2		将AR2 的内容装入AR1
			CAR	TAR	交换地址寄存器1（AR1） 和地址寄存器2（AR2）的内容
			LAR1 <D>		将带有双整数（32 位指针）装入AR1
			LAR1		将ACCU1中的内容装入AR1
			LAR2 <D>		将带有双整数（32 位指针）装入AR2
装载/传送 Load/ Transfer			LAR2		将AR2 中的内容装入AR1
			T		将 ACCU1 的内容传送到目标单元
			T STW		将 ACCU1中的内容传送到状态字
			TAR1 AR2		将AR1 的内容传送到AR2
			TAR1<D>		将AR1内容传送到目的地（32位指针）
			TAR1		将AR1 中的内容传送到ACCU1
			TAR2<D>		将AR2内容传送到目的地（32位指针）
			TAR2		将AR2 中的内容传送到ACCU1
（16）			TAK		ACCU1与ACCU2进行互换
			ENT/LEAVE		进入/离开累加器堆栈
			POP		带有两个或四个累加器的CPU
			PUSH		带有两个或四个累加器的CPU
累加器操作 ACCU			INC/DEC		增加/减少ACCU1 低字的低字节
			+AR1/+AR2		加累加器1至AR1/AR2
			BLD		程序显示指令（空）
			NOP 0 /NOP 1		空指令

4.2.2　指令的功能描述

　　每个指令都有其使用的场合和功能特点。因此，在实际编程的过程中，可以混合使用不同的编程语言、合理灵活的选用不同编程语言的指令进行编程。独特的编程技巧，往往可以简化用户程序的编制。

　　下面按表 4-2 指令功能分类序号顺序对同一序号内逐一对每个指令的功能特点及处理过程进行较为详细的说明，以方便阅读。同时，对个别指令还以举例（不同编程语言）的形式加以表述，以便使读者加深对指令在实际应用中的理解。

	—||— / A (O)　常开接点（地址）			
1	参数	数据类型	存储区域	说明
	⟨地址⟩	BOOL	I, O, M, L, D, T, C	要检查的位
	符号			

符号

⟨地址⟩　　　　　　　　　　STL 格式

—||—　　　　　　⟹　　A ⟨位⟩　　（O ⟨位⟩）

说明：

1. 当保存在指定⟨地址⟩中的信号状态为"1"时，常开接点（—||—）闭合。当接点闭合时有信号流经接点，逻辑运算结果（RLO）="1"。

2. 当保存在指定⟨地址⟩中的信号状态为"0"时，常开接点（—||—）打开。当接点打开时没有信号流经接点，逻辑运算结果（RLO）="0"。

3. 当串联使用时，—||—通过"与（AND）"逻辑链接到 RLO 位。当并联使用时，—||—通过"或（OR）"逻辑链接到 RLO 位。

	—|/|— / AN (ON)　常闭接点（地址）			
位	参数	数据类型	存储区域	说明
	⟨地址⟩	BOOL	I, O, M, L, D, T, C	要检查的位
逻	符号			

⟨地址⟩　　　　　　　　　　STL 格式

辑　　—|/|—　　　　　⟹　　AN ⟨位⟩　　（ON ⟨位⟩）

说明：

1. 当保存在指定⟨地址⟩中的信号状态为"0"时，常闭接点（—|/|—）闭合。当接点闭合时有信号流经接点，逻辑运算结果（RLO）="1"。

2. 当保存在指定⟨地址⟩中的信号状态为"1"时，常闭接点（—|/|—）打开。当接点打开时没有信号流经接点，逻辑运算结果（RLO）="0"。

3. 当串联使用时，—||—通过"与（AND）"逻辑链接到 RLO 位。当并联使用时，—||—通过"或（OR）"逻辑链接到 RLO 位。

—|NOT|— / NOT　信号流取反

符号　　　　　　　　　　　　STL 格式

—|NOT|—　　　　　⟹　　　NOT

说明：

—|NOT|—（信号流取反）取 RLO 位的非值。在指令前必须要有逻辑操作。

—( ) / =　输出（线圈）			
参数	数据类型	存储区域	说明
⟨地址⟩	BOOL	I, O, M, L, D, T, C	赋值位
符号			

⟨地址⟩　　　　　　　　　　STL 格式

—( )　　　　　　⟹　　　= ⟨位⟩

说明：

1. —( ) 如同继电器逻辑图中的线圈一样工作。如果有信号流流过线圈（RLO=1），位置⟨地址⟩处的位则被置为"1"。如果没有信号流流过线圈（RLO=0），位置⟨地址⟩处的位则被置为"0"。

2. 输出线圈只能放置在梯图逻辑级末尾，可以有多个输出元素（最多 16 个）。使用—|NOT|—（信号流取反）元素，可以对输出 RLO 取反。

3. 在一个启动的 MCR（主控继电器)区内，如果 MCR 接通，且有信号流流经输出线圈，则被寻址的位将被置为信号流当前状态。如果 MCR 断开，逻辑"0"被写入指定地址，与信号流状态无关。

1	— |#| — / 　中间输出			
	参数	数据类型	存储区域	说明
	<地址>	BOOL	I, O, M, *L, D	赋值位

符号

  <地址>
  — \|#\| —

说明:

  1. — \|#\| —（中间输出）是一个中间赋值元素，可将 RLO 位（信号流状态）保存到指定的<地址>。这一中间输出元素可以保存前一分支元素的逻辑结果。— \|#\| —与其他接点并联时像一个接点那样可以插入。— \|#\| —元素绝不能连接到母线或直接连接在一个分支之后或一个分支末尾。使用— \|NOT\| —（信号流取反）元素，可以对— \|#\| —取反。

  2. 在一个启动的 MCR（主控继电器）区内，如果 MCR 接通，且有信号流流经中间输出线圈，则被寻址的位将被置为信号流当前状态。如果 MCR 断开，逻辑"0"被写入指定地址，与信号流状态无关。

  3. 如果在一个逻辑块（FC、FB、OB）变量声明表中 L 存储区地址被声明 TEMP，那么 L 存储区地址才能被使用。

	— (R) / 　R 复位（线圈）			
	参数	数据类型	存储区域	说明
	<地址>	BOOL	I, O, M, L, D, T, C	复位位

符号

  <地址>　　　　　　　　STL 格式
  — (R)　　　⟹　　R 〈位〉

说明:

  1. — (R) 只有在前一指令的 RLO 为"1"（信号流流过线圈）时才被执行。如果信号流流过线圈（RLO=1），元素指定的< 地址>被复位为"0"。如果没有信号流流过线圈（RLO=0），没有任何作用，元素指定地址的状态保持不变。

  2. <地址>可以是一个定时器值被复位"0"的定时器（T no）或是一个计数器值被复位"0"的计数器（C no）。

  3. 在一个启动的 MCR（主控继电器）区内，如果 MCR 接通，且有信号流流经复位线圈，则被寻址的位将被复位"0"状态。如果 MCR 断开，则元素指定地址的当前状态保持不变，与信号流状态无关。

	— (S) / 　S 置位（线圈）			
	参数	数据类型	存储区域	说明
	<地址>	BOOL	I, O, M, L, D, T, C	置位位

符号

  <地址>　　　　　　　　STL 格式
  — (S)　　　⟹　　S 〈位〉

说明:

  1. — (S) 只有在前一指令的 RLO 为"1"（信号流流过线圈）时才被执行。如果信号流流过线圈（RLO=1），元素指定的< 地址>被置位为"1"。如果没有信号流流过线圈（RLO=0），没有任何作用，元素指定地址的状态保持不变。

  2. 在一个启动的 MCR（主控继电器）区内，如果 MCR 接通，且有信号流流经置位线圈，则被寻址的位将被置位"1"状态。如果 MCR 断开，则元素指定地址的当前状态保持不变，与信号流状态无关。

位 逻 辑

<table>
<thead>
<tr><th colspan="4">RS / 复位置位触发器</th></tr>
</thead>
<tbody>
<tr><td>参数</td><td>数据类型</td><td>存储区域</td><td>说明</td></tr>
<tr><td>〈地址〉</td><td>BOOL</td><td>I, O, M, L, D</td><td>置位或复位位</td></tr>
<tr><td>S</td><td>BOOL</td><td>I, O, M, L, D</td><td>使能置位指令</td></tr>
<tr><td>R</td><td>BOOL</td><td>I, O, M, L, D</td><td>使能复位指令</td></tr>
<tr><td>Q</td><td>BOOL</td><td>I, O, M, L, D</td><td>〈地址〉的信号状态</td></tr>
</tbody>
</table>

符号

说明：

1. 如果 R 端输入信号状态为"1"，S 端输入信号为"0"，则 RS 复位。反之，如果 R 端输入信号状态为"0"，S 端输入信号为"1"，则 RS 置位。

2. 如果两个输入端 RLO 都为"1"，按顺序触发器置位。对指定〈地址〉，RS 先执行复位指令再执行置位指令，使该地址为程序扫描剩余时间保持置位。

3. S（置位）和 R（复位）指令只有在 RLO 为"1"时才被执行。RLO"0"对这些指令没有任何作用，指令中的指定地址也保持不变。

4. 在一个启动的 MCR（主控继电器）区内，如果 MCR 接通，则被寻址的位如上所述将被复位为"0"或被置位为"1"。如果 MCR 断开，则指定地址的当前状态保持不变，与输入状态无关。

<table>
<thead>
<tr><th colspan="4">SR / 置位复位触发器</th></tr>
</thead>
<tbody>
<tr><td>参数</td><td>数据类型</td><td>存储区域</td><td>说明</td></tr>
<tr><td>〈地址〉</td><td>BOOL</td><td>I, O, M, L, D</td><td>被置位或复位的位</td></tr>
<tr><td>S</td><td>BOOL</td><td>I, O, M, L, D</td><td>使能置位指令</td></tr>
<tr><td>R</td><td>BOOL</td><td>I, O, M, L, D</td><td>使能复位指令</td></tr>
<tr><td>Q</td><td>BOOL</td><td>I, O, M, L, D</td><td>〈地址〉的信号状态</td></tr>
</tbody>
</table>

符号

说明：

1. 如果 S 端输入信号状态为"1"，R 端输入信号为"0"，则 SR 置位。反之，如果 S 端输入信号状态为"0"，R 端输入信号为"1"，则 SR 复位。

2. 如果两个输入端 RLO 都为"1"，按顺序触发器复位。对指定〈地址〉，SR 先执行置位指令再执行复位指令，使该地址为程序扫描剩余时间保持复位。

3. S（置位）和 R（复位）指令只有在 RLO 为"1"时才被执行。RLO"0"对这些指令没有任何作用，指令中的指定地址也保持不变。

4. 在一个启动的 MCR（主控继电器）区内，如果 MCR 接通，则被寻址的位如上所述将被置位为"1"或被复位为"0"。如果 MCR 断开，则指定地址的当前状态保持不变，与输入状态无关。

位

逻

辑

<table>
<tr><td rowspan="12">1</td></tr>
</table>

	1			

位
逻
辑

—（N）— / FN　RLO 下降沿检测

参数	数据类型	存储区域	说明
〈地址〉	BOOL	I, O, M, L, D	边沿存储位，存储 RLO 的前一信号状态

符号

　　〈地址〉
　　—（N）—

说明：

　　—（N）—（RLO 下降沿检测）可以检测该地址从"1"到"0"的信号变化，将 RLO 的当前信号状态与"边沿存储位"地址的信号状态进行比较。如果操作之前地址的信号状态为"1"，RLO 的当前的信号状态为"0"（检测到下降沿），则在操作之后的一个扫描周期内 RLO="1"（脉冲）。

举例：　LAD　　　　　　　　　　　　　　STL

```
I1.1  M1.0  M1.1              A   I1.1   //
—||—( N )— (S)               FN  M1.0   //
                              S   M1.1   // 当 RLO 由"1"变"0"，则 M1.1 被置位
```

提示：

　　当边沿存储位 M1.0 信号由"1"变"0"出现下降沿，则 M1.1 被置位。

—（P）— / FP　RLO 上升沿检测

参数	数据类型	存储区域	说明
〈地址〉	BOOL	I, O, M, L, D	边沿存储位，存储 RLO 的前一信号状

符号

　　〈地址〉
　　—（P）—

说明：

　　—（P）—（RLO 上升沿检测）可以检测该地址从"0"到"1"的信号变化，将 RLO 的当前信号状态与"边沿存储位"地址的信号状态进行比较。如果操作之前地址的信号状态为"0"，RLO 的当前的信号状态为"1"（检测到上升沿），则在操作之后一个扫描周期内 RLO="1"（脉冲）。

举例：　LAD　　　　　　　　　　　　　　STL

```
I1.1  M1.0  M1.1              A   I1.1   //
—||—( P )— (S)               FP  M1.0   //
                              S   M1.1   // 当 RLO 由"0"变"1"，则 M1.1 被置位
```

提示：

　　当边沿存储位 M1.0 信号由"0"变"1"出现上升沿，则 M1.1 被置位。

—（SAVE ） / SAVE　将 RLO 存入 BR 存储器

符号

　　　　　　　　　　STL 格式

　—（SAVE）　　　　SAVE

说明：

　　—（SEVE）（将 RLO 存入 BR 存储器）可以将 RLO 保存到状态字的 BR 位。首先，检查位/FC 是否复位是因为在下一程序段的与逻辑运算中包括了 BR 位的状态。

1	NEG / 地址下降沿检测			
	参数	数据类型	存储区域	说明
	<地址 1>	BOOL	I，O，M，L，D	要扫描的信号
	<地址 2>	BOOL	I，O，M，L，D	M_BIT 边沿存储位，存储<地址 1>的前一信号状态
	Q	BOOL	I，O，M，L，D	输出为一个周期

符号

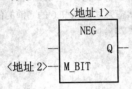

说明：

　　NEG 指令可以将<地址 1>的信号状态与保存在<地址 2>中先前扫描的信号状态进行比较。如果当前的 RLO 状态为"0"，先前的状态为"1"（检测到下降沿），则操作之后一个扫描周期内 RLO 位为"1"。

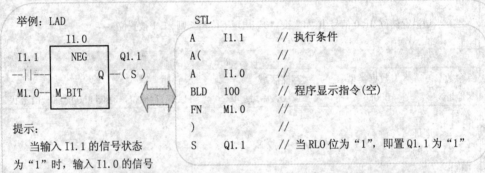

举例：LAD

提示：

　　当输入 I1.1 的信号状态为"1"时，输入 I1.0 的信号由"1"变为"0"出现下降沿（先前扫描的 M1.0 信号状态必为"1"，因为它的状态会跟随 I1.0 状态而变），则 RLO 位为"1"（脉冲），即置 Q1.1 为"1"。

	POS / 地址上升沿检测			
	参数	数据类型	存储区域	说明
	<地址 1>	BOOL	I，O，M，L，D	要扫描的信号
	<地址 2>	BOOL	I，O，M，L，D	M_BIT 边沿存储位，存储<地址 1>的前一信号状态
	Q	BOOL	I，O，M，L，D	输出为一个周期

符号

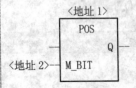

说明：

　　1. POS 指令可以将<地址 1>的信号状态与保存在<地址 2>中先前扫描的信号状态进行比较。如果当前的 RLO 状态为"1"，先前的状态为"0"（检测到上升沿），则在操作之后一个扫描周期内 RLO 位为"1"。

　　2. 举例参考上例"NEG"指令。

位
逻
辑

1	/ SET RLO 置位（=1）

位

逻

辑

格式
    SET
说明：
    SET（RLO 置位）指令可以将 RLO 的信号状态直接置为"1"。

举例：STL

    SET
    =   M1.0   // 存储位 M1.0 直接被置位(=1)
    =   M1.1   // 存储位 M1.1 直接被置位(=1)

提示：
    在实际 PLC 编程中，常常使用该指令可以使得被置位的存储地址位为逻辑常"1"
（FANUC PMC 已将存储位地址 R9091.1 规定为逻辑常"1"，在实际编程时可以直接使用该地址）。

/ CLR RLO 置零（=0）

格式
    CLR
说明：
    CLR（RLO 置零）指令可以将 RLO 的信号状态直接置为"0"。

举例：STL

    CLR
    =   M2.0   // 存储位 M2.0 直接被置零(=0)
    =   M2.1   // 存储位 M2.1 直接被置零(=0)

提示：
    在实际 PLC 编程中，常常使用该指令可以使得被置零的存储地址位为逻辑常"0"
（FANUC PMC 已将存储位地址 R9091.0 规定为逻辑常"0"，在实际编程时可以直接使用该地址）。

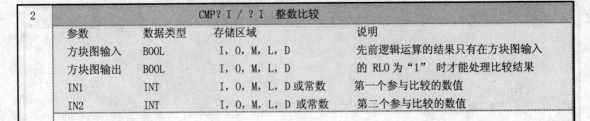

参数	数据类型	存储区域	说明
方块图输入	BOOL	I，0，M，L，D	先前逻辑运算的结果只有在方块图输入
方块图输出	BOOL	I，0，M，L，D	的 RLO 为"1" 时才能处理比较结果
IN1	INT	I，0，M，L，D 或常数	第一个参与比较的数值
IN2	INT	I，0，M，L，D 或常数	第二个参与比较的数值

符号

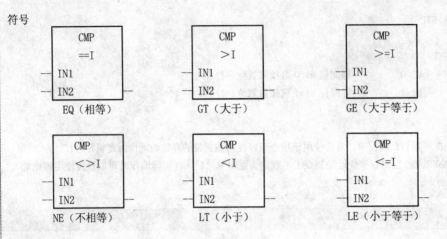

EQ（相等）　　　　GT（大于）　　　　GE（大于等于）

NE（不相等）　　　LT（小于）　　　　LE（小于等于）

说明：

1. 比较指令分整数比较、双整数比较和实数比较三大类。每一类比较指令包含六种比较指令：EQ（相等）；NE（不相等）；GT（大于）；LT（小于）；GE（大于等于）；LE（小于等于）。

2. 如果比较结果为真，则功能的 RLO 为"1"。如果串联使用方块图可以通过与（AND）逻辑运算，并联使用方块图可以通过或（OR）逻辑运算，将它与整个梯形逻辑级的 RLO 链接。

3. CMP？I（整数比较指令）可以像一般的接点一样使用。它可以放在一般接点可以放的任何位置对 IN1 和 IN2 进行比较。

举例：

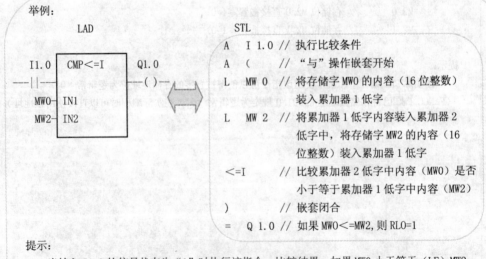

```
LAD                          STL
                             A    I 1.0  // 执行比较条件
I1.0   CMP<=I    Q1.0        A    (      // "与"操作嵌套开始
---||---         --( )--     L    MW 0   // 将存储字 MW0 的内容（16 位整数）
MW0-- IN1                                    装入累加器 1 低字
MW2-- IN2                    L    MW 2  // 将累加器 1 低字内容装入累加器 2
                                           低字中，将存储字 MW2 的内容（16
                                           位整数）装入累加器 1 低字
                             <=I         // 比较累加器 2 低字中内容（MW0）是否
                                           小于等于累加器 1 低字中内容（MW2）
                             )           // 嵌套闭合
                             =    Q 1.0 // 如果 MW0<=MW2，则 RLO=1
```

提示：

当输入 I1.0 的信号状态为"1"时执行该指令。比较结果：如果 MW0 小于等于（LE）MW2，则输出 Q1.0=1。

2

比

较

2	CMP? D / ? D 双整数比较			
参数	数据类型	存储区域		说明
方块图输入	BOOL	I，0，M，L，D		先前逻辑运算的结果只有在方块图输入
方块图输出	BOOL	I，0，M，L，D		的 RLO 为"1"时才能处理比较结果
IN1	DINT	I，0，M，L，D 或常数		第一个参与比较的数值
IN2	DINT	I，0，M，L，D 或常数		第二个参与比较的数值

符号

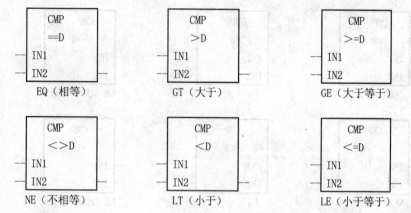

EQ（相等）　　　　　GT（大于）　　　　　GE（大于等于）

NE（不相等）　　　　LT（小于）　　　　　LE（小于等于）

说明：

1. 比较指令分整数比较、双整数比较和实数比较三大类。每一类比较指令包含六种比较指令：EQ（相等）；NE（不相等）；GT（大于）；LT（小于）；GE（大于等于）；LE（小于等于）。

2. 如果比较结果为真，则功能的 RLO 为"1"。如果串联使用方块图可以通过与（AND）逻辑运算，并联使用方块图可以通过或（OR）逻辑运算，将它与整个梯形逻辑级的 RLO 链接。

3. CMP? D（双整数比较指令）可以像一般的接点一样使用。它可以放在一般接点可以放的任何位置对 IN1 和 IN2 进行比较。

举例：

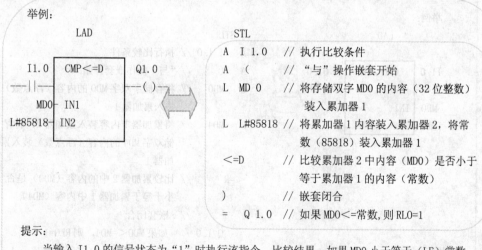

```
LAD                          STL

I1.0  CMP<=D   Q1.0        A  I 1.0   // 执行比较条件
──┤├──        ──( )──      A  (       // "与"操作嵌套开始
    MD0─ IN1              L  MD 0    // 将存储双字 MD0 的内容（32 位整数）
 L#85818─ IN2                           装入累加器 1

                           L  L#85818 // 将累加器 1 内容装入累加器 2，将常
                                         数（85818）装入累加器 1

                           <=D       // 比较累加器 2 中内容（MD0）是否小于
                                        等于累加器 1 的内容（常数）

                           )         // 嵌套闭合

                           =  Q 1.0  // 如果 MD0<=常数,则 RLO=1
```

提示：

当输入 I1.0 的信号状态为"1"时执行该指令。比较结果：如果 MD0 小于等于（LE）常数（85818），则输出 Q1.0=1。

比较

2	CMP？R／？R 实数比较			
参数	数据类型	存储区域		说明
方块图输入	BOOL	I, 0, M, L, D		先前逻辑运算的结果只有在方块图输入
方块图输出	BOOL	I, 0, M, L, D		的 RLO 为 "1" 时才能处理比较结果
IN1	REAL	I, 0, M, L, D 或常数		第一个参与比较的数值
IN2	REAL	I, 0, M, L, D 或常数		第二个参与比较的数值

符号

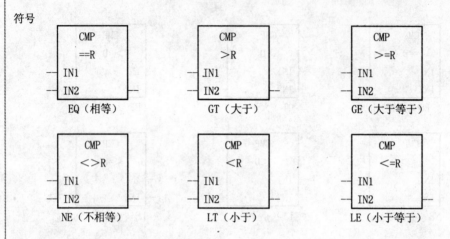

说明：

1. 比较指令分整数比较、双整数比较和实数比较三大类。每一类比较指令包含六种比较指令：EQ（相等）；NE（不相等）；GT（大于）；LT（小于）；GE（大于等于）；LE（小于等于）。

2. 如果比较结果为真，则功能的 RLO 为 "1"。如果串联使用方块图可以通过与（AND）逻辑运算，并联使用方块图可以通过或（OR）逻辑运算，将它与整个梯形逻辑级的 RLO 链接。

3. CMP？R（实数比较指令）可以像一般的接点一样使用。它可以放在一般接点可以放的任何位置对 IN1 和 IN2 进行比较。

举例：

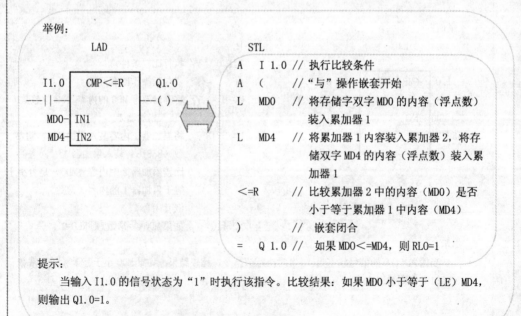

提示：

当输入 I1.0 的信号状态为 "1" 时执行该指令。比较结果：如果 MD0 小于等于（LE）MD4，则输出 Q1.0=1。

比

较

108

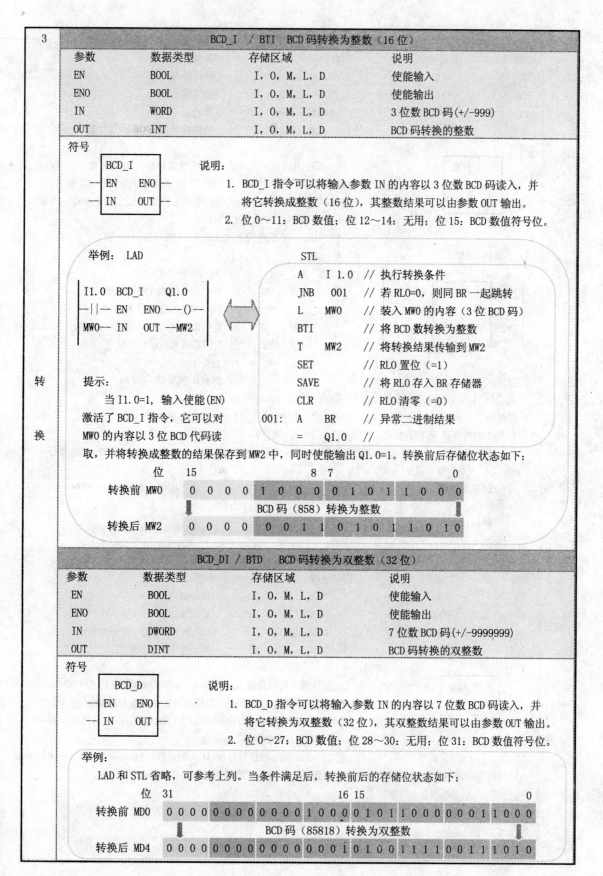

3	BCD_I / BTI BCD 码转换为整数（16 位）			
参数	数据类型	存储区域		说明
EN	BOOL	I, O, M, L, D		使能输入
ENO	BOOL	I, O, M, L, D		使能输出
IN	WORD	I, O, M, L, D		3 位数 BCD 码(+/-999)
OUT	INT	I, O, M, L, D		BCD 码转换的整数

符号

```
┌──────────┐
│  BCD_I   │
─┤ EN   ENO├─
─┤ IN   OUT├─
└──────────┘
```

说明：

1. BCD_I 指令可以将输入参数 IN 的内容以 3 位数 BCD 码读入，并将它转换成整数（16 位），其整数结果可以由参数 OUT 输出。
2. 位 0～11：BCD 数值；位 12～14：无用；位 15：BCD 数值符号位。

举例：LAD

```
 I1.0  BCD_I    Q1.0
─┤├── EN  ENO ──( )──
MW0── IN   OUT ──MW2
```

STL

```
      A    I 1.0   // 执行转换条件
      JNB  001     // 若 RLO=0，则同 BR 一起跳转
      L    MW0     // 装入 MW0 的内容（3 位 BCD 码）
      BTI          // 将 BCD 数转换为整数
      T    MW2     // 将转换结果传输到 MW2
      SET          // RLO 置位（=1）
      SAVE         // 将 RLO 存入 BR 存储器
      CLR          // RLO 清零（=0）
001:  A    BR      // 异常二进制结果
      =    Q1.0    //
```

提示：

当 I1.0=1，输入使能(EN)激活了 BCD_I 指令，它可以对 MW0 的内容以 3 位 BCD 代码读取，并将转换成整数的结果保存到 MW2 中，同时使能输出 Q1.0=1。转换前后存储位状态如下：

位	15			8	7			0
转换前 MW0	0 0 0 0	1 0 0 0	0 1 0 1	1 0 0 0				

BCD 码（858）转换为整数

| 转换后 MW2 | 0 0 0 0 | 0 0 1 1 | 0 1 0 1 | 1 0 1 0 | | | | |

BCD_DI / BTD BCD 码转换为双整数（32 位）			
参数	数据类型	存储区域	说明
EN	BOOL	I, O, M, L, D	使能输入
ENO	BOOL	I, O, M, L, D	使能输出
IN	DWORD	I, O, M, L, D	7 位数 BCD 码(+/-9999999)
OUT	DINT	I, O, M, L, D	BCD 码转换的双整数

符号

```
┌──────────┐
│  BCD_D   │
─┤ EN   ENO├─
─┤ IN   OUT├─
└──────────┘
```

说明：

1. BCD_D 指令可以将输入参数 IN 的内容以 7 位数 BCD 码读入，并将它转换为双整数（32 位），其双整数结果可以由参数 OUT 输出。
2. 位 0～27：BCD 数值；位 28～30：无用；位 31：BCD 数值符号位。

举例：

LAD 和 STL 省略，可参考上列。当条件满足后，转换前后的存储位状态如下：

位	31					16	15			0
转换前 MD0	0 0 0 0 0 0 0 0	0 0 0 0 0 0 0 1	0 0 0 0 1 0 1 1	1 0 0 0 0 0 0 1	1 0 0 0					

BCD 码（85818）转换为双整数

| 转换后 MD4 | 0 0 0 0 0 0 0 0 | 0 0 0 0 0 0 0 1 | 0 1 0 0 1 1 1 1 | 0 0 1 1 1 0 1 0 | | | | | | |

转

换

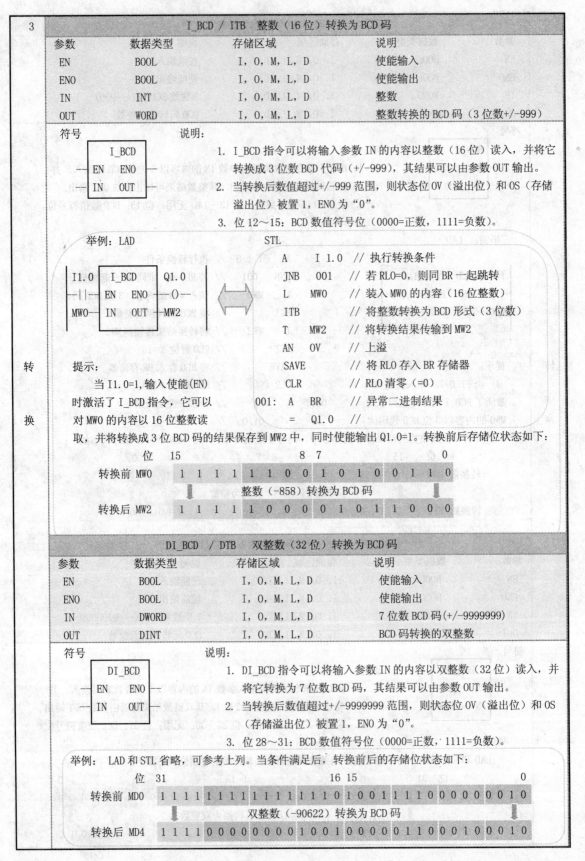

3	I_BCD / ITB 整数（16 位）转换为 BCD 码			
参数	数据类型	存储区域	说明	
EN	BOOL	I, 0, M, L, D	使能输入	
ENO	BOOL	I, 0, M, L, D	使能输出	
IN	INT	I, 0, M, L, D	整数	
OUT	WORD	I, 0, M, L, D	整数转换的 BCD 码（3 位数+/-999）	

符号

```
     I_BCD
 ── EN   ENO ──
 ── IN   OUT ──
```

说明：

1. I_BCD 指令可以将输入参数 IN 的内容以整数（16 位）读入，并将它转换成 3 位数 BCD 代码（+/-999），其结果可以由参数 OUT 输出。
2. 当转换后数值超过+/-999 范围，则状态位 OV（溢出位）和 OS（存储溢出位）被置 1，ENO 为"0"。
3. 位 12～15：BCD 数值符号位（0000=正数，1111=负数）。

举例：LAD

```
 I1.0    I_BCD    Q1.0
 ──||── EN   ENO ──()──
 MW0 ── IN   OUT ── MW2
```

STL

```
A    I 1.0   // 执行转换条件
JNB  001     // 若 RLO=0，则同 BR 一起跳转
L    MW0     // 装入 MW0 的内容（16 位整数）
ITB          // 将整数转换为 BCD 形式（3 位数）
T    MW2     // 将转换结果传输到 MW2
AN   OV      // 上溢
SAVE         // 将 RLO 存入 BR 存储器
CLR          // RLO 清零（=0）
001: A  BR   // 异常二进制结果
     =  Q1.0 //
```

转换

提示：

当 I1.0=1，输入使能（EN）时激活了 I_BCD 指令，它可以对 MW0 的内容以 16 位整数读取，并将转换成 3 位 BCD 码的结果保存到 MW2 中，同时使能输出 Q1.0=1。转换前后存储位状态如下：

位 15   8 7   0

转换前 MW0 [1 1 1 1 1 1 0 0 1 0 1 0 0 1 1 0]

整数（-858）转换为 BCD 码

转换后 MW2 [1 1 1 1 1 0 0 0 0 1 0 1 1 0 0 0]

	DI_BCD / DTB 双整数（32 位）转换为 BCD 码		
参数	数据类型	存储区域	说明
EN	BOOL	I, 0, M, L, D	使能输入
ENO	BOOL	I, 0, M, L, D	使能输出
IN	DWORD	I, 0, M, L, D	7 位数 BCD 码(+/-9999999)
OUT	DINT	I, 0, M, L, D	BCD 码转换的双整数

符号

```
     DI_BCD
 ── EN   ENO ──
 ── IN   OUT ──
```

说明：

1. DI_BCD 指令可以将输入参数 IN 的内容以双整数（32 位）读入，并将它转换为 7 位数 BCD 码，其结果可以由参数 OUT 输出。
2. 当转换后数值超过+/-9999999 范围，则状态位 OV（溢出位）和 OS（存储溢出位）被置 1，ENO 为"0"。
3. 位 28～31：BCD 数值符号位（0000=正数，1111=负数）。

举例：LAD 和 STL 省略，可参考上列。当条件满足后，转换前后的存储位状态如下：

位 31   16 15   0

转换前 MD0 [1 1 1 1 1 1 1 1 1 1 1 1 1 1 1 0 1 0 0 1 1 1 0 0 0 0 0 0 0 0 1 0]

双整数（-90622）转换为 BCD 码

转换后 MD4 [1 1 1 0 0 0 0 0 0 0 0 0 1 0 0 1 0 0 0 0 0 1 1 0 0 0 1 0 0 0 1 0]

110

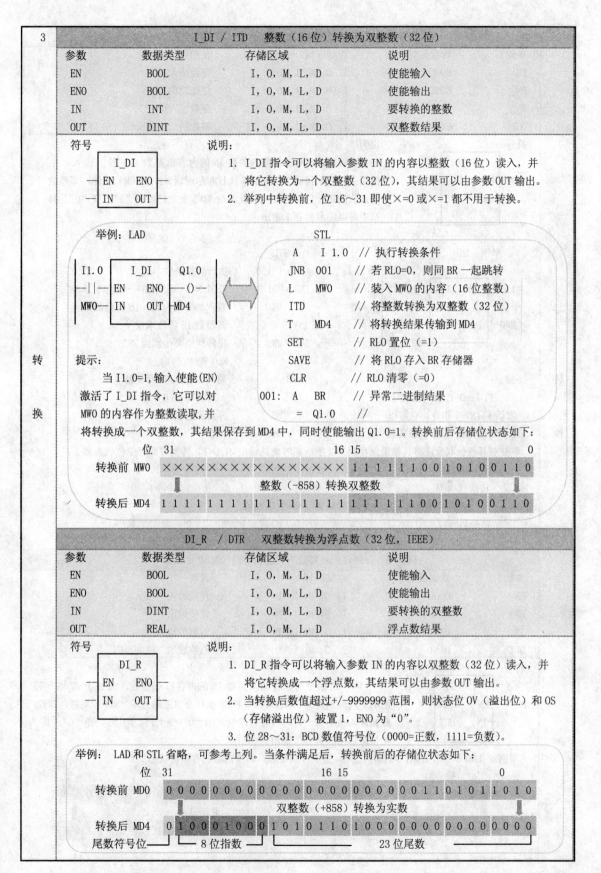

3

I_DI / ITD 整数（16位）转换为双整数（32位）

参数	数据类型	存储区域	说明
EN	BOOL	I, O, M, L, D	使能输入
ENO	BOOL	I, O, M, L, D	使能输出
IN	INT	I, O, M, L, D	要转换的整数
OUT	DINT	I, O, M, L, D	双整数结果

符号

```
    I_DI
─┤EN    ENO├─
─┤IN    OUT├─
```

说明：

1. I_DI 指令可以将输入参数 IN 的内容以整数（16位）读入，并将它转换为一个双整数（32位），其结果可以由参数 OUT 输出。

2. 举列中转换前，位 16～31 即使×=0 或×=1 都不用于转换。

举例：LAD

```
 I1.0    I_DI    Q1.0
─┤ ├─┤EN    ENO├─( )─
      MW0┤IN   OUT├MD4
```

STL

```
A    I 1.0    // 执行转换条件
JNB  001      // 若 RLO=0，则同 BR 一起跳转
L    MW0      // 装入 MW0 的内容（16位整数）
ITD           // 将整数转换为双整数（32位）
T    MD4      // 将转换结果传输到 MD4
SET           // RLO 置位（=1）
SAVE          // 将 RLO 存入 BR 存储器
CLR           // RLO 清零（=0）
001: A    BR  // 异常二进制结果
=    Q1.0     //
```

提示：

当 I1.0=1，输入使能(EN)激活了 I_DI 指令，它可以对 MW0 的内容作为整数读取，并将转换成一个双整数，其结果保存到 MD4 中，同时使能输出 Q1.0=1。转换前后存储位状态如下：

```
位   31                          16 15                    0
转换前 MW0 ×××××××××××××××× 1111110010100110
              整数（-858）转换双整数
转换后 MD4 11111111111111111111111110010100110
```

转

换

DI_R / DTR 双整数转换为浮点数（32位，IEEE）

参数	数据类型	存储区域	说明
EN	BOOL	I, O, M, L, D	使能输入
ENO	BOOL	I, O, M, L, D	使能输出
IN	DINT	I, O, M, L, D	要转换的双整数
OUT	REAL	I, O, M, L, D	浮点数结果

符号

```
    DI_R
─┤EN    ENO├─
─┤IN    OUT├─
```

说明：

1. DI_R 指令可以将输入参数 IN 的内容以双整数（32位）读入，并将它转换成一个浮点数，其结果可以由参数 OUT 输出。

2. 当转换后数值超过+/-9999999 范围，则状态位 OV（溢出位）和 OS（存储溢出位）被置1，ENO 为"0"。

3. 位 28～31：BCD 数值符号位（0000=正数，1111=负数）。

举例：LAD 和 STL 省略，可参考上列。当条件满足后，转换前后的存储位状态如下：

```
位   31                        16 15                  0
转换前 MD0 0000000000000000000001101011010
            双整数（+858）转换为实数
转换后 MD4 01000100010101101000000000000000
      尾数符号位    8 位指数         23 位尾数
```

111

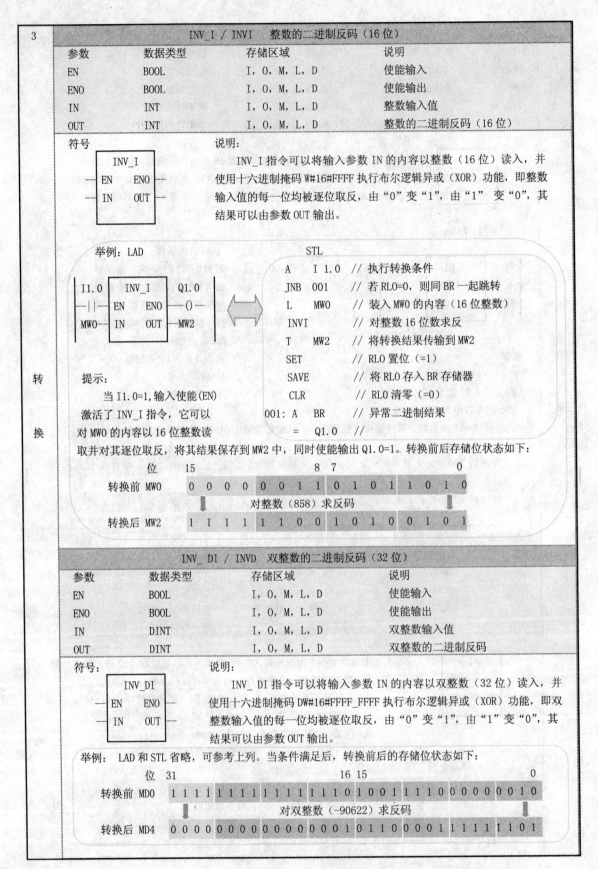

3	INV_I / INVI　整数的二进制反码（16位）			
参数	数据类型	存储区域	说明	
EN	BOOL	I, 0, M, L, D	使能输入	
ENO	BOOL	I, 0, M, L, D	使能输出	
IN	INT	I, 0, M, L, D	整数输入值	
OUT	INT	I, 0, M, L, D	整数的二进制反码（16位）	

符号：

```
      INV_I
 — EN     ENO —
 — IN     OUT —
```

说明：

　　INV_I 指令可以将输入参数 IN 的内容以整数（16位）读入，并使用十六进制掩码 W#16#FFFF 执行布尔逻辑异或（XOR）功能，即整数输入值的每一位均被逐位取反，由"0"变"1"，由"1"变"0"，其结果可以由参数 OUT 输出。

举例：LAD

```
 I1.0    INV_I    Q1.0
—| |——— EN   ENO ——( )—
 MW0 ——— IN   OUT ——MW2
```

STL

```
A    I 1.0    // 执行转换条件
JNB  001      // 若 RLO=0，则同 BR 一起跳转
L    MW0      // 装入 MW0 的内容（16位整数）
INVI          // 对整数16位数求反
T    MW2      // 将转换结果传输到 MW2
SET           // RLO 置位（=1）
SAVE          // 将 RLO 存入 BR 存储器
CLR           // RLO 清零（=0）
001: A   BR   // 异常二进制结果
=    Q1.0     //
```

提示：

　　当 I1.0=1，输入使能（EN）激活了 INV_I 指令，它可以对 MW0 的内容以 16 位整数读取并对其逐位取反，将其结果保存到 MW2 中，同时使能输出 Q1.0=1。转换前后存储位状态如下：

位	15	8 7	0
转换前 MW0	0 0 0 0 0 0 1 1	0 1 0 1	1 0 1 0

对整数（858）求反码

转换后 MW2	1 1 1 1 1 1 0 0	1 0 1 0	0 1 0 1

INV_DI / INVD　双整数的二进制反码（32位）			
参数	数据类型	存储区域	说明
EN	BOOL	I, 0, M, L, D	使能输入
ENO	BOOL	I, 0, M, L, D	使能输出
IN	DINT	I, 0, M, L, D	双整数输入值
OUT	DINT	I, 0, M, L, D	双整数的二进制反码

符号：

```
      INV_DI
 — EN     ENO —
 — IN     OUT —
```

说明：

　　INV_DI 指令可以将输入参数 IN 的内容以双整数（32位）读入，并使用十六进制掩码 DW#16#FFFF_FFFF 执行布尔逻辑异或（XOR）功能，即双整数输入值的每一位均被逐位取反，由"0"变"1"，由"1"变"0"，其结果可以由参数 OUT 输出。

举例：LAD 和 STL 省略，可参考上列。当条件满足后，转换前后的存储位状态如下：

位	31	16 15	0
转换前 MD0	1 1 1 1 1 1 1 1 1 1 1 1 1 1 0 1	0 0 1 1 1 0 0 0	0 0 0 0 0 0 1 0

对双整数（-90622）求反码

转换后 MD4	0 0 0 0 0 0 0 0 0 0 0 0 0 0 1 0	1 1 0 0 0 1 1 1	1 1 1 1 1 1 0 1

转换

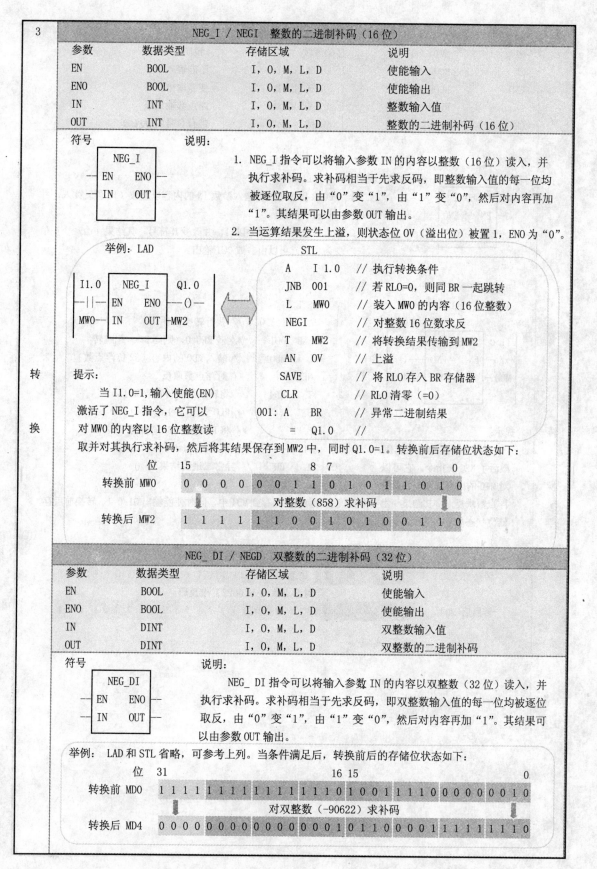

3	NEG_I / NEGI 整数的二进制补码（16 位）			
参数	数据类型	存储区域		说明
EN	BOOL	I，0，M，L，D		使能输入
ENO	BOOL	I，0，M，L，D		使能输出
IN	INT	I，0，M，L，D		整数输入值
OUT	INT	I，0，M，L，D		整数的二进制补码（16 位）

符号

```
      NEG_I
 —| EN    ENO |—
 —| IN    OUT |—
```

说明：

1. NEG_I 指令可以将输入参数 IN 的内容以整数（16 位）读入，并执行求补码。求补码相当于先求反码，即整数输入值的每一位均被逐位取反，由"0"变"1"，由"1"变"0"，然后对内容再加"1"。其结果可以由参数 OUT 输出。
2. 当运算结果发生上溢，则状态位 OV（溢出位）被置 1，ENO 为"0"。

举例：LAD

```
 I1.0    NEG_I     Q1.0
 —| |—| EN    ENO |—( )—
 MW0—| IN    OUT |—MW2
```

⇔

STL

```
     A    I 1.0   // 执行转换条件
     JNB  001     // 若 RLO=0，则同 BR 一起跳转
     L    MW0     // 装入 MW0 的内容（16 位整数）
     NEGI         // 对整数 16 位数求反
     T    MW2     // 将转换结果传输到 MW2
     AN   OV      // 上溢
     SAVE         // 将 RLO 存入 BR 存储器
     CLR          // RLO 清零（=0）
001: A    BR      // 异常二进制结果
     =    Q1.0    //
```

转换

提示：

当 I1.0=1，输入使能(EN) 激活了 NEG_I 指令，它可以对 MW0 的内容以 16 位整数读取并对其执行求补码，然后将其结果保存到 MW2 中，同时 Q1.0=1。转换前后存储位状态如下：

位	15		8 7		0
转换前 MW0	0 0 0 0 0 0 1 1		0 1 0 1	1 0 1 0	

对整数（858）求补码

| 转换后 MW2 | 1 1 1 1 1 1 0 0 | | 1 0 1 0 | 0 1 1 0 | |

NEG_ DI / NEGD 双整数的二进制补码（32 位）			
参数	数据类型	存储区域	说明
EN	BOOL	I，0，M，L，D	使能输入
ENO	BOOL	I，0，M，L，D	使能输出
IN	DINT	I，0，M，L，D	双整数输入值
OUT	DINT	I，0，M，L，D	双整数的二进制补码

符号

```
      NEG_DI
 —| EN    ENO |—
 —| IN    OUT |—
```

说明：

NEG_ DI 指令可以将输入参数 IN 的内容以双整数（32 位）读入，并执行求补码。求补码相当于先求反码，即双整数输入值的每一位均被逐位取反，由"0"变"1"，由"1"变"0"，然后对内容再加"1"。其结果可以由参数 OUT 输出。

举例：LAD 和 STL 省略，可参考上列。当条件满足后，转换前后的存储位状态如下：

位	31	16 15	0
转换前 MD0	1 1 1 1 1 1 1 1 1 1 1 1 0 1 0 0	1 1 1 0 0 0 0 0 0 0 1 0	

对双整数（-90622）求补码

| 转换后 MD4 | 0 0 0 0 0 0 0 0 0 0 0 0 1 0 1 1 | 0 0 0 1 1 1 1 1 1 1 1 0 | |

113

	NEG_R / NEGR　浮点数求反			
3				
参数	数据类型	存储区域		说明
EN	BOOL	I, 0, M, L, D		使能输入
ENO	BOOL	I, 0, M, L, D		使能输出
IN	REAL	I, 0, M, L, D		浮点数输入值
OUT	REAL	I, 0, M, L, D		带有负号的浮点数

符号

```
    NEG_R
── EN    ENO ──
── IN    OUT ──
```

说明：

1. NEG_R 指令可以将输入参数 IN 的内容以整数（16 位）读入，并对其执行求反。
2. 浮点数求反相当于乘以-1，并改变其符号。其结果（由一个正值变为负值）可以由参数 OUT 输出。

举例：LAD

```
 I1.0    NEG_R    Q1.0
──||──  EN   ENO ──()──
 MD0 ── IN   OUT──MD4
```

STL

```
A    I 1.0    // 执行转换条件
JNB  001      // 若 RLO=0，则同 BR 一起跳转
L    MD0      // 装入 MD0 的内容（32 位浮点数）
NEGR          // 对浮点数取反
T    MD4      // 将转换结果传输到 MD4
SET           // RLO 置位（=1）
SAVE          // 将 RLO 存入 BR 存储器
CLR           // RLO 清零（=0）
001: A    BR  // 异常二进制结果
     =    Q1.0 //
```

转

换

提示：

当 I1.0=1，输入使能(EN)激活了 NEG_R 指令，它可以对 MW0 的内容读取，并执行

浮点数求反，将其结果（由一个正值变为负值）保存到 MD4 中，同时使能输出 Q1.0=1。转换前后存储位状态如下：

```
位 31                              16 15                        0
转换前 MD0  0100000100010000111111101100 0101
              对浮点数（+9.0622）求反码
转换后 MD4  1100000100010000111111101100 0101
```

114

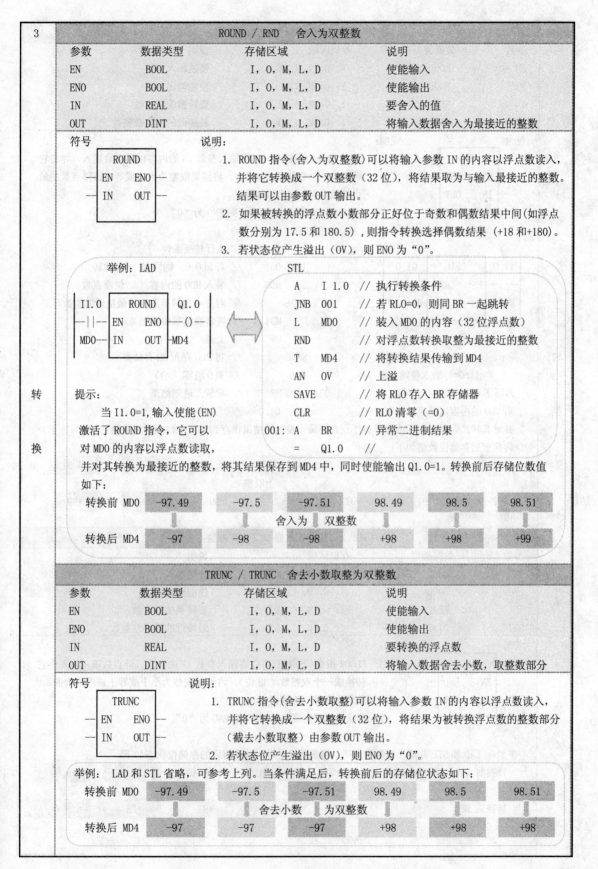

3	ROUND / RND 舍入为双整数			
参数	数据类型	存储区域	说明	
EN	BOOL	I, 0, M, L, D	使能输入	
ENO	BOOL	I, 0, M, L, D	使能输出	
IN	REAL	I, 0, M, L, D	要舍入的值	
OUT	DINT	I, 0, M, L, D	将输入数据舍入为最接近的整数	

符号

```
    ROUND
 — EN    ENO —
 — IN    OUT —
```

说明:

1. ROUND 指令(舍入为双整数)可以将输入参数 IN 的内容以浮点数读入,并将它转换成一个双整数(32 位),将结果取为与输入最接近的整数。结果可以由参数 OUT 输出。
2. 如果被转换的浮点数小数部分正好位于奇数和偶数结果中间(如浮点数分别为 17.5 和 180.5),则指令转换选择偶数结果 (+18 和+180)。
3. 若状态位产生溢出(OV),则 ENO 为 "0"。

转
换

举例: LAD

```
 I1.0     ROUND     Q1.0
—||——— EN    ENO ———()—
 MD0 ——— IN    OUT — MD4
```

STL

A	I 1.0	// 执行转换条件
JNB	001	// 若 RLO=0, 则同 BR 一起跳转
L	MD0	// 装入 MD0 的内容(32 位浮点数)
RND		// 对浮点数转换取整为最接近的整数
T	MD4	// 将转换结果传输到 MD4
AN	OV	// 上溢
SAVE		// 将 RLO 存入 BR 存储器
CLR		// RLO 清零(=0)
001: A	BR	// 异常二进制结果
=	Q1.0	//

提示:

当 I1.0=1,输入使能(EN)激活了 ROUND 指令,它可以对 MD0 的内容以浮点数读取,并对其转换为最接近的整数,将其结果保存到 MD4 中,同时使能输出 Q1.0=1。转换前后存储位数值如下:

转换前 MD0	-97.49	-97.5	-97.51	98.49	98.5	98.51
舍入为 双整数						
转换后 MD4	-97	-98	-98	+98	+98	+99

	TRUNC / TRUNC 舍去小数取整为双整数			
参数	数据类型	存储区域	说明	
EN	BOOL	I, 0, M, L, D	使能输入	
ENO	BOOL	I, 0, M, L, D	使能输出	
IN	REAL	I, 0, M, L, D	要转换的浮点数	
OUT	DINT	I, 0, M, L, D	将输入数据舍去小数, 取整数部分	

符号

```
    TRUNC
 — EN    ENO —
 — IN    OUT —
```

说明:

1. TRUNC 指令(舍去小数取整)可以将输入参数 IN 的内容以浮点数读入,并将它转换成一个双整数(32 位),将结果为被转换浮点数的整数部分(截去小数取整)由参数 OUT 输出。
2. 若状态位产生溢出(OV),则 ENO 为 "0"。

举例: LAD 和 STL 省略,可参考上列。当条件满足后,转换前后的存储位状态如下:

转换前 MD0	-97.49	-97.5	-97.51	98.49	98.5	98.51
舍去小数 为双整数						
转换后 MD4	-97	-97	-97	+98	+98	+98

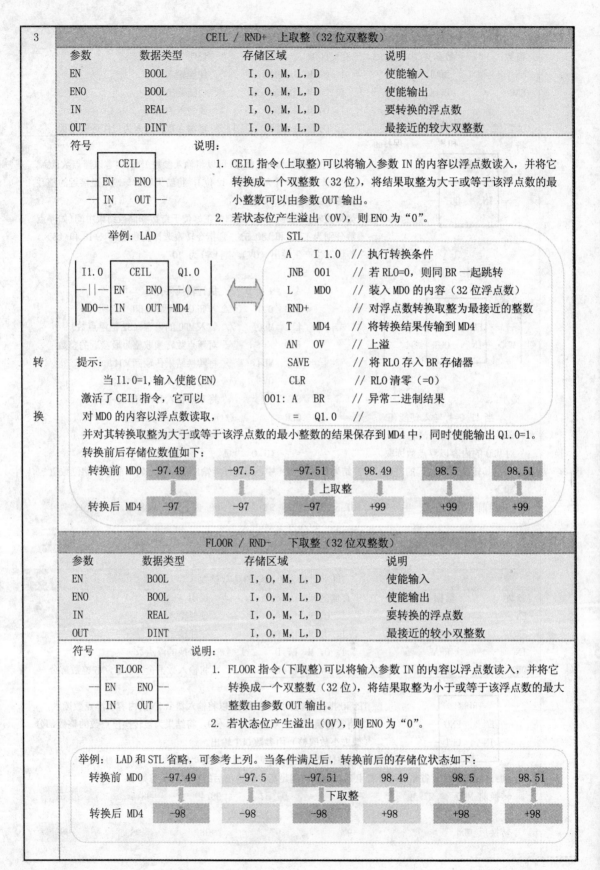

3	CEIL / RND+　上取整（32位双整数）			
参数	数据类型	存储区域		说明
EN	BOOL	I，O，M，L，D		使能输入
ENO	BOOL	I，O，M，L，D		使能输出
IN	REAL	I，O，M，L，D		要转换的浮点数
OUT	DINT	I，O，M，L，D		最接近的较大双整数

符号

```
      CEIL
 ── EN    ENO ──
 ── IN    OUT ──
```

说明：

1. CEIL 指令（上取整）可以将输入参数 IN 的内容以浮点数读入，并将它转换成一个双整数（32 位），将结果取整为大于或等于该浮点数的最小整数可以由参数 OUT 输出。
2. 若状态位产生溢出（OV），则 ENO 为"0"。

举例：LAD

```
 I1.0    CEIL    Q1.0
 ──┤├── EN   ENO ──()──
  MD0 ── IN   OUT ── MD4
```

STL

```
    A    I 1.0    // 执行转换条件
    JNB  001      // 若 RLO=0，则同 BR 一起跳转
    L    MD0      // 装入 MD0 的内容（32 位浮点数）
    RND+          // 对浮点数转换取整为最接近的整数
    T    MD4      // 将转换结果传输到 MD4
    AN   OV       // 上溢
    SAVE          // 将 RLO 存入 BR 存储器
    CLR           // RLO 清零（=0）
001: A    BR      // 异常二进制结果
    =    Q1.0    //
```

转

换

提示：

当 I1.0=1，输入使能（EN）激活了 CEIL 指令，它可以对 MD0 的内容以浮点数读取，

并对其转换取整为大于或等于该浮点数的最小整数的结果保存到 MD4 中，同时使能输出 Q1.0=1。
转换前后存储位数值如下：

转换前 MD0	-97.49	-97.5	-97.51	98.49	98.5	98.51
			↓上取整			
转换后 MD4	-97	-97	-97	+99	+99	+99

FLOOR / RND-　下取整（32位双整数）			
参数	数据类型	存储区域	说明
EN	BOOL	I，O，M，L，D	使能输入
ENO	BOOL	I，O，M，L，D	使能输出
IN	REAL	I，O，M，L，D	要转换的浮点数
OUT	DINT	I，O，M，L，D	最接近的较小双整数

符号

```
      FLOOR
 ── EN    ENO ──
 ── IN    OUT ──
```

说明：

1. FLOOR 指令（下取整）可以将输入参数 IN 的内容以浮点数读入，并将它转换成一个双整数（32 位），将结果取整为小于或等于该浮点数的最大整数由参数 OUT 输出。
2. 若状态位产生溢出（OV），则 ENO 为"0"。

举例：LAD 和 STL 省略，可参考上列。当条件满足后，转换前后的存储位状态如下：

转换前 MD0	-97.49	-97.5	-97.51	98.49	98.5	98.51
			↓下取整			
转换后 MD4	-98	-98	-98	+98	+98	+98

/ CAW 交换累加器1低字中的字节顺序（16位）

格式

CAW

说明：

CAW 指令可以交换累加器1低字中的字节顺序，并将结果保存在累加器1的低字中。累加器1的高字和累加器2保持不变。

举例：STL

```
L    MW0    // 将存储字 MW0 的内容装入累加器 1
CAW         // 交换累加器 1 低字中的字节顺序
T    MW4    // 将交换结果传输到存储字 MW4
```

内容	累加器1高字中的高字节	累加器1高字中的低字节	累加器1低字中的高字节	累加器1低字中的低字节
交换前	数值 A	数值 B	数值 C	数值 D
交换后	数值 A	数值 B	数值 D	数值 C

/ CAD 交换累加器1中的字节顺序（32位）

格式

CAD

说明：

CAD 指令可以交换累加器1中的字节顺序，并将结果保存在累加器1中。累加器2保持不变。

举例：STL

```
L    MD0    // 将存储双字 MD0 的内容装入累加器 1
CAD         // 交换累加器 1 中的字节顺序
T    MD4    // 将交换结果传输到存储双字 MD4
```

内容	累加器1高字中的高字节	累加器1高字中的低字节	累加器1低字中的高字节	累加器1低字中的低字节
交换前	数值 A	数值 B	数值 C	数值 D
交换后	数值 D	数值 C	数值 B	数值 A

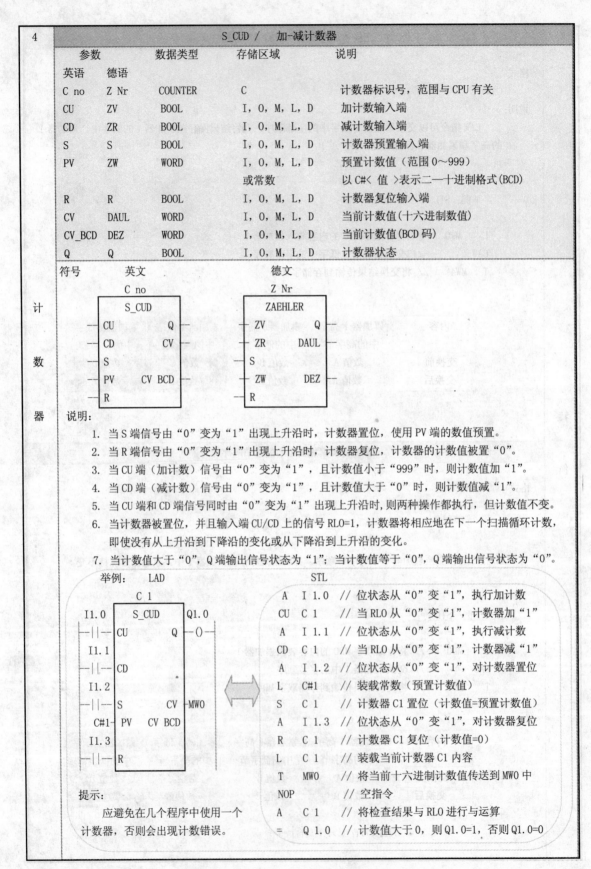

4	S_CUD / 加-减计数器			
参数	数据类型	存储区域	说明	
英语　德语				
C no　Z Nr	COUNTER	C	计数器标识号，范围与 CPU 有关	
CU　ZV	BOOL	I, 0, M, L, D	加计数输入端	
CD　ZR	BOOL	I, 0, M, L, D	减计数输入端	
S　S	BOOL	I, 0, M, L, D	计数器预置输入端	
PV　ZW	WORD	I, 0, M, L, D	预置计数值（范围 0～999）	
		或常数	以 C#< 值 >表示二—十进制格式(BCD)	
R　R	BOOL	I, 0, M, L, D	计数器复位输入端	
CV　DAUL	WORD	I, 0, M, L, D	当前计数值(十六进制数值)	
CV_BCD　DEZ	WORD	I, 0, M, L, D	当前计数值(BCD 码)	
Q　Q	BOOL	I, 0, M, L, D	计数器状态	

计
数
器

符号　　　英文　　　　　　　德文

　　　　　　　C no　　　　　　　　Z Nr

```
        S_CUD                  ZAEHLER
  — CU        Q —         — ZV        Q —
  — CD        CV —        — ZR      DAUL —
  — S                     — S
  — PV    CV BCD —        — ZW      DEZ —
  — R                     — R
```

说明：

1. 当 S 端信号由"0"变为"1"出现上升沿时，计数器置位，使用 PV 端的数值预置。

2. 当 R 端信号由"0"变为"1"出现上升沿时，计数器复位，计数器的计数值被置"0"。

3. 当 CU 端（加计数）信号由"0"变为"1"，且计数值小于"999"时，则计数值加"1"。

4. 当 CD 端（减计数）信号由"0"变为"1"，且计数值大于"0"时，则计数值减"1"。

5. 当 CU 端和 CD 端信号同时由"0"变为"1"出现上升沿时，则两种操作都执行，但计数值不变。

6. 当计数器被置位，并且输入端 CU/CD 上的信号 RLO=1，计数器将相应地在下一个扫描循环计数，即使没有从上升沿到下降沿的变化或从下降沿到上升沿的变化。

7. 当计数值大于"0"，Q 端输出信号状态为"1"；当计数值等于"0"，Q 端输出信号状态为"0"。

举例：　　LAD　　　　　　　　　　　　STL

```
          C 1
  I1.0   S_CUD   Q1.0
  —||— CU      Q —()—
  I1.1
  —||— CD      CV — MW0
  I1.2
  —||— S    CV BCD
  C#1— PV
  I1.3
  —||— R
```

```
A   I 1.0  // 位状态从"0"变"1"，执行加计数
CU  C 1    // 当 RLO 从"0"变"1"，计数器加"1"
A   I 1.1  // 位状态从"0"变"1"，执行减计数
CD  C 1    // 当 RLO 从"0"变"1"，计数器减"1"
A   I 1.2  // 位状态从"0"变"1"，对计数器置位
L   C#1    // 装载常数（预置计数值）
S   C 1    // 计数器 C1 置位（计数值=预置计数值）
A   I 1.3  // 位状态从"0"变"1"，对计数器复位
R   C 1    // 计数器 C1 复位（计数值=0）
L   C 1    // 装载当前计数器 C1 内容
T   MW0    // 将当前十六进制计数值传送到 MW0 中
NOP        // 空指令
A   C 1    // 将检查结果与 RLO 进行与运算
=   Q 1.0  // 计数值大于 0，则 Q1.0=1，否则 Q1.0=0
```

提示：

应避免在几个程序中使用一个计数器，否则会出现计数错误。

4	S_CU / 加计数器			
参数		数据类型	存储区域	说明
英语	德语			
C no	Z Nr	COUNTER	C	计数器标识号，范围与 CPU 有关
CU	ZV	BOOL	I, 0, M, L, D	加计数输入端
S	S	BOOL	I, 0, M, L, D	计数器预置输入端
PV	ZW	WORD	I, 0, M, L, D	预置计数值（范围 0～999）
			或常数	以 C#< 值 >表示二—十进制格式(BCD)
R	R	BOOL	I, 0, M, L, D	计数器复位输入端
CV	DAUL	WORD	I, 0, M, L, D	当前计数值(十六进制数值)
CV_BCD	DEZ	WORD	I, 0, M, L, D	当前计数值(BCD 码)
Q	Q	BOOL	I, 0, M, L, D	计数器状态

计

数

器

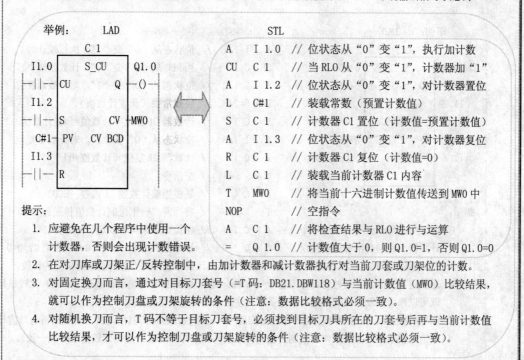

符号　　　英文　　　　　　　　德文

说明：

1. 当 S 端信号由"0"变为"1"出现上升沿时，计数器置位，使用 PV 端的数值预置。

2. 当 R 端信号由"0"变为"1"出现上升沿时，计数器复位，计数器的计数值被置"0"。

3. 当 CU 端（加计数）信号由"0"变为"1"，且计数值小于"999"时，则计数值加"1"。

4. 当计数器被置位，并且输入端 CU 上的信号 RLO=1，计数器将相应地在下一个扫描循环计数，即使没有从上升沿到下降沿的变化或从下降沿到上升沿的变化。

5. 当计数值大于"0"，Q 端输出信号状态为"1"；当计数值等于"0"，Q 端输出信号状态为"0"。

举例：　LAD　　　　　　　　　　　STL

```
A    I 1.0   // 位状态从"0"变"1"，执行加计数
CU   C 1     // 当 RLO 从"0"变"1"，计数器加"1"
A    I 1.2   // 位状态从"0"变"1"，对计数器置位
L    C#1     // 装载常数（预置计数值）
S    C 1     // 计数器 C1 置位（计数值=预置计数值）
A    I 1.3   // 位状态从"0"变"1"，对计数器复位
R    C 1     // 计数器 C1 复位（计数值=0）
L    C 1     // 装载当前计数器 C1 内容
T    MW0     // 将当前十六进制计数值传送到 MW0 中
NOP          // 空指令
A    C 1     // 将检查结果与 RLO 进行与运算
=    Q 1.0   // 计数值大于 0，则 Q1.0=1，否则 Q1.0=0
```

提示：

1. 应避免在几个程序中使用一个计数器，否则会出现计数错误。

2. 在对刀库或刀架正/反转控制中，由加计数器和减计数器执行对当前刀套或刀架位的计数。

3. 对固定换刀而言，通过对目标刀套号（=T 码：DB21.DBW118）与当前计数值（MW0）比较结果，就可以作为控制刀盘或刀架旋转的条件（注意：数据比较格式必须一致）。

4. 对随机换刀而言，T 码不等于目标刀套号，必须找到目标刀具所在的刀套号后再与当前计数值比较结果，才可以作为控制刀盘或刀架旋转的条件（注意：数据比较格式必须一致）。

4	S_CD / 减计数器			
	参数	数据类型	存储区域	说明
	英语 德语			
	C no Z Nr	COUNTER	C	计数器标识号，范围与 CPU 有关
	CD ZR	BOOL	I, O, M, L, D	减计数输入端
	S S	BOOL	I, O, M, L, D	计数器预置输入端
	PV ZW	WORD	I, O, M, L, D	预置计数值（范围 0～999）
			或常数	以 C#< 值 >表示二—十进制格式(BCD)
	R R	BOOL	I, O, M, L, D	计数器复位输入端
	CV DAUL	WORD	I, O, M, L, D	当前计数值(十六进制数值)
	CV_BCD DEZ	WORD	I, O, M, L, D	当前计数值(BCD 码)
	Q Q	BOOL	I, O, M, L, D	计数器状态

计

数

器

符号　　　英文　　　　　　　　德文

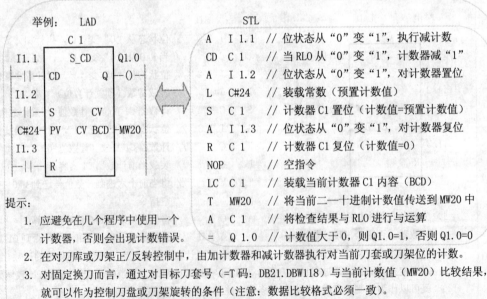

说明：

1. 当 S 端信号由 "0" 变为 "1" 出现上升沿时，计数器置位，使用 PV 端的数值预置。

2. 当 R 端信号由 "0" 变为 "1" 出现上升沿时，计数器复位，计数器的计数值被置 "0"。

3. 当 CD 端（减计数）信号由 "0" 变为 "1"，且计数值大于 "0" 时，则计数值减 "1"。

4. 当计数器被置位，并且输入端 CD 上的信号 RLO=1，计数器将相应地在下一个扫描循环计数，即使没有从上升沿到下降沿的变化或从下降沿到上升沿的变化。

5. 当计数值大于 "0"，Q 端输出信号状态为 "1"；当计数值等于 "0"，Q 端输出信号状态为 "0"。

举例：　LAD　　　　　　　　　　STL

```
         C 1
I1.1    S_CD    Q1.0      A   I 1.1   // 位状态从 "0" 变 "1"，执行减计数
─┤├─ CD       Q ─( )─     CD  C 1     // 当 RLO 从 "0" 变 "1"，计数器减 "1"
                          A   I 1.2   // 位状态从 "0" 变 "1"，对计数器置位
I1.2                      L   C#24    // 装载常数（预置计数值）
─┤├─ S      CV            S   C 1     // 计数器 C1 置位（计数值=预置计数值）
                          A   I 1.3   // 位状态从 "0" 变 "1"，对计数器复位
C#24─ PV  CV BCD ─MW20     R   C 1     // 计数器 C1 复位（计数值=0）
I1.3                      NOP         // 空指令
─┤├─ R                    LC  C 1     // 装载当前计数器 C1 内容（BCD）
                          T   MW20    // 将当前二—十进制计数值传送到 MW20 中
```

提示：

1. 应避免在几个程序中使用一个计数器，否则会出现计数错误。

　　　　　　　　　　　　　　　A   C 1   // 将检查结果与 RLO 进行与运算
　　　　　　　　　　　　　　　=   Q 1.0   // 计数值大于 0，则 Q1.0=1，否则 Q1.0=0

2. 在对刀库或刀架正/反转控制中，由加计数器和减计数器执行对当前刀套或刀架位的计数。

3. 对固定换刀而言，通过对目标刀套号（=T 码：DB21.DBW118）与当前计数值（MW20）比较结果，就可以作为控制刀盘或刀架旋转的条件（注意：数据比较格式必须一致）。

4. 对随机换刀而言，T 码不一定等于目标刀套号，必须找到目标刀具所在的刀套号后再与当前计数值比较结果，才可以作为控制刀盘或刀架旋转的条件（注意：数据比较格式必须一致）。

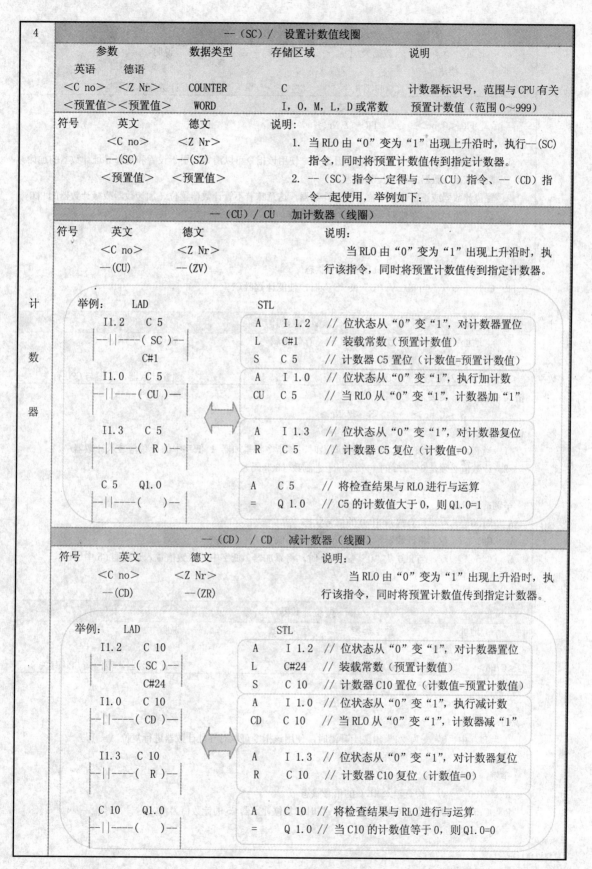

4	─(SC)/ 设置计数值线圈			

参数		数据类型	存储区域	说明
英语	德语			
\<C no\>	\<Z Nr\>	COUNTER	C	计数器标识号，范围与 CPU 有关
\<预置值\>	\<预置值\>	WORD	I，0，M，L，D 或常数	预置计数值（范围 0～999）

符号	英文	德文	说明：
	\<C no\>	\<Z Nr\>	1. 当 RLO 由"0"变为"1"出现上升沿时，执行─(SC) 指令，同时将预置计数值传到指定计数器。
	─(SC)	─(SZ)	
	\<预置值\>	\<预置值\>	2. ─(SC) 指令一定得与 ─(CU) 指令、─(CD) 指令一起使用，举例如下：

─(CU)/ CU 加计数器（线圈）			

符号	英文	德文	说明：
	\<C no\>	\<Z Nr\>	当 RLO 由"0"变为"1"出现上升沿时，执行该指令，同时将预置计数值传到指定计数器。
	─(CU)	─(ZV)	

举例：

LAD	STL
I1.2 C 5 ──┤├───(SC)──┤ C#1	A I 1.2 // 位状态从"0"变"1"，对计数器置位 L C#1 // 装载常数（预置计数值） S C 5 // 计数器 C5 置位（计数值=预置计数值）
I1.0 C 5 ──┤├───(CU)──	A I 1.0 // 位状态从"0"变"1"，执行加计数 CU C 5 // 当 RLO 从"0"变"1"，计数器加"1"
I1.3 C 5 ──┤├───(R)──	A I 1.3 // 位状态从"0"变"1"，对计数器复位 R C 5 // 计数器 C5 复位（计数值=0）
C 5 Q1.0 ──┤├───( )──	A C 5 // 将检查结果与 RLO 进行与运算 = Q 1.0 // C5 的计数值大于 0，则 Q1.0=1

─(CD)/ CD 减计数器（线圈）			

符号	英文	德文	说明：
	\<C no\>	\<Z Nr\>	当 RLO 由"0"变为"1"出现上升沿时，执行该指令，同时将预置计数值传到指定计数器。
	─(CD)	─(ZR)	

举例：

LAD	STL
I1.2 C 10 ──┤├───(SC)──┤ C#24	A I 1.2 // 位状态从"0"变"1"，对计数器置位 L C#24 // 装载常数（预置计数值） S C 10 // 计数器 C10 置位（计数值=预置计数值）
I1.0 C 10 ──┤├───(CD)──	A I 1.0 // 位状态从"0"变"1"，执行减计数 CD C 10 // 当 RLO 从"0"变"1"，计数器减"1"
I1.3 C 10 ──┤├───(R)──	A I 1.3 // 位状态从"0"变"1"，对计数器复位 R C 10 // 计数器 C10 复位（计数值=0）
C 10 Q1.0 ──┤├───( )──	A C 10 // 将检查结果与 RLO 进行与运算 = Q 1.0 // 当 C10 的计数值等于 0，则 Q1.0=0

计

数

器

4	/ FR 使能计数器（任意）			

<table>
<tr><td rowspan="2">地址</td><td rowspan="2">数据类型</td><td rowspan="2">存储区域</td><td rowspan="2">说明</td></tr>
<tr></tr>
</table>

地址		数据类型	存储区域	说明
英语	德语			
<C no>	<Z Nr>	COUNTER	C	计数器，范围与 CPU 有关

格式	英文	德文
	FR <C no>	FR <Z Nr>

说明：

1. 当 RLO 由 "0" 变为 "1" 出现上升沿时，使用该指令可以清零，用于设置和选择寻址计数器的加计数器或减计数器的边沿检测标志。
2. 置位计数器或正常计数不需要使能计数器，这意味着不管计数器置位、加计数器或减计数器的 RLO 是否恒为 "1"，在使能后不再执行这些指令。

举例：STL

```
A   M1.0    // 检查输入 M1.0 的信号状态
FR  C 1     // 当 RLO 从 "0" 变 "1" 时，使能计数器 C1
```

计

/ S 置计数器初值				

地址		数据类型	存储区域	说明
英语	德语			
<C no>	<Z Nr>	COUNTER	C	预置计数器，范围与 CPU 有关

数

格式	英文	德文
	S <C no>	S <Z Nr>

器

说明：

1. 当 RLO 由 "0" 变为 "1" 出现上升沿时，该指令将累加器 1 低字中的计数值装入计数器中。
2. 计数值必须是 0～999 的一个二一十进制数（BCD 码）。

举例：STL

```
A   M1.0    // 检查输入 M1.0 的信号状态
L   C#1     // 将计数器预置数装入累加器 1 低字中
S   C 5     // 当 RLO 从 "0" 变 "1" 时，将累加器 1 低字中的计数值置入计数器 C5 中
```

/ R 复位计数器				

地址		数据类型	存储区域	说明
英语	德语			
<C no>	<Z Nr>	COUNTER	C	预置计数器，范围与 CPU 有关

格式	英文	德文
	R <C no>	R <Z Nr>

说明：

当 RLO 由 "0" 变为 "1" 出现上升沿时，使用该指令可以对寻址计数器进行复位。

举例：STL

```
A   M1.0    // 检查输入 M1.0 的信号状态
R   C 5     // 当 RLO 从 "0" 变 "1" 时，复位计数器 C5 的计数值为 "0"
```

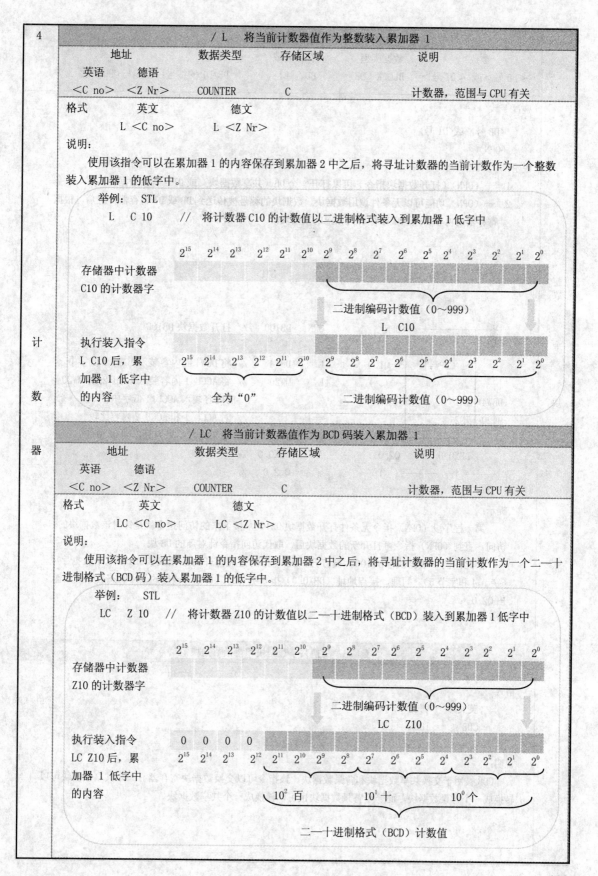

4	/ L 将当前计数器值作为整数装入累加器 1			
	地址	数据类型	存储区域	说明
	英语　　德语			
	<C no>　<Z Nr>	COUNTER	C	计数器，范围与 CPU 有关

格式　　　英文　　　　　德文
　　　　L <C no>　　　L <Z Nr>

说明：

　　使用该指令可以在累加器 1 的内容保存到累加器 2 中之后，将寻址计数器的当前计数作为一个整数装入累加器 1 的低字中。

举例：　STL

L　C 10　　//　将计数器 C10 的计数值以二进制格式装入到累加器 1 低字中

2^{15}　2^{14}　2^{13}　2^{12}　2^{11}　2^{10}　2^{9}　2^{8}　2^{7}　2^{6}　2^{5}　2^{4}　2^{3}　2^{2}　2^{1}　2^{0}

存储器中计数器
C10 的计数器字

二进制编码计数值（0~999）

L　C10

执行装入指令
L C10 后，累
加器 1 低字中
的内容

2^{15}　2^{14}　2^{13}　2^{12}　2^{11}　2^{10}　2^{9}　2^{8}　2^{7}　2^{6}　2^{5}　2^{4}　2^{3}　2^{2}　2^{1}　2^{0}

全为"0"　　　　　　二进制编码计数值（0~999）

	/ LC 将当前计数器值作为 BCD 码装入累加器 1			
	地址	数据类型	存储区域	说明
	英语　　德语			
	<C no>　<Z Nr>	COUNTER	C	计数器，范围与 CPU 有关

格式　　　　英文　　　　　　德文
　　　　　LC <C no>　　　　LC <Z Nr>

说明：

　　使用该指令可以在累加器 1 的内容保存到累加器 2 中之后，将寻址计数器的当前计数作为一个二—十进制格式（BCD 码）装入累加器 1 的低字中。

举例：　STL

LC　Z 10　　//　将计数器 Z10 的计数值以二—十进制格式（BCD）装入到累加器 1 低字中

2^{15}　2^{14}　2^{13}　2^{12}　2^{11}　2^{10}　2^{9}　2^{8}　2^{7}　2^{6}　2^{5}　2^{4}　2^{3}　2^{2}　2^{1}　2^{0}

存储器中计数器
Z10 的计数器字

二进制编码计数值（0~999）

LC　　Z10

执行装入指令
LC Z10 后，累
加器 1 低字中
的内容

0　0　0　0

2^{15}　2^{14}　2^{13}　2^{12}　2^{11}　2^{10}　2^{9}　2^{8}　2^{7}　2^{6}　2^{5}　2^{4}　2^{3}　2^{2}　2^{1}　2^{0}

10^{2} 百　　　　10^{1} 十　　　　10^{0} 个

二—十进制格式（BCD）计数值

（左侧竖排：计　数　器）

一（OPN）／OPN　打开数据块			
参数	数据类型	存储区域	说明
<DB 号>或 <DI 号>	BLOCK _DB	BD、BI	DB/DI 的编号：范围与 CPU 有关

符号

　　<DB 号> 或<DI 号>

　一（OPN）

说明：

　　1. 一（OPN）（打开数据块指令）可以打开一个 DB（共享数据块）或 DI（背景数据块）。

　　2. 一（OPN）功能可以无条件调用数据块。数据块的编号被传送到 DB 或 DI 寄存器，之后，根据寄存器的内容 DB 或 DI 指令访问相应的数据块。

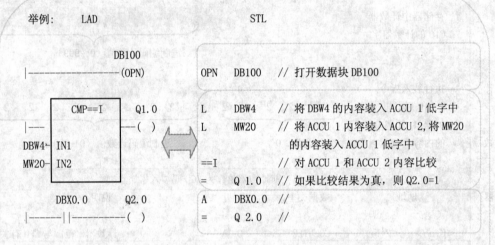

举例：　　　LAD　　　　　　　　　　　　STL

```
                    DB100
|--------------------(OPN)          OPN    DB100    // 打开数据块 DB100

       CMP==I    Q1.0               L      DBW4     // 将 DBW4 的内容装入 ACCU 1 低字中
|---                --( )           L      MW20     // 将 ACCU 1 内容装入 ACCU 2,将 MW20
 DBW4-- IN1                                           的内容装入 ACCU 1 低字中
 MW20-- IN2                         ==I             // 对 ACCU 1 和 ACCU 2 内容比较
                                    =      Q 1.0    // 如果比较结果为真，则 Q2.0=1
     DBX0.0    Q2.0                 A      DBX0.0   //
|-------||----------( )             =      Q 2.0    //
```

提示：

　　第一程序段（OPN）指令无条件打开数据块 DB100，接下来的访问指令就是针对该数据块的访问，直到（OPN）指令再打开新的数据块后，取代访问指令针对新的 DB 块。

　　因此，例中数据块（DB100）被打开，DBW4 指的是被打开的数据块（DB100）中数据字 4（字节 4 和字节 5）。同理，接点地址（DBX0.0）指 0 字节的第 0 位，该位的信号状态被赋值给输出 Q2.0。

／CDB　交换共享数据块和背景数据块

格式

　　英文　　德文

　　CDB　　TDB

说明：

　　CDB 被用于交换共享数据块和背景数据块。该指令可以交换数据块寄存器。一个共享数据块可以转换成一个背景数据块，而一个背景数据块也可以转换成一个共享数据块。

数

据

块

/ L DBLG　将共享数据块的长度装入 ACCU 1 中

格式
　　L DBLG
说明:
　　在累加器 1 的内容保存到累加器 2 后, L DBLG (装载共享数据块长度) 指令将共享数据块的长度装入到累加器 1 中。

举例:　STL
OPN　DB100　// 打开数据块 DB100 作为共享数据块
L　　DBLG　　// 装入共享数据块 DB100 的长度
L　　MD20　　// 装入存储双子 MD20 的数据
<D　　　　　// 比较共享数据块的长度与 MD20 的数值
JC　ERRO　// 如果共享数据块的长度小于 MD20 的数值, 则跳转到 ERRO 跳转标号

/ L DBNO　将共享数据块的块号装入 ACCU 1 中

格式
　　L DBNO
说明:
　　在累加器 1 的内容保存到累加器 2 后, L DBNO (装载共享数据块块号) 指令将打开的共享数据块块号装入到累加器 1 的低字中。

/ L DILG　将背景数据块的长度装入 ACCU 1 中

格式
　　L DILG
说明:
　　在累加器 1 的内容保存到累加器 2 后, L DILG (装载背景数据块长度) 指令将背景数据块的长度装入到累加器 1 的低字中。

举例:　STL
OPN　DI10　// 打开数据块 DB10, 作为一个背景数据块
L　　DILG　// 装入背景数据块的长度 (DB10 的长度)
L　　MW10　// 装入存储字 MW10 的数据
<I　　　　// 比较背景数据块的长度与 MW10 的数值
JC　ERRO　// 如果背景数据块的长度小于 MW10 的数值, 则跳转到 ERRO 跳转标号

/ L DINO　将背景数据块的块号装入 ACCU 1 中

格式
　　L DINO
说明:
　　在累加器 1 的内容保存到累加器 2 后, L DINO (装载背景数据块块号) 指令将打开的背景数据块块号装入到累加器 1 的低字中。

符号

```
|—  LABEL  |
```

说明：

1. LABEL 是一个跳转指令跳转目的地的标识符。

2. 一个标号最多由四个字符组成。第一个字符必须是字母表中的一个字母，其他字符可以是字母，也可以是数字（如 CAR1）。

3. 对于每一个—（JMP）或—（JMPN），必须有一个跳转标号（LABEL）。

4. 目的地标号必须是一个程序段的开始。

5. 举例参考—（JMP）。

—（JMP） / JU 无条件跳转

符号

```
   〈标号名〉
—（JMP）
```

说明：

1. —（JMP）（RLO=1 时的块内跳转）指令与最左端母线之间无其他的 LAD 元素，用作绝对跳转功能。

2. 每一个—（JMP）必须有一个标号。每次执行跳转不执行跳转指令和标号之间的任何指令。

逻 辑 控 制

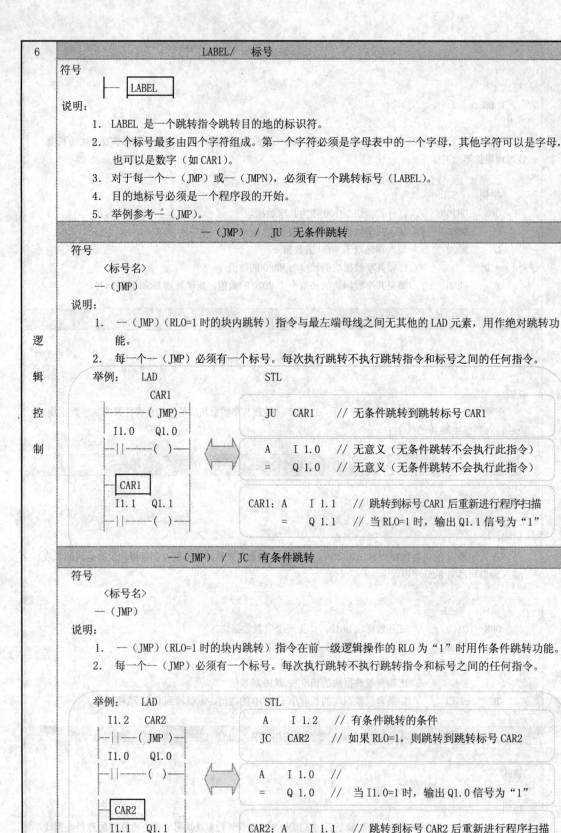

举例：　LAD　　　　　　　STL

```
         CAR1
|————————( JMP )——|        JU    CAR1      // 无条件跳转到跳转标号 CAR1

  I1.0    Q1.0
|—||——————( )——|           A     I 1.0     // 无意义（无条件跳转不会执行此指令）
                           =     Q 1.0     // 无意义（无条件跳转不会执行此指令）

|— CAR1 |
  I1.1    Q1.1           CAR1: A     I 1.1  // 跳转到标号 CAR1 后重新进行程序扫描
|—||——————( )——|           =     Q 1.1     // 当 RLO=1 时，输出 Q1.1 信号为"1"
```

—（JMP） / JC 有条件跳转

符号

```
   〈标号名〉
—（JMP）
```

说明：

1. —（JMP）（RLO=1 时的块内跳转）指令在前一级逻辑操作的 RLO 为"1"时用作条件跳转功能。

2. 每一个—（JMP）必须有一个标号。每次执行跳转不执行跳转指令和标号之间的任何指令。

举例：　LAD　　　　　　　STL

```
  I1.2    CAR2           A     I 1.2    // 有条件跳转的条件
|—||———( JMP )——|        JC    CAR2      // 如果 RLO=1，则跳转到跳转标号 CAR2

  I1.0    Q1.0
|—||——————( )———|        A     I 1.0     //
                         =     Q 1.0     // 当 I1.0=1 时，输出 Q1.0 信号为"1"

|— CAR2 |
  I1.1    Q1.1         CAR2: A     I 1.1  // 跳转到标号 CAR2 后重新进行程序扫描
|—||———( )———|           =     Q 1.1     //. 当 RLO=1 时，输出 Q1.1 信号为"1"
```

—（JMPN） / JN 若非零则跳转

符号

〈标号名〉

—（JMPN）

说明：

1. —（JMPN）（若非则跳转）相当于如果 RLO 为 "0"，则执行跳转到跳转标号的功能。

2. 每一个 —（JMPN）必须有一个标号。每次执行跳转不执行跳转指令和标号之间的任何指令。

举例：　LAD

```
 I1.2   CAR3
—||——( JMPN )—
 I1.0    Q1.0
—||————( )—

—| CAR3 |
 I1.1    Q1.1
—||——( )—
```

STL

```
A    I 1.2    // 有条件跳转的条件
JN   CAR3    // 如果 RLO=0，则跳转到跳转标号 CAR3

A    I 1.0    //
=    Q 1.0    // 当 I1.0=1 时，输出 Q1.0 信号为 "1"

CAR3: A   I 1.1    // 跳转到标号 CAR3 后重新进行程序扫描
      =   Q 1.1    // 当 RLO=1 时，输出 Q1.1 信号为 "1"
```

/ JL 跳转到标号

地址	说明
〈跳转标号〉	跳转目标的符号名

跳转

格式

JL 〈跳转标号〉

说明：

1. JL 指令（通过跳转到列表的跳转）可以实现多个编程的跳转操作。跳转目标列表最多带有 255 个目标编号，从执行 JL 指令后的下一行开始到 JL 地址中参考跳转标号的前一行结束，每个跳转目标都由一个 JU（无条件跳转）指令组成。跳转目标的数量（0～255）可以从累加器 1 低字的低字节中获得。

2. 只要累加器的内容小于 JL 指令和跳转标号间的跳转目标的数量，JL 指令就跳转到 JU 指令中的一句。如果累加器 1 低字的低字节为 "0"，则 JL 指令就跳转到第一句 JU 指令。如果累加器 1 低字的低字节为 "1"，则 JL 指令就跳转到第二句 JU 指令，依次下去。如果跳转目标的数量太大，则 JL 指令就跳转到目标列表中最后一个 JU 指令之后的第一句指令。

3. 跳转目标列表必须由位于 JL 指令地址中参考跳转标号之前的 JU 指令组成。跳转列表中的任何其他指令都是非法的。

举例：　STL

```
        L  MB0     // 将跳转目标编号装入累加器 1 低字的低字节中
        JL STAR    // 如果累加器 1 低字的低字节内容大于 2，则跳转到目标标号 STAR
        JU SEG0    // 如果累加器 1 低字的低字节内容等于 0，则跳转到目标标号 SEG0
        JU SEG1    // 如果累加器 1 低字的低字节内容等于 1，则跳转到目标标号 SEG1
STAR:   JU COMM
SEG0:   *          // 允许的指令
        JU COMM
SEG1:   *          // 允许的指令
        JU COMM
COMM:   *          // 允许的指令
```

/ JCN 若 RLO=0，则跳转	
地址	说明
〈跳转标号〉	跳转目标的符号名

格式

    JCN 〈跳转标号〉

说明：

1. 如果 RLO=0，JCN 〈跳转标号〉指令可以中断线性程序扫描，跳转到跳转目标。接着对跳转目标进行线性程序扫描。跳转目标由一个跳转标号来指定，向前或向后跳转都可以。但只能在一个块内执行跳转，即跳转指令和跳转目标必须在同一个块内，且跳转目标在块内也必须是唯一的。
2. 如果 RLO=1，则不执行跳转，继续从下一语句进行程序扫描。

举例：STL

    A   I1.0   //

    JCN STAR   // 如果 RLO=0，则跳转到跳转标号 STAR

    L   MW0   // 如果没有执行跳转，接着继续进行程序扫描，装入存储字 MW0 的内容

    T   MW4   // 将存储字 MW0 的内容传入到存储字 MW4 中

STAR: A   I2.0   // 当跳转到跳转标号 STAR 之后接着继续进行程序扫描

/ JCB 若 RLO=1，则连同 BR 一起跳转	
地址	说明
〈跳转标号〉	跳转目标的符号名

跳

转

格式

    JCB 〈跳转标号〉

说明：

1. 如果 RLO=1，JCB 〈跳转标号〉指令可以中断线性程序扫描，跳转到跳转目标。接着对跳转目标进行线性程序扫描。跳转目标由一个跳转标号来指定，向前或向后跳转都可以。但只能在一个块内执行跳转，即跳转指令和跳转目标必须在同一个块内，且跳转目标在块内也必须是唯一的。
2. 如果 RLO=0，则不执行跳转。RLO 被置为 "1"， 继续从下一语句进行程序扫描。

举例：STL

    A   I1.0   //

    JCB STAR   // 如果 RLO=1，则跳转到目标标号 STAR，将 RLO 位的内容复制到 BR 位

    L   MW0   // 如果没有执行跳转，接着继续进行程序扫描，装入存储字 MW0 的内容

    T   MW4   // 将存储字 MW0 的内容传入到存储字 MW4 中

STAR: A   I2.0   // 当跳转到跳转标号 STAR 之后接着继续进行程序扫描

/ JNB 若 RLO=0，则连同 BR 一起跳转	
地址	说明
〈跳转标号〉	跳转目标的符号名

格式

    JNB 〈跳转标号〉

说明：

1. 如果 RLO=0，JNB 〈跳转标号〉指令可以中断线性程序扫描，跳转到跳转目标。接着对跳转目标进行线性程序扫描。跳转目标由一个跳转标号来指定，向前或向后跳转都可以。但只能在一个块内执行跳转，即跳转指令和跳转目标必须在同一个块内，且跳转目标在块内也必须是唯一的。
2. 如果 RLO=1，则不执行跳转。RLO 被置为 "1"， 继续从下一语句进行程序扫描。
3. 举例参考上例 "JCB"。

/ JBI 若 BR=1，则跳转

地址	说明
〈跳转标号〉	跳转目标的符号名

格式

　　JBI 〈跳转标号〉

说明：

1. 如果状态位 BR=1，JBI 〈跳转标号〉指令可以中断线性程序扫描，跳转到跳转目标。接着对跳转目标进行线性程序扫描。跳转目标由一个跳转标号来指定，向前或向后跳转都可以。但只能在一个块内执行跳转，即跳转指令和跳转目标必须在同一个块内，且跳转目标在块内也必须是唯一的。

2. 跳转到跳转标号的后面跟冒号 "："，在其后紧接语句。

/ JNBI 若 BR=0，则跳转

地址	说明
〈跳转标号〉	跳转目标的符号名

格式

　　JNBI 〈跳转标号〉

说明：

1. 如果状态位 BR=0，JNBI 〈跳转标号〉指令可以中断线性程序扫描，跳转到跳转目标。接着对跳转目标进行线性程序扫描。跳转目标由一个跳转标号来指定，向前或向后跳转都可以。但只能在一个块内执行跳转，即跳转指令和跳转目标必须在同一个块内，且跳转目标在块内也必须是唯一的。

2. 跳转到跳转标号的后面跟冒号 "："，在其后紧接语句。

/ JO 若 OV=1，则跳转

地址	说明
〈跳转标号〉	跳转目标的符号名

格式

　　JO 〈跳转标号〉

说明：

1. 如果状态位 OV=1，JO 〈跳转标号〉指令可以中断线性程序扫描，跳转到跳转目标。接着对跳转目标进行线性程序扫描。跳转目标由一个跳转标号来指定，向前或向后跳转都可以。但只能在一个块内执行跳转，即跳转指令和跳转目标必须在同一个块内，且跳转目标在块内必须是唯一的。

2. JO 〈跳转标号〉指令与算术指令结合，可以对每个单独的算术运算指令之后检查是否有溢出，即用于发生溢出时检查前一个算术指令，保证每个中间结果都在允许的范围之内，也可以使用 JOS。

```
举例： STL
    L    MW0    // 将存储字 MW0 的内容装入累加器 1 的低字中
    L    3      // 将 ACCU1 低字中的内容装入 ACCU2 的低字中，将 "3" 装入 ACCU1 的低字中
    *I          // 将 ACCU2 低字和 ACCU1 低字中内容相乘，结果保存在 ACCU1 中
    JO   OVER   // 如果相乘结果超出最大范围（OV=1），则跳转到跳转标号 OVER
    T    MW8    // 如果 OV=0，则将保存在 ACCU1 的相乘结果传入到存储字 MW8 中
    A    I1.0
    R    Q1.0
    JU   NEXT
OVER: AN  I1.0  // 在跳转到跳转标号 OVER 之后接着继续进行程序扫描
    S    Q1.0
NEXT: NOP 0     // 在跳转到跳转标号 NEXT 之后接着继续进行程序扫描
```

/ JOS 若 OS=1，则跳转	
地址	说明
〈跳转标号〉	跳转目标的符号名

格式

　　JOS 〈跳转标号〉

说明：

1. 如果状态位 OS=1，JOS 〈跳转标号〉指令可以中断线性程序扫描，跳转到跳转目标。接着对跳转目标进行线性程序扫描。跳转目标由一个跳转标号来指定，向前或向后跳转都可以。但只能在一个块内执行跳转，即跳转指令和跳转目标必须在同一个块内，且跳转目标在块内必须是唯一的。

2. JOS 〈跳转标号〉指令与算术指令结合，可以在计算过程中对多个算术运算指令之后检查其中之一是否有溢出。

```
举例： STL
      L   MW0
      L   MW2
      *I
      L   MW4
      +I
      L   MW6
      -I
      JOS OVER  // 如果在计算过程中三个指令中有一个溢出（OS=1），则跳转到跳转标号 OVER
      T   MW8   // 如果没有执行跳转，则接着继续进行程序扫描
      A   I1.0
      R   Q1.0
      JU  NEXT
OVER: AN  I1.0  // 在跳转到跳转标号 OVER 之后接着继续进行程序扫描
      S   Q1.0
NEXT: NOP 0     // 在跳转到跳转标号 NEXT 之后接着继续进行程序扫描
```

/ JZ 若零，则跳转	
地址	说明
〈跳转标号〉	跳转目标的符号名

格式

　　JZ 〈跳转标号〉

说明：

　　如果状态位 CC1=0 且 CC0=0，JZ〈跳转标号〉指令可以中断线性程序扫描，跳转到跳转目标。接着对跳转目标进行线性程序扫描。跳转目标由一个跳转标号来指定，向前或向后跳转都可以。但只能在一个块内执行跳转，即跳转指令和跳转目标必须在同一个块内，且跳转目标在块内必须是唯一的。

```
举例： STL
      L   MW0
      SRW 1
      JZ  ZERO  // 如果移出的位=0，则跳转到跳转标号 ZERO
      :
      JU  NEXT
ZERO: AN  I1.0  // 在跳转到跳转标号 OVER 之后接着继续进行程序扫描
      :
NEXT: NOP 0     // 在跳转到跳转标号 NEXT 之后接着继续进行程序扫描
```

跳
转

/ JP 若正，则跳转	
地址	说明
〈跳转标号〉	跳转目标的符号名

格式

    JP 〈跳转标号〉

说明：

    如果状态位 CC1=1 且 CC0=0，JP〈跳转标号〉指令可以中断线性程序扫描，跳转到跳转目标。接着对跳转目标进行线性程序扫描。跳转目标由一个跳转标号来指定，向前或向后跳转都可以。但只能在一个块内执行跳转，即跳转指令和跳转目标必须在同一个块内，且跳转目标在块内必须是唯一的。

    举例： STL

        L   MW0   // 将存储字 MW0 的内容装入累加器 1 的低字中

        L   MW2   // 将 ACCU1 低字中的内容装入 ACCU2 的低字中，将存储字 MW2 的内容装入 ACCU1 的低字中

        -I   // 将 ACCU2 低字和 ACCU1 低字中内容相减，结果保存在 ACCU1 中

        JP   POS   // 如果相减结果 ACCU1 中的内容大于零，则跳转到跳转标号 POS

        T   MW8   // 如果不跳转，则将保存在 ACCU1 的相减结果传入到存储字 MW8 中

        A   I1.0

        R   Q1.0

        JU   NEXT

    POS：AN I1.0 // 在跳转到跳转标号 POS 之后接着继续进行程序扫描

        S   Q1.0

    NEXT：NOP 0   // 在跳转到跳转标号 NEXT 之后接着继续进行程序扫描

/ JM 若负，则跳转	
地址	说明
〈跳转标号〉	跳转目标的符号名

格式

    JM 〈跳转标号〉

说明：

    如果状态位 CC1=0 且 CC0=1，JM〈跳转标号〉指令可以中断线性程序扫描，跳转到跳转目标。接着对跳转目标进行线性程序扫描。跳转目标由一个跳转标号来指定，向前或向后跳转都可以。但只能在一个块内执行跳转，即跳转指令和跳转目标必须在同一个块内，且跳转目标在块内必须是唯一的。

    举例： STL

        L   MW0 // 将存储字 MW0 的内容装入累加器 1 的低字中

        L   MW2 // 将 ACCU1 低字中的内容装入 ACCU2 的低字中，将存储字 MW2 的内容装入 ACCU1 的低字中

        -I   // 将 ACCU2 低字和 ACCU1 低字中内容相减，结果保存在 ACCU1 中

        JM NEG // 如果相减结果 ACCU1 中的内容小于零，则跳转到跳转标号 NEG

        T   MW8 // 如果不跳转，则将保存在 ACCU1 的相减结果传入到存储字 MW8 中

        A   I1.0

        R   Q1.0

        JU NEXT

    NEG：AN I1.0 // 在跳转到跳转标号 NEG 之后接着继续进行程序扫描

        S   Q1.0

    NEXT：NOP 0   // 在跳转到跳转标号 NEXT 之后接着继续进行程序扫描

跳

转

/ JPZ 若正或零，则跳转	
地址	说明
〈跳转标号〉	跳转目标的符号名

格式

    JPZ 〈跳转标号〉

说明：

    如果状态位 CC1 和 CC0 指示的结果大于或等于零（CC1=0/CC0=0 或 CC1=1/CC0=0），JPZ 〈跳转标号〉指令可以中断线性程序扫描，跳转到跳转目标。接着对跳转目标进行线性程序扫描。跳转目标由一个跳转标号来指定，向前或向后跳转都可以。但只能在一个块内执行跳转，即跳转指令和跳转目标必须在同一个块内，且跳转目标在块内必须是唯一的。

    举例： STL

        L   MW0   // 将存储字 MW0 的内容装入累加器 1 的低字中

        L   MW2   // 将 ACCU1 低字中的内容装入 ACCU2 的低字中，将存储字 MW2 的内容装入 ACCU1 的低字中

        -I   // 将 ACCU2 低字和 ACCU1 低字中内容相减，结果保存在 ACCU1 中

        JPZ POS0 // 如果相减结果 ACCU1 中的内容大于等于零，则跳转到跳转标号 POS0

        T   MW8   // 如果不跳转，则将保存在 ACCU1 的相减结果传入到存储字 MW8 中

        :

        JU NEXT

    POS0： AN I1.0 // 在跳转到跳转标号 POS0 之后接着继续进行程序扫描

        :

    NEXT： NOP 0   // 在跳转到跳转标号 NEXT 之后接着继续进行程序扫描

/ JMZ 若负或零，则跳转	
地址	说明
〈跳转标号〉	跳转目标的符号名

格式

    JMZ 〈跳转标号〉

说明：

    如果状态位 CC1 和 CC0 指示的结果小于或等于零（CC1=0/CC0=0 或 CC1=0/CC0=1），JMZ 〈跳转标号〉指令可以中断线性程序扫描，跳转到跳转目标。接着对跳转目标进行线性程序扫描。跳转目标由一个跳转标号来指定，向前或向后跳转都可以。但只能在一个块内执行跳转，即跳转指令和跳转目标必须在同一个块内，且跳转目标在块内必须是唯一的。

    举例： STL

        L   MW0   // 将存储字 MW0 的内容装入累加器 1 的低字中

        L   MW2   // 将 ACCU1 低字中的内容装入 ACCU2 的低字中，将存储字 MW2 的内容装入 ACCU1 的低字中

        -I   // 将 ACCU2 低字和 ACCU1 低字中内容相减，结果保存在 ACCU1 中

        JMZ NEG0 // 如果相减结果 ACCU1 中的内容小于等于零，则跳转到跳转标号 NEG0

        T   MW8   // 如果不跳转，则将保存在 ACCU1 的相减结果传入到存储字 MW8 中

        :

        JU NEXT

    NEG0： AN I1.0 // 在跳转到跳转标号 NEG0 之后接着继续进行程序扫描

        :

    NEXT： NOP 0   // 在跳转到跳转标号 NEXT 之后接着继续进行程序扫描

跳

转

/ JU0 若无效数，则跳转	
，地址	说明
〈跳转标号〉	跳转目标的符号名

格式

　　JU0 〈跳转标号〉

说明：

　　如果状态位 CC1=1 且 CC0=1，JU0 〈跳转标号〉指令可以中断线性程序扫描，跳转到跳转目标。接着对跳转目标进行线性程序扫描。跳转目标由一个跳转标号来指定，向前或向后跳转都可以。但只能在一个块内执行跳转，即跳转指令和跳转目标必须在同一个块内，且跳转目标在块内必须是唯一的。

　　在以下情况下，状态位 CC1=1，CC0=1：

　　　　（1）出现被零除；

　　　　（2）使用了非法指令；

　　　　（3）浮点数比较结果为无效数，即使用了无效格式。

举例：　STL

　　L　　MW0

　　L　　MW2

　　/I　　　　　// 将存储字 MW0 的内容除以存储字 MW2 的内容

　　JU0　ERR0　// 如果被零除（即 MW0=0），则跳转到跳转标号 ERR0

　　：

　　JU　NEXT

ERR0：AN　I1.0　// 在跳转到跳转标号 ERR0 之后接着继续进行程序扫描

　　：

NEXT：NOP　0　　// 在跳转到跳转标号 NEXT 之后接着继续进行程序扫描

/ LOOP 循环	
地址	说明
〈跳转标号〉	跳转目标的符号名

格式

　　LOOP 〈跳转标号〉

说明：

　　LOOP 〈跳转标号〉（如果累加器 1 低字中的值不为零，则累加器 1 低字中的值减 "1"，并跳转）可以简化循环编程。在累加器 1 低字中提供了循环计数器。只要累加器 1 低字中的值不为零，指令就可以跳转到指定的跳转目标。接着对跳转目标进行线性程序扫描。跳转目标由一个跳转标号来指定，向前或向后跳转都可以。但只能在一个块内执行跳转，即跳转指令和跳转目标必须在同一个块内，且跳转目标在块内必须是唯一的。

举例：　STL

　　L　　L#1　// 将整数常数（32 位）装入累加器 1

　　T　　MD20　// 将 ACCU1 中的内容传送到存储双字 MD20（设定初值）

　　L　　5　　// 将循环次数装入 ACCU1 低字中

NEXT：T　　MW0　// （跳转标号 NEXT=循环开始）将 ACCU1 低字中内容传送到循环计数器

　　L　　MD20

　　*D　　　　// 将存储双字 MD20 的当前内容乘以存储字节 MB0 的当前内容

　　T　　MD20　// 将相乘的结果传送到存储双字 MD20

　　L　　MW0　// 将循环计数器的内容装入 ACCU1 中

　　LOOP NEXT // 如果 ACCU1 低字中内容大于零，则 ACCU1 中内容减 "1"，并跳转到 NEXT

　　：

跳

转

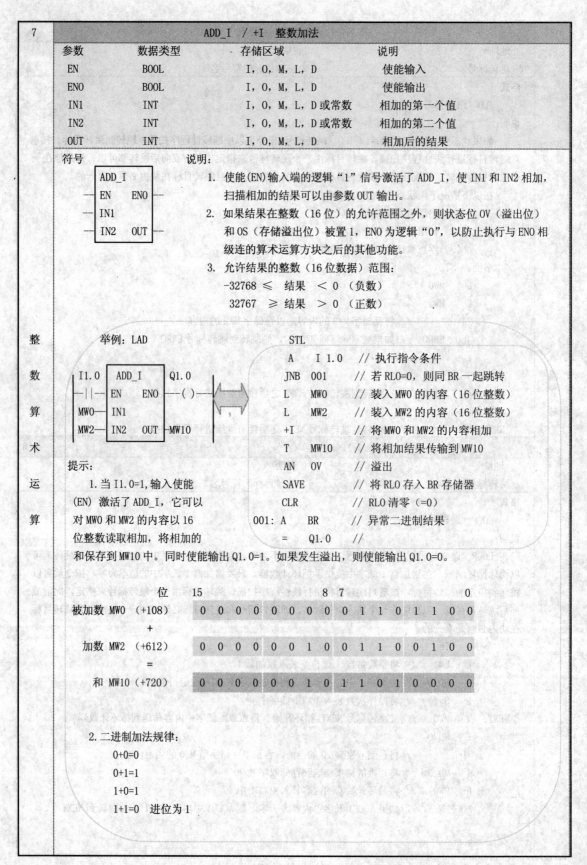

7	ADD_I / +I 整数加法			
参数	数据类型	存储区域	说明	
EN	BOOL	I，O，M，L，D	使能输入	
ENO	BOOL	I，O，M，L，D	使能输出	
IN1	INT	I，O，M，L，D 或常数	相加的第一个值	
IN2	INT	I，O，M，L，D 或常数	相加的第二个值	
OUT	INT	I，O，M，L，D	相加后的结果	

符号

```
   ADD_I
 — EN    ENO —
 — IN1
 — IN2   OUT —
```

说明：

1. 使能(EN)输入端的逻辑"1"信号激活了 ADD_I，使 IN1 和 IN2 相加，扫描相加的结果可以由参数 OUT 输出。

2. 如果结果在整数（16 位）的允许范围之外，则状态位 OV（溢出位）和 OS（存储溢出位）被置 1，ENO 为逻辑"0"，以防止执行与 ENO 相级连的算术运算方块之后的其他功能。

3. 允许结果的整数（16 位数据）范围：

   $-32768 \leq$ 结果 < 0 （负数）

   $32767 \geq$ 结果 > 0 （正数）

整数算术运算

举例：LAD

```
 I1.0   ADD_I    Q1.0
 —||—— EN   ENO ——( )
 MW0 — IN1
 MW2 — IN2  OUT — MW10
```

STL

```
  A    I 1.0   // 执行指令条件
  JNB  001     // 若 RLO=0，则同 BR 一起跳转
  L    MW0     // 装入 MW0 的内容（16 位整数）
  L    MW2     // 装入 MW2 的内容（16 位整数）
  +I           // 将 MW0 和 MW2 的内容相加
  T    MW10    // 将相加结果传输到 MW10
  AN   OV      // 溢出
  SAVE         // 将 RLO 存入 BR 存储器
  CLR          // RLO 清零（=0）
001: A  BR     // 异常二进制结果
  =    Q1.0    //
```

提示：

1. 当 I1.0=1，输入使能 (EN) 激活了 ADD_I，它可以对 MW0 和 MW2 的内容以 16 位整数读取相加，将相加的和保存到 MW10 中。同时使能输出 Q1.0=1。如果发生溢出，则使能输出 Q1.0=0。

	位 15		8 7	0
被加数 MW0 （+108）	0 0 0 0	0 0 0 0	0 1 1 0	1 1 0 0
+				
加数 MW2 （+612）	0 0 0 0	0 0 1 0	0 1 1 0	0 1 0 0
=				
和 MW10 （+720）	0 0 0 0	0 0 1 0	1 1 0 1	0 0 0 0

2. 二进制加法规律：

   0+0=0

   0+1=1

   1+0=1

   1+1=0 进位为 1

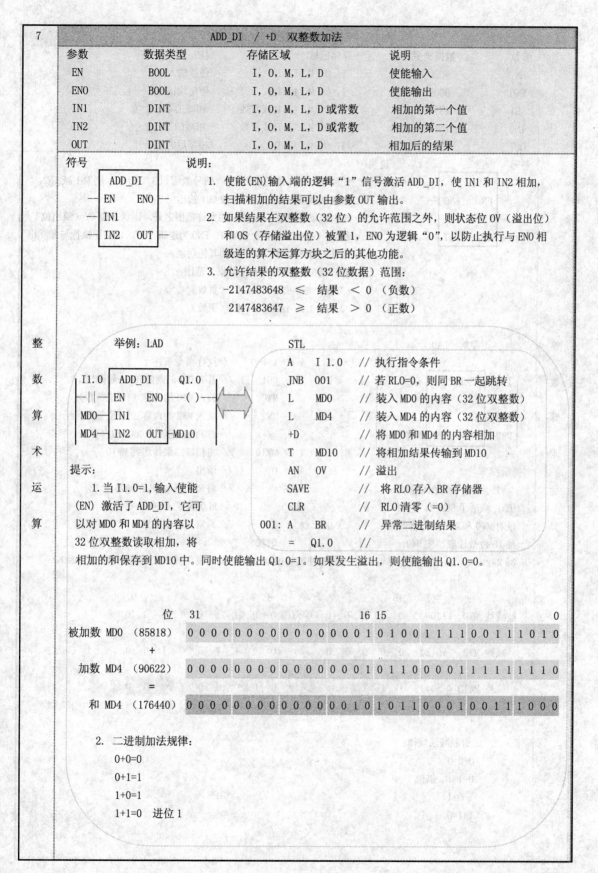

7	ADD_DI / +D 双整数加法			
参数	数据类型	存储区域	说明	
EN	BOOL	I, O, M, L, D	使能输入	
ENO	BOOL	I, O, M, L, D	使能输出	
IN1	DINT	I, O, M, L, D 或常数	相加的第一个值	
IN2	DINT	I, O, M, L, D 或常数	相加的第二个值	
OUT	DINT	I, O, M, L, D	相加后的结果	

符号

```
    ADD_DI
 —  EN    ENO  —
 —  IN1
 —  IN2   OUT  —
```

说明：

1. 使能(EN)输入端的逻辑"1"信号激活 ADD_DI，使 IN1 和 IN2 相加，扫描相加的结果可以由参数 OUT 输出。

2. 如果结果在双整数（32 位）的允许范围之外，则状态位 OV（溢出位）和 OS（存储溢出位）被置 1，ENO 为逻辑"0"，以防止执行与 ENO 相级连的算术运算方块之后的其他功能。

3. 允许结果的双整数（32 位数据）范围：

$-2147483648 \leq$ 结果 < 0（负数）

$2147483647 \geq$ 结果 > 0（正数）

整

数

算

术

运

算

举例：LAD

```
 I1.0    ADD_DI      Q1.0
—| |—  EN    ENO  —( )—
 MD0 — IN1
 MD4 — IN2   OUT — MD10
```

STL

```
A    I 1.0    // 执行指令条件
JNB  001      // 若 RLO=0，则同 BR 一起跳转
L    MD0      // 装入 MD0 的内容（32 位双整数）
L    MD4      // 装入 MD4 的内容（32 位双整数）
+D            // 将 MD0 和 MD4 的内容相加
T    MD10     // 将相加结果传输到 MD10
AN   OV       // 溢出
SAVE          // 将 RLO 存入 BR 存储器
CLR           // RLO 清零（=0）
001: A   BR   // 异常二进制结果
=    Q1.0     //
```

提示：

1. 当 I1.0=1，输入使能 (EN) 激活了 ADD_DI，它可以对 MD0 和 MD4 的内容以 32 位双整数读取相加，将相加的和保存到 MD10 中。同时使能输出 Q1.0=1。如果发生溢出，则使能输出 Q1.0=0。

位	31	16 15	0
被加数 MD0 （85818）	0 0 0 0 0 0 0 0 0 0 0 0 0 0 0 1	0 1 0 1 0 0 1 1 1 1	0 0 1 1 1 0 1 0

+

| 加数 MD4 （90622） | 0 0 0 0 0 0 0 0 0 0 0 0 0 0 0 1 | 0 1 1 0 0 0 0 1 1 1 | 1 1 1 1 1 0 |

=

| 和 MD4 （176440） | 0 0 0 0 0 0 0 0 0 0 0 0 0 0 1 0 | 1 0 1 1 0 0 0 1 0 0 | 1 1 1 0 0 0 |

2. 二进制加法规律：

0+0=0

0+1=1

1+0=1

1+1=0 进位 1

7	SUB_I /-I 整数减法			
参数	数据类型	存储区域	说明	
EN	BOOL	I, O, M, L, D	使能输入	
ENO	BOOL	I, O, M, L, D	使能输出	
IN1	INT	I, O, M, L, D 或常数	相减的第一个值	
IN2	INT	I, O, M, L, D 或常数	相减的第二个值	
OUT	INT	I, O, M, L, D	相减后的结果	

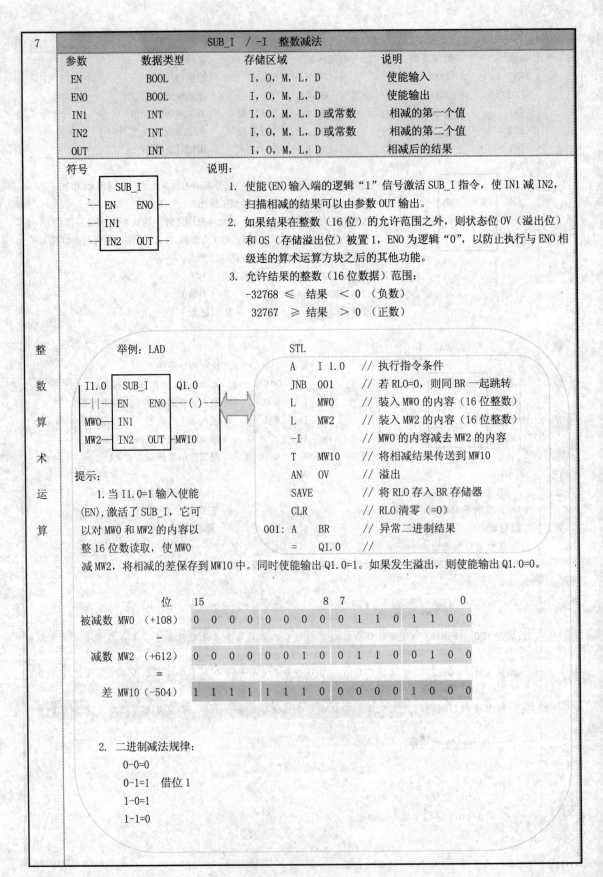

符号

```
      SUB_I
  ─│  EN    ENO │─
  ─│  IN1        │
  ─│  IN2   OUT │─
```

说明：

1. 使能(EN)输入端的逻辑"1"信号激活 SUB_I 指令，使 IN1 减 IN2，扫描相减的结果可以由参数 OUT 输出。

2. 如果结果在整数（16 位）的允许范围之外，则状态位 OV（溢出位）和 OS（存储溢出位）被置 1，ENO 为逻辑"0"，以防止执行与 ENO 相级连的算术运算方块之后的其他功能。

3. 允许结果的整数（16 位数据）范围：

   $-32768 \leq$ 结果 < 0 （负数）

   $32767 \geq$ 结果 > 0 （正数）

整数算术运算

举例：LAD

```
 I1.0   SUB_I   Q1.0
 ─││─  EN   ENO ─( )─
 MW0 ─ IN1
 MW2 ─ IN2  OUT ─MW10
```

STL

```
      A    I 1.0   // 执行指令条件
      JNB  001     // 若 RLO=0，则同 BR 一起跳转
      L    MW0     // 装入 MW0 的内容（16 位整数）
      L    MW2     // 装入 MW2 的内容（16 位整数）
      -I           // MW0 的内容减去 MW2 的内容
      T    MW10    // 将相减结果传送到 MW10
      AN   OV      // 溢出
      SAVE         // 将 RLO 存入 BR 存储器
      CLR          // RLO 清零（=0）
 001: A    BR      // 异常二进制结果
      =    Q1.0    //
```

提示：

1. 当 I1.0=1 输入使能 (EN)，激活了 SUB_I，它可以对 MW0 和 MW2 的内容以整 16 位数读取，使 MW0 减 MW2，将相减的差保存到 MW10 中。同时使能输出 Q1.0=1。如果发生溢出，则使能输出 Q1.0=0。

位	15		8 7		0
被减数 MW0 （+108）	0 0 0 0	0 0 0 0	0 1 1 0	1 1 0 0	
−					
减数 MW2 （+612）	0 0 0 0	0 0 1 0	0 1 1 0	0 1 0 0	
=					
差 MW10（−504）	1 1 1 1	1 1 1 0	0 0 0 0	1 0 0 0	

2. 二进制减法规律：

   0−0=0

   0−1=1 借位 1

   1−0=1

   1−1=0

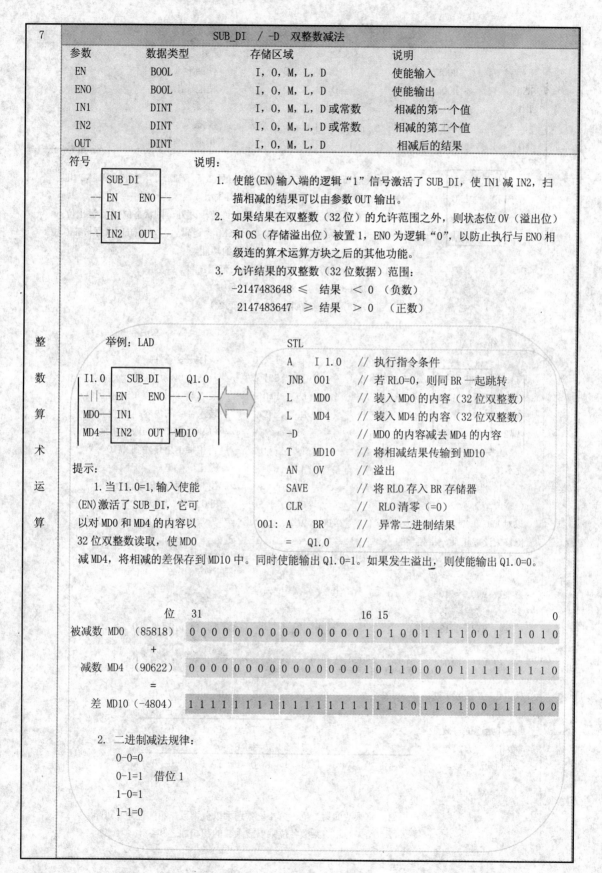

7	SUB_DI ／ -D 双整数减法			
参数	数据类型	存储区域		说明
EN	BOOL	I, 0, M, L, D		使能输入
ENO	BOOL	I, 0, M, L, D		使能输出
IN1	DINT	I, 0, M, L, D 或常数		相减的第一个值
IN2	DINT	I, 0, M, L, D 或常数		相减的第二个值
OUT	DINT	I, 0, M, L, D		相减后的结果

符号

```
    SUB_DI
 ─│ EN    ENO │─
 ─│ IN1       │
 ─│ IN2   OUT │─
```

说明：

1. 使能(EN)输入端的逻辑"1"信号激活了 SUB_DI，使 IN1 减 IN2，扫描相减的结果可以由参数 OUT 输出。

2. 如果结果在双整数（32 位）的允许范围之外，则状态位 OV（溢出位）和 OS（存储溢出位）被置 1，ENO 为逻辑"0"，以防止执行与 ENO 相级连的算术运算方块之后的其他功能。

3. 允许结果的双整数（32 位数据）范围：

   $-2147483648 \leq$ 结果 < 0 （负数）

   $2147483647 \geq$ 结果 > 0 （正数）

整数算术运算

举例：LAD

```
 I1.0    SUB_DI     Q1.0
─││──│ EN    ENO │──( )─
 MD0 ─│ IN1       │
 MD4 ─│ IN2   OUT │─ MD10
```

提示：

1. 当 I1.0=1，输入使能(EN)激活了 SUB_DI，它可以对 MD0 和 MD4 的内容以 32 位双整数读取，使 MD0

STL

A	I 1.0	// 执行指令条件
JNB	001	// 若 RLO=0，则同 BR 一起跳转
L	MD0	// 装入 MD0 的内容（32 位双整数）
L	MD4	// 装入 MD4 的内容（32 位双整数）
-D		// MD0 的内容减去 MD4 的内容
T	MD10	// 将相减结果传输到 MD10
AN	OV	// 溢出
SAVE		// 将 RLO 存入 BR 存储器
CLR		// RLO 清零（=0）
001: A	BR	// 异常二进制结果
=	Q1.0	//

减 MD4，将相减的差保存到 MD10 中。同时使能输出 Q1.0=1。如果发生溢出，则使能输出 Q1.0=0。

位 31   16 15   0

被减数 MD0 （85818）

`0 0 0 0 0 0 0 0 0 0 0 0 0 0 0 0 0 1 0 1 0 0 1 1 1 1 0 0 1 1 1 0 1 0`

+

减数 MD4 （90622）

`0 0 0 0 0 0 0 0 0 0 0 0 0 0 0 1 0 1 1 0 0 0 0 1 1 1 1 1 1 1 1 0`

=

差 MD10 （-4804）

`1 1 1 1 1 1 1 1 1 1 1 1 1 1 1 1 1 1 1 0 1 1 0 1 0 0 1 1 1 0 0`

2. 二进制减法规律：

   0-0=0

   0-1=1 借位 1

   1-0=1

   1-1=0

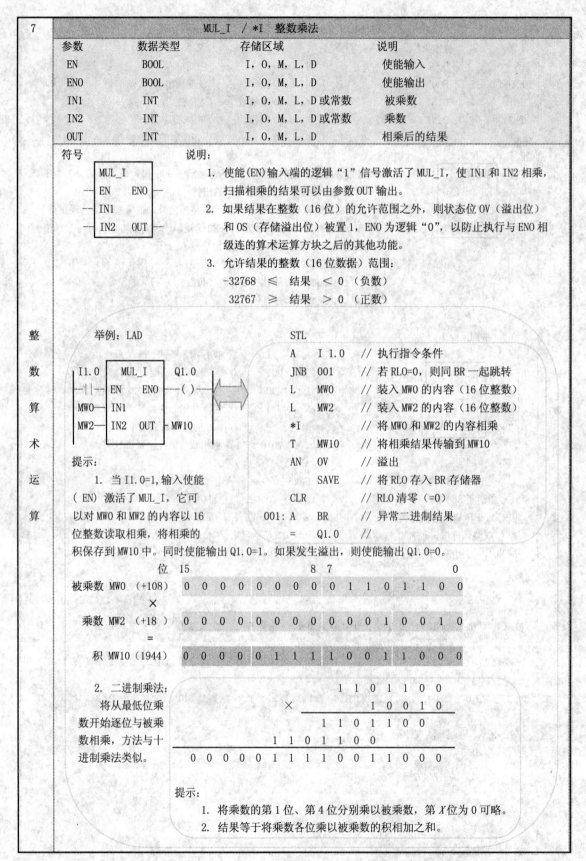

7		MUL_I / *I 整数乘法		
参数	数据类型	存储区域		说明
EN	BOOL	I, 0, M, L, D		使能输入
ENO	BOOL	I, 0, M, L, D		使能输出
IN1	INT	I, 0, M, L, D 或常数		被乘数
IN2	INT	I, 0, M, L, D 或常数		乘数
OUT	INT	I, 0, M, L, D		相乘后的结果

符号

```
MUL_I
— EN    ENO —
— IN1
— IN2   OUT —
```

说明:

1. 使能(EN)输入端的逻辑"1"信号激活了 MUL_I,使 IN1 和 IN2 相乘,扫描相乘的结果可以由参数 OUT 输出。

2. 如果结果在整数(16 位)的允许范围之外,则状态位 OV(溢出位)和 OS(存储溢出位)被置 1,ENO 为逻辑"0",以防止执行与 ENO 相级连的算术运算方块之后的其他功能。

3. 允许结果的整数(16 位数据)范围:

$$-32768 \leqslant \text{结果} < 0 \quad (\text{负数})$$
$$32767 \geqslant \text{结果} > 0 \quad (\text{正数})$$

整数算术运算

举例:LAD

```
I1.0    MUL_I       Q1.0
—| |—  EN    ENO  —( )—
MW0 — IN1
MW2 — IN2  OUT — MW10
```

STL

```
A    I 1.0    // 执行指令条件
JNB  001      // 若 RLO=0,则同 BR 一起跳转
L    MW0      // 装入 MW0 的内容(16 位整数)
L    MW2      // 装入 MW2 的内容(16 位整数)
*I            // 将 MW0 和 MW2 的内容相乘
T    MW10     // 将相乘结果传输到 MW10
AN   OV       // 溢出
SAVE          // 将 RLO 存入 BR 存储器
CLR           // RLO 清零(=0)
001: A   BR   // 异常二进制结果
     =   Q1.0 //
```

提示:

1. 当 I1.0=1,输入使能(EN)激活了 MUL_I,它可以对 MW0 和 MW2 的内容以 16 位整数读取相乘,将相乘的积保存到 MW10 中。同时使能输出 Q1.0=1。如果发生溢出,则使能输出 Q1.0=0。

```
          位  15                8 7                0
被乘数 MW0 (+108)  0 0 0 0 0 0 0 0 0 0 1 1 0 1 1 0 0
                          ×
乘数   MW2 (+18)   0 0 0 0 0 0 0 0 0 0 0 0 1 0 0 1 0
                          =
积     MW10 (1944) 0 0 0 0 0 1 1 1 1 0 0 1 1 0 0 0
```

2. 二进制乘法:将从最低位乘数开始逐位与被乘数相乘,方法与十进制乘法类似。

```
               1 1 0 1 1 0 0
         ×       1 0 0 1 0
             1 1 0 1 1 0 0
         1 1 0 1 1 0 0
     0 0 0 0 0 1 1 1 1 0 0 1 1 0 0 0
```

提示:

1. 将乘数的第 1 位、第 4 位分别乘以被乘数,第 X 位为 0 可略。

2. 结果等于将乘数各位乘以被乘数的积相加之和。

138

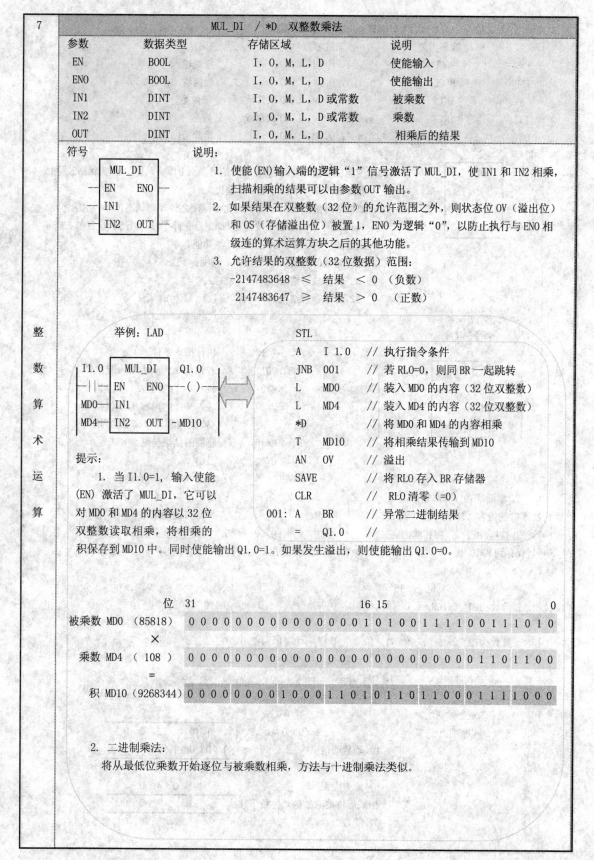

7	MUL_DI / *D 双整数乘法			
参数	数据类型	存储区域	说明	
EN	BOOL	I, O, M, L, D	使能输入	
ENO	BOOL	I, O, M, L, D	使能输出	
IN1	DINT	I, O, M, L, D 或常数	被乘数	
IN2	DINT	I, O, M, L, D 或常数	乘数	
OUT	DINT	I, O, M, L, D	相乘后的结果	

符号

```
   MUL_DI
  EN    ENO
  IN1
  IN2   OUT
```

说明:

1. 使能(EN)输入端的逻辑"1"信号激活了 MUL_DI,使 IN1 和 IN2 相乘,扫描相乘的结果可以由参数 OUT 输出。
2. 如果结果在双整数(32 位)的允许范围之外,则状态位 OV(溢出位)和 OS(存储溢出位)被置 1,ENO 为逻辑"0",以防止执行与 ENO 相级连的算术运算方块之后的其他功能。
3. 允许结果的双整数(32 位数据)范围:
   -2147483648 ≤ 结果 < 0 (负数)
   2147483647 ≥ 结果 > 0 (正数)

整数算术运算

举例:LAD

```
 I1.0   MUL_DI    Q1.0
 ─┤├─  EN    ENO  ─( )─
 MD0─  IN1
 MD4─  IN2   OUT ─ MD10
```

提示:

1. 当 I1.0=1,输入使能(EN)激活了 MUL_DI,它可以对 MD0 和 MD4 的内容以 32 位双整数读取相乘,将相乘的积保存到 MD10 中。同时使能输出 Q1.0=1。如果发生溢出,则使能输出 Q1.0=0。

STL

```
A    I 1.0     // 执行指令条件
JNB  001       // 若 RLO=0,则同 BR 一起跳转
L    MD0       // 装入 MD0 的内容(32 位双整数)
L    MD4       // 装入 MD4 的内容(32 位双整数)
*D             // 将 MD0 和 MD4 的内容相乘
T    MD10      // 将相乘结果传输到 MD10
AN   OV        // 溢出
SAVE           // 将 RLO 存入 BR 存储器
CLR            // RLO 清零(=0)
001: A  BR     // 异常二进制结果
=    Q1.0      //
```

位 31   16 15   0

被乘数 MD0 (85818)   0 0 0 0 0 0 0 0 0 0 0 0 0 0 0 1 0 1 0 0 1 1 1 1 0 0 1 1 1 0 1 0
                    ×
乘数 MD4 (108)   0 0 0 0 0 0 0 0 0 0 0 0 0 0 0 0 0 0 0 0 0 0 0 0 0 1 1 0 1 1 0 0
                    =
积 MD10 (9268344)   0 0 0 0 0 0 0 0 1 0 0 0 1 1 0 1 0 1 1 0 1 1 0 0 0 1 1 1 1 0 0 0

2. 二进制乘法:

将从最低位乘数开始逐位与被乘数相乘,方法与十进制乘法类似。

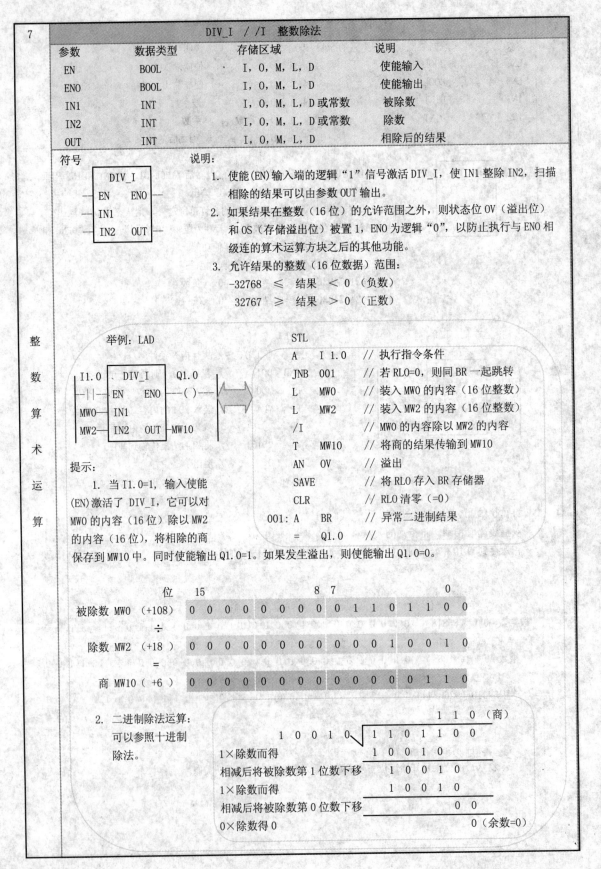

7		DIV_I / /I 整数除法		
参数	数据类型	存储区域	说明	
EN	BOOL	I, O, M, L, D	使能输入	
ENO	BOOL	I, O, M, L, D	使能输出	
IN1	INT	I, O, M, L, D 或常数	被除数	
IN2	INT	I, O, M, L, D 或常数	除数	
OUT	INT	I, O, M, L, D	相除后的结果	

符号

```
     DIV_I
 — EN      ENO —
 — IN1
 — IN2     OUT —
```

说明：

1. 使能(EN)输入端的逻辑"1"信号激活 DIV_I，使 IN1 整除 IN2，扫描相除的结果可以由参数 OUT 输出。

2. 如果结果在整数（16 位）的允许范围之外，则状态位 OV（溢出位）和 OS（存储溢出位）被置 1，ENO 为逻辑"0"，以防止执行与 ENO 相级连的算术运算方块之后的其他功能。

3. 允许结果的整数（16 位数据）范围：

   $-32768 \leq$ 结果 < 0 （负数）

   $32767 \geq$ 结果 > 0 （正数）

整数算术运算

举例：LAD

```
 I1.0      DIV_I        Q1.0
 —||——   EN    ENO    —( )—
 MW0  —  IN1
 MW2  —  IN2    OUT  —MW10
```

STL

```
A    I 1.0   // 执行指令条件
JNB  001     // 若 RLO=0，则同 BR 一起跳转
L    MW0     // 装入 MW0 的内容（16 位整数）
L    MW2     // 装入 MW2 的内容（16 位整数）
/I           // MW0 的内容除以 MW2 的内容
T    MW10    // 将商的结果传输到 MW10
AN   OV      // 溢出
SAVE         // 将 RLO 存入 BR 存储器
CLR          // RLO 清零（=0）
001: A  BR   // 异常二进制结果
=    Q1.0    //
```

提示：

1. 当 I1.0=1，输入使能 (EN)激活了 DIV_I，它可以对 MW0 的内容（16 位）除以 MW2 的内容（16 位），将相除的商保存到 MW10 中。同时使能输出 Q1.0=1。如果发生溢出，则使能输出 Q1.0=0。

```
          位    15              8 7            0
被除数 MW0 （+108）  0 0 0 0 0 0 0 0 0 0 1 1 0 1 1 0 0
          ÷
除数 MW2 （+18 ）   0 0 0 0 0 0 0 0 0 0 0 0 1 0 0 1 0
          =
商 MW10 （ +6 ）   0 0 0 0 0 0 0 0 0 0 0 0 0 0 1 1 0
```

2. 二进制除法运算：可以参照十进制除法。

```
                                      1 1 0 （商）
              1 0 0 1 0 ⌐ 1 1 0 1 1 0 0
1×除数而得                  1 0 0 1 0
相减后将被除数第 1 位数下移    1 0 0 1 0
1×除数而得                  1 0 0 1 0
相减后将被除数第 0 位数下移          0 0
0×除数得 0                          0 （余数=0）
```

140

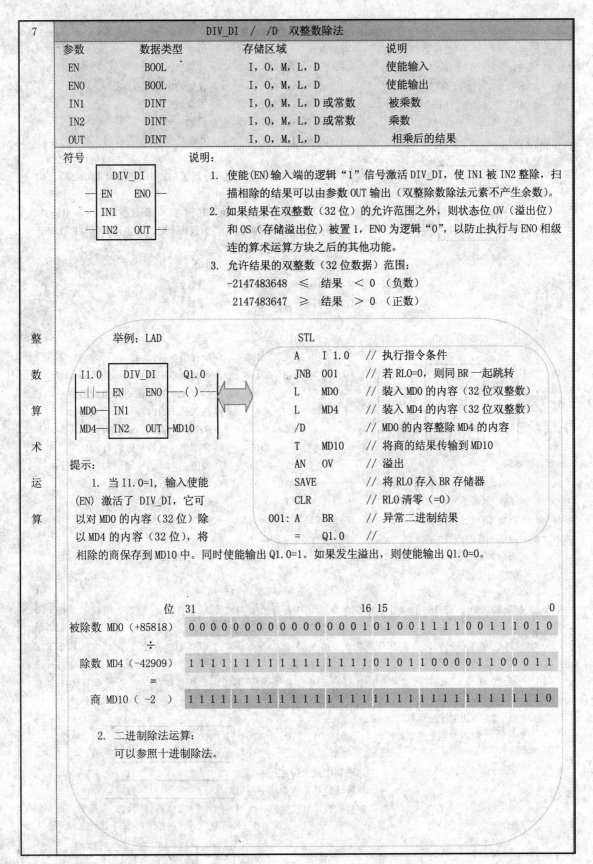

7	DIV_DI / /D 双整数除法			
参数	数据类型	存储区域	说明	
EN	BOOL	I, O, M, L, D	使能输入	
ENO	BOOL	I, O, M, L, D	使能输出	
IN1	DINT	I, O, M, L, D 或常数	被乘数	
IN2	DINT	I, O, M, L, D 或常数	乘数	
OUT	DINT	I, O, M, L, D	相乘后的结果	

符号

```
        DIV_DI
  ─┤ EN      ENO ├─
  ─┤ IN1
  ─┤ IN2     OUT ├─
```

说明:

1. 使能(EN)输入端的逻辑"1"信号激活 DIV_DI,使 IN1 被 IN2 整除,扫描相除的结果可以由参数 OUT 输出(双整除数除法元素不产生余数)。

2. 如果结果在双整数(32 位)的允许范围之外,则状态位 OV(溢出位)和 OS(存储溢出位)被置 1,ENO 为逻辑"0",以防止执行与 ENO 相级连的算术运算方块之后的其他功能。

3. 允许结果的双整数(32 位数据)范围:
   −2147483648 ≤ 结果 < 0 (负数)
   2147483647 ≥ 结果 > 0 (正数)

整数算术运算

举例:LAD

```
  I1.0     DIV_DI    Q1.0
  ─┤├─┤ EN      ENO ├─( )──
  MD0 ─┤ IN1
  MD4 ─┤ IN2     OUT ├─MD10
```

STL

```
      A    I 1.0    // 执行指令条件
      JNB  001      // 若 RLO=0,则同 BR 一起跳转
      L    MD0      // 装入 MD0 的内容(32 位双整数)
      L    MD4      // 装入 MD4 的内容(32 位双整数)
      /D            // MD0 的内容整除 MD4 的内容
      T    MD10     // 将商的结果传输到 MD10
      AN   OV       // 溢出
      SAVE          // 将 RLO 存入 BR 存储器
      CLR           // RLO 清零(=0)
001:  A    BR       // 异常二进制结果
      =    Q1.0     //
```

提示:

1. 当 I1.0=1,输入使能(EN)激活了 DIV_DI,它可以对 MD0 的内容(32 位)除以 MD4 的内容(32 位),将相除的商保存到 MD10 中。同时使能输出 Q1.0=1。如果发生溢出,则使能输出 Q1.0=0。

位 31	16 15	0
被除数 MD0(+85818)	0 0 0 0 0 0 0 0 0 0 0 0 0 0 0 1	0 1 0 0 1 1 1 1 0 0 1 1 1 0 1 0

÷

| 除数 MD4(−42909) | 1 1 1 1 1 1 1 1 1 1 1 1 1 1 0 1 | 0 1 0 1 1 0 0 0 0 1 1 0 0 0 1 1 |

=

| 商 MD10(−2) | 1 1 1 1 1 1 1 1 1 1 1 1 1 1 1 1 | 1 1 1 1 1 1 1 1 1 1 1 1 1 1 1 0 |

2. 二进制除法运算:
   可以参照十进制除法。

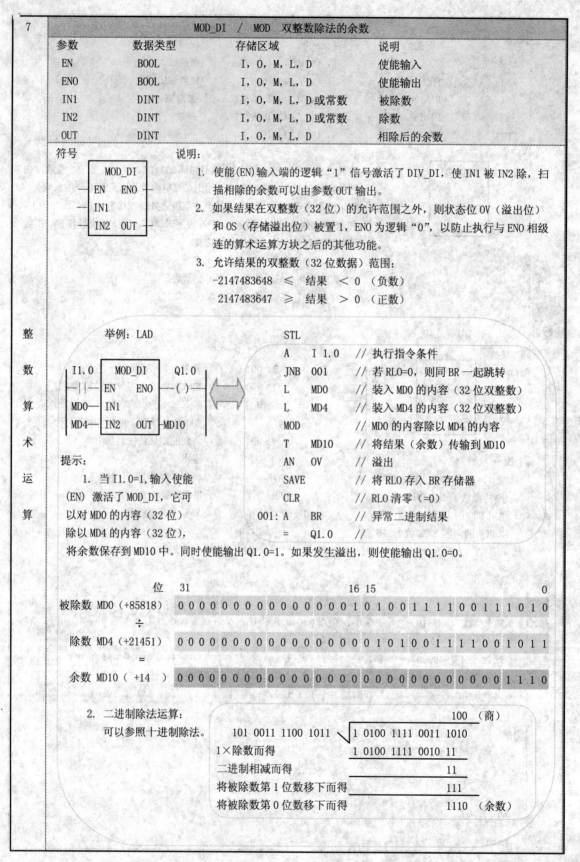

7	MOD_DI / MOD 双整数除法的余数			
参数	数据类型	存储区域		说明
EN	BOOL	I, O, M, L, D		使能输入
ENO	BOOL	I, O, M, L, D		使能输出
IN1	DINT	I, O, M, L, D 或常数		被除数
IN2	DINT	I, O, M, L, D 或常数		除数
OUT	DINT	I, O, M, L, D		相除后的余数

符号   说明:

```
    MOD_DI
 ─ EN    ENO ─
 ─ IN1
 ─ IN2   OUT ─
```

1. 使能(EN)输入端的逻辑"1"信号激活了 DIV_DI, 使 IN1 被 IN2 除, 扫描相除的余数可以由参数 OUT 输出。

2. 如果结果在双整数（32位）的允许范围之外, 则状态位 OV（溢出位）和 OS（存储溢出位）被置1, ENO 为逻辑"0", 以防止执行与 ENO 相级连的算术运算方块之后的其他功能。

3. 允许结果的双整数（32位数据）范围:

   −2147483648 ≤ 结果 < 0 （负数）

   2147483647 ≥ 结果 > 0 （正数）

整 数 算 术 运 算

举例: LAD

```
 I1.0    MOD_DI    Q1.0
 ─┤├─  EN    ENO ─( )─
 MD0 ─ IN1
 MD4 ─ IN2  OUT ─MD10
```

STL

A	I 1.0	// 执行指令条件
JNB	001	// 若 RLO=0, 则同 BR 一起跳转
L	MD0	// 装入 MD0 的内容（32位双整数）
L	MD4	// 装入 MD4 的内容（32位双整数）
MOD		// MD0 的内容除以 MD4 的内容
T	MD10	// 将结果（余数）传输到 MD10
AN	OV	// 溢出
SAVE		// 将 RLO 存入 BR 存储器
CLR		// RLO 清零（=0）
001: A	BR	// 异常二进制结果
=	Q1.0	//

提示:

1. 当 I1.0=1, 输入使能(EN) 激活了 MOD_DI, 它可以对 MD0 的内容（32位）除以 MD4 的内容（32位）, 将余数保存到 MD10 中。同时使能输出 Q1.0=1。如果发生溢出, 则使能输出 Q1.0=0。

```
                位  31                    16 15                    0
被除数 MD0（+85818） 0000000000000001010011110011 1010
              ÷
除数 MD4（+21451）  0000000000000000101001111001 1011
              =
余数 MD10（ +14 ）  0000000000000000000000000000 1110
```

2. 二进制除法运算:
   可以参照十进制除法。

```
                                                    100 （商）
        101 0011 1100 1011 ╲ 1 0100 1111 0011 1010
        1×除数而得              1 0100 1111 0010 11
        二进制相减而得                          11
        将被除数第 1 位数移下而得               111
        将被除数第 0 位数移下而得              1110 （余数）
```

142

7	/ + 加一个常数（16位，32位）		
	地址	数据类型	说明
	〈整数常数〉	16位或32位常数	要加的常数

格式

    + 〈整数常数〉

说明：

1. 使用指令（+〈整数常数〉）可以对累加器1中内容加上一个整数常数，将结果保存在累加器1中。指令执行与状态字位无关，且对状态字位没有影响。

2. 对于具有两个累加器的CPU，累加器2的内容保持不变。

3. 对于具有四个累加器的CPU，将累加器3的内容复制到累加器2中，将累加器4的内容复制到累加器3中，而累加器4的内容保持不变。

4. +〈16位整数常数〉：对累加器1低字中的内容加一个16位整数常数，并将结果保存到累加器1低字中。

   +〈32位整数常数〉：对累加器1中的内容加一个32位整数常数，并将结果保存到累加器1中。

5. 16位整数常数范围： -32768 ～ +32767

   32位整数常数范围： -2147483648 ～ +2147483647

举例：   STL

L	MD0	// 将MD0的内容（32位双整数）装入累加器(ACCU)1
L	MD4	// 将ACCU1内容装入ACCU2，然后将MD4的内容装入ACCU1
+D		// 将ACCU1的内容和ACCU2的内容相加，结果保存到ACCU1中
+	85818	// 对ACCU1中内容加上常数"85818"，并将结果再保存到 ACCU1中
T	MD10	// 将ACCU1的内容传输到MD10中

提示： 结果=【（MD0+MD4）+ 85818】

L	MD0	// 将MD0的内容装入ACCU1
L	MD4	// 将ACCU1内容装入ACCU2，然后将MD4的内容装入ACCU1
+	85818	// 将ACCU1的内容和常数相加，结果保存到ACCU1中
T	MD10	// 将ACCU1的内容传输到MD10中

提示： 结果= MD4 + 85818 （MD0的内容实际上没有参与相加，可以略）。

L	MD0	// 将MD0的内容装入ACCU1
L	MD4	// 将ACCU1内容装入ACCU2，然后将MD4的内容装入ACCU1
+	85818	// 将ACCU1的内容和常数相加，结果保存到ACCU1中
>D		// 比较ACCU2的内容（MD0的内容）是否大于ACCU1的内容 （MD4的内容+85818）
JC	CAS1	// 如果比较结果为真，则跳转到跳转标号 CAS1

提示： 判断如果MD0的内容大于（存储双字MD4 + 85818），则跳转。

整
数
算
术
运
算

ADD_R / +R 实数加法（基本指令）			
参数	数据类型	存储区域	说明
EN	BOOL	I, O, M, L, D	使能输入
ENO	BOOL	I, O, M, L, D	使能输出
IN1	REAL	I, O, M, L, D 或常数	相加的第一个值
IN2	REAL	I, O, M, L, D 或常数	相加的第二个值
OUT	REAL	I, O, M, L, D	相加的结果

符号

```
     ADD_R
 ─│ EN    ENO │─
 ─│ IN1        │
 ─│ IN2    OUT │─
```

说明：

1. 使能(EN)输入端的逻辑"1"信号激活 ADD_R，使 IN1 和 IN2 相加，扫描相加的结果可以由参数 OUT 输出。
2. 如果结果在浮点数（32 位）的允许范围之外，则状态位 OV（溢出位）和 OS（存储溢出位）被置 1，ENO 为逻辑"0"，以防止执行与 ENO 相级连的算术运算方块之后的其他功能。
3. 运算结果对状态字中位的影响如下：

有效的结果范围	CC 1	CC 0	OV	OS
+0, −0（零）	0	0	0	*
-3.402823E+38 < 结果 < -1.175494E-38（负数）	0	1	0	*
+1.175494E-38 < 结果 < 3.402824E+38（正数）	1	0	0	*

注：*表示 OS 位不受指令结果的影响

无效的结果范围	CC 1	CC 0	OV	OS	备注
-1.175494E-38 < 结果 < -1.401298E-45（负数）	0	0	1	1	下溢
+1.401298E-45 < 结果 < +1.175494E-38（正数）	0	0	1	1	下溢
结果 < -3.402823E+38（负数）	0	1	1	1	上溢
结果 > 3.402823E+38（正数）	1	0	1	1	上溢
非有效浮点数或非法指令（输入值超出有效范围）	1	1	1	1	

举例： LAD

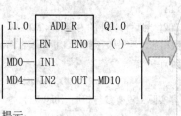

```
 I1.0    ADD_R      Q1.0
 ─│ │─┤EN    ENO├─( )─
 MD0 ─┤IN1       │
 MD4 ─┤IN2   OUT├─MD10
```

提示：

当 I1.0=1，输入使能 (EN) 激活了 ADD_R，它可以对 MD0 和 MD4 的内容以 32 位浮点数读取相加，将相加的结果保存到 MD10 中。同时使能输出 Q1.0=1。如果发生溢出，则使能输出 Q1.0=0。

STL

A	I 1.0	// 执行指令条件
JNB	001	// 若 RLO=0，则同 BR 一起跳转
L	MD0	// 将 MD0 的内容装入累加器 1 中
L	MD4	// 将累加器 1 中的内容装入累加器 2 中，将 MD4 的内容装入累加器 1 中
+R		// 将累加器 2 的内容和累加器 1 的内容相加，相加的结果保存到累加器 1 中
T	MD10	// 将累加器 1 的内容（结果）传输到 MD10
AN	OV	// 溢出
SAVE		// 将 RLO 存入 BR 存储器
CLR		// RLO 清零（=0）
001: A	BR	// 异常二进制结果
=	Q1.0	//

浮 点 数 算 术 运 算

8	SUB_R / -R 实数减法（基本指令）			
参数	数据类型	存储区域		说明
EN	BOOL	I, 0, M, L, D		使能输入
ENO	BOOL	I, 0, M, L, D		使能输出
IN1	REAL	I, 0, M, L, D 或常数		被减数
IN2	REAL	I, 0, M, L, D 或常数		减数
OUT	REAL	I, 0, M, L, D		相减的结果

浮
点
数
算
术
运
算

符号

```
      SUB_R
 — EN      ENO —
 — IN1
 — IN2     OUT —
```

说明：

1. 使能(EN)输入端的逻辑"1"信号激活 ADD_R，使 IN1 减 IN2，扫描相减的结果可以由参数 OUT 输出。

2. 如果结果在浮点数（32 位）的允许范围之外，则状态位 OV（溢出位）和 OS（存储溢出位）被置 1，ENO 为逻辑"0"，以防止执行与 ENO 相级连的算术运算方块之后的其他功能。

3. 运算结果对状态字中位的影响如下：

有效的结果范围	CC 1	CC 0	OV	OS
+0，－0（零）	0	0	0	*
－3.402823E+38 ＜ 结果 ＜ －1.175494E-38（负数）	0	1	0	*
+1.175494E-38 ＜ 结果 ＜ 3.402824E+38（正数）	1	0	0	*

注：*表示 OS 位不受指令结果的影响

无效的结果范围	CC 1	CC 0	OV	OS	备注
－1.175494E-38 ＜ 结果 ＜ －1.401298E-45（负数）	0	0	1	1	下溢
+1.401298E-45 ＜ 结果 ＜ +1.175494E-38（正数）	0	0	1	1	下溢
结果 ＜ －3.402823E+38（负数）	0	1	1	1	上溢
结果 ＞ 3.402823E+38（正数）	1	0	1	1	上溢
非有效浮点数或非法指令（输入值超出有效范围）	1	1	1	1	

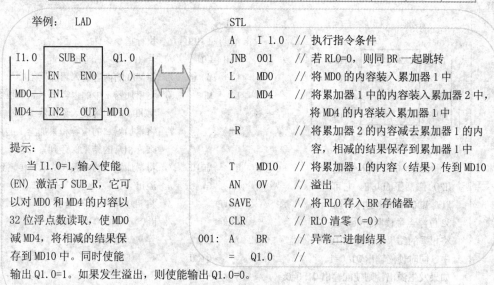

举例：LAD

```
 I1.0    SUB_R      Q1.0
 —| |—  EN    ENO — ( ) —
 MD0 —  IN1
 MD4 —  IN2    OUT — MD10
```

提示：

当 I1.0=1，输入使能 (EN) 激活了 SUB_R，它可以对 MD0 和 MD4 的内容以 32 位浮点数读取，使 MD0 减 MD4，将相减的结果保存到 MD10 中。同时使能输出 Q1.0=1。如果发生溢出，则使能输出 Q1.0=0。

STL

```
      A    I 1.0  // 执行指令条件
      JNB  001    // 若 RL0=0，则同 BR 一起跳转
      L    MD0    // 将 MD0 的内容装入累加器 1 中
      L    MD4    // 将累加器 1 中的内容装入累加器 2 中，
                  //  将 MD4 的内容装入累加器 1 中
      -R          // 将累加器 2 的内容减去累加器 1 的内
                  //  容，相减的结果保存到累加器 1 中
      T    MD10   // 将累加器 1 的内容（结果）传到 MD10
      AN   OV     // 溢出
      SAVE        // 将 RL0 存入 BR 存储器
      CLR         // RL0 清零（=0）
 001: A    BR     // 异常二进制结果
      =    Q1.0   //
```

MUL_R / *R 实数乘法（基本指令）			

参数	数据类型	存储区域	说明
EN	BOOL	I, O, M, L, D	使能输入
ENO	BOOL	I, O, M, L, D	使能输出
IN1	REAL	I, O, M, L, D 或常数	被乘数
IN2	REAL	I, O, M, L, D 或常数	乘数
OUT	REAL	I, O, M, L, D	相乘的结果

符号

说明：

1. 使能(EN)输入端的逻辑"1"信号激活 ADD_R，使 IN1 和 IN2 相乘，扫描相乘的结果可以由参数 OUT 输出。

2. 如果结果在浮点数（32 位）的允许范围之外，则状态位 OV（溢出位）和 OS（存储溢出位）被置 1，ENO 为逻辑"0"，以防止执行与 ENO 相级连的算术运算方块之后的其他功能。

3. 运算结果对状态字中位的影响如下：

有效的结果范围	CC 1	CC 0	OV	OS
+0, -0（零）	0	0	0	*
-3.402823E+38 < 结果 < -1.175494E-38（负数）	0	1	0	*
+1.175494E-38 < 结果 < 3.402824E+38（正数）	1	0	0	*

注：*表示 OS 位不受指令结果的影响

无效的结果范围	CC 1	CC 0	OV	OS	备注
-1.175494E-38 < 结果 < -1.401298E-45（负数）	0	0	1	1	下溢
+1.401298E-45 < 结果 < +1.175494E-38（正数）	0	0	1	1	下溢
结果 < -3.402823E+38（负数）	0	1	1	1	上溢
结果 > 3.402823E+38（正数）	1	0	1	1	上溢
非有效浮点数或非法指令（输入值超出有效范围）	1	1	1	1	

举例： LAD

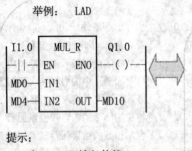

STL

```
A    I 1.0    // 执行指令条件
JNB  001      // 若 RLO=0，则同 BR 一起跳转
L    MD0      // 将 MD0 的内容装入累加器 1 中
L    MD4      // 将累加器 1 中的内容装入累加器 2 中，
             //  将 MD4 的内容装入累加器 1 中
*R           // 将累加器 2 的内容和累加器 1 的内容相
             //  乘，相乘的结果保存到累加器 1 中
T    MD10     // 将累加器 1 的内容（结果）传输到 MD10
AN   OV       // 溢出
SAVE          // 将 RLO 存入 BR 存储器
CLR           // RLO 清零（=0）
001: A    BR  // 异常二进制结果
     =    Q1.0 //
```

提示：

当 I1.0=1，输入使能（EN）激活了 ADD_R，它可以对 MD0 和 MD4 的内容以 32 位浮点数读取相乘，将相乘的结果保存到 MD10 中。同时使能输出 Q1.0=1。如果发生溢出，则使能输出 Q1.0=0。

浮 点 数 算 术 运 算

8	DIV_R / /R 实数除法（基本指令）			
参数	数据类型	存储区域		说明
EN	BOOL	I, O, M, L, D		使能输入
ENO	BOOL	I, O, M, L, D		使能输出
IN1	REAL	I, O, M, L, D 或常数		被除数
IN2	REAL	I, O, M, L, D 或常数		除数
OUT	REAL	I, O, M, L, D		相除的结果

符号

```
      DIV_R
 ┤ EN      ENO ├
 ┤ IN1
 ┤ IN2     OUT ├
```

说明：

1. 使能（EN）输入端的逻辑"1"信号激活 ADD_R，使 IN1 和 IN2 相除，扫描相除的结果可以由参数 OUT 输出。

2. 如果结果在浮点数（32 位）的允许范围之外，则状态位 OV（溢出位）和 OS（存储溢出位）被置 1，ENO 为逻辑"0"，以防止执行与 ENO 相级连的算术运算方块之后的其他功能。

3. 运算结果对状态字中位的影响如下：

有效的结果范围	CC 1	CC 0	OV	OS
+0，-0（零）	0	0	0	*
-3.402823E+38 < 结果 < -1.175494E-38（负数）	0	1	0	*
+1.175494E-38 < 结果 < 3.402824E+38（正数）	1	0	0	*

注：*表示 OS 位不受指令结果的影响

无效的结果范围	CC 1	CC 0	OV	OS	备注
-1.175494E-38 < 结果 < -1.401298E-45（负数）	0	0	1	1	下溢
+1.401298E-45 < 结果 < +1.175494E-38（正数）	0	0	1	1	下溢
结果 < -3.402823E+38（负数）	0	1	1	1	上溢
结果 > 3.402823E+38（正数）	1	0	1	1	上溢
非有效浮点数或非法指令（输入值超出有效范围）	1	1	1	1	

浮
点
数
算
术
运
算

举例： LAD

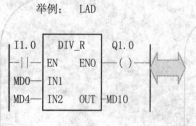

STL

A	I 1.0	// 执行指令条件
JNB	001	// 若 RLO=0，则同 BR 一起跳转
L	MD0	// 将 MD0 的内容装入累加器 1 中
L	MD4	// 将累加器 1 中的内容装入累加器 2 中，将 MD4 的内容装入累加器 1 中
/R		// 将累加器 2 的内容和累加器 1 的内容相除，相除的结果保存到累加器 1 中
T	MD10	// 将累加器 1 的内容（结果）传输到 MD10
AN	OV	// 溢出
SAVE		// 将 RLO 存入 BR 存储器
CLR		// RLO 清零（=0）
001: A	BR	// 异常二进制结果
=	Q1.0	//

提示：

当 I1.0=1，输入使能（EN）激活了 ADD_R，它可以对 MD0 和 MD4 的内容以 32 位浮点数读取相除，将相除的结果保存到 MD10 中。同时使能输出 Q1.0=1。如果发生溢出，则使能输出 Q1.0=0。

ABS / ABS 浮点数绝对值运算（基本指令）			
参数	数据类型	存储区域	说明
EN	BOOL	I, O, M, L, D	使能输入
ENO	BOOL	I, O, M, L, D	使能输出
IN1	REAL	I, O, M, L, D 或常数	输入值：浮点数
OUT	REAL	I, O, M, L, D	输出值：浮点数的绝对值

符号

```
      ABS
 — EN    ENO —
 — IN    OUT —
```

说明：

1. 使能(EN)输入端的逻辑"1"信号激活 ABS，则对 IN（32 位浮点数）求绝对值，扫描的结果可以由参数 OUT 输出。
2. ABS 指令执行与状态位无关，对状态位也无影响。

浮
点
数
算
术
运
算

举例：   LAD

```
 I1.0      ABS      Q1.0
 —| |—  EN    ENO  —( )—
 MD0 —  IN    OUT  —MD10
```

提示：

当 I1.0=1, 输入使能(EN)激活了 ABS，它可以对 MD0 的内容（32 位浮点数）取绝对值，将求得的结果保存到 MD10 中，同时使能输出。

STL

```
        A    I 1.0      // 执行指令条件
        JNB  001        // 若 RLO=0，则同 BR 一起跳转
        L    MD0        // 将 MD0 的内容装入累加器 1 中
        ABS             // 求绝对值，将结果保存到累加器 1 中
        T    MD10       // 将累加器 1 的内容（结果）传到 MD10
        SET             // RLO 置位
        SAVE            // 将 RLO 存入 BR 存储器
        CLR             // RLO 清零（=0）
001:    A    BR         // 异常二进制结果
        =    Q1.0       //
```

	SQR ／ SQR 浮点数平方运算（扩展指令）		
参数	数据类型	存储区域	说明
EN	BOOL	I, O, M, L, D	使能输入
ENO	BOOL	I, O, M, L, D	使能输出
IN	REAL	I, O, M, L, D 或常数	输入值：浮点数
OUT	REAL	I, O, M, L, D	输出值：浮点数的平方

符号

```
      SQR
 —| EN      ENO |—
 —| IN      OUT |—
```

说明：

1. 使能(EN)输入端的逻辑"1"信号激活 SQR，则对 IN（32 位浮点数）求平方，扫描的结果可以由参数 OUT 输出。

2. 如果结果在浮点数（32 位）的允许范围之外，则状态位 OV（溢出位）和 OS（存储溢出位）被置 1，ENO 为逻辑"0"，以防止执行与 ENO 相级连的算术运算方块之后的其他功能。

3. 运算结果对状态字中位的影响如下：

有效的结果范围	CC 1	CC 0	OV	OS
+0，－0（零）	0	0	0	*
－3.402823E+38 ＜ 结果 ＜ －1.175494E-38（负数）	0	1	0	*
+1.175494E-38 ＜ 结果 ＜ 3.402824E+38（正数）	1	0	0	*

注：*表示 OS 位不受指令结果的影响

无效的结果范围	CC 1	CC 0	OV	OS	备注
+1.401298E-45 ＜ 结果 ＜ +1.175494E-38（正数）	0	0	1	1	下溢
结果 ＞ 3.402823E+38（正数）	1	0	1	1	上溢
非有效浮点数或非法指令（输入值超出有效范围）	1	1	1	1	

浮
点
数
算
术
运
算

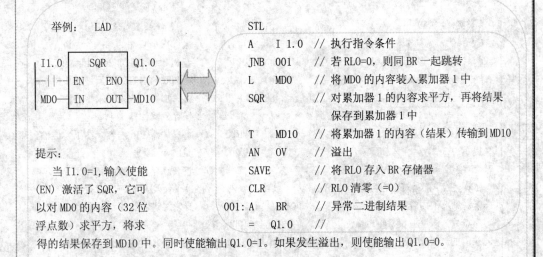

举例： LAD

```
 I1.0      SQR      Q1.0
 —| |—| EN      ENO |—( )—
 MD0 —| IN      OUT |— MD10
```

提示：

当 I1.0=1，输入使能 (EN) 激活了 SQR，它可以对 MD0 的内容（32 位浮点数）求平方，将求得的结果保存到 MD10 中。同时使能输出 Q1.0=1。如果发生溢出，则使能输出 Q1.0=0。

STL

```
    A    I 1.0    // 执行指令条件
    JNB  001      // 若 RLO=0，则同 BR 一起跳转
    L    MD0      // 将 MD0 的内容装入累加器 1 中
    SQR           // 对累加器 1 的内容求平方，再将结果
                  // 保存到累加器 1 中
    T    MD10     // 将累加器 1 的内容（结果）传输到 MD10
    AN   OV       // 溢出
    SAVE          // 将 RLO 存入 BR 存储器
    CLR           // RLO 清零（=0）
001:A    BR       // 异常二进制结果
    =    Q1.0     //
```

SQRT / SQRT 浮点数平方根运算（扩展指令）

参数	数据类型	存储区域	说明
EN	BOOL	I, O, M, L, D	使能输入
ENO	BOOL	I, O, M, L, D	使能输出
IN	REAL	I, O, M, L, D 或常数	输入值：浮点数
OUT	REAL	I, O, M, L, D	输出值：浮点数的平方根

符号

```
        SQRT
 ──  EN      ENO  ──
 ──  IN      OUT  ──
```

说明：

1. 使能(EN)输入端的逻辑"1"信号激活 SQRT，则对 IN（32 位浮点数）求平方根，扫描的结果可以由参数 OUT 输出。

2. 如果结果在浮点数（32 位）的允许范围之外，则状态位 OV（溢出位）和 OS（存储溢出位）被置 1，ENO 为逻辑"0"，以防止执行与 ENO 相级连的算术运算方块之后的其他功能。

3. 运算结果对状态字中位的影响如下：

有效的结果范围	CC 1	CC 0	OV	OS
+0，-0（零）	0	0	0	*
-3.402823E+38 ＜ 结果 ＜ -1.175494E-38（负数）	0	1	0	*
+1.175494E-38 ＜ 结果 ＜ 3.402824E+38（正数）	1	0	0	*

注：*表示 OS 位不受指令结果的影响

无效的结果范围	CC 1	CC 0	OV	OS	备注
+1.401298E-45 ＜ 结果 ＜ +1.175494E-38（正数）	0	0	1	1	下溢
结果 ＞ 3.402823E+38（正数）	1	0	1	1	上溢
非有效浮点数或非法指令（输入值超出有效范围）	1	1	1	1	

浮 点 数 算 术 运 算

举例： LAD

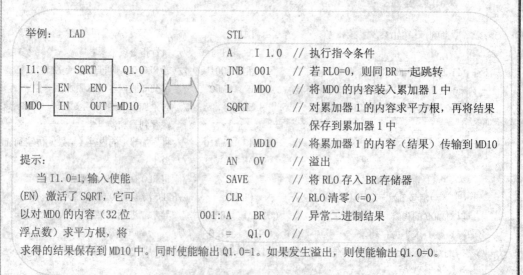

```
 I1.0      SQRT      Q1.0
──┤├──  EN      ENO  ──( )──
 MD0 ── IN      OUT ── MD10
```

STL

```
A    I 1.0   // 执行指令条件
JNB  001     // 若 RLO=0，则同 BR 一起跳转
L    MD0     // 将 MD0 的内容装入累加器 1 中
SQRT         // 对累加器 1 的内容求平方根，再将结果
             //   保存到累加器 1 中
T    MD10    // 将累加器 1 的内容（结果）传输到 MD10
AN   OV      // 溢出
SAVE         // 将 RLO 存入 BR 存储器
CLR          // RLO 清零（=0）
001: A  BR   // 异常二进制结果
=    Q1.0    //
```

提示：

当 I1.0=1，输入使能 (EN) 激活了 SQRT，它可以对 MD0 的内容（32 位浮点数）求平方根，将求得的结果保存到 MD10 中。同时使能输出 Q1.0=1。如果发生溢出，则使能输出 Q1.0=0。

注意：

输入值必须大于或等于"0"，结果为正值。"-0"的平方根为"-0"例外。

EXP / EXP 浮点数指数运算（扩展指令）			
参数	数据类型	存储区域	说明
EN	BOOL	I，0，M，L，D	使能输入
ENO	BOOL	I，0，M，L，D	使能输出
IN	REAL	I，0，M，L，D 或常数	输入值：浮点数
OUT	REAL	I，0，M，L，D	输出值：浮点数的指数

符号

```
      EXP
 — EN    ENO —
 — IN    OUT —
```

说明：

1. 使能（EN）输入端的逻辑"1"信号激活 EXP，则可完成一个 32 位浮点数（基于 $e=2.71828...$）的指数运算，扫描结果可由参数 OUT 输出。

2. 如果结果在浮点数（32 位）的允许范围之外，则状态位 OV（溢出位）和 OS（存储溢出位）被置 1，ENO 为逻辑"0"，以防止执行与 ENO 相级连的算术运算方块之后的其他功能。

3. 运算结果对状态字中位的影响如下：

有效的结果范围	CC 1	CC 0	OV	OS
+0，-0（零）	0	0	0	*
-3.402823E+38 ＜ 结果 ＜ -1.175494E-38（负数）	0	1	0	*
+1.175494E-38 ＜ 结果 ＜ 3.402824E+38（正数）	1	0	0	*

注：*表示 OS 位不受指令结果的影响

无效的结果范围	CC 1	CC 0	OV	OS	备注
+1.401298E-45 ＜ 结果 ＜ +1.175494E-38（正数）	0	0	1	1	下溢
结果 ＞ 3.402823E+38（正数）	1	0	1	1	上溢
非有效浮点数或非法指令（输入值超出有效范围）	1	1	1	1	

举例：LAD

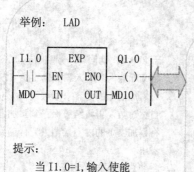

```
 I1.0    EXP     Q1.0
—| |—  EN   ENO —( )—
 MD0 — IN   OUT —MD10
```

STL

A	I 1.0	// 执行指令条件
JNB	001	// 若 RLO=0，则同 BR 一起跳转
L	MD0	// 将 MD0 的内容装入累加器 1 中
EXP		// 对累加器 1 的内容求指数，再将结果保存到累加器 1 中
T	MD10	// 将累加器 1 的内容（结果）传输到 MD10
AN	OV	// 溢出
SAVE		// 将 RLO 存入 BR 存储器
	CLR	// RLO 清零（=0）
001: A	BR	// 异常二进制结果
=	Q1.0	//

提示：

当 I1.0=1，输入使能（EN）激活了 EXP，它可以对 MD0 的内容（32 位浮点数）求指数，将求得的结果保存到 MD10 中。同时使能输出 Q1.0=1。如果发生溢出，则使能输出 Q1.0=0。

浮点数算术运算

8	LN / LN 浮点数自然对数运算（扩展指令）			
参数	数据类型	存储区域		说明
EN	BOOL	I, O, M, L, D		使能输入
ENO	BOOL	I, O, M, L, D		使能输出
IN	REAL	I, O, M, L, D 或常数		输入值：浮点数
OUT	REAL	I, O, M, L, D		输出值：浮点数的自然对数

符号

```
      LN
 — EN      ENO —
 — IN      OUT —
```

说明：

1. 使能(EN)输入端的逻辑"1"信号激活 LN，则对 IN（32 位浮点数）求指数，扫描减的结果可以由参数 OUT 输出。

2. 如果结果在浮点数（32 位）的允许范围之外，则状态位 OV（溢出位）和 OS（存储溢出位）被置 1，ENO 为逻辑"0"，以防止执行与 ENO 相级连的算术运算方块之后的其他功能。

3. 运算结果对状态字中位的影响如下：

有效的结果范围	CC 1	CC 0	OV	OS
+0，-0（零）	0	0	0	*
-3.402823E+38 ＜ 结果 ＜ -1.175494E-38（负数）	0	1	0	*
+1.175494E-38 ＜ 结果 ＜ 3.402824E+38（正数）	1	0	0	*
注：*表示 OS 位不受指令结果的影响				

无效的结果范围	CC 1	CC 0	OV	OS	备注
-1.175494E-38 ＜ 结果 ＜ -1.401298E-45（负数）	0	0	1	1	下溢
+1.401298E-45 ＜ 结果 ＜ +1.175494E-38（正数）	0	0	1	1	下溢
结果 ＜ -3.402823E+38（负数）	0	1	1	1	上溢
结果 ＞ 3.402823E+38（正数）	1	0	1	1	上溢
非有效浮点数或非法指令（输入值超出有效范围）	1	1	1	1	

浮点数算术运算

举例： LAD

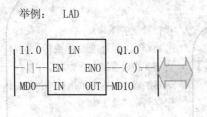

```
 I1.0    LN       Q1.0
 —| |—  EN    ENO —( )—
 MD0 — IN    OUT — MD10
```

STL

A	I1.0	// 执行指令条件
JNB	001	// 若 RLO=0，则同 BR 一起跳转
L	MD0	// 将 MD0 的内容装入累加器 1 中
LN		// 对累加器 1 的内容求浮点数（32 位）的自然对数，再将结果保存到累加器 1 中
T	MD10	// 将累加器 1 的内容（结果）传输到 MD10
AN	OV	// 溢出
SAVE		// 将 RLO 存入 BR 存储器
CLR		// RLO 清零（=0）
001: A	BR	// 异常二进制结果
=	Q1.0	//

提示：

1. 当 I1.0=1，输入使能（EN）激活了 LN，它可以对 MD0 的内容（32 位浮点数）求自然对数，将求得的结果保存到 MD10 中。同时使能输出 Q1.0=1。如果发生溢出，则使能输出 Q1.0=0。

2. 输入值必须大于"0"，且必须是浮点数。

8	SIN / SIN 浮点数正弦运算（扩展指令）			
参数	数据类型	存储区域		说明
EN	BOOL	I, 0, M, L, D		使能输入
ENO	BOOL	I, 0, M, L, D		使能输出
IN	REAL	I, 0, M, L, D 或常数		输入值：浮点数
OUT	REAL	I, 0, M, L, D		输出值：浮点数的正弦值

浮点数算术运算

符号

```
      SIN
─| EN      ENO |─
─| IN2     OUT |─
```

说明：

1. 使能(EN)输入端的逻辑"1"信号激活 SIN，可以完成一个浮点数（一个以弧度表示的角度）的正弦运算，运算结果可以由参数 OUT 输出。

2. 如果结果在浮点数（32 位）的允许范围之外，则状态位 OV（溢出位）和 OS（存储溢出位）被置 1，ENO 为逻辑"0"，以防止执行与 ENO 相级连的算术运算方块之后的其他功能。

3. 运算结果对状态字中位的影响如下：

有效的结果范围	CC 1	CC 0	OV	OS
+0, -0（零）	0	0	0	*
-3.402823E+38 < 结果 < -1.175494E-38（负数）	0	1	0	*
+1.175494E-38 < 结果 < 3.402824E+38（正数）	1	0	0	*

注：*表示 OS 位不受指令结果的影响

无效的结果范围	CC 1	CC 0	OV	OS	备注
-1.175494E-38 < 结果 < -1.401298E-45（负数）	0	0	1	1	下溢
+1.401298E-45 < 结果 < +1.175494E-38（正数）	0	0	1	1	溢出
非有效浮点数或非法指令（输入值超出有效范围）	1	1	1	1	

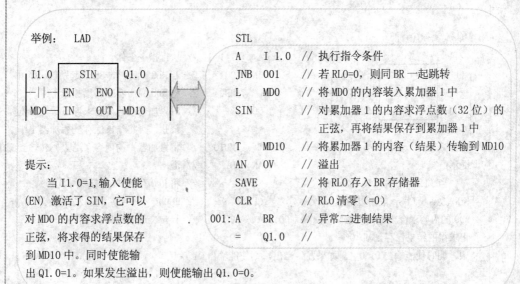

举例： LAD

```
  I1.0    SIN     Q1.0
──┤├──┤EN      ENO├──( )──
  MD0───┤IN     OUT├─MD10
```

提示：

当 I1.0=1，输入使能 (EN) 激活了 SIN，它可以对 MD0 的内容求浮点数的正弦，将求得的结果保存到 MD10 中。同时使能输出 Q1.0=1。如果发生溢出，则使能输出 Q1.0=0。

STL

```
A    I1.0   // 执行指令条件
JNB  001    // 若 RL0=0，则同 BR 一起跳转
L    MD0    // 将 MD0 的内容装入累加器 1 中
SIN         // 对累加器 1 的内容求浮点数（32 位）的
               正弦，再将结果保存到累加器 1 中
T    MD10   // 将累加器 1 的内容（结果）传输到 MD10
AN   OV     // 溢出
SAVE        // 将 RL0 存入 BR 存储器
CLR         // RL0 清零（=0）
001: A  BR  // 异常二进制结果
     =  Q1.0  //
```

8	COS / COS 浮点数余弦运算（扩展指令）			
参数	数据类型	存储区域	说明	
EN	BOOL	I, O, M, L, D	使能输入	
ENO	BOOL	I, O, M, L, D	使能输出	
IN	REAL	I, O, M, L, D 或常数	输入值：浮点数	
OUT	REAL	I, O, M, L, D	输出值：浮点数的余弦值	

符号

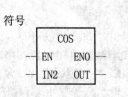

说明：

1. 使能(EN)输入端的逻辑"1"信号激活 COS，可以完成一个浮点数（一个以弧度表示的角度）的余弦运算，运算结果可以由参数 OUT 输出。

2. 如果结果在浮点数（32 位）的允许范围之外，则状态位 OV（溢出位）和 OS（存储溢出位）被置 1，ENO 为逻辑"0"，以防止执行与 ENO 相级连的算术运算方块之后的其他功能。

3. 运算结果对状态字中位的影响如下：

有效的结果范围	CC 1	CC 0	OV	OS
+0, -0（零）	0	0	0	*
-3.402823E+38 < 结果 < -1.175494E-38（负数）	0	1	0	*
+1.175494E-38 < 结果 < 3.402824E+38（正数）	1	0	0	*

注：*表示 OS 位不受指令结果的影响

无效的结果范围	CC 1	CC 0	OV	OS	备注
-1.175494E-38 < 结果 < -1.401298E-45（负数）	0	0	1	1	下溢
+1.401298E-45 < 结果 < +1.175494E-38（正数）	0	0	1	1	溢出
非有效浮点数或非法指令（输入值超出有效范围）	1	1	1	1	

浮 点 数 算 术 运 算

举例： LAD

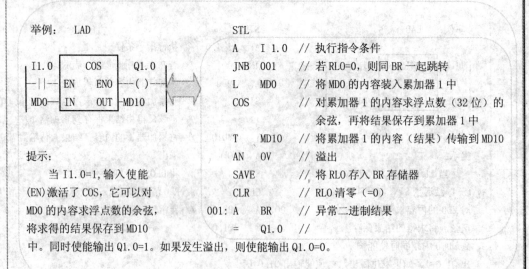

STL

```
A    I 1.0   // 执行指令条件
JNB  001     // 若 RLO=0，则同 BR 一起跳转
L    MD0     // 将 MD0 的内容装入累加器 1 中
COS          // 对累加器 1 的内容求浮点数（32 位）的
             //   余弦，再将结果保存到累加器 1 中
T    MD10    // 将累加器 1 的内容（结果）传输到 MD10
AN   OV      // 溢出
SAVE         // 将 RLO 存入 BR 存储器
CLR          // RLO 清零（=0）
001: A   BR  // 异常二进制结果
     =   Q1.0 //
```

提示：

当 I1.0=1，输入使能(EN)激活了 COS，它可以对 MD0 的内容求浮点数的余弦，将求得的结果保存到 MD10 中。同时使能输出 Q1.0=1。如果发生溢出，则使能输出 Q1.0=0。

TAN / TAN 浮点数正切运算（扩展指令）			
参数	数据类型	存储区域	说明
EN	BOOL	I, O, M, L, D	使能输入
ENO	BOOL	I, O, M, L, D	使能输出
IN	REAL	I, O, M, L, D 或常数	输入值：浮点数
OUT	REAL	I, O, M, L, D	输出值：浮点数的正切值

符号

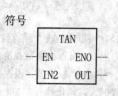

```
        TAN
 ─| EN      ENO |─
 ─| IN2     OUT |─
```

说明：

1. 使能(EN)输入端的逻辑"1"信号激活 TAN，可以完成一个浮点数（一个以弧度表示的角度）的正切运算，运算结果可以由参数 OUT 输出。

2. 如果结果在浮点数（32 位）的允许范围之外，则状态位 OV（溢出位）和 OS（存储溢出位）被置 1，ENO 为逻辑"0"，以防止执行与 ENO 相级连的算术运算方块之后的其他功能。

3. 运算结果对状态字中位的影响如下：

浮点数算术运算

有效的结果范围	CC 1	CC 0	OV	OS
+0，-0（零）	0	0	0	*
-3.402823E+38 ＜ 结果 ＜ -1.175494E-38（负数）	0	1	0	*
+1.175494E-38 ＜ 结果 ＜ 3.402824E+38（正数）	1	0	0	*

注：*表示 OS 位不受指令结果的影响

无效的结果范围	CC 1	CC 0	OV	OS	备注
-1.175494E-38 ＜ 结果 ＜ -1.401298E-45（负数）	0	0	1	1	下溢
+1.401298E-45 ＜ 结果 ＜ +1.175494E-38（正数）	0	0	1	1	下溢
结果 ＜ -3.402823E+38（负数）	0	1	1	1	上溢
结果 ＞ 3.402823E+38（正数）	1	0	1	1	上溢
非有效浮点数或非法指令 （输入值超出有效范围）	1	1	1	1	

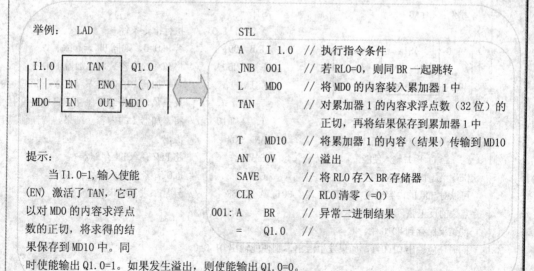

举例： LAD

```
 I1.0         TAN        Q1.0
 ─| |─────| EN     ENO |──( )──
 MD0──────| IN      OUT |─MD10
```

STL

```
A     I 1.0     // 执行指令条件
JNB   001       // 若 RLO=0，则同 BR 一起跳转
L     MD0       // 将 MD0 的内容装入累加器 1 中
TAN             // 对累加器 1 的内容求浮点数（32 位）的
                //   正切，再将结果保存到累加器 1 中
T     MD10      // 将累加器 1 的内容（结果）传输到 MD10
AN    OV        // 溢出
SAVE            // 将 RLO 存入 BR 存储器
CLR             // RLO 清零（=0）
001: A   BR     // 异常二进制结果
=     Q1.0      //
```

提示：

当 I1.0=1，输入使能(EN)激活了 TAN，它可以对 MD0 的内容求浮点数的正切，将求得的结果保存到 MD10 中。同时使能输出 Q1.0=1。如果发生溢出，则使能输出 Q1.0=0。

ASIN / ASIN 浮点数反正弦运算（扩展指令）			
参数	数据类型	存储区域	说明
EN	BOOL	I, O, M, L, D	使能输入
ENO	BOOL	I, O, M, L, D	使能输出
IN	REAL	I, O, M, L, D 或常数	输入值：浮点数
OUT	REAL	I, O, M, L, D	输出值：浮点数的反正弦值

浮 点 数 算 术 运 算

符号：

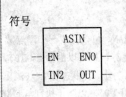

```
        ASIN
—|  EN      ENO  |—
—|  IN2     OUT  |—
```

说明：

1. 使能(EN)输入端的逻辑"1"信号激活 ASIN，可以完成一个浮点数的反正弦运算，运算结果（一个以弧度表示的角度）可以由参数 OUT 输出。

2. 如果结果在浮点数（32 位）的允许范围之外，则状态位 OV（溢出位）和 OS（存储溢出位）被置 1，ENO 为逻辑"0"，以防止执行与 ENO 相级连的算术运算方块之后的其他功能。

3. 运算结果对状态字中位的影响如下：

有效的结果范围	CC 1	CC 0	OV	OS
+0，-0（零）	0	0	0	*
-3.402823E+38 < 结果 < -1.175494E-38（负数）	0	1	0	*
+1.175494E-38 < 结果 < 3.402824E+38（正数）	1	0	0	*

注：*表示 OS 位不受指令结果的影响

无效的结果范围	CC 1	CC 0	OV	OS	备注
-1.175494E-38 < 结果 < -1.401298E-45（负数）	0	0	1	1	下溢
+1.401298E-45 < 结果 < +1.175494E-38（正数）	0	0	1	1	溢出
非有效浮点数或非法指令（输入值超出有效范围）	1	1	1	1	

举例： LAD

```
 I1.0        ASIN        Q1.0
—| |—————|  EN    ENO  |——( )—
         |             |
 MD0 ————|  IN    OUT  |— MD10
```

STL

A	I 1.0	// 执行指令条件
JNB	001	// 若 RLO=0，则同 BR 一起跳转
L	MD0	// 将 MD0 的内容装入累加器 1 中
ASIN		// 对累加器 1 的内容求浮点数（32 位）的反正弦，再将结果保存到累加器 1 中
T	MD10	// 将累加器 1 的内容（结果）传输到 MD10
AN	OV	// 溢出
SAVE		// 将 RLO 存入 BR 存储器
CLR		// RLO 清零（=0）
001: A	BR	// 异常二进制结果
=	Q1.0	//

提示：

当 I1.0=1，输入使能 (EN) 激活了 ASIN，它可以对 MD0 的内容求浮点数的反正弦，将求得的结果保存到 MD10 中。

同时使能输出 Q1.0=1。如果发生溢出，则使能输出 Q1.0=0。

注意：

输入值（浮点数格式）的允许范围：$-1 \leqslant$ 输入值 $\leqslant +1$；

运算结果的有效范围：$-\pi/2 \leqslant$ 输出值 $\leqslant +\pi/2$，其中 $\pi = 3.14159\ldots$。

ACOS / ACOS 浮点数反余弦运算（扩展指令）			
参数	数据类型	存储区域	说明
EN	BOOL	I，O，M，L，D	使能输入
ENO	BOOL	I，O，M，L，D	使能输出
IN	REAL	I，O，M，L，D 或常数	输入值：浮点数
OUT	REAL	I，O，M，L，D	输出值：浮点数的反余弦值

浮
点
数
算
术
运
算

符号：

```
      ACOS
 ── EN    ENO ──
 ── IN2   OUT ──
```

说明：

1. 使能(EN)输入端的逻辑"1"信号激活 ACOS，可以完成一个浮点数的反余弦运算，运算结果（一个以弧度表示的角度）可以由参数 OUT 输出。
2. 如果结果在浮点数（32 位）的允许范围之外，则状态位 OV（溢出位）和 OS（存储溢出位）被置 1，ENO 为逻辑"0"，以防止执行与 ENO 相级连的算术运算方块之后的其他功能。
3. 运算结果对状态字中位的影响如下：

有效的结果范围	CC 1	CC 0	OV	OS
+0，－0（零）	0	0	0	*
－3.402823E+38 ＜ 结果 ＜ －1.175494E-38（负数）	0	1	0	*
+1.175494E-38 ＜ 结果 ＜ 3.402824E+38（正数）	1	0	0	*

注：*表示 OS 位不受指令结果的影响

无效的结果范围	CC 1	CC 0	OV	OS	备注
－1.175494E-38 ＜ 结果 ＜ －1.401298E-45（负数）	0	0	1	1	下溢
+1.401298E-45 ＜ 结果 ＜ +1.175494E-38（正数）	0	0	1	1	溢出
非有效浮点数或非法指令（输入值超出有效范围）	1	1	1	1	

举例：

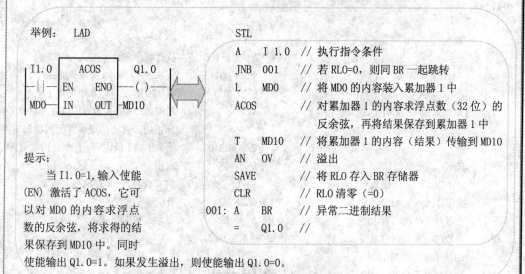

LAD

```
 I1.0      ACOS       Q1.0
─┤├─── EN     ENO ───( )───
 MD0── IN     OUT ─MD10
```

STL

```
    A    I 1.0     // 执行指令条件
    JNB  001       // 若 RLO=0，则同 BR 一起跳转
    L    MD0       // 将 MD0 的内容装入累加器 1 中
    ACOS           // 对累加器 1 的内容求浮点数（32 位）的
                   // 反余弦，再将结果保存到累加器 1 中
    T    MD10      // 将累加器 1 的内容（结果）传输到 MD10
    AN   OV        // 溢出
    SAVE           // 将 RLO 存入 BR 存储器
    CLR            // RLO 清零（=0）
001: A   BR        // 异常二进制结果
    =    Q1.0      //
```

提示：

当 I1.0=1，输入使能(EN)激活了 ACOS，它可以对 MD0 的内容求浮点数的反余弦，将求得的结果保存到 MD10 中。同时使能输出 Q1.0=1。如果发生溢出，则使能输出 Q1.0=0。

注意：

输入值（浮点数格式）的允许范围：-1≤输入值≤+1；

运算结果的有效范围：0≤输出值≤ π，其中 π =3.14159...。

	ATAN / ATAN 浮点数反正切运算（扩展指令）		
参数	数据类型	存储区域	说明
EN	BOOL	I，O，M，L，D	使能输入
ENO	BOOL	I，O，M，L，D	使能输出
IN	REAL	I，O，M，L，D 或常数	输入值：浮点数
OUT	REAL	I，O，M，L，D	输出值：浮点数的反正切值

浮 点 数 算 术 运 算

符号

```
        ATAN
  — EN      ENO —
  — IN2     OUT —
```

说明：

1. 使能(EN)输入端的逻辑"1"信号激活 ATAN，可以完成一个浮点数的反正切运算，运算结果（一个以弧度表示的角度）可以由参数 OUT 输出。

2. 如果结果在浮点数（32 位）的允许范围之外，则状态位 OV（溢出位）和 OS（存储溢出位）被置 1，ENO 为逻辑"0"，以防止执行与 ENO 相级连的算术运算方块之后的其他功能。

3. 运算结果对状态字中位的影响如下：

有效的结果范围	CC 1	CC 0	OV	OS
+0，−0（零）	0	0	0	*
−3.402823E+38 ＜ 结果 ＜ −1.175494E-38（负数）	0	1	0	*
+1.175494E-38 ＜ 结果 ＜ 3.402824E+38（正数）	1	0	0	*

注：*表示 OS 位不受指令结果的影响

无效的结果范围	CC 1	CC 0	OV	OS	备注
−1.175494E-38 ＜ 结果 ＜ −1.401298E-45（负数）	0	0	1	1	下溢
+1.401298E-45 ＜ 结果 ＜ +1.175494E-38（正数）	0	0	1	1	下溢
结果 ＜ −3.402823E+38（负数）	0	1	1	1	上溢
结果 ＞ 3.402823E+38（正数）	1	0	1	1	上溢
非有效浮点数或非法指令（输入值超出有效范围）	1	1	1	1	

举例：LAD

```
 I1.0         ATAN        Q1.0
—| |—      EN      ENO   —( )—
          
 MD0  —   IN      OUT  — MD10
```

提示：

当 I1.0=1，输入使能(EN)激活了 ATAN，它可以对 MD0 的内容求浮点数的反正切，将求得的结果保存到 MD10 中。

同时使能输出 Q1.0=1。如果发生溢出，则使能输出 Q1.0=0。

STL

A	I 1.0	// 执行指令条件
JNB	001	// 若 RLO=0，则同 BR 一起跳转
L	MD0	// 将 MD0 的内容装入累加器 1 中
ATAN		// 对累加器 1 的内容求浮点数（32 位）的反正切，再将结果保存到累加器 1 中
T	MD10	// 将累加器 1 的内容（结果）传输到 MD10
AN	OV	// 溢出
SAVE		// 将 RLO 存入 BR 存储器
CLR		// RLO 清零（=0）
001: A	BR	// 异常二进制结果
=	Q1.0	//

注意：

结果的有效范围：−π/2≤输出值≤+π/2，其中 π=3.14159...。

参数	数据类型	存储区域	说明
EN	BOOL	I，O，M，L，D	使能输入
ENO	BOOL	I，O，M，L，D	使能输出
IN	所有数据类型	I，O，M，L，D 或常数	源数值
	（长度为 8 位、16 位、32 位）		
OUT	所有数据类型	I，O，M，L，D	目的地址
	（长度为 8 位、16 位、32 位）		

符号：

```
      MOVE
 — EN      ENO —
 — IN2     OUT —
```

说明：

1. 使能(EN)输入端的逻辑"1"信号激活 MOVE，将在输入端 IN 的指定值复制到输出端的指定地址中。ENO 和 EN 具有相同的逻辑状态。
2. MOVE 只能复制的数据对象为 BYTE（字节）、WORD（字）和 DWORD（双字）。用户定义的数据类型（如数组或结构）必须通过系统功能"BLKMOVE"（SFC20）进行复制。

MCR（Master ContRLO Relay）附属级：

    如果 MOVE 方块被放置在一个有效的 MCR 区域内，MCR 附属级才被激活。在一个激活的 MCR 区域内，如果 MCR 接通且有信号经过使能输入端，则被寻址的数据按上所述被复制；如果 MCR 断开并执行 MOVE 指令，则逻辑"0"被写入到输出端的指定地址中，且与当前 IN 的状态无关。

注意：当将一个数值赋给不同长度的数据类型时，高位字节的数值必定被截去或用"0"填上。

IN	双字	1111 1111	0000 1111	1111 0000	0101 0101
MOVE	赋值	结果			
OUT	一个双字	1111 1111	0000 1111	1111 0000	0101 0101
OUT	一个字			1111 0000	0101 0101
OUT	一个字节				0101 0101

IN	字节				1111 0000
MOVE	赋值	结果			
OUT	一个双字	0000 0000	0000 0000	0000 0000	1111 0000
OUT	一个字			0000 0000	1111 0000
OUT	一个字节				1111 0000

举例：

LAD

```
       ┌─────────────┐
 I1.0  │    MOVE     │  Q1.0
 —│ │——│ EN      ENO │——( )—
       │             │
 MD0 ——│ IN      OUT │— MD10
       └─────────────┘
```

STL

```
A    I 1.0    // 执行指令条件
JNB  001      // 若 RLO=0，则同 BR 一起跳转
L    MD0      // 将 MD0 的内容装入累加器 1 中
T    MD10     // 将累加器 1 的内容（结果）传输到 MD10
SET           // RLO 置位
SAVE          // 将 RLO 存入 BR 存储器
CLR           // RLO 清零（=0）
001: A   BR   // 异常二进制结果
     =   Q1.0 //
```

提示：

1. 当 I1.0=1，输入使能(EN) 激活了 MOVE，将 MD0 的内容复制到存储双字 MD10 中。同时使能输出 Q1.0=1。
2. 如果上例梯形逻辑在激活的 MCR 区内，则：

（1）当 MCR 接通时，MD0 的数据被复制到 MD10 中；

（2）当 MCR 断开时，"0"被写入到 MD10 中。

赋

值

10	—（CALL） /　UC/CC 从线圈调用 FC/SFC（无参数）			
参数	数据类型		存储区域	说明
<FC/SFC 号>	BLOCK_FC ；BLOCK_SFC			FC/SFC 的编号：范围与 CPU 有关

符号

    <FC/SFC 号>

  —（CALL）

说明：

    —（CALL）（调用无参数 FC/SFC 指令）可以被用于有条件或无条件调用不带参数的功能（FC）或系统功能（SFC）。当 CALL 线圈的 RLO 为"1"时才执行调用。如果执行调用，则：

       （1）保存调用块的返回地址；

       （2）当前的本地数据区替换原先的本地数据区；

       （3）MA 位（有效的 MCR 位）被推至到块堆栈中；

       （4）为被调用的功能建立一个新的本地数据区。

    在此之后，在被调用的 FC 或 SFC 内程序处理继续进行。

程序控制

举例：

```
     LAD                              STL
       DB10
|————————( OPN )——|        OPN   DB10      // 打开数据块 DB10

|————————( MCRA)——|        MCRA            // 主控继电器(MCR)被启动
       FC10
|————————( CALL)——|        UC    FC10      // 当 MCR 启动，无条件调用功能(FC10)
  I1.0    Q1.0             A     I1.0      //
|——||————————( )——|        =     Q1.0      // 如果 MCR 停止，则 Q1.0=0, 与 I1.0 无关

|————————( MCRD)——|        MCRD            // 主控继电器(MCR)被停止
  I1.1    FC11             A     I1.1      //
|——||————————( CALL)——|    CC    FC11      // 当 I1.1=1, 有条件调用功能(FC11)
```

提示：

    上例所示梯形逻辑为功能块（FB）的其中一段程序。在该功能块（FB）中：

1. 数据块 DB10 被打开；

2. 主控继电器(MCR)功能被启动；

3. 如果执行无条件调用功能(FC10)，则：

    （1）保存被调用功能块（FB）的返回地址和选择的数据块（DB10 和被调用功能块的背景 DB）数据；

    （2）将 MCRA 指令中被置为"1"的 MA 位被推至到块堆栈中，然后被无条件调用的 FC10 对 MA 位置为"0"，FC10 内的程序处理继续进行；

    （3）如果 FC10 需要 MCR 功能，就必须在 FC10 程序中重新启动 MCR，当 FC10 程序处理完成后，程序处理返回调用功能块（FB），MA 位被重新恢复；

4. 将 I0.0 的逻辑状态赋给输出 Q1.0，继续执行下一级梯图逻辑程序；

5. 主控继电器(MCR)功能被停止。

注意：

    在(MCRA)和(MCRD)线圈之前不允许有逻辑操作。

10	CALL_FB / CALL FBn1,DBn2 调用功能块			
参数	数据类型	存储区域	说明	
EN	BOOL	I, O, M, L, D	使能输入	
ENO	BOOL	I, O, M, L, D	使能输出	
FB 号	BLOCK_FB		FB/DB 的编号：范围与 CPU 有关	
DB 号	BLOCK_DB			

符号

```
      ⟨DB no⟩
    ┌─────────┐
    │  FB no  │
  ──┤ EN  ENO ├──
    └─────────┘
```

符号取决于 FB(不管它是否有参数,有多少参数)。
它必须具有 EN、ENO 以及 FB 的名称和编号。

说明：

当 EN 为"1"时，执行 CALL_FB （调用功能块）指令。如果执行 CALL_FB，则：

(1) 保存调用块的返回地址；

(2) 保存选择的当前两个数据块（DB 和背景 DB）数据；

(3) 当前的本地数据区替换原先的本地数据区；

(4) MA 位（有效的 MCR 位）被推至到块堆栈中；

(5) 为被调用的功能块建立一个新的本地数据区。

程

在此之后，在被调用的功能块内程序处理继续进行。扫描 BR 位以确定使能输出（OUT）。用户必须使用--（SAVE），将必要的状态（ERROR EVALUATION）赋给调用块中的 BR 位。

序

举例：　LAD　　　　　　　　STL

```
          DB10
  ├─────────────( OPN )──┤        OPN   DB10       // 打开数据块 DB10

控
  ├─────────────( MCRA)──┤        MCRA             // 主控继电器(MCR)被启动

                                  CALL  FB11, DB11 // 调用带 DB11（背景数据块）
          DB11                                     //   的功能块 FB11
制      ┌──────┐                  A     BR         // 异常判断
        │ FB11 │  Q1.0            =     Q1.0       // 当 BR=1（正常）时, Q1.0=1
      ──┤EN ENO├──(  )──┤
        └──────┘
          DB10
  ├─────────────( OPN )──┤        OPN   DB10       // 打开数据块 DB10
```

提示：

上例所示梯形逻辑为功能块（FB）的其中一段程序。在该功能块（FB）中：

1. 数据块 DB10 被打开；

2. 主控继电器(MCR)功能被启动；

3. 如果执行无条件调用功能块(FB11)，则：

(1) 保存被调用功能块（FB）的返回地址和选择的数据块（DB10 和被调用功能块的背景 DB）数据；

(2) 将 MCRA 指令中被置为"1"的 MA 位被推至到块堆栈中，然后被无条件调用的 FB11 对 MA 位置为"0"，FB11 内的程序处理继续进行；

(3) 如果 FB11 需要 MCR 功能，就必须在 FB11 程序中重新启动 MCR。通过指令--（SAVE）必须将 RLO 的状态保存到 BR 位中，便于能够对调用功能块（FB）处理中的错误作出判断。当 FB11 程序被处理完成后，程序处理返回调用功能块（FB），MA 位被重新恢复。再次打开被调用功能块背景数据块。如果 FB11 处理正确，使能输出 Q1.0="1"。

注意：

1. 当打开一个 FB 或 SFB 时，原先打开的 DB 编号就丢失了，所需的 DB 必须重新打开。

2. 在(MCRA)线圈之前不允许有逻辑操作。

10	CALL_FC / CALL FCn 调用功能（FC）			
参数	数据类型	存储区域	说明	
EN	BOOL	I, O, M, L, D	使能输入	
ENO	BOOL	I, O, M, L, D	使能输出	
FC 号	BLOCK_FC		FC 的编号：范围与 CPU 有关	

符号

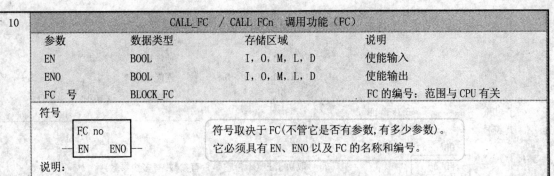

符号取决于 FC(不管它是否有参数,有多少参数)。
它必须具有 EN、ENO 以及 FC 的名称和编号。

说明：

当 EN 为 "1" 时，执行 CALL_FC（调用功能）指令。如果执行 CALL_FC，则：

（1）保存调用块的返回地址；

（2）当前的本地数据区替换原先的本地数据区；

（3）MA 位（有效的 MCR 位）被推至块堆栈中。

（4）为被调用的功能块建立一个新的本地数据区。

在此之后，在被调用的功能块内程序处理继续进行。扫描 BR 位以确定使能输出（OUT）。用户必须使用—（SAVE），将必要的状态（ERROR EVALUATION）赋给调用块中的 BR 位。如果调用 FC 且被调块的变量声明表中有 IN、OUT 和 IN_OUT 声明，则这些变量作为形式参数列表被添加到调用块的程序中。

当调用功能时，必须将实际参数赋给调用位置的形式参数。功能声明中的任何初始值都没有意义。

举例： LAD   STL

```
         DB10
|————————( OPN )———|      OPN    DB10      // 打开数据块 DB10

|————————( MCRA)———|      MCRA              // 主控继电器(MCR)被启动

                          CALL   FC10      // 当 MCR 启动，无条件调用功能 FC10
    FC10      Q1.0        A      BR        // 异常判断
|——EN    ENO——( )——|      =      Q1.0      // 当 BR=1（正常）时，Q1.0=1
```

提示：

上例所示梯形逻辑为功能块（FB）的其中一段程序。在该功能块（FB）中：

1. 数据块 DB10 被打开；

2. 主控继电器(MCR)功能被启动；

3. 如果执行无条件调用功能(FC10)，则：

（1）保存被调用功能块（FB）的返回地址和选择的数据块（DB10 和被调用功能块的背景 DB）数据；

（2）将 MCRA 指令中被置为 "1" 的 MA 位被推至到块堆栈中，然后被无条件调用的 FC10 对 MA 位置为 "0"，FC10 内的程序处理继续进行；

（3）如果 FC10 需要 MCR 功能，就必须在 FC10 程序中重新启动 MCR。通过指令—（SAVE）必须将 RLO 的状态保存到 BR 位中，便于能够对调用功能块（FB）处理中的错误作出判断。当 FC10 程序被处理完成后，程序处理返回调用功能块（FB），MA 位被重新恢复。如果 FC10 处理正确，使能输出 Q1.0= "1"。

注意：

1. 当返回到调用块之后，原先打开的数据块（DB）将不再总是打开的。

2. 在(MCRA)线圈之前不允许有逻辑操作。

程

序

控

制

10	CALL_SFB / CALL SFBn1,DBn2 调用系统功能块			
	参数	数据类型	存储区域	说明
	EN	BOOL	I, O, M, L, D	使能输入
	ENO	BOOL	I, O, M, L, D	使能输出
	SFB 号	BLOCK_SFB		SFB 的编号：范围与 CPU 有关
	DB 号	BLOCK_DB		

符号

符号取决于 SFB(不管它是否有参数,有多少参数)。
它必须具有 EN、ENO 以及 SFB 的名称和编号。

说明：

1. 当 EN 为 "1" 时，执行 CALL_SFB（调用系统功能块）指令。如果执行 CALL_SFB，则：

(1) 保存调用块的返回地址；

(2) 保存选择当前的两个数据块（DB 和背景 DB）数据；

(3) 当前的本地数据区替换原先的本地数据区；

(4) MA 位（有效的 MCR 位）被推至到块堆栈中；

(5) 为被调用的系统功能块建立一个新的本地数据区。

在此之后，在被调用的功能块内程序处理继续进行。如果调用 SFB（EN= "1"）且没有出现错误，则使能输出 ENO= "1"。

2. 例子可以参看 "CALL_FB" 应用。

CALL_SFC / CALL SFC 调用系统功能（SFC）			
参数	数据类型	存储区域	说明
EN	BOOL	I, O, M, L, D	使能输入
ENO	BOOL	I, O, M, L, D	使能输出
SFC 号	BLOCK_SFC		SFC 的编号：范围与 CPU 有关

符号

符号取决于 SFC(不管它是否有参数,有多少参数)。
它必须具有 EN、ENO 以及 SFC 的名称和编号。

说明：

1. 当 EN 为 "1" 时，执行 CALL_SFC（调用系统功能）指令。如果执行 CALL_SFC，则：

(1) 保存调用块的返回地址；

(2) 当前的本地数据区替换原先的本地数据区；

(3) MA 位（有效的 MCR 位）被推至块堆栈中；

(4) 为被调用的系统功能块建立一个新的本地数据区。

在此之后，在被调用的系统功能（SFC）内程序处理继续进行。如果调用 SFC（EN= "1"）且没有出现错误，则使能输出 ENO= "1"。

2. 例子可以参看 "CALL_FC" 的应用。

程

序

控

制

以 MCRA 方式启动主控继电器而使用的块应该注意：

（1）如果 MCR 停止，则——（MCR<）和——（MCR>）之间程序段的所有赋值都写入"0"，这适用于包含赋值的所有方块，以及块参数传送；

（2）在 MCR< 指令之前，如果 RLO="0"，则 MCR 停止。

危险：PLC 处于停止或未定义运行时间的特征（参考手册：SIMATIC S7-300 和 S7-400 梯形逻辑编程）。

符号

——（MCR<）

说明：

——（MCR<）（主控继电器区接通指令）可以被用于将 RLO 保存在 MCR 堆栈中。MCR<和 MCR>可以嵌套使用，最多可以有 8 个堆栈输入（嵌套深度）。MCR 嵌套堆栈是一个 LIFO 堆栈（后进先出），如果堆栈已满，则执行——（MCR<）指令将会产生一个 MCR 堆栈故障（MCRF）。以下指令与 MCR 有关，并在打开一个 MCR 区时受保存在 MCR 堆栈中的 RLO 状态影响。

    ——（#）   中间输出

    ——（ ）   输出

    ——（S）   输出置位

    ——（R）   输出复位

    RS   复位触发器

    SR   置位触发器

    MOVE   赋值

程序控制

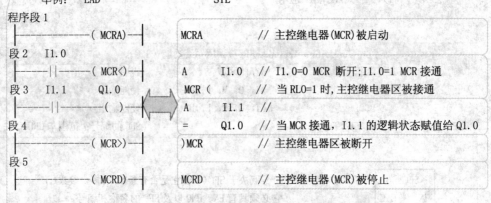

举例： LAD   STL

程序段1 ——（MCRA）——   MCRA // 主控继电器(MCR)被启动

段2 I1.0 ——||——（MCR<）—— A I1.0 // I1.0=0 MCR 断开;I1.0=1 MCR 接通；MCR(// 当 RLO=1 时，主控继电器区被接通

段3 I1.1 Q1.0 ——||——（ ）—— A I1.1 // ；= Q1.0 // 当 MCR 接通，I1.1 的逻辑状态赋值给 Q1.0

段4 ——（MCR>）——)MCR // 主控继电器区被断开

段5 ——（MCRD）—— MCRD // 主控继电器(MCR)被停止

提示：

在 MCRA 逻辑级内接通 MCR 功能。在 MCRA 逻辑级内最多可以生成 8 个嵌套的 MCR 区。上例仅为 1 个 MCR 区。

1. 主控继电器被启动。

2. I1.0=1(MCR 区接通)，I1.1 的逻辑状态赋值给 Q1.0。

3. I1.0=0(MCR 区断开)，Q1.0 为"0"，与 I1.1 的逻辑状态无关。

注意：

1. 在(MCRA)、(MCRD)和(MCR>)线圈之前不允许有逻辑操作。

2. 在(MCR<)线圈之前必须要有逻辑操作（条件）。

以 MCRA 方式启动主控继电器而使用的块应该注意：

（1）如果 MCR 停止，则--（MCR〈）和--（MCR〉）之间程序段的所有赋值都写入"0"，这适用于包含赋值的所有方块，以及块参数传送；

（2）在 MCR〈指令之前，如果 RLO="0"，则 MCR 停止。

危险：PLC 处于停止或未定义运行时间的特征（参考手册：SIMATIC S7-300 和 S7-400 梯形逻辑编程）。

符号

     --（MCR〉）

说明：

     --（MCR〉）（主控继电器区断开指令）可以被用于将 RLO 保存在 MCR 堆栈中。MCR〈和 MCR〉可以嵌套使用，最多可以有 8 个堆栈输入（嵌套深度）。MCR 嵌套堆栈是一个 LIFO 堆栈（后进先出），如果堆栈已满，则执行--（MCR）指令将会产生一个 MCR 堆栈故障（MCRF）。以下指令与 MCR 有关，并在打开一个 MCR 区时受保存在 MCR 堆栈中的 RLO 状态的影响。

     --（#）   中间输出

     --（ ）   输出

     --（S）   输出置位

     --（R）   输出复位

     RS   复位触发器

     SR   置位触发器

     MOVE   赋值

举例：   LAD   STL

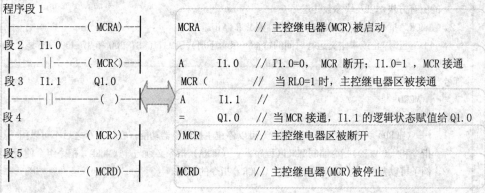

程序段 1

   |------------------（ MCRA)---| MCRA   // 主控继电器(MCR)被启动

段 2   I1.0

   |-------||-------（ MCR〈）---| A   I1.0   // I1.0=0，MCR 断开；I1.0=1，MCR 接通

段 3   I1.1   Q1.0   MCR（   // 当 RLO=1 时，主控继电器区被接通

   |-------||-------------（ ）--| A   I1.1   //

段 4   =   Q1.0   // 当 MCR 接通，I1.1 的逻辑状态赋值给 Q1.0

   |------------------（ MCR〉）--|)MCR   // 主控继电器区被断开

段 5

   |------------------（ MCRD)--| MCRD   // 主控继电器(MCR)被停止

提示：

     在 MCRA 逻辑级内接通 MCR 功能。在 MCRA 逻辑级内最多可以生成 8 个嵌套的 MCR 区。上例仅为 1 个 MCR 区。

     1. 主控继电器被启动。

     2. I1.0=1(MCR 区接通)，I1.1 的逻辑状态赋值给 Q1.0。

     3. I1.0=0(MCR 区断开)，Q1.0 为 "0"，与 I1.1 的逻辑状态无关。

注意：

     1. 在(MCRA)、(MCRD)和(MCR〉)线圈之前不允许有逻辑操作。

     2. 在(MCR〈)线圈之前必须要有逻辑操作（条件）。

	－（MCRA） / MCRA　主控继电器启动

以 MCRA 方式启动主控继电器而使用的块应该注意：

（1）如果 MCR 停止，则－－（MCR＜）和－－（MCR＞）之间程序段的所有赋值都写入"0"，这适用于包含赋值的所有方块，以及块参数传送；

（2）在 MCR＜ 指令之前，如果 RLO＝"0"，则 MCR 停止。

危险：PLC 处于停止或未定义运行时间的特征（参考手册：SIMATIC S7-300 和 S7-400 梯形逻辑编程）。

符号

　－（MCRA）

说明：

1.　－（MCRA）（主控继电器启动指令）可以启动主控继电器功能，在该指令之后可以用－－（MCR＜）指令和－－（MCR＞）指令编制 MCR 区的程序。－－（MCRA）指令必须与－－（MCRD）指令组合使用。

2.　例子参考－－（MCR＜）指令或－－（MCR＞）指令的举例。

注意：

　在(MCRA)和(MCRD)线圈之前不允许有逻辑操作。

	－（MCRD） / MCRD　主控继电器停止

以 MCRA 方式启动主控继电器而使用的块应该注意：

（1）如果 MCR 停止，则－－（MCR＜）和－－（MCR＞）之间程序段的所有赋值都写入"0"，这适用于包含赋值的所有方块，以及块参数传送；

（2）在 MCR＜ 指令之前，如果 RLO＝"0"，则 MCR 停止。

危险：PLC 处于停止或未定义运行时间的特征（参考手册：SIMATIC S7-300 和 S7-400 梯形逻辑编程）。

符号

　－（MCRD）

说明：

1.　－（MCRD）（主控继电器停止指令）可以停止主控继电器功能，在该指令之后不可以用－－（MCR＜）指令和－－（MCR＞）指令编制 MCR 区程序。－－（MCRA）指令必须与－－（MCRD）指令组合使用。

2.　例子可以参考－－（MCR＜）指令或－－（MCR＞）指令的举例。

注意：

　在(MCRA)和(MCRD)线圈之前不允许有逻辑操作。

程

序

控

制

─(RET) / BEC 有条件块返回

符号

─（RET）

说明：

RET（返回指令）主要用于有条件中断一个块。当该指令前一逻辑操作 RLO=1 时，则返回跳转到调用当前块的程序块。

举例： LAD

```
       I1.0
├─────┤├───────( RET )──┤
```

STL

```
A       I1.0   //
SAVE           // 将 RLO 存入 BR 存储器
BEC            // 当 RLO=1，块结束返回
```

提示： 如果 I1.0=1，则块被中断返回。

/ BEU 无条件块结束

格式

BEU

说明：

该指令可以中止在当前块中的程序扫描，并跳转到调用当前块的程序块。然后从块调用语句后的第一个指令开始重新进行程序扫描。当前的本地数据区域被释放，原先的本地数据区域变为当前的本地数据区域。调用块时，被打开的数据块又被重新打开。此外，恢复调用块的 MCR 相关性，并将 RLO 从当前块传送到调用当前块的程序块。该指令与任何条件无关。但如果该指令被向上跳转，则当前程序扫描不会结束，将从块内跳转到目的地处继续开始。

举例： STL

```
A     I1.0   //
JC    001    // 如果 RLO=1(I1.0=1)，则跳转到 001 跳转标号
L     MW0    // 如果没有执行跳转，则接着继续进行
T     MW4
A     I1.1
A     I1.2
S     M12.0
BEU          // 无条件块结束
001 NOP0     // 如果执行跳转，则在此接着继续进行
```

/ BE 块结束

格式

BE

说明：

1. 该指令可以中止在当前块中的程序扫描，并跳转到调用当前块的程序块。然后从块调用语句后第一个指令开始重新进行程序扫描。当前的本地数据区域被释放，原先的本地数据区域变为当前的本地数据区域。调用块时，被打开的数据块又被重新打开。此外，恢复调用块的 MCR 相关性，并将 RLO 从当前块传送到调用当前块的程序块。该指令与任何条件无关。但如果该指令被向上跳转，则当前程序扫描不会结束，将从块内跳转到目的地处继续开始。
2. 当使用 S5 软件时，BE 指令略有不同。当使用 S7 软件时，该指令与 BEU 具有相同的功能。
3. 例子可以参考上面的举例。

程

序

控

制

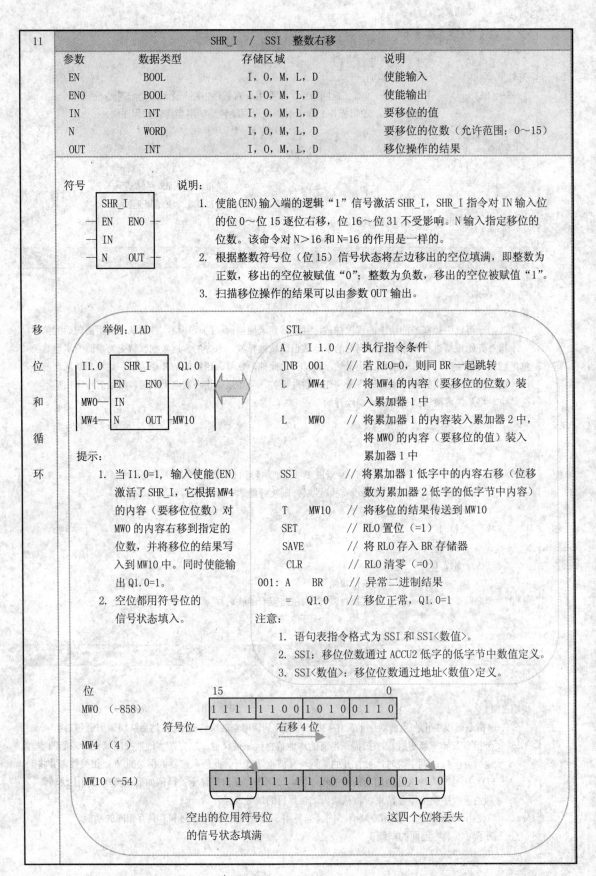

11		SHR_I / SSI 整数右移		
参数	数据类型	存储区域		说明
EN	BOOL	I, O, M, L, D		使能输入
ENO	BOOL	I, O, M, L, D		使能输出
IN	INT	I, O, M, L, D		要移位的值
N	WORD	I, O, M, L, D		要移位的位数（允许范围：0～15）
OUT	INT	I, O, M, L, D		移位操作的结果

符号：

```
    SHR_I
─ EN    ENO ─
─ IN
─ N    OUT ─
```

说明：

1. 使能(EN)输入端的逻辑"1"信号激活 SHR_I，SHR_I 指令对 IN 输入位的位 0～位 15 逐位右移，位 16～位 31 不受影响。N 输入指定移位的位数。该命令对 N＞16 和 N=16 的作用是一样的。

2. 根据整数符号位（位 15）信号状态将左边移出的空位填满，即整数为正数，移出的空位被赋值"0"；整数为负数，移出的空位被赋值"1"。

3. 扫描移位操作的结果可以由参数 OUT 输出。

移位和循环

举例：LAD

```
 I1.0      SHR_I      Q1.0
─┤├─┐    ┌─────────┐   ┌─( )─
     └─  EN    ENO ─┘
  MW0 ─  IN
  MW4 ─  N    OUT ─ MW10
```

提示：

1. 当 I1.0=1，输入使能(EN)激活了 SHR_I，它根据 MW4 的内容（要移位位数）对 MW0 的内容右移到指定的位数，并将移位的结果写入到 MW10 中。同时使能输出 Q1.0=1。

2. 空位都用符号位的信号状态填入。

STL

```
A    I 1.0    // 执行指令条件
JNB  001      // 若 RLO=0，则同 BR 一起跳转
L    MW4      // 将 MW4 的内容（要移位的位数）装
              //   入累加器 1 中
L    MW0      // 将累加器 1 的内容装入累加器 2 中，
              //   将 MW0 的内容（要移位的值）装入
              //   累加器 1 中
SSI           // 将累加器 1 低字中的内容右移（位移
              //   数为累加器 2 低字的低字节中内容）
T    MW10     // 将移位的结果传送到 MW10
SET           // RLO 置位（=1）
SAVE          // 将 RLO 存入 BR 存储器
CLR           // RLO 清零（=0）
001: A   BR   // 异常二进制结果
=    Q1.0     // 移位正常，Q1.0=1
```

注意：

1. 语句表指令格式为 SSI 和 SSI＜数值＞。

2. SSI：移位位数通过 ACCU2 低字的低字节中数值定义。

3. SSI＜数值＞：移位位数通过地址＜数值＞定义。

位   15   0

MW0（-858） `1 1 1 1  1 1 0 0  1 0 1 0  0 1 1 0`

符号位 ─┐   右移 4 位

MW4（4）

MW10（-54） `1 1 1 1  1 1 1 1  1 1 0 0  1 0 1 0  0 1 1 0`

空出的位用符号位的信号状态填满   这四个位将丢失

168

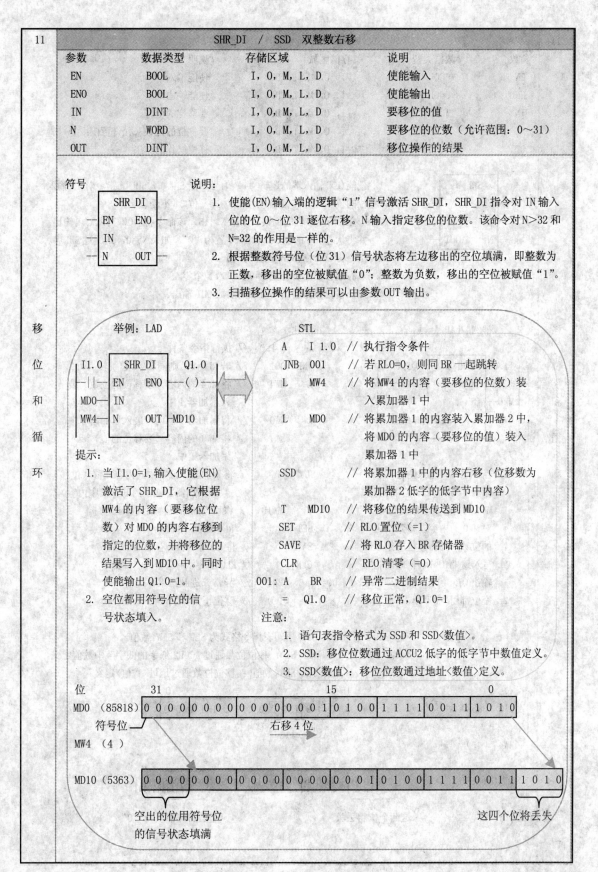

11	SHR_DI / SSD 双整数右移			
参数	数据类型	存储区域		说明
EN	BOOL	I, O, M, L, D		使能输入
ENO	BOOL	I, O, M, L, D		使能输出
IN	DINT	I, O, M, L, D		要移位的值
N	WORD	I, O, M, L, D		要移位的位数（允许范围：0~31）
OUT	DINT	I, O, M, L, D		移位操作的结果

符号：

```
      SHR_DI
 — EN      ENO —
 — IN
 — N       OUT —
```

说明：

1. 使能(EN)输入端的逻辑"1"信号激活 SHR_DI，SHR_DI 指令对 IN 输入位的位 0~位 31 逐位右移。N 输入指定移位的位数。该命令对 N>32 和 N=32 的作用是一样的。

2. 根据整数符号位（位 31）信号状态将左边移出的空位填满，即整数为正数，移出的空位被赋值"0"；整数为负数，移出的空位被赋值"1"。

3. 扫描移位操作的结果可以由参数 OUT 输出。

移位和循环

举例：LAD

```
 I1.0     SHR_DI      Q1.0
—| |—   EN      ENO  —( )—
 MD0 —  IN
 MW4 —  N       OUT —MD10
```

提示：

1. 当 I1.0=1，输入使能(EN)激活了 SHR_DI，它根据 MW4 的内容（要移位位数）对 MD0 的内容右移到指定的位数，并将移位的结果写入到 MD10 中。同时使能输出 Q1.0=1。

2. 空位都用符号位的信号状态填入。

STL

A	I 1.0	// 执行指令条件
JNB	001	// 若 RLO=0，则同 BR 一起跳转
L	MW4	// 将 MW4 的内容（要移位的位数）装入累加器 1 中
L	MD0	// 将累加器 1 的内容装入累加器 2 中，将 MD0 的内容（要移位的值）装入累加器 1 中
SSD		// 将累加器 1 中的内容移位（位移数为累加器 2 低字的低字节中内容）
T	MD10	// 将移位的结果传送到 MD10
SET		// RLO 置位 (=1)
SAVE		// 将 RLO 存入 BR 存储器
CLR		// RLO 清零 (=0)
001: A	BR	// 异常二进制结果
=	Q1.0	// 移位正常，Q1.0=1

注意：

1. 语句表指令格式为 SSD 和 SSD<数值>。

2. SSD：移位位数通过 ACCU2 低字的低字节中数值定义。

3. SSD<数值>：移位位数通过地址<数值>定义。

位   31   15   0

MD0 (85818) 0000 0000 0000 0001 0100 1111 0011 1010
符号位⌐   右移 4 位

MW4 (4)

MD10 (5363) 0000 0000 0000 0000 0001 0100 1111 0011 1010

空出的位用符号位的信号状态填满

这四个位将丢失

169

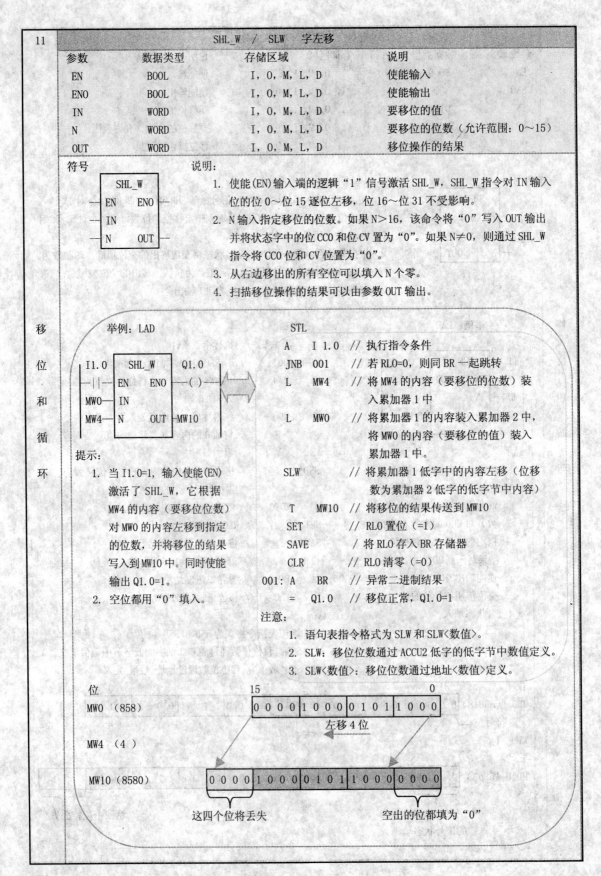

11		SHL_W / SLW 字左移		
参数	数据类型	存储区域		说明
EN	BOOL	I, 0, M, L, D		使能输入
ENO	BOOL	I, 0, M, L, D		使能输出
IN	WORD	I, 0, M, L, D		要移位的值
N	WORD	I, 0, M, L, D		要移位的位数（允许范围：0～15）
OUT	WORD	I, 0, M, L, D		移位操作的结果

符号

```
      SHL_W
 ── EN    ENO ──
 ── IN
 ── N     OUT ──
```

说明：

1. 使能(EN)输入端的逻辑"1"信号激活 SHL_W，SHL_W 指令对 IN 输入位的位 0～位 15 逐位左移，位 16～位 31 不受影响。

2. N 输入指定移位的位数。如果 N>16，该命令将"0"写入 OUT 输出并将状态字中的位 CC0 和位 CV 置为"0"。如果 N≠0，则通过 SHL_W 指令将 CC0 位和 CV 位置为"0"。

3. 从右边移出的所有空位可以填入 N 个零。

4. 扫描移位操作的结果可以由参数 OUT 输出。

移位和循环

举例：LAD

```
 I1.0    SHL_W    Q1.0
 ─┤├─  EN    ENO ─( )─
 MW0 ─ IN
 MW4 ─ N    OUT ─ MW10
```

提示：

1. 当 I1.0=1，输入使能(EN)激活了 SHL_W，它根据 MW4 的内容（要移位位数）对 MW0 的内容左移到指定的位数，并将移位的结果写入到 MW10 中。同时使能输出 Q1.0=1。

2. 空位都用"0"填入。

STL

```
 A    I 1.0   // 执行指令条件
 JNB  001     // 若 RLO=0，则同 BR 一起跳转
 L    MW4     // 将 MW4 的内容（要移位的位数）装
              //   入累加器 1 中
 L    MW0     // 将累加器 1 的内容装入累加器 2 中，
              //   将 MW0 的内容（要移位的值）装入
              //   累加器 1 中。
 SLW          // 将累加器 1 低字中的内容左移（位移
              //   数为累加器 2 低字的低字节中内容）
 T    MW10    // 将移位的结果传送到 MW10
 SET          // RLO 置位（=1）
 SAVE         / 将 RLO 存入 BR 存储器
 CLR          // RLO 清零（=0）
 001: A   BR  // 异常二进制结果
 =    Q1.0    // 移位正常，Q1.0=1
```

注意：

1. 语句表指令格式为 SLW 和 SLW<数值>。

2. SLW：移位位数通过 ACCU2 低字的低字节中数值定义。

3. SLW<数值>：移位位数通过地址<数值>定义。

位   15   0

MW0（858） | 0 0 0 0 | 1 0 0 0 | 0 1 0 1 | 1 0 0 0 |

                         左移 4 位

MW4（4）

MW10（8580） | 0 0 0 0 | 1 0 0 0 | 0 1 0 1 | 1 0 0 0 | 0 0 0 0 |

这四个位将丢失   空出的位都填为"0"

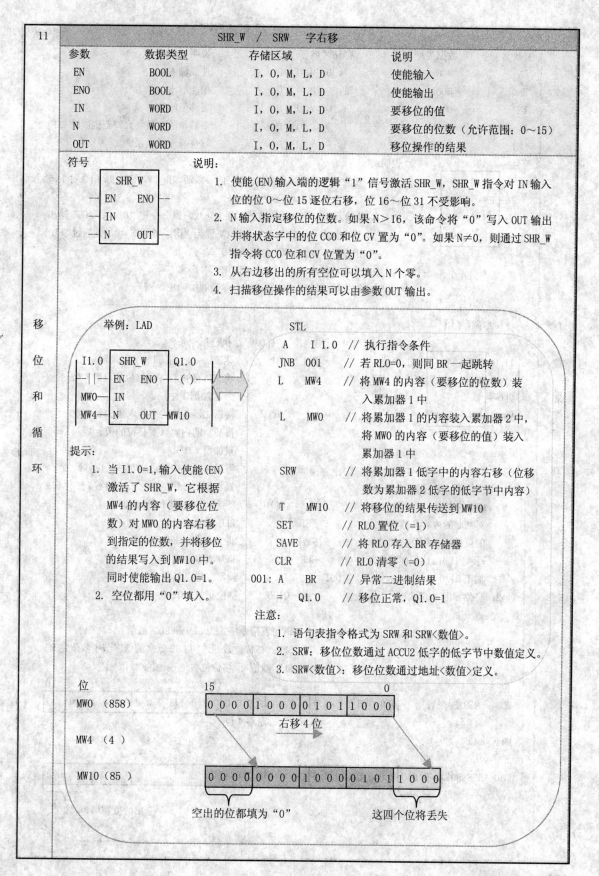

11	SHR_W / SRW 字右移			
参数	数据类型	存储区域	说明	
EN	BOOL	I, O, M, L, D	使能输入	
ENO	BOOL	I, O, M, L, D	使能输出	
IN	WORD	I, O, M, L, D	要移位的值	
N	WORD	I, O, M, L, D	要移位的位数（允许范围：0~15）	
OUT	WORD	I, O, M, L, D	移位操作的结果	

符号

```
      SHR_W
 ─│  EN    ENO │─
 ─│  IN         │
 ─│  N     OUT  │─
```

说明：

1. 使能(EN)输入端的逻辑"1"信号激活 SHR_W, SHR_W 指令对 IN 输入位的位 0~位 15 逐位右移，位 16~位 31 不受影响。

2. N 输入指定移位的位数。如果 N>16, 该命令将"0"写入 OUT 输出并将状态字中的位 CC0 和位 CV 置为"0"。如果 N≠0，则通过 SHR_W 指令将 CC0 位和 CV 位置为"0"。

3. 从右边移出的所有空位可以填入 N 个零。

4. 扫描移位操作的结果可以由参数 OUT 输出。

移
位
和
循
环

举例：LAD

```
 I1.0    SHR_W    Q1.0
─┤├──┤ EN   ENO ├──( )──
 MW0 ─┤ IN        │
 MW4 ─┤ N    OUT ├─MW10
```

提示：

1. 当 I1.0=1, 输入使能(EN) 激活了 SHR_W, 它根据 MW4 的内容（要移位位数）对 MW0 的内容右移到指定的位数，并将移位的结果写入到 MW10 中。同时使能输出 Q1.0=1。

2. 空位都用"0"填入。

STL

```
   A   I 1.0   // 执行指令条件
   JNB 001     // 若 RLO=0, 则同 BR 一起跳转
   L   MW4     // 将 MW4 的内容（要移位的位数）装
                  入累加器 1 中
   L   MW0     // 将累加器 1 的内容装入累加器 2 中,
                  将 MW0 的内容（要移位的值）装入
                  累加器 1 中
   SRW         // 将累加器 1 低字中的内容右移（位移
                  数为累加器 2 低字的低字节中内容）
   T   MW10    // 将移位的结果传送到 MW10
   SET         // RLO 置位（=1）
   SAVE        // 将 RLO 存入 BR 存储器
   CLR         // RLO 清零（=0）
001: A  BR     // 异常二进制结果
   =   Q1.0    // 移位正常，Q1.0=1
```

注意：

1. 语句表指令格式为 SRW 和 SRW<数值>。

2. SRW：移位位数通过 ACCU2 低字的低字节中数值定义。

3. SRW<数值>：移位位数通过地址<数值>定义。

位

	15			0
MW0 (858)	0 0 0 0	1 0 0 0	0 1 0 1	1 0 0 0

右移 4 位

MW4 (4)

| MW10 (85) | 0 0 0 0 | 0 0 0 0 | 1 0 0 0 | 0 1 0 1 | 1 0 0 0 |

空出的位都填为"0"   这四个位将丢失

171

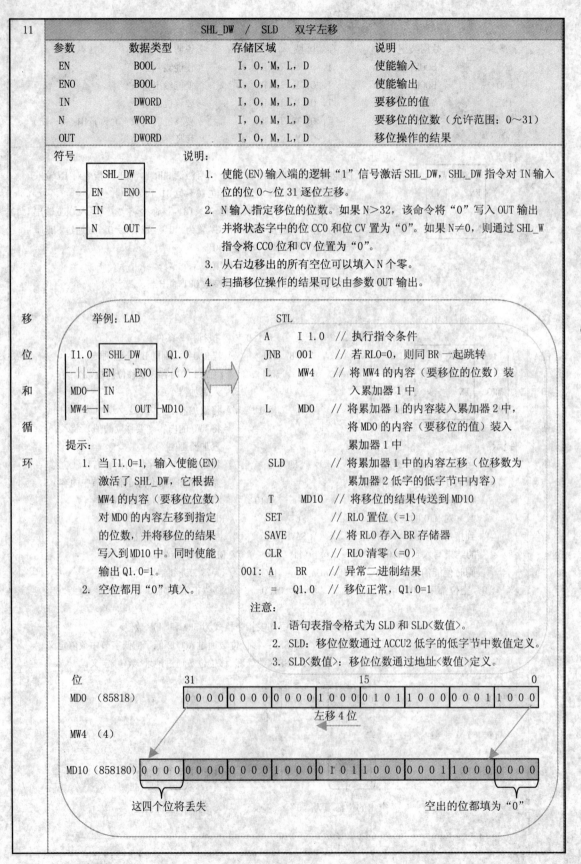

11	SHL_DW / SLD 双字左移			
参数	数据类型	存储区域		说明
EN	BOOL	I, 0, M, L, D		使能输入
ENO	BOOL	I, 0, M, L, D		使能输出
IN	DWORD	I, 0, M, L, D		要移位的值
N	WORD	I, 0, M, L, D		要移位的位数（允许范围：0～31）
OUT	DWORD	I, 0, M, L, D		移位操作的结果

符号

```
      SHL_DW
  —| EN    ENO |—
  —| IN        |
  —| N     OUT |—
```

说明：

1. 使能(EN)输入端的逻辑"1"信号激活 SHL_DW，SHL_DW 指令对 IN 输入位的位 0～位 31 逐位左移。
2. N 输入指定移位的位数。如果 N>32，该命令将"0"写入 OUT 输出并将状态字中的位 CC0 和位 CV 置为"0"。如果 N≠0，则通过 SHL_W 指令将 CC0 位和 CV 位置为"0"。
3. 从右边移出的所有空位可以填入 N 个零。
4. 扫描移位操作的结果可以由参数 OUT 输出。

移位和循环环

举例：LAD

```
  I1.0    SHL_DW      Q1.0
  —| |—| EN    ENO |—( )—
  MD0 —| IN        |
  MW4 —| N    OUT |—MD10
```

提示：

1. 当 I1.0=1，输入使能(EN)激活了 SHL_DW，它根据 MW4 的内容（要移位位数）对 MD0 的内容左移到指定的位数，并将移位的结果写入到 MD10 中。同时使能输出 Q1.0=1。
2. 空位都用"0"填入。

STL

```
A      I 1.0   // 执行指令条件
JNB    001     // 若 RLO=0，则同 BR 一起跳转
L      MW4     // 将 MW4 的内容（要移位的位数）装
                  入累加器 1 中
L      MD0     // 将累加器 1 的内容装入累加器 2 中，
                  将 MD0 的内容（要移位的值）装入
                  累加器 1 中
SLD            // 将累加器 1 中的内容左移（位移数为
                  累加器 2 低字的低字节中内容）
T      MD10    // 将移位的结果传送到 MD10
SET            // RLO 置位（=1）
SAVE           // 将 RLO 存入 BR 存储器
CLR            // RLO 清零（=0）
001: A   BR    // 异常二进制结果
     =   Q1.0  // 移位正常，Q1.0=1
```

注意：

1. 语句表指令格式为 SLD 和 SLD<数值>。
2. SLD：移位位数通过 ACCU2 低字的低字节中数值定义。
3. SLD<数值>：移位位数通过地址<数值>定义。

位　　　　　　31　　　　　　　　　　15　　　　　　　　0

MD0（85818）　0000 0000 0000 1000 0101 1000 0001 1000

左移 4 位

MW4（4）

MD10（858180）0000 0000 0000 1000 0101 1000 0001 1000 0000

这四个位将丢失　　　　　　　　空出的位都填为"0"

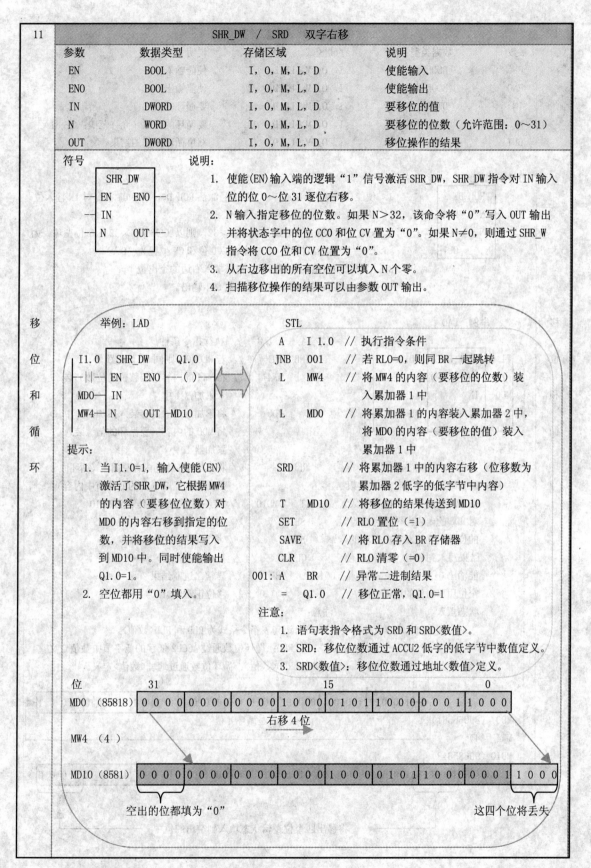

11	SHR_DW / SRD 双字右移			
参数	数据类型	存储区域		说明
EN	BOOL	I, O, M, L, D		使能输入
ENO	BOOL	I, O, M, L, D		使能输出
IN	DWORD	I, O, M, L, D		要移位的值
N	WORD	I, O, M, L, D		要移位的位数（允许范围：0～31）
OUT	DWORD	I, O, M, L, D		移位操作的结果

符号

```
   ┌──────────┐
   │  SHR_DW  │
 ──┤ EN   ENO ├──
 ──┤ IN       │
 ──┤ N    OUT ├──
   └──────────┘
```

说明：

1. 使能(EN)输入端的逻辑"1"信号激活 SHR_DW，SHR_DW 指令对 IN 输入位的位 0～位 31 逐位右移。
2. N 输入指定移位的位数。如果 N>32，该命令将"0"写入 OUT 输出并将状态字中的位 CC0 和位 CV 置为"0"。如果 N≠0，则通过 SHR_W 指令将 CC0 位和 CV 位置为"0"。
3. 从右边移出的所有空位可以填入 N 个零。
4. 扫描移位操作的结果可以由参数 OUT 输出。

移位和循环

举例：LAD

```
        ┌──────────┐
I1.0    │  SHR_DW  │    Q1.0
─┤├─────┤ EN   ENO ├────( )──
        │          │
MD0─────┤ IN       │
        │          │
MW4─────┤ N    OUT ├─MD10
        └──────────┘
```

提示：

1. 当 I1.0=1，输入使能(EN) 激活了 SHR_DW，它根据 MW4 的内容（要移位位数）对 MD0 的内容右移到指定的位数，并将移位的结果写入到 MD10 中。同时使能输出 Q1.0=1。
2. 空位都用"0"填入。

STL

```
A    I 1.0    // 执行指令条件
JNB  001      // 若 RLO=0，则同 BR 一起跳转
L    MW4      // 将 MW4 的内容（要移位的位数）装
              //    入累加器 1 中
L    MD0      // 将累加器 1 的内容装入累加器 2 中，
              //    将 MD0 的内容（要移位的值）装入
              //    累加器 1 中
SRD           // 将累加器 1 中的内容右移（位移数为
              //    累加器 2 低字的低字节中内容）
T    MD10     // 将移位的结果传送到 MD10
SET           // RLO 置位（=1）
SAVE          // 将 RLO 存入 BR 存储器
CLR           // RLO 清零（=0）
001: A  BR    // 异常二进制结果
  =  Q1.0     // 移位正常，Q1.0=1
```

注意：

1. 语句表指令格式为 SRD 和 SRD〈数值〉。
2. SRD：移位位数通过 ACCU2 低字的低字节中数值定义。
3. SRD〈数值〉：移位位数通过地址〈数值〉定义。

位   31   15   0

MD0 (85818) `0 0 0 0 0 0 0 0 0 0 0 0 1 0 0 0 0 1 0 1 1 0 0 0 0 0 0 1 1 0 0 0`

右移 4 位

MW4 (4)

MD10 (8581) `0 0 0 0 0 0 0 0 0 0 0 0 0 0 0 0 1 0 0 0 0 1 0 1 1 0 0 0 0 0 0 1   1 0 0 0`

空出的位都填为"0"   这四个位将丢失

11	ROL_DW / RLD 双字左循环			
参数	数据类型	存储区域		说明
EN	BOOL	I, O, M, L, D		使能输入
ENO	BOOL	I, O, M, L, D		使能输出
IN	DWORD	I, O, M, L, D		要循环的值
N	WORD	I, O, M, L, D		要循环的位数（允许范围：0~31）
OUT	DWORD	I, O, M, L, D		双字循环操作的结果

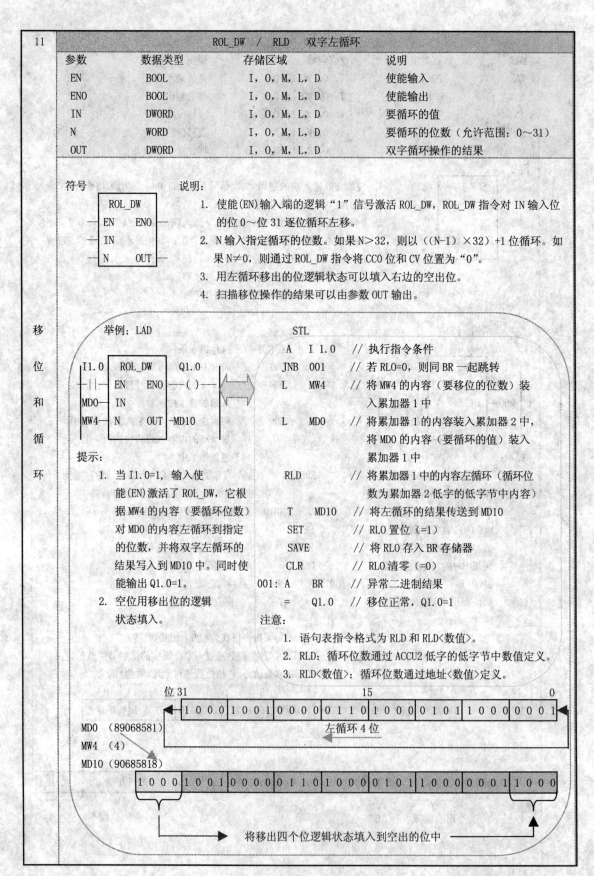

符号

```
     ROL_DW
 ┤├ EN    ENO ┤├
 ─┤ IN        │
 ─┤ N     OUT ├─
```

说明：

1. 使能(EN)输入端的逻辑"1"信号激活 ROL_DW, ROL_DW 指令对 IN 输入位的位 0~位 31 逐位循环左移。

2. N 输入指定循环的位数。如果 N>32，则以（(N-1)×32）+1 位循环。如果 N≠0，则通过 ROL_DW 指令将 CC0 位和 CV 位置为"0"。

3. 用左循环移出的位逻辑状态可以填入右边的空出位。

4. 扫描移位操作的结果可以由参数 OUT 输出。

移位和循环

举例：LAD

```
 I1.0   ROL_DW    Q1.0
 ─┤├─ EN    ENO ─( )─
 MD0 ─ IN
 MW4 ─ N    OUT ─MD10
```

提示：

1. 当 I1.0=1，输入使能(EN)激活了 ROL_DW，它根据 MW4 的内容（要循环位数）对 MD0 的内容左循环到指定的位数，并将双字左循环的结果写入到 MD10 中。同时使能输出 Q1.0=1。

2. 空位用移出位的逻辑状态填入。

STL

```
      A    I 1.0   // 执行指令条件
      JNB  001     // 若 RLO=0，则同 BR 一起跳转
      L    MW4     // 将 MW4 的内容（要移位的位数）装
                   //   入累加器 1 中
      L    MD0     // 将累加器 1 的内容装入累加器 2 中，
                   //   将 MD0 的内容（要循环的值）装入
                   //   累加器 1 中
      RLD          // 将累加器 1 中的内容左循环（循环位
                   //   数为累加器 2 低字的低字节中内容）
      T    MD10    // 将左循环的结果传送到 MD10
      SET          // RLO 置位（=1）
      SAVE         // 将 RLO 存入 BR 存储器
      CLR          // RLO 清零（=0）
 001: A    BR      // 异常二进制结果
      =    Q1.0    // 移位正常，Q1.0=1
```

注意：

1. 语句表指令格式为 RLD 和 RLD<数值>。

2. RLD：循环位数通过 ACCU2 低字的低字节中数值定义。

3. RLD<数值>：循环位数通过地址<数值>定义。

位 31 ··· 15 ··· 0

```
1000 1001 0000 0110 1000 0101 1000 0001
```
左循环 4 位

MD0 （89068581）
MW4 （4）
MD10 （90685818）

```
1000 1001 0000 0110 1000 0101 1000 0001 1000
```

将移出四个位逻辑状态填入到空出的位中

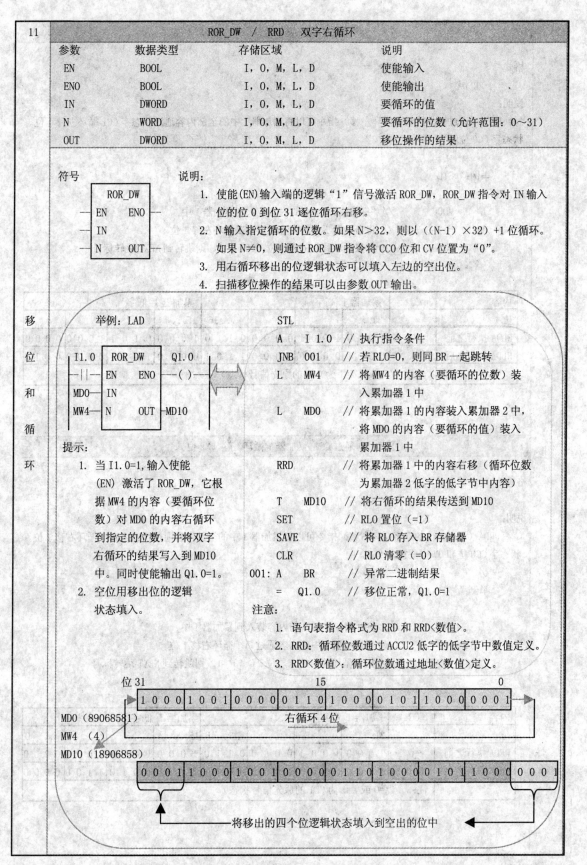

11	ROR_DW / RRD 双字右循环			
参数	数据类型	存储区域	说明	
EN	BOOL	I, O, M, L, D	使能输入	
ENO	BOOL	I, O, M, L, D	使能输出	
IN	DWORD	I, O, M, L, D	要循环的值	
N	WORD	I, O, M, L, D	要循环的位数（允许范围：0~31）	
OUT	DWORD	I, O, M, L, D	移位操作的结果	

符号

```
      ROR_DW
  ─| EN    ENO |─
  ─| IN        |
  ─| N     OUT |─
```

说明：

1. 使能(EN)输入端的逻辑"1"信号激活 ROR_DW，ROR_DW 指令对 IN 输入位的位 0 到位 31 逐位循环右移。
2. N 输入指定循环的位数。如果 N>32，则以（（N-1）×32）+1 位循环。如果 N≠0，则通过 ROR_DW 指令将 CC0 位和 CV 位置为"0"。
3. 用右循环移出的位逻辑状态可以填入左边的空出位。
4. 扫描移位操作的结果可以由参数 OUT 输出。

移位和循环

举例：LAD

```
  I1.0   ROR_DW    Q1.0
  ─||──| EN    ENO |─( )─
  MD0 ─| IN        |
  MW4 ─| N     OUT |─MD10
```

提示：

1. 当 I1.0=1，输入使能 (EN) 激活了 ROR_DW，它根据 MW4 的内容（要循环位数）对 MD0 的内容右循环到指定的位数，并将双字右循环的结果写入到 MD10 中。同时使能输出 Q1.0=1。
2. 空位用移出位的逻辑状态填入。

STL

```
A    I 1.0   // 执行指令条件
JNB  001     // 若 RLO=0，则同 BR 一起跳转
L    MW4     // 将 MW4 的内容（要循环的位数）装
             //    入累加器 1 中
L    MD0     // 将累加器 1 的内容装入累加器 2 中，
             //    将 MD0 的内容（要循环的值）装入
             //    累加器 1 中
RRD          // 将累加器 1 中的内容右移（循环位数
             //    为累加器 2 低字的低字节中内容）
T    MD10    // 将右循环的结果传送到 MD10
SET          // RLO 置位（=1）
SAVE         // 将 RLO 存入 BR 存储器
CLR          // RLO 清零（=0）
001: A  BR   // 异常二进制结果
=    Q1.0    // 移位正常，Q1.0=1
```

注意：

1. 语句表指令格式为 RRD 和 RRD〈数值〉。
2. RRD：循环位数通过 ACCU2 低字的低字节中数值定义。
3. RRD〈数值〉：循环位数通过地址〈数值〉定义。

位 31　　　　　　　　　　15　　　　　　　　　　0

`1000 1001 0000 0110 1000 0101 1000 0001`

MD0（89068581）

MW4（4）　右循环 4 位

MD10（18906858）

`0001 1000 1001 0000 0110 1000 0101 1000 0001`

将移出的四个位逻辑状态填入到空出的位中

11

移
位
和
循
环

/ RLDA　通过 CC1 累加器 1 循环左移（32 位）

格式

    RLDA

说明：

    RLDA（通过 CC1 的双字循环左移）指令可以将累加器 1 中的全部内容通过状态字 CC1 循环左移 1 位。状态字 CC0 位和 OV 位被置为"0"。

    举例：　STL

L　　MD0	// 将存储双字 MD0 的内容装入到累加器 1 中
RLDA	// 将累加器 1 中的内容通过 CC1 循环左移 1 位
JP　　NEXT	// 如果循环移出的末尾位（CC1）=1，则跳转到 NEXT 跳转标号

内容	CC1	累加器 1 高字				累加器 1 低字			
位		31...			...16	15...			... 0
RLDA 执行之前	X	1000	1001	0000	0110	1000	0101	1000	0000
RLDA 执行之后	1	0001	0010	0000	1101	0000	1011	0000	001 X
注：　（X=0 或 X=1 为 CC1 的原先信号状态）									

/ RRDA　通过 CC1 累加器 1 循环右移（32 位）

格式

    RRDA

说明：

    RRDA（通过 CC1 的双字循环右移）指令可以将累加器 1 中的全部内容通过状态字 CC1 循环右移 1 位。状态字 CC0 位和 OV 位被置为"0"。

    举例：　STL

L　　MD0	// 将存储双字 MD0 的内容装入到累加器 1 中
RRDA	// 将累加器 1 中的内容通过 CC1 循环右移 1 位
JP　　NEXT	// 如果循环移出的末尾位（CC1）=1，则跳转到 NEXT 跳转标号

内容	CC1	累加器 1 高字				累加器 1 低字			
位		31...			...16	15...			... 0
RRDA 执行之前	X	1000	1001	0000	0110	1000	0101	1000	0000
RRDA 执行之后	0	X100	0100	1000	0011	0100	0010	1100	0000
注：　（X=0 或 X=1 为 CC1 的原先信号状态）									

S_PULSE / 脉冲 S5 定时器

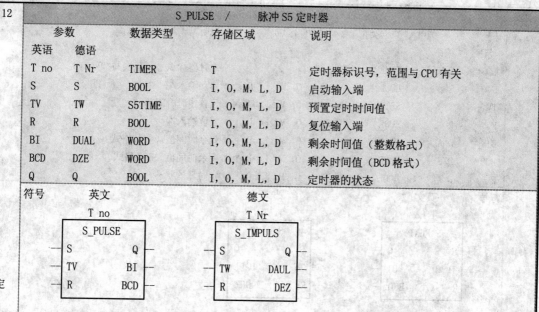

参数		数据类型	存储区域	说明
英语	德语			
T no	T Nr	TIMER	T	定时器标识号，范围与 CPU 有关
S	S	BOOL	I, 0, M, L, D	启动输入端
TV	TW	S5TIME	I, 0, M, L, D	预置定时时间值
R	R	BOOL	I, 0, M, L, D	复位输入端
BI	DUAL	WORD	I, 0, M, L, D	剩余时间值（整数格式）
BCD	DZE	WORD	I, 0, M, L, D	剩余时间值（BCD 格式）
Q	Q	BOOL	I, 0, M, L, D	定时器的状态

符号	英文	德文

定

时

器

说明：

1. 当 S 端信号由 "0" 变 "1" 出现上升沿时，S_PULSE 启动指定的定时器。只要 S 端信号状态为 "1"，则定时器就以 TV 输入端预置时间值运行。只要定时器一运行，Q 输出端上的信号状态就为 "1"。

2. 在定时时间结束之前，如果在 S 输入端信号由 "1" 变 "0"，则定时器立即停止运行。Q 输出端上的信号状态就为 "0"。

3. 当定时器运行时，如果定时器 R 复位输入端信号由 "0" 变 "1"，则定时器被复位。同时当前时间值和时基被置为零。如果定时器未运行，即使定时器 R 复位输入端逻辑为 "1"，对定时器无影响。

4. 在 BI 和 BCD 输出端扫描当前时间值。BI 端上的时间值为二进制值；BCD 端上的时间值为 BCD 码。当前的时间值等于 TV 预置值减去定时器启动后的历时时间。

举例： LAD

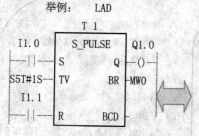

STL

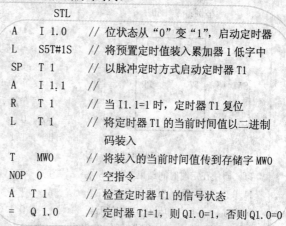

A	I 1.0	// 位状态从 "0" 变 "1"，启动定时器
L	S5T#1S	// 将预置定时值装入累加器 1 低字中
SP	T 1	// 以脉冲定时方式启动定时器 T1
A	I 1.1	//
R	T 1	// 当 I1.1=1 时，定时器 T1 复位
L	T 1	// 将定时器 T1 的当前时间值以二进制码装入
T	MW0	// 将装入的当前时间值传到存储字 MW0
NOP	0	// 空指令
A	T 1	// 检查定时器 T1 的信号状态
=	Q 1.0	// 定时器 T1=1，则 Q1.0=1，否则 Q1.0=0

提示：

当 I1.0 由 "0" 变为 "1"，启动 T1。只要 I1.0=1，T1 按预置时间 1s 运行。如在定时时间结束之前，I1.0 由 "1" 变为 "0"，则 T1 停止。

如果 R 端 I1.1 由 "0" 变为 "1"，则定时器 T1 复位，且当前时间和时基清零。

如果定时器 T1 运行，则 Q1.0=1；否则 Q1.0=0。

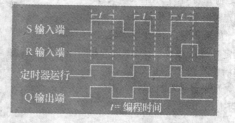

S_PEXT / 扩展脉冲 S5 定时器

参数		数据类型	存储区域	说明
英语	德语			
T no	T Nr	TIMER	T	定时器标识号，范围与 CPU 有关
S	S	BOOL	I, O, M, L, D	启动输入端
TV	TW	S5TIME	I, O, M, L, D	预置定时时间值
R	R	BOOL	I, O, M, L, D	复位输入端
BI	DUAL	WORD	I, O, M, L, D	剩余时间值（整数格式）
BCD	DZE	WORD	I, O, M, L, D	剩余时间值（BCD 格式）
Q	Q	BOOL	I, O, M, L, D	定时器的状态

定

时

器

符号   英文   德文
T no   T Nr

```
     ┌──────────┐              ┌──────────┐
     │  S_PEXT  │              │  S_VIMP  │
  ───┤ S      Q ├───        ───┤ S      Q ├───
  ───┤ TV    BI ├───        ───┤ TW  DAUL ├───
  ───┤ R    BCD ├───        ───┤ R    DEZ ├───
     └──────────┘              └──────────┘
```

说明：

1. 当 S 端信号由"0"变"1"出现上升沿时，S_PEXT 启动指定的定时器。即使在定时时间结束之前 S 输入端信号由"1"变"0"，定时器仍然以 TV 输入端预置时间值运行。只要定时器一运行，Q 输出端上的信号状态就为"1"。

2. 当定时器运行时，S 输入端信号又由"0"变"1"，则定时器以 TV 输入端预置时间值重新启动。

3. 当定时器运行时，如果定时器 R 复位输入端信号由"0"变"1"，则定时器被复位。同时当前时间值和时基被置为零。

4. 在 BI 和 BCD 输出端扫描当前时间值。BI 端上的时间值为二进制值；BCD 端上的时间值为 BCD 码。当前的时间值等于 TV 预置值减去定时器启动后的历时时间。

举例：   LAD   STL

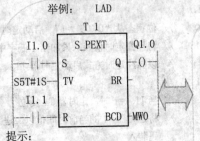

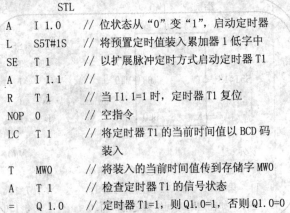

A	I 1.0	// 位状态从"0"变"1"，启动定时器
L	S5T#1S	// 将预置定时值装入累加器 1 低字中
SE	T 1	// 以扩展脉冲定时方式启动定时器 T1
A	I 1.1	//
R	T 1	// 当 I1.1=1 时，定时器 T1 复位
NOP	0	// 空指令
LC	T 1	// 将定时器 T1 的当前时间值以 BCD 码装入
T	MW0	// 将装入的当前时间值传到存储字 MW0
A	T 1	// 检查定时器 T1 的信号状态
=	Q 1.0	// 定时器 T1=1，则 Q1.0=1，否则 Q1.0=0

提示：

当 I1.0 由"0"变为"1"，启动 T1。即使在定时时间结束之前，S 端 I1.0 由"1"变为"0"，T1 仍按预置时间 1s 运行。如果在定时时间结束之前 S 端 I1.0 又由"0"变为"1"，则定时器 T1 又重新启动。

如果 R 端 I1.1 由"0"变为"1"，则定时器 T1 复位，且当前时间和时基清零。

如果定时器 T1 运行，则 Q1.0=1；否则 Q1.0=0。

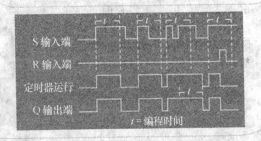

12		S_ODT	/	接通延时 S5 定时器	

参数		数据类型	存储区域	说明
英语	德语			
T no	T Nr	TIMER	T	定时器标识号，范围与 CPU 有关
S	S	BOOL	I, 0, M, L, D	启动输入端
TV	TW	S5TIME	I, 0, M, L, D	预置定时时间值
R	R	BOOL	I, 0, M, L, D	复位输入端
BI	DUAL	WORD	I, 0, M, L, D	剩余时间值（整数格式）
BCD	DZE	WORD	I, 0, M, L, D	剩余时间值（BCD 格式）
Q	Q	BOOL	I, 0, M, L, D	定时器的状态

定
时
器

符号　　　　　英文　　　　　　　　　德文

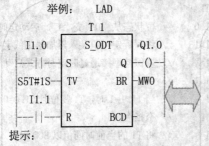

说明：

1. 当 S 端信号由"0"变"1"出现上升沿时，S_ODT 启动指定的定时器。只要 S 输入端信号状态为"1"，则定时器就以 TV 输入端预置时间值运行。

2. 当定时时间结束，未出错且 S 端信号仍为"1"，Q 输出端上信号状态就为"1"。当定时器在运行，而 S 输入端信号由"1"变"0"，则定时器立即停止运行，Q 输出端上的信号状态就为"0"。

3. 当定时器运行时，如果定时器 R 复位输入端信号状态由"0"变"1"，则定时器被复位，当前时间值和时基被置零。此时，Q 输出端信号状态也为"0"。当定时器未运行且 S 输入端 RLO 为"1"时，如果定时器 R 复位输入端逻辑为"1"，则定时器也复位。

4. 在 BI 和 BCD 输出端扫描当前时间值。BI 端上的时间值为二进制值；BCD 端上的时间值是 BCD 码。当前的时间值等于 TV 预置值减去定时器启动后的历时时间。

举例：　　　LAD　　　　　　　　　　STL

```
        T 1
I1.0    S_ODT    Q1.0
─┤├─── S     Q ──( )──
S5T#1S─ TV    BR ─MW0
I1.1
─┤├─── R    BCD
```

A	I 1.0	// 位状态从"0"变"1"，启动定时器
L	S5T#1S	// 将预置定时值装入累加器 1 低字中
SD	T 1	// 以接通延时定时方式启动定时器 T1
A	I 1.1	//
R	T 1	// 当 I1.1=1 时，定时器 T1 复位
L	T 1	// 将 T1 的当前时间值以二进制码装入
T	MW0	// 将装入的当前时间值传到存储字 MW0
NOP	0	// 空指令
A	T 1	// 检查定时器 T1 的信号状态
=	Q 1.0	// 当 T1=1（定时结束，未出错且 I1.0=1）时，则 Q1.0=1

提示：

当 I1.0 由"0"变为"1"，启动 T1。只要 I1.0=1，T1 按预置时间 1s 运行。

当定时时间结束，未出错且 S 端信号仍为"1"，则 Q1.0=1。当 T1 在运行，而 S 输入端上信号 I1.0 由"1"变为"0"，则 T1 停止，且 Q1.0=0。

如果 I1.1 由"0"变为"1"，则定时器 T1 复位，且当前时间和时基清零，Q1.0=0。

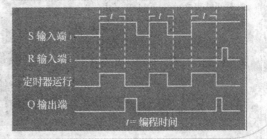

12		S_ODTS / 保持型接通延时 S5 定时器		

参数		数据类型	存储区域	说明
英语	德语			
T no	T Nr	TIMER	T	定时器标识号，范围与 CPU 有关
S	S	BOOL	I, 0, M, L, D	启动输入端
TV	TW	S5TIME	I, 0, M, L, D	预置定时时间值
R	R	BOOL	I, 0, M, L, D	复位输入端
BI	DUAL	WORD	I, 0, M, L, D	剩余时间值（整数格式）
BCD	DZE	WORD	I, 0, M, L, D	剩余时间值（BCD 格式）
Q	Q	BOOL	I, 0, M, L, D	定时器的状态

符号   英文   德文

          T no   T Nr

```
  ┌─────────────┐              ┌─────────────┐
  │   S_ODTS    │              │  S_SEVERZ   │
─ │ S         Q │ ─          ─ │ S         Q │ ─
─ │ TV       BI │ ─          ─ │ TW     DAUL │ ─
─ │ R       BCD │ ─          ─ │ R       DEZ │ ─
  └─────────────┘              └─────────────┘
```

定时器

说明：

1. 当 S 端信号由 "0" 变 "1" 出现上升沿时，S_ODTS 启动指定的定时器。即使在定时时间结束之前，S 端输入信号状态变为 "0"，则定时器还是以 TV 输入端预置时间值继续运行。

2. 当定时器运行时，S 输入端信号又由 "0" 变 "1"，则定时器以 TV 输入端预置时间值重新启动。当定时时间已经结束，不管 S 输入端信号状态如何，Q 输出端上的信号状态为 "1"。

3. 如果定时器 R 复位输入端信号由 "0" 变 "1"，则不管 S 输入端信号状态如何定时器即被复位。此时，Q 输出端上的信号状态为 "0"。

4. 在 BI 和 BCD 输出端扫描当前时间值。BI 端上的时间值为二进制值；BCD 端上的时间值为 BCD 码。当前的时间值等于 TV 预置值减去定时器启动后的历时时间。

举例： LAD

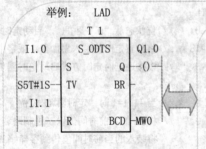

STL

A	I 1.0	// 位状态从 "0" 变 "1"，启动定时器
L	S5T#1S	// 将预置定时值装入累加器 1 低字中
SS	T 1	// 以保持型接通延时定时方式启动 T1
A	I 1.1	//
R	T 1	// 当 I1.1=1 时，T1 复位且 Q1.0=0
NOP	0	// 空指令
LC	T 1	// 将 T1 的当前时间值以 BCD 码装入
T	MW0	// 将装入的当前时间值传到存储字 MW0
A	T 1	// 检查定时器 T1 的信号状态
=	Q 1.0	// 当 T1=1（定时结束，不管 S 端 I1.0 信号状态如何）时，则 Q1.0=1

提示：

当 I1.0 由 "0" 变为 "1"，启动 T1。即使在定时时间结束之前 I1.0=1，T1 仍按预置时间 1s 运行。如果在定时时间结束之前 S 端 I1.0 又由 "0" 变为 "1"，则定时器 T1 又重新启动。

如果 R 端 I1.1 由 "0" 变为 "1"，则定时器 T1 复位。此时，Q1.0=0。

当定时时间已经结束，不管 S 输入端信号状态如何，Q 输出端上信号 Q1.0=1。除非 I1.1=1 时，则 Q1.0=0。

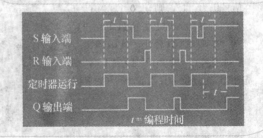

	S_OFFDT /	断电延时 S5 定时器	

参数		数据类型	存储区域	说明
英语	德语			
T no	T Nr	TIMER	T	定时器标识号，范围与 CPU 有关
S	S	BOOL	I，O，M，L，D	启动输入端
TV	TW	S5TIME	I，O，M，L，D	预置定时时间值
R	R	BOOL	I，O，M，L，D	复位输入端
BI	DUAL	WORD	I，O，M，L，D	剩余时间值（整数格式）
BCD	DZE	WORD	I，O，M，L，D	剩余时间值（BCD 格式）
Q	Q	BOOL	I，O，M，L，D	定时器的状态

符号	英文	德文
	T no	T Nr

定

时

器

```
      S_OFFDT
 ─ S        Q ─
 ─ TV       BI ─
 ─ R       BCD ─
```

```
      S_AVERZ
 ─ S        Q ─
 ─ TW     DAUL ─
 ─ R       DEZ ─
```

说明：

1. 当 S 端信号由"1"变"0"出现下降沿时，S_OFFDT 启动指定的定时器。如果 S 端信号状态为"1"或定时器一运行，Q 输出端上的信号状态就为"1"。

2. 当定时器运行时，如果在 S 输入端信号又由"0"变"1"，则定时器复位。直到 S 输入端信号又由"1"变"0"，定时器又能重新启动。

3. 当定时器运行时，如果定时器 R 复位输入端信号由"0"变"1"，则定时器被复位。

4. 在 BI 和 BCD 输出端扫描当前时间值。BI 端上的时间值为二进制值；BCD 端上的时间值为 BCD 码。当前的时间值等于 TV 预置值减去定时器启动后的历时时间。

举例：　LAD

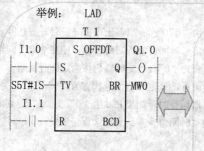

T 1

```
 I1.0     S_OFFDT    Q1.0
 ──┤├──┤ S      Q ├──( )──
 S5T#1S─┤ TV     BR ├─MW0
 I1.1
 ──┤├──┤ R     BCD ├
```

STL

A	I 1.0	// 位状态从"1"变"0"，启动定时器
L	S5T#1S	// 将预置定时值装入累加器 1 低字中
SF	T 1	// 以断电延时定时方式启动定时器 T1
A	I1.1	//
R	T 1	// 当 I1.1=1 时，定时器 T1 复位
L	T 1	// 将定时器 T1 的当前时间值以二进制码装入
T	MW0	// 将装入的当前时间值传到存储字 MW0
NOP	0	// 空指令
A	T 1	// 检查定时器 T1 的信号状态
=	Q 1.0	// 定时器 T1=1，则 Q1.0=1

提示：

　　当 I1.0 由"1"变为"0"，启动 T1，T1 按预置时间 1s 运行。此时，如果 I1.0 由"0"变为"1"，则 T1 复位，直到 I1.0 由"1"变为"0" T1 才重新启动。

　　当 T1 运行时，如果 R 端 I1.1 由"0"变为"1"，则定时器 T1 复位。

　　当 S 端 I1.0=1 或定时器 T1 运行时，则 Q1.0=1。除非 R 端 I1.1=1 时，则 Q1.0=0。

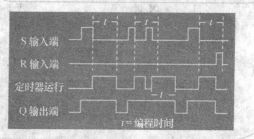

S 输入端

R 输入端

定时器运行

Q 输出端

t＝编程时间

英语	德语

—(SP)／ SP 脉冲定时器（线圈）

参数		数据类型	存储区域	说明
英语	德语			
<T no>	<T Nr>	TIMER	T	定时器标识号，范围与 CPU 有关
<时间值>	<时间值>	S5TIME	I, 0, M, L, D	预置时间值

定时器

符号	英文	德文
	<T no>	<T Nr>
	—(SP)	—(SI)
	<时间值>	<时间值>

说明：1. 当 RLO 由"0"变为"1"出现上升沿时，—(SP) 启动具有给定<时间值>的定时器。只要 RLO 保持为"1"，则定时器按给定的时间运行且定时器信号状态为"1"。

2. 在给定时间结束之前，RLO 由"1"变"0"，则定时器将停止。在此情况下，"1"信号扫描产生结果是"0"。

举例： LAD

```
I1.0    T1
—||———( SP )—
       S5T#1S

T1      Q1.0
—||———(   )—

I1.1    T1
—||———( R )—
```

STL

```
A    I 1.0    //
L    S5T#1S   // 将预置定时值（1s）装入累加器1低字中
SP   T 1      // 以脉冲定时方式启动定时器 T1

A    T 1      // 检查定时器 T1 的信号状态
=    Q1.0     //  当 T1=1, 则 Q1.0=1

A    I 1.1    //
R    T 1      // 当 I1.1 由"0"变为"1"，则 T1 被复位
```

注意：时序图参考"S_PULSE（脉冲 S5 定时器）"。

—(SE)／ SE 扩展脉冲定时器（线圈）

符号	英文	德文
	<T no>	<T Nr>
	—(SE)	—(SV)
	<时间值>	<时间值>

说明：1. 当 RLO 由"0"变为"1"出现上升沿时，—(SE) 启动具有给定<时间值>的定时器。即使在给定时间结束之前 RLO 变为"0"，定时器仍按给定的时间运行。只要定时器运行，该定时器信号状态为"1"。

2. 在定时器运行时，如果 RLO 由"0"变"1"，则定时器以给定<时间值>重新启动（重新触发）。

举例： LAD

```
I1.0    T1
—||———( SE )—
       S5T#1S

T1      Q1.0
—||———(   )—

I1.1    T1
—||———( R )—
```

STL

```
A    I 1.0    //
L    S5T#1S   // 将预置定时值（1s）装入累加器1低字中
SE   T 1      // 以扩展脉冲定时方式启动定时器 T1

A    T 1      // 检查定时器 T1 的信号状态
=    Q1.0     //  当 T1=1, 则 Q1.0=1

A    I 1.1    //
R    T 1      // 当 I1.1 由"0"变为"1"，则 T1 被复位
```

注意：时序图参考"S_PEXT（扩展脉冲 S5 定时器）"。

12			一（SD）／ SD 接通延时定时器（线圈）		
	参数	数据类型	存储区域	说明	
	英语　　德语				
	＜T no＞　＜T Nr＞	TIMER	T	定时器标识号，范围与 CPU 有关	
	＜时间值＞＜时间值＞	S5TIME	I，0，M，L，D	预置时间值	

符号　　英文　　　　　德文

    ＜T no＞　　＜T Nr＞
    ―（SD）　　―（SE）
    ＜时间值＞　＜时间值＞

说明：1. 当 RLO 由"0"变为"1"出现上升沿时，―（SD）启动
        具有给定＜时间值＞的定时器。当＜时间值＞结束，未
        出现错误且 RLO 仍为"1"，则定时器信号状态为"1"。
     2. 在定时器运行时，如果 RLO 由"1"变"0"，则定时器
        将复位。在此情况下，"1"信号扫描产生结果是"0"。

定
时
器

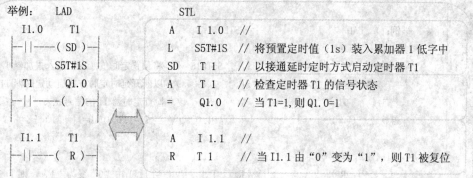

举例：　LAD　　　　　　　　STL

   I1.0　　T1
  ―| |―――（ SD ）―|　　　A　　I 1.0　　//
       S5T#1S　　　　L　　S5T#1S　// 将预置定时值（1s）装入累加器 1 低字中
               SD　　T 1　　// 以接通延时定时方式启动定时器 T1
   T1　　Q1.0
  ―| |―――（ ）―|　　　A　　T 1　　// 检查定时器 T1 的信号状态
               =　　Q1.0　// 当 T1=1，则 Q1.0=1

   I1.1　　T1
  ―| |―――（ R ）―|　　　A　　I 1.1　　//
               R　　T 1　　// 当 I1.1 由"0"变为"1"，则 T1 被复位

注意：时序图参考"S_ODT（接通延时 S5 定时器）"。

	一（SS）／ SS　保持型接通延时定时器（线圈）	

符号　　英文　　　　　德文

    ＜T no＞　　＜T Nr＞
    ―（SS）　　―（SS）
    ＜时间值＞　＜时间值＞

说明：1. 当 RLO 由"0"变为"1"出现上升沿时，―（SS）启动
        具有给定＜时间值＞的定时器。即使在给定时间结束之
        前 RLO 变为"0"，定时器仍按给定的时间运行。当给
        定时间结束，则该定时器信号状态为"1"（与 RLO 无
        关）。只有复位才使定时器信号状态置为"0"。
     2. 在定时器运行时，如果 RLO 由"0"变"1"，则定时器
        以给定＜时间值＞重新启动（重新触发）。

举例：　LAD　　　　　　　STL

   I1.0　　T1
  ―| |―――（ SS ）―|　　　A　　I 1.0　　//
       S5T#1S　　　　L　　S5T#1S　// 将预置定时值（1s）装入累加器 1 低字中
               SS　　T 1　　// 以保持型延时定时方式启动定时器 T1
   T1　　Q1.0
  ―| |―――（ ）―|　　　A　　T 1　　// 检查定时器 T1 的信号状态
               =　　Q1.0　// 当 TI=1，则 Q1.0=1

   I1.1　　T1
  ―| |―――（ R ）―|　　　A　　I 1.1　　//
               R　　T 1　　// 当 I1.1 由"0"变为"1"，则 T1 被复位

注意：时序图参考"S_ODTS（保持型接通延时 S5 定时器）"。

12	— (SF) / SF　断开延时定时器线圈			
	参数	数据类型	存储区域	说明
	英语　　德语			
	<T no>　<T Nr>	TIMER	T	定时器标识号，范围与 CPU 有关
	<时间值><时间值>	S5TIME	I, O, M, L, D	预置时间值

<table>
<tr><td rowspan="7">定
时
器</td><td colspan="2">符号　　英文　　　　德文</td><td colspan="2"></td></tr>
<tr><td colspan="2">
<T no>　　<T Nr>
—(SF)　　　—(SA)
<时间值>　<时间值>
</td>
<td colspan="2">
说明：1. 当 RLO 由 "1" 变为 "0" 出现下降沿时，--(SF) 启动
　　　　具有给定<时间值>的定时器。当 RLO 为 "1" 或在
　　　　<时间值>内定时器运行，则定时器信号状态为 "1"。
　　2. 在定时器运行时，如果 RLO 由 "0" 变 "1"，则定时器
　　　　复位。如果 RLO 又由 "1" 变 "0"，则定时器又能重
　　　　新启动。
</td>
</tr>
</table>

举例：　LAD　　　　　　　STL

```
  I1.0    T1                  A    I 1.0    //
 ─┤├───( SF )─┤             L    S5T#1S  // 将预置定时值（1s）装入累加器 1 低字中
         S5T#1S               SF   T 1     // 以断开延时定时方式启动定时器 T1

   T1     Q1.0                A    T 1      // 检查定时器 T1 的信号状态
 ─┤├─────( )─┤              =    Q1.0     // 当 T1=1，则 Q1.0=1

   I1.1    T1                  A    I 1.1    //
 ─┤├─────( R )─┤            R    T 1      // 当 I1.1 由 "0" 变为 "1"，则 T1 被复位
```

注意：时序图参考 "S_OFFDT（断开延时 S5 定时器）"。

	/ FR　使能定时器（任意）			
	地址	数据类型	存储区域	说明
	<定时器>	TIMER	T	定时器编号，范围与 CPU 有关

格式

　　　　FR <定时器>

说明：

1. 当 RLO 由 "0" 变为 "1" 时，使用该指令可以清零用于启动寻址定时器的边沿检测标志。位于 FR 指令之前的 RLO 位从 "0" 到 "1" 的变化，可以使能定时器。

2. 使能定时器指令不是启动定时器的必要条件，也不是正常定时器操作的必要条件。它只是用于触发一个正在运行的定时器再启动。只有在 RLO=1 启动操作连续进行时才能实现再启动。

举例：　STL

```
A    I1.0   // 检查输入 I1.0 的信号状态
FR   T 1    // 当 RLO 从 "0" 变 "1" 时，使能定时器 T1
A    I1.1   // 检查输入 I1.1 的信号状态
L    S5T#1S // 将预置定时值（1s）装入累加器 1 低字中
SP   T 1    // 以脉冲定时方式启动定时器 T1
A    I 1.2  //
R    T 1    // 当 I1.2 由 "0" 变为 "1"，则 T1 被复位
A    T 1    // 检查定时器 T1 的信号状态
=    Q1.0   // 当 T1=1，则 Q1.0=1
```

/ L	将当前定时值作为整数装入累加器 1		
地址	数据类型	存储区域	说明
<定时器>	TIMER	T	定时器编号，范围与 CPU 有关

格式 L <定时器>

说明：

    1. 该指令将累加器 1 的内容保存到累加器 2 之后，然后从寻址定时器字中将当前定时值以二进制整数且不包括时基装入到累加器 1 低字中。

    2. 该指令只能将当前定时值以二进制码装入累加器 1 低字中，不能装入时基。装入的时间等于初始时间减去定时器启动后的历时时间。

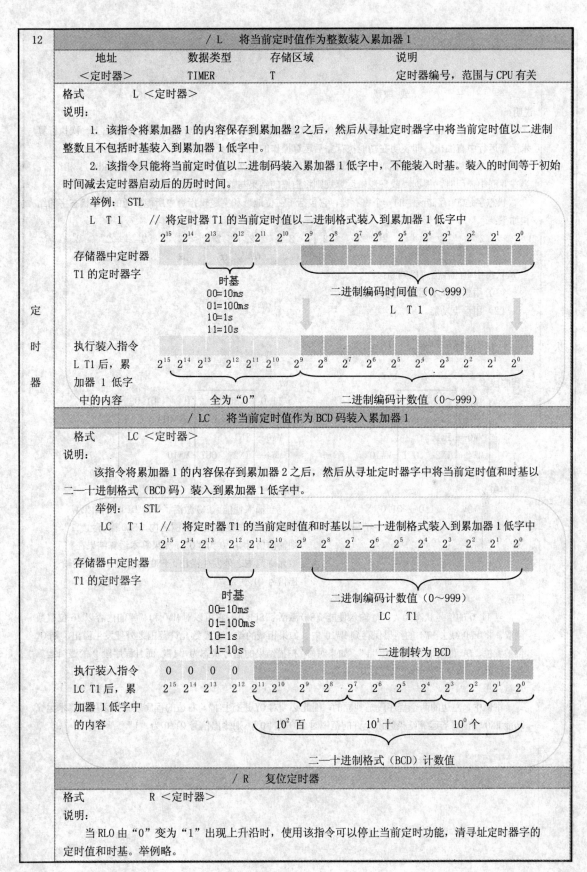

/ LC	将当前定时值作为 BCD 码装入累加器 1

格式 LC <定时器>

说明：

    该指令将累加器 1 的内容保存到累加器 2 之后，然后从寻址定时器字中将当前定时值和时基以二—十进制格式（BCD 码）装入到累加器 1 低字中。

/ R	复位定时器

格式 R <定时器>

说明：

    当 RLO 由 "0" 变为 "1" 出现上升沿时，使用该指令可以停止当前定时功能，清寻址定时器字的定时值和时基。举例略。

定

时

器

符号　　　OV　　　　　　　　　　OV

　　　　—||—　　　或 取反　　—|/|—

说明：

　　OV —||—（溢出异常位）或 OV —|/|—（溢出异常位取反）接点符号被用于识别出上一次执行算术运算运行中有溢出，即表明在功能执行完后运算操作的结果在允许的负范围或正范围之外。

　　当在串联中使用时，根据"与"逻辑运算规则将扫描的结果与前面的逻辑运算结果（RLO）相结合；当在并联中使用时，根据"或"逻辑运算规则将扫描的结果与前面的逻辑运算结果（RLO）相结合。

　　状态字是CPU存储区中的一个寄存器，它包括了在位地址和字逻辑指令中所能参考的位。状态字的结构如下：

2^{15} … 　　…2^9	2^8	2^7	2^6	2^5	2^4	2^3	2^2	2^1	2^0
	BR	CC1	CC0	OV	OS	OR	STA	RLO	/FC

从状态字中的各位可以判断：

（1）用整数算术运算功能；

（2）用浮点功能。

状

态

位

　　举例：LAD

程序段 1

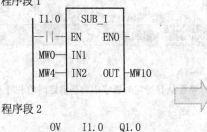

程序段 2

```
    OV    I1.0    Q1.0
—| |  |————||————( )——|
```

提示：

　　当输入使能（EN）激活了 SUB_DI 时，如果算术运算结果在整数允许范围之内，ENO 输出为"1"，则输出信号 Q1.0 为"0"。如果算术运算结果在整数允许范围之外发生溢出，ENO 输出为"0"，则输出信号 Q1.0 为"1"。

提示：

　　当 I1.0 的信号状态为"1"，输入使能（EN）激活了 SUB_I，它可以对 MW0 和 MW4 的内容以 16 位整数读取，将 MW0 减去 MW4 的结果保存到 MW10 中。如果相减的结果在整数允许范围之外便发生溢出，则 OV 位被置位，OV 位的信号状态为"1"。如果对 OV 扫描结果的信号状态为"1"，而且程序段 2 的逻辑运算结果（RLO）为"1"，则输出信号 Q1.0 为"1"。

注意：

　　举例中，左边的两个程序段是独立的，因此必须对 OV 进行扫描。右边的程序段直接采用了算术运算功能 ENO 输出。当运算结果超出允许的范围时 ENO 为"0"，则输出信号 Q1.0 为"1"。

符号　　　　OS　　　　　　　　　　　OS
　　　　--||--　　　　或 取反　--|/|--

说明:

　　OS --||-- (存储溢出异常位) 或 OS --|/|-- (存储溢出异常位取反) 接点符号被用于识别和存储执行算术运算功能中的锁存溢出,即在运行执行完后运算操作的结果在允许的负范围或正范围之外,则在状态字中OS位被置位。不像OV位对后面的算术运算功能OV位被重新写入。而OS位可以保存发生溢出时异常状态,保持置位直到离开块。

　　当在串联中使用时,根据"与"逻辑运算规则将扫描的结果与前面的逻辑运算结果 (RLO) 相结合;当在并联中使用时,根据"或"逻辑运算规则将扫描的结果与前面的逻辑运算结果 (RLO) 相结合。

　　状态字是CPU存储区中的一个寄存器,它包括了在位地址和字逻辑指令中所能参考的位。状态字的结构如下:

2^{15} ...　　　　　 ...2^9	2^8	2^7	2^6	2^5	2^4	2^3	2^2	2^1	2^0
	BR	CC1	CC0	OV	OS	OR	STA	RLO	/FC

从状态字中的各位可以判断:
　　(1) 用整数算术运算功能。
　　(2) 用浮点功能。

状

态

位

　　举例: LAD

程序段1

```
 I1.0    MUL_I
--||--  EN    ENO --
 MW0 ── IN1
 MW4 ── IN2    OUT ─ MW10
```

程序段2

```
 I1.1    ADD_I
--||--  EN    ENO --
 MW0 ── IN1
 MW4 ── IN2    OUT ─ MW12
```

程序段3

```
   OS           Q1.0
--| |-----------( )--
```

提示:

　　当I1.0的信号状态为"1",输入使能 (EN) 激活了MUL_I。当I1.1的信号状态为"1",输入使能 (EN) 激活了ADD_I。如果算术运算功能的结果有在整数允许范围之外,则状态中的OS位被置位,OS位的信号状态为"1"。如果对OS扫描结果的信号状态为"1",则输出信号Q1.0为"1"。

注意:

　　因为程序段是独立的,因此必须对OS进行扫描。当然,也可以将第一次算术运算功能的ENO输出与第二次算术运算功能的EN输入连接。

符号   U0   U0

         ——||——   或 取反   ——|/|——

说明：

     U0 ——||—— （无序异常位）或 U0 ——|/|—— （无序异常位取反）接点符号被用于识别出浮点算术运算功能是否无序（即在算术运算功能中的数值是否有无效的浮点数）。

     如果浮点数（U0）算术运算功能的结果是无效的，则信号状态扫描结果为 "1"。如果在CC1和CC0中的逻辑运算显示 "非无效"，则信号状态扫描结果为 "0"。

     当在串联中使用时，根据 "与" 逻辑运算规则将扫描的结果与前面的逻辑运算结果（RLO）相结合；当在并联中使用时，根据 "或" 逻辑运算规则将扫描的结果与前面的逻辑运算结果（RLO）相结合。

     状态字是CPU存储区中的一个寄存器，它包括了在位地址和字逻辑指令中所能参考的位。状态字的结构如下：

2^{15}...	...2^9	2^8	2^7	2^6	2^5	2^4	2^3	2^2	2^1	2^0
		BR	CC1	CC0	OV	OS	OR	STA	RLO	/FC

从状态字中的各位可以判断：

（1）用整数算术运算功能；

（2）用浮点功能。

状态位

举例：LAD

程序段 1

```
  I1.0      DIV_R        Q1.0
 —||——  EN      ENO   ——( )——
 MD0 ——| IN1
 MD4 ——| IN2    OUT  —MD10
```

程序段 2

```
       U0              Q1.1
     —| |——————————( )—
```

提示：

     当 I1.0 的信号状态为 "1"，输入使能（EN）激活了 DIV_R。如果 MD0 或 MD4 的值为无效的浮点数，则算术运算是无效的。如果输入端 EN 的信号状态为 "1"（启动），并且在运行 DIV_R 过程中出现错误，则输出端 ENO 的信号状态为 "0"。

符号   BR   BR
            ──││──   或 取反   ──│/│──

说明：

　　BR ──││── （异常位二进制结果）或 BR ──│/│── （异常位二进制结果取反）接点符号被用于检查状态字中BR位的逻辑状态。

　　当在串联中使用时，根据"与"逻辑运算规则将扫描的结果与前面的逻辑运算结果（RLO）相结合；当在并联中使用时，根据"或"逻辑运算规则将扫描的结果与前面的逻辑运算结果（RLO）相结合。BR位被用于处理从字到位的传送。

　　状态字是CPU存储区中的一个寄存器，它包括了在位地址和字逻辑指令中所能参考的位。状态字的结构如下：

2^{15} ...	...2^9	2^8	2^7	2^6	2^5	2^4	2^3	2^2	2^1	2^0
		BR	CC1	CC0	OV	OS	OR	STA	RLO	/FC

从状态字中的各位可以判断：

（1）用整数算术运算功能；

（2）用浮点功能。

状

态

位

　　举例：LAD

```
      I1.0          BR          Q1.0
    ──││────────────│ │──────────( S )──
      I1.1
    ──│/│───
```

提示：

　　如果信号 I1.0 为"1"或信号 I1.1 为"0"，除该 RLO 之外，BR 位的逻辑状态为"1"，则信号 Q1.0 被置位。

==0 ---||--- / 结果位等于"0"

状
态
位

符号   ==0   ==0
     --||--   或 取反   --|/|--

说明:

==0 --||--（结果位等于"0"）或 ==0 --|/|--（结果位等于"0" 取反）接点符号被用于识别算术运算功能结果是否等于零。该指令可以对状态字中条件代码位CC1和CC0扫描，以确定结果与零的关系。

当在串联中使用时，根据"与"逻辑运算规则将扫描的结果与前面的逻辑运算结果（RLO）相结合；当在并联中使用时，根据"或"逻辑运算规则将扫描的结果与前面的逻辑运算结果（RLO）相结合。

状态字是CPU存储区中的一个寄存器，它包括了在位地址和字逻辑指令中所能参考的位。状态字的结构如下：

2^{15}…	…2^9	2^8	2^7	2^6	2^5	2^4	2^3	2^2	2^1	2^0
		BR	CC1	CC0	OV	OS	OR	STA	RLO	/FC

从状态字中的各位可以判断：

（1）用整数算术运算功能；

（2）用浮点功能。

举例：LAD

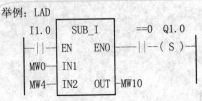

提示：

当I1.0的信号状态为"1"，输入使能(EN)激活了SUB_I。

1. 如果MW0的值等于MW4的值，则算术运算功能"MW0-MW4"的结果为"0"。如果功能正确执行，且结果等于"0"，则信号Q1.0置位。

2. 如果MW0的值不等于MW4的值，则算术运算功能"MW0-MW4"的结果不为"0"。如果功能正确执行，且结果不等于"0"，则信号Q2.0置位。

<>0 ---||--- / 结果位不等于"0"

符号   <>0   <>0
     --||--   或 取反   --|/|--

说明:

<>0--||--（结果位不等于"0"）或<>0--|/|--（结果位不等于"0" 取反）接点符号被用于识别算术运算功能结果是否不等于零。该指令可对状态字中条件代码位CC1和CC0扫描，以确定结果与零的关系。

当在串联中使用时，根据"与"逻辑运算规则将扫描的结果与前面的逻辑运算结果（RLO）相结合；当在并联中使用时，根据"或"逻辑运算规则将扫描的结果与前面的逻辑运算结果（RLO）相结合。

状态字是CPU存储区中的一个寄存器，它包括了在位地址和字逻辑指令中所能参考的位。状态字的结构如下：

2^{15}…	…2^9	2^8	2^7	2^6	2^5	2^4	2^3	2^2	2^1	2^0
		BR	CC1	CC0	OV	OS	OR	STA	RLO	/FC

从状态字中的各位可以判断：

（1）用整数算术运算功能；

（2）用浮点功能。

举例参考上例"==0 ---||---"。

符号   >0   >0
    ─│├─   或 取反 ─│╱├─

说明：

  >0 ─│├─（结果位大于"0"）或 >0 ─│╱├─（结果位大于"0" 取反）接点符号被用于识别算术运算功能结果是否大于零。该指令可以对状态字中条件代码位CC1和CC0扫描，以确定结果与零的关系。

  当在串联中使用时，根据"与"逻辑运算规则将扫描的结果与前面的逻辑运算结果（RLO）相结合；当在并联中使用时，根据"或"逻辑运算规则将扫描的结果与前面的逻辑运算结果（RLO）相结合。

  状态字是CPU存储区中的一个寄存器，它包括了在位地址和字逻辑指令中所能参考的位。状态字的结构如下：

2^{15}...		...2^9	2^8	2^7	2^6	2^5	2^4	2^3	2^2	2^1	2^0
			BR	CC1	CC0	OV	OS	OR	STA	RLO	/FC

从状态字中的各位可以判断：

 （1）用整数算术运算功能；

 （2）用浮点功能。

举例：LAD

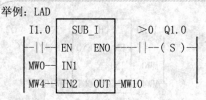

提示：

 当 I1.0 的信号状态为"1"，输入使能(EN)激活了 SUB_I。

1. 如果 MW0 的值大于 MW4 的值， 则算术运算功能"MW0-MW4"的结果大于"0"。如果功能正确执行，且结果大于"0"，则信号 Q1.0 置位。

2. 如果 MW0 的值不大于 MW4 的值， 则算术运算功能"MW0-MW4"的结果不大于"0"。如果功能正确执行，且结果不大于"0"，则信号 Q2.0 置位。

       < 0 ─│├─ ╱ 结果位小于"0"

符号   <0   <0
    ─│├─   或 取反 ─│╱├─

说明：

  <0─│├─（结果位小于"0"）或 <0─│╱├─（结果位小于"0" 取反）接点符号被用于识别算术运算功能结果是否不等于零。该指令可以对状态字中条件代码位CC1和CC0扫描，以确定结果与零的关系。

  当在串联中使用时，根据"与"逻辑运算规则将扫描的结果与前面的逻辑运算结果（RLO）相结合；当在并联中使用时，根据"或"逻辑运算规则将扫描的结果与前面的逻辑运算结果（RLO）相结合。

  状态字是CPU存储区中的一个寄存器，它包括了在位地址和字逻辑指令中所能参考的位。状态字的结构如下：

2^{15}...		...2^9	2^8	2^7	2^6	2^5	2^4	2^3	2^2	2^1	2^0
			BR	CC1	CC0	OV	OS	OR	STA	RLO	/FC

从状态字中的各位可以判断：

 （1）用整数算术运算功能；

 （2）用浮点功能。

举例参考上例">0 ─│├─"。

状
态
位

>=0 ---||---- / 结果位大于等于"0"

符号　　　　>=0　　　　　　　　　　　　　　>=0

　　　　　　--||--　　　　或 取反　　--|/|--

说明：

　　>=0--||--（结果位大于等于"0"）或 >=0 --|/|--（结果位大于等于"0" 取反）接点符号被用于识别算术运算功能结果是否大于等于零。该指令可以对状态字中条件代码位CC1和CC0扫描，以确定结果与零的关系。

　　当在串联中使用时，根据"与"逻辑运算规则将扫描的结果与前面的逻辑运算结果（RLO）相结合；当在并联中使用时，根据"或"逻辑运算规则将扫描的结果与前面的逻辑运算结果（RLO）相结合。

　　状态字是CPU存储区中的一个寄存器，它包括了在位地址和字逻辑指令中所能参考的位。状态字的结构如下：

2^{15} ...		...2^9	2^8	2^7	2^6	2^5	2^4	2^3	2^2	2^1	2^0
			BR	CC1	CC0	OV	OS	OR	STA	RLO	/FC

从状态字中的各位可以判断：

　　（1）用整数算术运算功能；

　　（2）用浮点功能。

状态位

举例：LAD

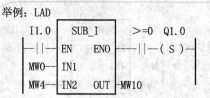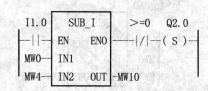

提示：

　　当 I1.0 的信号状态为"1"，输入使能(EN)激活了 SUB_I。

1. 如果 MW0 的值大于或等于 MW4 的值，则算术运算功能"MW0-MW4"的结果大于或等于"0"。如果功能正确执行，且结果大于或等于"0"，则信号 Q1.0 置位。

2. 如果 MW0 的值不大于或不等于 MW4 的值，则算术运算功能"MW0-MW4"的结果不大于或不等于"0"。如果功能正确执行，且结果不大于或不等于"0"，则信号 Q2.0 置位。

<=0 ---||---- / 结果位小于等于"0"

符号　　　　<=0　　　　　　　　　　　　　　<=0

　　　　　　--||--　　　　或 取反　　--|/|--

说明：

　　<=0--||--（结果位小于等于"0"）或<=0 --|/|--（结果位小于等于"0" 取反）接点符号被用于识别算术运算功能结果是否小于等于零。该指令可以对状态字中条件代码位CC1和CC0扫描，以确定结果与零的关系。

　　当在串联中使用时，根据"与"逻辑运算规则将扫描的结果与前面的逻辑运算结果（RLO）相结合；当在并联中使用时，根据"或"逻辑运算规则将扫描的结果与前面的逻辑运算结果（RLO）相结合。

　　状态字是CPU存储区的一个寄存器，它包括了在位地址和字逻辑指令中所能参考的位。状态字的结构如下：

2^{15} ...		...2^9	2^8	2^7	2^6	2^5	2^4	2^3	2^2	2^1	2^0
			BR	CC1	CC0	OV	OS	OR	STA	RLO	/FC

从状态字中的各位可以判断：

　　（1）用整数算术运算功能；

　　（2）用浮点功能。

举例参考上例">=0---||----"。

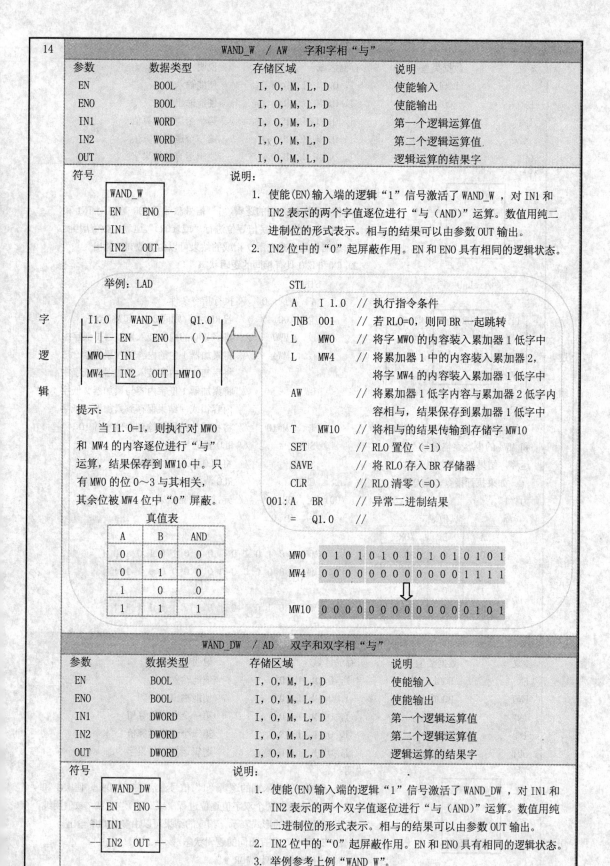

14	WAND_W / AW 字和字相"与"			
参数	数据类型	存储区域	说明	
EN	BOOL	I, 0, M, L, D	使能输入	
ENO	BOOL	I, 0, M, L, D	使能输出	
IN1	WORD	I, 0, M, L, D	第一个逻辑运算值	
IN2	WORD	I, 0, M, L, D	第二个逻辑运算值	
OUT	WORD	I, 0, M, L, D	逻辑运算的结果字	

字逻辑

符号

```
    WAND_W
— EN      ENO —
— IN1
— IN2    OUT —
```

说明：

1. 使能(EN)输入端的逻辑"1"信号激活了 WAND_W ，对 IN1 和 IN2 表示的两个字值逐位进行"与（AND）"运算。数值用纯二进制位的形式表示。相与的结果可以由参数 OUT 输出。
2. IN2 位中的"0"起屏蔽作用。EN 和 ENO 具有相同的逻辑状态。

举例：LAD

```
  I1.0      WAND_W      Q1.0
—||—  EN      ENO  —( )—
MW0—  IN1
MW4—  IN2    OUT —MW10
```

STL

```
      A    I 1.0    // 执行指令条件
      JNB  001      // 若 RLO=0，则同 BR 一起跳转
      L    MW0      // 将字 MW0 的内容装入累加器 1 低字中
      L    MW4      // 将累加器 1 中的内容装入累加器 2，
                    //   将字 MW4 的内容装入累加器 1 低字中
      AW            // 将累加器 1 低字内容与累加器 2 低字内
                    //   容相与，结果保存到累加器 1 低字中
      T    MW10     // 将相与的结果传输到存储字 MW10
      SET           // RLO 置位（=1）
      SAVE          // 将 RLO 存入 BR 存储器
      CLR           // RLO 清零（=0）
001:  A    BR       // 异常二进制结果
      =    Q1.0     //
```

提示：

当 I1.0=1，则执行对 MW0 和 MW4 的内容逐位进行"与"运算，结果保存到 MW10 中。只有 MW0 的位 0～3 与其相关，其余位被 MW4 位中"0"屏蔽。

真值表

A	B	AND
0	0	0
0	1	0
1	0	0
1	1	1

MW0	0 1 0 1 0 1 0 1 0 1 0 1 0 1 0 1
MW4	0 0 0 0 0 0 0 0 0 0 0 0 1 1 1 1
MW10	0 0 0 0 0 0 0 0 0 0 0 0 0 1 0 1

	WAND_DW / AD 双字和双字相"与"			
参数	数据类型	存储区域	说明	
EN	BOOL	I, 0, M, L, D	使能输入	
ENO	BOOL	I, 0, M, L, D	使能输出	
IN1	DWORD	I, 0, M, L, D	第一个逻辑运算值	
IN2	DWORD	I, 0, M, L, D	第二个逻辑运算值	
OUT	DWORD	I, 0, M, L, D	逻辑运算的结果字	

符号

```
    WAND_DW
— EN      ENO —
— IN1
— IN2    OUT —
```

说明：

1. 使能(EN)输入端的逻辑"1"信号激活了 WAND_DW ，对 IN1 和 IN2 表示的两个双字值逐位进行"与（AND）"运算。数值用纯二进制位的形式表示。相与的结果可以由参数 OUT 输出。
2. IN2 位中的"0"起屏蔽作用。EN 和 ENO 具有相同的逻辑状态。
3. 举例参考上例"WAND_W"。

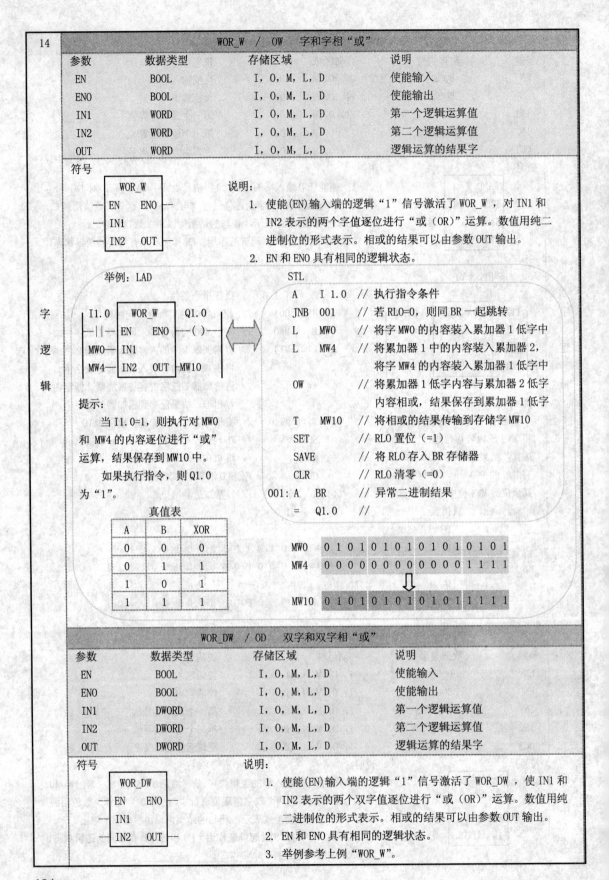

14	WOR_W / OW 字和字相"或"			
参数	数据类型	存储区域		说明
EN	BOOL	I, O, M, L, D		使能输入
ENO	BOOL	I, O, M, L, D		使能输出
IN1	WORD	I, O, M, L, D		第一个逻辑运算值
IN2	WORD	I, O, M, L, D		第二个逻辑运算值
OUT	WORD	I, O, M, L, D		逻辑运算的结果字

符号

```
    WOR_W
 — EN    ENO —
 — IN1
 — IN2   OUT —
```

说明：

1. 使能(EN)输入端的逻辑"1"信号激活了 WOR_W，对 IN1 和 IN2 表示的两个字值逐位进行"或（OR）"运算。数值用纯二进制位的形式表示。相或的结果可以由参数 OUT 输出。

2. EN 和 ENO 具有相同的逻辑状态。

字逻辑

举例：LAD

```
  I1.0    WOR_W    Q1.0
 —||—  EN    ENO  —( )—
  MW0— IN1
  MW4— IN2   OUT —MW10
```

STL

```
      A    I 1.0   // 执行指令条件
      JNB  001     // 若RLO=0，则同BR一起跳转
      L    MW0     // 将字 MW0 的内容装入累加器 1 低字中
      L    MW4     // 将累加器 1 中的内容装入累加器 2，
                   //    将字 MW4 的内容装入累加器 1 低字中
      OW           // 将累加器 1 低字内容与累加器 2 低字
                   //    内容相或，结果保存到累加器 1 低字
      T    MW10    // 将相或的结果传输到存储字 MW10
      SET          // RLO 置位（=1）
      SAVE         // 将 RLO 存入 BR 存储器
      CLR          // RLO 清零（=0）
 001: A    BR      // 异常二进制结果
      =    Q1.0    //
```

提示：

当 I1.0=1，则执行对 MW0 和 MW4 的内容逐位进行"或"运算，结果保存到 MW10 中。

如果执行指令，则 Q1.0 为"1"。

真值表

A	B	XOR
0	0	0
0	1	1
1	0	1
1	1	1

MW0	0 1 0 1 0 1 0 1 0 1 0 1 0 1 0 1
MW4	0 0 0 0 0 0 0 0 0 0 0 0 1 1 1 1
⇓	
MW10	0 1 0 1 0 1 0 1 0 1 0 1 1 1 1 1

WOR_DW / OD 双字和双字相"或"			
参数	数据类型	存储区域	说明
EN	BOOL	I, O, M, L, D	使能输入
ENO	BOOL	I, O, M, L, D	使能输出
IN1	DWORD	I, O, M, L, D	第一个逻辑运算值
IN2	DWORD	I, O, M, L, D	第二个逻辑运算值
OUT	DWORD	I, O, M, L, D	逻辑运算的结果字

符号

```
    WOR_DW
 — EN    ENO —
 — IN1
 — IN2   OUT —
```

说明：

1. 使能(EN)输入端的逻辑"1"信号激活了 WOR_DW，使 IN1 和 IN2 表示的两个双字值逐位进行"或（OR）"运算。数值用纯二进制位的形式表示。相或的结果可以由参数 OUT 输出。

2. EN 和 ENO 具有相同的逻辑状态。

3. 举例参考上例"WOR_W"。

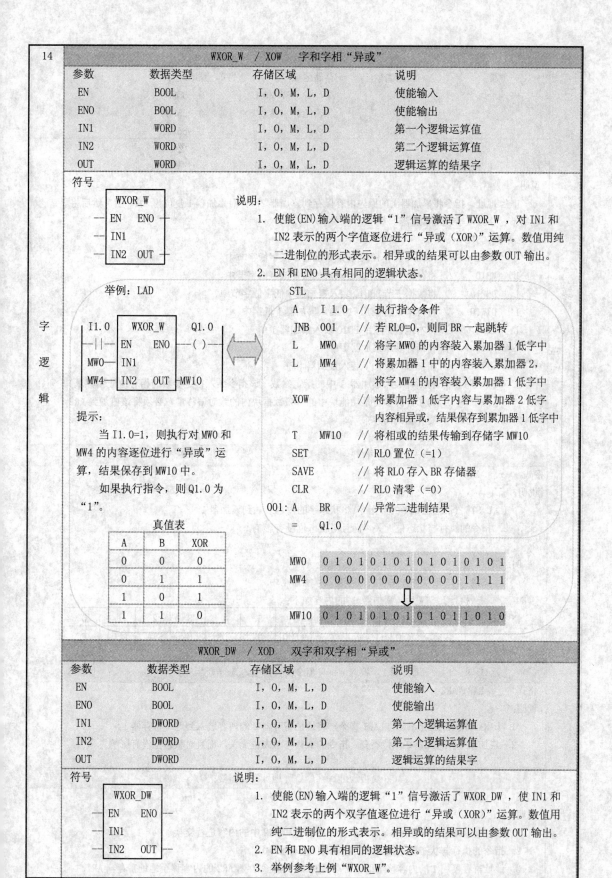

14	WXOR_W / XOW 字和字相"异或"			
参数	数据类型	存储区域		说明
EN	BOOL	I，O，M，L，D		使能输入
ENO	BOOL	I，O，M，L，D		使能输出
IN1	WORD	I，O，M，L，D		第一个逻辑运算值
IN2	WORD	I，O，M，L，D		第二个逻辑运算值
OUT	WORD	I，O，M，L，D		逻辑运算的结果字

字 逻 辑

符号

```
   WXOR_W
─── EN    ENO ───
─── IN1
─── IN2   OUT ───
```

说明：
1. 使能(EN)输入端的逻辑"1"信号激活了 WXOR_W ，对 IN1 和 IN2 表示的两个字值逐位进行"异或（XOR）"运算。数值用纯二进制位的形式表示。相异或的结果可以由参数 OUT 输出。
2. EN 和 ENO 具有相同的逻辑状态。

举例：LAD

```
   I1.0      WXOR_W        Q1.0
──┤├──    EN    ENO    ──( )──
 MW0──    IN1
 MW4──    IN2   OUT ──MW10
```

STL
```
      A    I 1.0   // 执行指令条件
      JNB  001     // 若 RLO=0，则同 BR 一起跳转
      L    MW0     // 将字 MW0 的内容装入累加器 1 低字中
      L    MW4     // 将累加器 1 中的内容装入累加器 2，
                   //   将字 MW4 的内容装入累加器 1 低字中
      XOW          // 将累加器 1 低字内容与累加器 2 低字
                   //   内容相异或，结果保存到累加器 1 低字中
      T    MW10    // 将相或的结果传输到存储字 MW10
      SET          // RLO 置位（=1）
      SAVE         // 将 RLO 存入 BR 存储器
      CLR          // RLO 清零（=0）
001:  A    BR      // 异常二进制结果
      =    Q1.0    //
```

提示：
当 I1.0=1，则执行对 MW0 和 MW4 的内容逐位进行"异或"运算，结果保存到 MW10 中。
如果执行指令，则 Q1.0 为"1"。

真值表

A	B	XOR
0	0	0
0	1	1
1	0	1
1	1	0

MW0 0 1 0 1 0 1 0 1 0 1 0 1 0 1 0 1
MW4 0 0 0 0 0 0 0 0 0 0 0 0 1 1 1 1
⇩
MW10 0 1 0 1 0 1 0 1 0 1 0 1 1 0 1 0

WXOR_DW / XOD 双字和双字相"异或"				
参数	数据类型	存储区域		说明
EN	BOOL	I，O，M，L，D		使能输入
ENO	BOOL	I，O，M，L，D		使能输出
IN1	DWORD	I，O，M，L，D		第一个逻辑运算值
IN2	DWORD	I，O，M，L，D		第二个逻辑运算值
OUT	DWORD	I，O，M，L，D		逻辑运算的结果字

符号

```
   WXOR_DW
─── EN    ENO ───
─── IN1
─── IN2   OUT ───
```

说明：
1. 使能(EN)输入端的逻辑"1"信号激活了 WXOR_DW ，使 IN1 和 IN2 表示的两个双字值逐位进行"异或（XOR）"运算。数值用纯二进制位的形式表示。相异或的结果可以由参数 OUT 输出。
2. EN 和 ENO 具有相同的逻辑状态。
3. 举例参考上例"WXOR_W"。

<table>
<tr><td rowspan="4">15</td><td colspan="4">/ L　装入</td></tr>
<tr><td>地址</td><td>数据类型</td><td>存储区域</td><td>源地址</td></tr>
<tr><td><地址></td><td>BYTE</td><td>E，A，PE，M，L</td><td>0—65535</td></tr>
<tr><td></td><td>WORD</td><td>D，指针，参数</td><td>0—65534</td></tr>
<tr><td></td><td>DWORD</td><td></td><td>0—65532</td></tr>
</table>

格式　　L ＜地址＞

说明：

　　L ＜地址＞指令将累加器 1 的原先内容保存到累加器 2，并对累加器 1 复位为"0"后，然后将寻址字节、字或双字装入累加器 1 中。

举例：STL

L	IB10	// 将输入字节 IB10 装入累加器 1 低字低字节中
L	MB10	// 将存储字节 MB10 装入累加器 1 低字低字节中
L	DBB10	// 将数据字节 DBB10 装入累加器 1 低字低字节中
L	DIW10	// 将背景数据字 DIW10 装入累加器 1 低字中
L	LD10	// 将本地数据双字 LD10 装入累加器 1 中
L	P#18.7	// 将指针装入累加器 1 中
L	OTTO	// 将参数"OTTO"装入累加器 1 中
L	P#ANNA	// 将指针装入累加器 1 中的指定参数（该指令装入指定参数的相对地址偏移量）。
		为了计算多背景功能块中的背景数据块内的绝对偏移量，必须将该值加到 AR2 寄存器的内容中

＜（左侧竖排：装 入 和 传 送）＞

/ L STW　将状态字装入累加器 1

格式　　L STW

说明：

1. L STW（带地址 STW 的 L 指令）将状态字的内容装入到累加器 1。
2. 指令的执行与状态位无关，而且对状态位没有影响。

举例：STL

L　STW　　// 将状态字的内容装入累加器 1 中

执行 L STW 后，累加器 1 的内容如下：

位	31~9	8	7	6	5	4	3	2	1	0
内容	0	BR	CC 1	CC 0	OV	OS	OR	STA	RLO	/FC

/ LAR1 AR2　将地址寄存器 2 的内容装入地址寄存器 1

格式　　LAR1 AR2

说明：

1. LAR1 AR2（带地址 AR2 的 LAR1 指令）将地址寄存器 2 的内容装入到地址寄存器 1。
2. 累加器 1 和累加器 2 保持不变。指令的执行与状态位无关，而且对状态位没有影响。

/ CAR　交换地址寄存器 1 和地址寄存器 2 的内容

格式　　CAR

说明：

1. CAR（交换地址寄存器）指令将地址寄存器 AR1 和 AR2 中的内容进行交换。
2. 指令的执行与状态位无关，而且对状态位没有影响。
3. 地址寄存器 AR1 的内容移至地址寄存器 AR2，地址寄存器 AR2 的内容移至地址寄存器 AR1。

15	/ LAR1 <D> 将带双整数（32 位指针）装入地址寄存器 1			
	地址	数据类型	存储区域	源地址
	<D>	DWORD 指针常数	D，M，L	0—65532

格式 LAR1 <D>

说明：

1. LAR1<D> 将寻址双字<D>的内容或指针常数装入地址寄存器 AR1 中。ACCU1 和 ACCU2 保持不变。

2. 指令的执行与状态位无关，而且对状态位没有影响。

举例：STL

LAR1　DBD10　// 将数据双字 DBD10 中的指针装入 AR1

LAR1　DID10　// 将背景数据双字 DID10 中的指针装入 AR1

LAR1　LD10　// 将本地数据双字 LD10 中的指针装入 AR1

LAR1　MD10　// 将存储双字 MD10 中的指针装入 AR1

LAR1　P# M20.0 // 将一个 32 位的指针常数装入 AR1

/ LAR1　将累加器 1 中的内容装入地址寄存器 1

格式 LAR1

说明：

1. LAR1 将累加器 1 的内容（32 位指针）装入地址寄存器 1。累加器 1 和累加器 2 保持不变。

2. 指令的执行与状态位无关，而且对状态位没有影响。

	/ LAR2 <D> 将带双整数（32 位指针）装入地址寄存器 2			
	地址	数据类型	存储区域	源地址
	<D>	DWORD 指针常数	D，M，L	0—65532

格式 LAR2 <D>

说明：

1. LAR2<D> 将寻址双字<D>的内容或指针常数装入地址寄存器 AR2 中。ACCU1 和 ACCU2 保持不变。

2. 指令的执行与状态位无关，而且对状态位没有影响。

举例：STL

LAR2　DBD10　// 将数据双字 DBD10 中的指针装入 AR2

LAR2　DID10　// 将背景数据双字 DID10 中的指针装入 AR2

LAR2　LD10　// 将本地数据双字 LD10 中的指针装入 AR2

LAR2　MD10　// 将存储双字 MD10 中的指针装入 AR2

LAR2　P# M20.0 // 将一个 32 位的指针常数装入 AR2

/ LAR2　将累加器 1 中的内容装入地址寄存器 2

格式 LAR2

说明：

1. LAR2 将累加器 1 的内容（32 位指针）装入地址寄存器 2。累加器 1 和累加器 2 保持不变。

2. 指令的执行与状态位无关，而且对状态位没有影响。

装
入
和
传
送

/ T 传送			
地址 <地址>	数据类型	存储区域	源地址
	BYTE	I，Q，PQ，M，L	0—65535
	WORD	D	0—65534
	DWORD		0—65532

格式　　T <地址>

说明：

　　1．如果主控继电器接通（MCR=1），T <地址>指令将累加器1的内容传送（复制）到目标地址。如果 MCR=0，那么将"0"写入目标地址。

　　2．从累加器1中复制的字节数量取决于目标地址规定的大小。在传送过程之后，累加器1还可以保存数据。对直接 I/O 区域的传送也可以将累加器1的内容或"0"（如果 MCR=0）传送到过程映像输出表的相应地址（存储器类型 Q）。

　　3．指令的执行与状态位无关，而且对状态位没有影响。

举例：STL

T　　QB10　　// 将累加器1低字低字节的内容传送到输出字节 QB10

T　　MW10　　// 将累加器1低字的内容传送到存储字 MW10

T　　DBD10　　// 将累加器1的内容传送到数据双字 DBD10

/ T STW　将累加器1中的内容传送到状态字

格式　　T STW

说明：

　　1．T STW（带地址 STW 的 T 指令）将累加器1的位0～位8传送到状态字。

　　2．指令的执行与状态位无关，而且对状态位没有影响。

举例：STL

T　STW　　　// 将累加器1的位0～位8传送到状态字

累加器 1 中位包含以下状态位：

位	31～9	8	7	6	5	4	3	2	1	0
内容	*	BR	CC 1	CC 0	OV	OS	OR	STA	RLO	/FC
注：*表示这些位不被传送										

/ TAR1 AR2　将地址寄存器1的内容传送到地址寄存器2

格式　　TAR1 AR2

说明：

　　1．TAR1 AR2（带地址 AR2 的 TAR1 指令）将地址寄存器 AR1 的内容传送到地址寄存器 AR2。累加器1和累加器2保持不变。

　　2．指令的执行与状态位无关，而且对状态位没有影响。

/ TAR1 　<D>　将地址寄存器1的内容传送到目的地（32位指针）			
地址	数据类型	存储区域	源地址
<D>	DWORD	D，M，L	0--65532

格式　　　TAR1　<D>

说明：

1. TAR1<D>将地址寄存器 AR1 的内容传送到寻址双字<D>。可能发生的目标区域有存储双字（MD）、本地数据双字（LD）、数据双字（DBD）和背景数据双字（DID）。累加器 1 和累加器 2 保持不变。

2. 指令的执行与状态位无关，而且对状态位没有影响。

举例：STL
TAR1　DBD10　　// 将 AR1 中的内容传送到数据双字 DBD10
TAR1　DID10　　// 将 AR1 中的内容传送到背景数据双字 DID10
TAR1　LD10　　// 将 AR1 中的内容传送到本地数据双字 LD10
TAR1　MD10　　// 将 AR1 中的内容传送到存储双字 MD10 中

/ TAR1 　　将地址寄存器1中的内容传送到累加器1

格式　　　TAR1

说明：

1. TAR1 将地址寄存器 AR1 的内容传送到累加器 1（32 位指针）。累加器 1 和累加器 2 保持不变。

2. 指令的执行与状态位无关，而且对状态位没有影响。

/ TAR2 　<D>　将地址寄存器2的内容传送到目的地（32位指针）			
地址	数据类型	存储区域	源地址
<D>	DWORD	D，M，L	0--65532

格式　　　TAR2　<D>

说明：

1. TAR2<D> 将地址寄存器 AR2 的内容传送到寻址双字<D>。可能发生的目标区域有存储双字（MD）、本地数据双字（LD）、数据双字（DBD）和背景数据双字（DID）。累加器 1 和累加器 2 保持不变。

2. 指令的执行与状态位无关，而且对状态位没有影响。

举例：STL
TAR2　DBD10　　// 将 AR2 中的内容传送到数据双字 DBD10
TAR2　DID10　　// 将 AR2 中的内容传送到背景数据双字 DID10
TAR2　LD10　　// 将 AR2 中的内容传送到本地数据双字 LD10
TAR2　MD10　　// 将 AR2 中的内容传送到存储双字 MD10 中

/ TAR2 　　将地址寄存器2中的内容传送到累加器1

格式　　　TAR2

说明：

1. TAR2 将地址寄存器 AR2 的内容传送到累加器 1（32 位指针）。累加器 1 和累加器 2 保持不变。

2. 指令的执行与状态位无关，而且对状态位没有影响。

| 16 | / TAK 累加器 1 和累加器 2 进行互换 |

格式　　TAK

说明：

1. TAK 指令可以交换累加器 1 和累加器 2 中的内容。

2. 指令的执行与状态位无关，而且对状态位没有影响。对带有四个累加器的 CPU 而言，累加器 3 和累加器 4 的内容保持不变。

举例：STL

L	MW10	// 将存储字 MW10 的内容装入累加器 1 低字
L	MW20	// 将累加器 1 低字中的内容装入累加器 2 低字中，将存储字 MW20 的内容装入累加器 1 低字中
>1		// 检查是否累加器 2 低字中的内容（MW10）大于累加器 1 低字中的内容（MW20）
SPB	NEXT	// 如果 MW10 大于 MW20，则跳转到 NEXT 跳转标号
	TAK	// 交换累加器 1 和累加器 2 中的内容
NEXT：	-1	// 累加器 1 低字的内容减去累加器 2 低字的内容
	T MW30	// 将结果（=较大值减去较小值）传送到存储字 MW30

内容	累加器 1	累加器 2
执行 TAK 指令之前	⟨MW20⟩	⟨MW10⟩
执行 TAK 指令之后	⟨MW10⟩	⟨MW20⟩

累加器操作

| / ENT 进入累加器堆栈 |

格式　　ENT

说明：

1. ENT（进入累加器堆栈）将累加器 3 的内容复制到累加器 4，累加器 2 的内容复制到累加器 3。

2. 如果直接在一个装入指令前面编程 ENT 指令，则可以将中间的结果保存到累加器 3 中。

| / LEAVE 离开累加器堆栈 |

格式　　LEAVE

说明：

1. LEAVE（离开累加器堆栈）将累加器 3 的内容复制到累加器 2，累加器 4 的内容复制到累加器 3。

2. 如果直接在一个移位指令或循环指令前面编程 LEAVE 指令，则该指令功能类似于一个算术运算指令。累加器 1 和累加器 4 的内容保持不变。

/ POP 带有两个累加器的 CPU

格式　　　POP

说明：

1. POP（带两个累加器的 CPU）指令可以将累加器 2 的内容复制到累加器 1。累加器 2 的内容保持不变。
2. 指令的执行与状态位无关，而且对状态位没有影响。

举例：STL

  T MD10 // 将累加器 1 的内容（=数值 A）传送到存储双字 MD10

  POP   // 将累加器 2 的全部内容复制到累加器 1

  T MD20 // 将累加器 1 的内容（=数值 B）传送到存储双字 M210

内容	累加器 1	累加器 2
执行 POP 指令之前	数值 A	数值 B
执行 POP 指令之后	数值 B	数值 A

累

加

器

操

作

/ POP 带有四个累加器的 CPU

格式　　　POP

说明：

1. POP（带四个累加器的 CPU）指令可以将累加器 2 的内容复制到累加器 1，累加器 3 的内容复制到累加器 2，累加器 4 的内容复制到累加器 3，累加器 4 的内容保持不变。
2. 指令的执行与状态位无关，而且对状态位没有影响。

举例：STL

  T MD10 // 将累加器 1 的内容（=数值 A）传送到存储双字 MD10

  POP   // 将累加器 2 的全部内容复制到累加器 1

  T MD20 // 将累加器 1 的内容（=数值 B）传送到存储双字 M210

内容	累加器 1	累加器 2	累加器 3	累加器 4
执行 POP 指令之前	数值 A	数值 B	数值 C	数值 D
执行 POP 指令之后	数值 B	数值 C	数值 D	数值 D

格式　　　PUSH

说明：

1. PUS（带两个累加器的 CPU）指令可以将累加器 2 的内容复制到累加器 1，累加器 2 的内容保持不变。

2. 指令的执行与状态位无关，而且对状态位没有影响。

举例：STL

     L   MW10   // 将存储字 MW10 的内容装入累加器 1

     PUSH   // 将累加器 1 的全部内容复制到累加器 2

内容	累加器 1	累加器 2
执行 PUSH 指令之前	\<MW10\>	\<X\>
执行 PUSH 指令之后	\<MW10\>	\<MW10\>

累

加

器

操

作

格式　　　PUSH

说明：

1. PUSH（带四个累加器的 CPU）指令可以将累加器 2 的内容复制到累加器 1，累加器 3 的内容复制到累加器 2，累加器 4 的内容复制到累加器 3，累加器 4 的内容保持不变。

2. 指令的执行与状态位无关，而且对状态位没有影响。

举例：STL

     L   MW10   // 将存储字 MW10 的内容装入累加器 1

     PUSH   // 将累加器 1 的全部内容复制到累加器 2，累加器 2 的内容复制到累加器 3，

                     累加器 3 的内容复制到累加器 4

内容	累加器 1	累加器 2	累加器 3	累加器 4
执行 PUSH 指令之前	数值 A	数值 B	数值 C	数值 D
执行 PUSH 指令之后	数值 A	数值 A	数值 B	数值 C

/ INC 增加累加器 1 字低字节		
参数	数据类型	说明
<8 位整数>	8 位整数常数	将常数加到累加器 1 低字低字节，范围为 0~255

格式　　INC <8 位整数>

说明：

1. INC 将累加器 1 低字低字节中的内容与 8 位整数相加，结果保存在累加器 1 低字低字节中。累加器 1 低字高字节、累加器 1 高字和累加器 2 中的内容保持不变。

2. 指令的执行与状态位无关，而且对状态位没有影响。

> 举例：STL
> L　　MB10　　// 将存储字节 MB10 的内容装入累加器 1 低字低字节中
> INC　1　　// 将累加器 1 低字低字节中的内容加 "1"，结果保存在累加器 1 低字低字节中
> T　　MB10　　// 将累加器 1 低字低字节中的内容传回到存储字节 MB10

注意：

该指令不适合 16 位和 32 位的算术运算，因为累加器 1 低字的低字节运算是不向高字节进位的。如果进行 16 位或 32 位的算术运算，则分别使用+I 或+D 指令。

累

加

器

操

作

/ DEC 减少累加器 1 低字低字节		
参数	数据类型	说明
<8 位整数>	8 位整数常数	将常数从累加器 1 低字低字节中减去，范围为 0~255

格式　　DEC

说明：

1. DEC 将累加器 1 低字低字节中的内容减去 8 位整数，结果保存在累加器 1 低字低字节中。累加器 1 低字高字节、累加器 1 高字和累加器 2 中的内容保持不变。

2. 指令的执行与状态位无关，而且对状态位没有影响。

> 举例：STL
> L　　MB10　　// 将存储字节 MB10 的内容装入累加器 1 低字低字节中
> DEC　1　　// 将累加器 1 低字低字节中的内容减 "1"，结果保存在累加器 1 低字低字节中
> T　　MB10　　// 将累加器 1 低字低字节中的内容传回到存储字节 MB10

注意：

该指令不适合 16 位和 32 位的算术运算，因为累加器 1 低字的低字节运算是不向高字节进位的。如果进行 16 位或 32 位的算术运算，则分别使用+I 或+D 指令。

16	/ +AR1 加累加器 1 至地址寄存器 1		
	参数	数据类型	说明
	<P#Byte.Bit>	指针常数	地址加到地址寄存器 AR1

格式　　+AR1

　　　　+AR1<P#Byte.Bit>

说明：

　　1. +AR1 指令可以将语句或累加器 1 低字中指定的一个偏移值加到 AR1 内容中。首先，将整数(16 位)扩展为带有其正确符号的 24 位数，然后，被加到地址寄存器 1 最低有效的 24 位（地址寄存器 1 中部分相关地址）。地址寄存器 1 中 ID 部分分区（位 24、25 和 26）保持不变。

　　2. 指令的执行与状态位无关，而且对状态位没有影响。

　　3. +AR1：加到地址寄存器 1 中内容的整数（16 位）是由累加器 1 低字中的数值指定的。数值的允许范围从-32767 到 32767。

　　4. +AR1<P#Byte.Bit>：被加的偏移值是由<P#Byte.Bit>地址指定的。

举例：STL

L　　+300　　// 将数值装入累加器 1 低字中

+AR1　　　　// 将累加器 1 低字中的内容（整数，16 位）加到地址寄存器 1

举例：STL

+AR1　P#300.0　// 将偏移值 300.0 加到地址寄存器 1

	/ +AR2 加累加器 1 至地址寄存器 2		
	参数	数据类型	说明
	<P#Byte.Bit>	指针常数	地址加到地址寄存器 AR2

格式　　+AR2

　　　　+AR2<P#Byte.Bit>

说明：

　　1. +AR2 指可以将语句中或累加器 1 低字中指定的一个偏移值加到 AR2 内容中。首先，将整数（16 位）扩展为带有其正确符号的 24 位数，然后，被加到地址寄存器 2 最低有效的 24 位（地址寄存器 2 中部分相关地址）。地址寄存器 2 中 ID 部分分区（位 24、25 和 26）保持不变。

　　2. 指令的执行与状态位无关，而且对状态位没有影响。

　　3. +AR2：加到地址寄存器 2 中内容的整数（16 位）是由累加器 1 低字中的数值指定的。数值的允许范围从-32767 到 32767。

　　4. +AR2<P#Byte.Bit>：被加的偏移值是由<P#Byte.Bit>地址指定的。

举例：STL

L　　+300　　// 将数值装入累加器 1 低字中

+AR2　　　　// 将累加器 1 低字中的内容（整数，16 位）加到地址寄存器 2

举例：STL

+AR1　P#300.0　// 将偏移值 300.0 加到地址寄存器 1

累加器操作

/ BLD 程序显示指令(空)	
地址	说明
<编号>	BLD 指令编号, 范围为 0~255

格式　BLD<编号>

说明:

　　BLD<编号>(程序显示指令,空指令)既不执行任何功能,也不影响状态位。该指令可以被用于编程器(PG)的图形显示。当在语句表中显示梯形图或功能图程序时可以自动生成图形。地址<编号>指定了 BLD 指令并由编程器产生。

/ NOP 0 空操作指令

格式　NOP 0

说明:

　　NOP 0(带地址"0"的 NOP 指令)既不执行任何功能,也不影响状态位。指令代码含有一个 16 个"0"的位模式。该指令只用于编程器(PG)显示程序。

/ NOP 1 空操作指令

格式　NOP 1

说明:

　　NOP 1(带地址"1"的 NOP 指令)既不执行任何功能,也不影响状态位。指令代码含有一个 16 个"1"位模式。该指令只用于编程器(PG)显示程序。

思考题与习题

1. 简述 FANUC 定时器 TMR、TMRB 和 TMRC 之间的区别以及正确选择和使用的方法。

2. 简述功能指令数据检索（DSCH）和变址数据传送（XMOVE）的共同点和不同点。

3. 编写一段数值运算的 PMC 顺序程序：[（30+5）-20]×7÷5=21。将运算结果存放到 R100 地址中（以二进制）。

4. 根据窗口指令读取日期的例子编写一段顺序程序：当数控机床正常运行到 2020 年 8 月 15 日，PMC 输出一个信号（Y0.0=1）（提示：将年、月、日的数据直接赋给 R 地址或 D 地址）。

5. 作出 RLO 下降沿/上升沿检测例子的时序图。

6. 简述 SIMATIC S7-300 五种定时器之间的区别以及正确选择和使用的方法。

7. 编写一段数值运算的 PLC 程序：[（30+5）-20]×7÷5=21。将运算结果存放到 MW100 地址中（以整数）。

8. 用基本位逻辑指令编制偶校验程序。

第 5 章 编 程

可编程控制器是根据用户编写的控制程序进行工作的。用户程序是可编程控制器指令的有序集合，它的编制就是用编程语言将一个控制任务描述出来。目前，编制可编程控制器程序所选用的编程语言一般常用的有三种:梯形图(LAD)、语句表(STL)和功能块图(FBD)。

LAD 是以图形方式表达的一种编程语言。它是基于继电器电路图表示法的基础上,在程序中以类似于电路图的常开触点、常闭触点、线圈等图形符号和串并联等术语表示控制逻辑关系的图形语言。

一个逻辑块的程序部分可以由一段或多段程序组成。这种编程语言非常直观，对熟悉接触器控制电路的人员比较容易接受。

STL 是以文本方式表达的类似于机器码的一种编程语言。它的每条语句对应 CPU 处理程序中的一步，多条语句可以组成一个程序段。

语句表指令集比较丰富，对熟悉其他编程的程序员而言比较容易理解。

FBD 是以图形方式表达的又一种编程语言。它是用逻辑功能符号组成的功能盒来表达功能的图形语言。类似于布尔代数的图形逻辑符号(如"&"逻辑操作)来表示条件与结果之间的逻辑关系。一些复杂功能，如算术运算等可直接用逻辑框表示。

每个逻辑功能单元用一个逻辑图形框表达单元的特性非常直观，对非程序员也易理解、易使用。

目前，还没有一种对各厂商生产的可编程控制器都能兼容的、既要满足易于编写又要满足易于调试要求的编程语言。

5.1 PMC 编 程

FAPT FANUC-III是专门用于编制数控机床 PMC(集成于 FANUC 数控系统)顺序程序的编程软件。常用的两种不同 PMC 类型(不带子程序和带子程序)的程序项目结构如图 5-1 和图 5-2 所示。

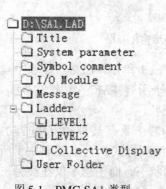

图 5-1 PMC-SA1 类型

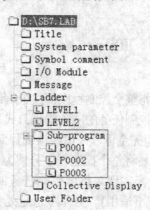

图 5-2 PMC-SB7 类型

说明:

Title:	编辑 PMC 顺序程序的名称、版本、机床型号和其他信息等。
System parameter:	可选择"计数器"计数的数据类型(二进制或 BCD)以及对 LADDER EXEC(第一级和第二级程序执行比)数据设定。
Symbol comment:	可以对所有信号地址定义符号名并注释(符号在 6 个字符之内为宜,注释在 16 个字符之内)。
I/O Module:	对 I/O 模块的组号、基座号、插槽号和模块名设置及地址号的分配。
Message:	编辑在 CNC 显示屏画面上可显示的报警或提示信息字符串。
Ladder:	梯形图。
LEVEL1:	第一级顺序程序。
LEVEL2:	第二级顺序程序。
Sub-program:	用 CALL 或 CALLU 命令由第二级顺序程序调用的结构化子程序。
Collective Display:	集中显示在整个 PMC 程序中搜索的信号地址。
User Folder:	用户文件夹。

编写 PMC 顺序程序主要的工作内容就是在先确定 I/O 地址分配的情况下对项目名下的 Ladder 进行编写顺序程序。在编写之前,可以先对地址尤其是 I/O 地址编辑符号并加以注释,有利于编写程序的方便,防止地址的输入错误。当然,也可以在编写顺序程序的过程中进行符号、注释的编辑。

5.1.1 编程方式

PMC 顺序程序的编程方式可以分为线性编程和结构化编程两方式,如图 5-3 所示。

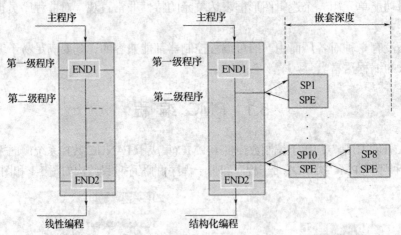

图 5-3 线性编程与结构化编程

线性编程是将整个控制程序都集中编制在 LEVEL1 和 LEVEL2 二级顺序程序组成的主程序中,以实现机床控制任务的一种编程方式。它适用于所有 PMC 类型的编程,因为可以结构化编程的 PMC 类型完全可以采用线性编程而不受限制。

结构化编程是将整个控制程序分解为主程序和若干具有某种独立处理功能的子程序一起组成的顺序程序来实现对机床控制任务的另一种编程方式。它主要取决于所允许的 PMC 类型(如 PMC-SA1 不适用)。主程序总是处在激活的状态,而子程序仅在被另一个程序调用时才被激活。

1. 结构化编程的三种主要方法

1) 子程序编程

子程序以功能指令 SP 开始 SPE 结束,可以作为一个由梯形图组成的处理单元而在 LEVEL2 中被调用(在 LEVEL1 中不宜调用子程序)。可以建立的子程序数量因 PMC 类型而异。

2) 嵌套

由子程序调用另一个子程序。嵌套的深度最深可以达 8 层,不允许循环调用。

3) 条件分支

执行主程序循环并检查控制条件是否满足。如果控制条件满足,则执行相应的子程序;如果条件不满足,则子程序被跳过。

2. 结构化编程特点

结构化编程是相对于线性编程的一种编程方式。它们的不同之处只是结构化编程的 PMC 类型可以带有子程序使程序模块化。与线性编程相比,结构化编程具有以下特点:

(1) 程序顺序清晰,可读性好,容易理解和扩展;

(2) 程序结构模块化,功能明确,提高编程效率;

(3) 程序修改容易,故障诊断简单易行;

(4) 系统调试容易,可对子程序独立进行调试。

注意:若子程序中对 DISPB、WINDR/ WINDW(仅低速响应)等指令执行还未结束的状态下:

(1) 不得停止调用该子程序,即不要将 CALL 指令的 ATC 置为"0",如果置为"0",在之的指令功能就不能得到保证;

(2)不得由其他子程序调用该子程序。如果被调用,这些功能指令的移动就不能保证,因为最后一条功能指令或许正在被处理。当使用这些功能指令的子程序被两个或更多地方调用时,还必须分别对子程序进行控制。

5.1.2　编程语言

FAPT FANUC-Ⅲ提供了一种图形化的编程语言——梯形图(LAD)。梯形图是可编程控制器最常用的编程语言,有些类似于机床继电器逻辑器件的图形符号,其特点是形象、直观、易理解、易编程。"画"出来的PMC顺序程序比较适合于对继电器控制电路较熟悉的工程技术人员编辑和解读。

PMC丰富的功能指令尤其是一些专用功能的指令,如旋转控制(ROT、ROTB)和数据检索(DSCH、DSCHB)等指令给用户编程带来了很大的方便。

FAPT FANUC-Ⅲ提供了很直观的 PMC 梯形图编辑元素的编辑工具窗口,如图 5-4 所示。编辑元素是在用编程语言进行编程时使用的基本指令和功能指令的统称。

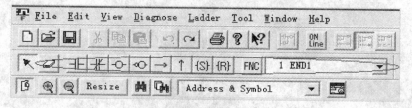

图 5-4　编辑元素的编辑工具窗口

在编程过程中,只要用鼠标点中编辑工具栏上的任何编辑元素并将它拖到编辑网格显示窗口内正确的梯图位置即可或者直接采用快捷键编辑。常用的快捷键如表 5-1 所列。

表 5-1 常用快捷键

快捷键	功　能	快捷键	功　能
[F2]	向下搜索线圈	[Shift]+[F2]	向上搜索线圈
[F3]	向下搜索指令	[Shift]+[F3]	向上搜索指令
[F4]	常开触点　　　—⊦ ⊦—	[Shift]+[F4]	常闭触点　　　—⊦ / ⊦—
[F5]	线圈　　　　　( )	[Shift]+[F5]	线圈非
[F6]	置位线圈　　　(S)	[Shift]+[F6]	复位线圈　　　　　　　(R)
[F7]	垂直左连线　　▲	[Shift]+[F7]	垂直右连线　　　　　　▲
[F8]	添加水平线　　—	[Shift]+[F8]	删除指令　　　　----
		[Ctrl]+[F8]	指令之间插入行
[F9]	选择功能指令	[Shift]+[F9]	网格信息注释
		[Ctrl]+[F9]	向上插入网格(NET)
[Ctrl]+[F]	编辑—搜索　　🔍	[Ctrl]+[H]	编辑—替换 Edit → Replace

在编程时，点击编辑工具栏下拉式列表框按钮可以列出所有的功能指令。按 F1 键显示 FANUC LADDER-□帮助窗口，如图 5-5 所示。按编辑工具栏按钮▣后会关闭编辑元素窗口。

图 5-5　FANUC LADDER-III 帮助窗口

5.1.3　地址

一个地址主要是用来区分信号，表明事先给信号分配一个在系统特定存储区域中的存储位置，以便 CPU 能访问在存储区域中的信号。

1. 地址类型

建立PMC顺序程序所需的与PMC信号相关的四种地址类型，图5-6所示。不同的地址分别对应机床侧与PMC之间的接口信号(X/Y)、CNC侧与PMC之间的接口信号(G/F)以及其他的信号(R、T、

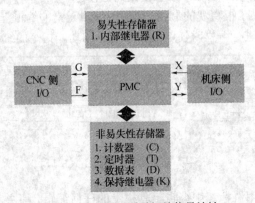

图 5-6　与 PMC 所需相关信号地址

210

C、K、D)等。图中，单向箭头对PMC而言表示信号只能读不能写(如机床侧输入信号 X 和 CNC 与PMC接口信号F)，而图中双向箭头对PMC而言则表示信号可读可写(如机床侧输出信号 Y 和 CNC 与PMC接口信号 G 及PMC内部存储器信号R、C、T、D、K)。

1) PMC 输入信号 X(MT→PMC)

它是 PMC 接收来自于机床侧的输入状态信号，如按钮信号、开关位置信号、状态检测信号等。对 PMC 而言它是只读信号，不能用作输出线圈，而且系统已明确规定其部分地址作为固定的特殊信号输入地址。

2) PMC 输出信号 Y(PMC→MT)

它是由 PMC 输出到机床侧的控制信号，如信号灯、电磁阀、主轴正/反向继电器等动作的接通。对 PMC 而言它是可读可写的信号。

3) CNC 输入信号 G(PMC→CNC)

它是 CNC 与 PMC 的接口信号，是 CNC 接收 PMC 发出请求的输入信号，如 PMC 发送给 CNC 进行处理的自动加工程序启动信号(G7.2)和作为系统变量由用户宏程序读取并用作宏程序与 PMC 之间的接口信号(G54.0)等。CNC 的输入信号相对 PMC 而言是输出信号，因此它是可读可写信号。G 地址的信号内容是 CNC 系统明确定义的。

4) CNC 输出信号 F(CNC→PMC)

它是 CNC 与 PMC 的接口信号，是 CNC 发送给 PMC 的表示数控系统内部运行状态标志的输出信号，如 CNC 输送给 PMC 要求进行处理的报警信号(F1.0)、加工程序指令 T 代码(F26~F29) 和作为系统变量由 PMC 读取并用作宏程序与 PMC 之间的接口信号(F54.0)等。CNC 的输出信号相对 PMC 而言是输入信号。因此，它是只读信号，不能用作线圈输出。F 地址内容是 CNC 系统明确定义的。

5) 内部继电器(R)

内部继电器(R)是系统内部存储器，其地址中的数据在系统断电后会丢失，待重新上电后其中的内容清为零。R9000～R9099 为 PMC 系统程序保留区域。除此之外，其余范围的 R 内部继电器在编制 PMC 程序过程中可以使用。PMC 系统保留的内部继电器功能和说明如表 5-2 所列。

表 5-2　PMC 系统保留的内部继电器功能和说明

字　节	位	功　能	说　明
R9000	0	结果为 0(相等)	功能指令 ADDB、SUBB、MULB、DIVB 和 COMPB 的运算结果输出寄存器
	1	结果为负值	
	5	结果溢出	
R9000	0	指令执行出错	功能指令 EXIN、WINDR 和 WINDW 的错误输出寄存器
R9002～R9005		存放除法运算的余数	进行 1 个字节除法运算，余数写入 R9002 中。进行 2 个字节除法运算，余数写入 R9002～R9003 中。进行 4 个字节除法运算，余数写入 R9002～R9005 中

字 节	位	功 能	说 明
R9091	0	逻辑 0	在实际程序应用中其固定的逻辑状态常被直接应用
	1	逻辑 1	
	2	PMC 运行状态信号	=0: 梯形图停止信号; =1: 梯形图运行信号
	5	200ms(104ms 开，96ms 关)	在实际程序应用中常被直接用作指示灯闪烁的一个条件。
	6	1s(504ms 开，496ms 关)	R9091.5 和 R9091.6 二者区别仅闪烁的频率不同
R9015	0	梯形图执行启动信号	系统从 STOP 到 RUN 在第一次扫描周期内有效
	1	梯形图执行停止信号	系统从 RUN 到 STOP 在最后一次扫描周期内有效

6) 数据表(D)

数据表(D)是系统内部的数据存储器，其地址中的数据在系统断电后仍可以保存而不会被丢失。因此，常被用作存储刀具的数据表或主轴变速的各挡速度表。

7) 保持型继电器(K)

保持型继电器(K)是非易失性存储器。其地址中的数据在系统断电后不会丢失而由后备电池维持。K17~K19(SA1)和K900~K999(SB7)为PMC控制软件系统程序保留区域。除此之外，在编制PMC程序过程中，可以灵活使用K参数。通过数控系统显示屏(LCD)的机床参数设置画面可以直接对 K参数进行设置。根据需要，K参数可以作为调用子程序的条件或作为对一些信号的屏蔽等，以通过修改K参数的形式避免直接对PMC程序编辑，做到了控制程序的模块化、通用化，有利于编制不同控制对象的程序，有利于PMC程序的初期调试和诊断。保留的K参数功能和作用如表5-3所列。

表 5-3 PMC 系统保留的保持型继电器功能和作用

PMC-SB7	PMC-SA1	功 能	作 用	
K900.0	K17.0	HIDE PMC PROGRAM 隐藏 PMC 程序	=0:NO	允许显示顺序程序
			=1:YES	禁止显示顺序程序
K900.1	K17.1	PROGRAMMER ENABLE 内置编程器有效	=0:NO	禁止内置编程功能
			=1:YES	允许内置编程功能
K901.6	K18.6	EDIT ENABLE 编辑 PMC 有效	=0:NO	禁止编辑顺序程序
			=1:YES	允许编辑顺序程序
K902.2	K19.2	ALLOW PMC STOP 允许 PMC 停止	=0:NO	禁止对顺序程序进行 RUN/STOP 操作
			=1:YES	禁止对顺序程序进行 RUN/STOP 操作
K906.5		TRACE START 追踪功能启动	=0:手动	压下[EXEC]软键执行追踪功能
			=1 自动	系统上电后自动执行追踪功能

8) 易失性存储器与非易失性存储器的区别

PMC系统内部存储器分易失性存储器和非易失性存储器，它们之间的区别如下：

(1) 易失性存储器中的数据在断电后数据会丢失，再上电后其数据清为零；

(2) 非易失性存储器中的数据断电后，数据可由系统内部电池保持而不被丢失，再上电后仍保持原来的数据。

212

9) 注意

(1) 只读信号不能用作线圈的输出。可读可写信号的线圈输出地址不能重复,否则该信号地址状态会出现不确定。当然,在编程时选用置位/复位指令,其置位/复位线圈的输出地址可以重复。

(2) 目前的 FANUC 数控系统提供了内置 PMC 编辑功能,可以在 CNC 显示屏上直接在线编辑、诊断和调试 PMC 顺序程序。为保证 PMC 系统运行安全,规定部分 K 参数作为内置 PMC 编辑功能的选项。

(3) 必须严格按照安全的顺序有选择地安全使用内置 PMC 编辑功能;否则,不正确的操作会导致系统安全性降低。

(4) 内置 PMC 编辑功能选项可以直接在系统"SETTING"画面中设定。如果要保护某存储位禁止操作,可以在 PMC 顺序程序中参照表 5-3 对应的存储位常置为"0"。

2. 地址格式

1) 绝对地址

一个绝对地址由表示信号类型的地址号和位号组成,如图 5-7 所示。图中表示信号类型绝对地址号必须以一个指定的字母开头,字母后面包括小数点在内四位数。在功能指令中,以字节长度指定的地址,其位号可以省略(如 R100)。

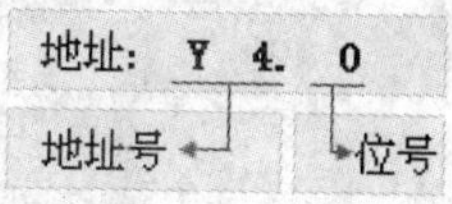

图 5-7 绝对地址

在PMC顺序程序中,表示信号类型地址号常以一个指定的字母开头,表5-4所列。

表 5-4 指定表示信号类型地址号中的字母

字母	信 号 描 述	字母	信 号 描 述
X	来自机床侧的输入信号到PMC(MT→PMC)	T	可变定时器
Y	来自PMC的输出信号到机床侧(PMC→MT)	D	数据表
F	来自CNC侧的输出信号到PMC(CNC→PMC)	K	保持型继电器
G	来自PMC的输出信号到CNC侧(PMC→CNC)	A	信息显示请求信号/信息显示状态
R	内部继电器	L	标号数
C	计数器	P	子程序号

注意:根据PMC不同的类型,其规格性能和各信号类型的地址使用范围及使用要求会有所不同。

(1) 内部继电器R9000~R9099不能用作输出继电器,而被PMC系统程序用作特殊继电器。该区域保持继电器不能用作顺序程序中的输出继电器

(2) CNC输出信号地址F0~F767和F1000~F1767(PMC-SB7)都包含了PMC的保留部分,实际使用的地址取决于CNC的配置,其中F1000~F1767主要用于多路经系统。

(3) 保持继电器K17~K19(SA1)、K900~K902和K906(SB7)为PMC系统程序保留区域,该区域保持继电器不能用作顺序程序中的输出继电器。

2) 符号地址

一个绝对地址在PMC顺序程序中还可以由用户对其赋予一个有一定含义的符号来表示,即称为符号地址,如图5-8所示。符号地址的符号名以6个字符为宜,且在整个PMC顺序程序中是唯一的。符号地址与对应的绝对地址在PMC顺序程序中是等效的,可以用于整个用户程序,即 "全局符号"。符号必须以

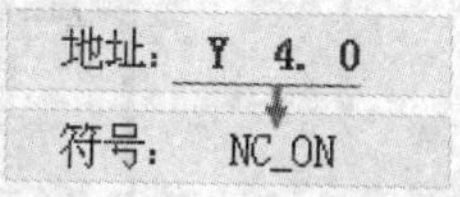

图 5-8 符号地址

213

字母或数字表示，不能用中文表示。

符号编程可以大大改善PMC顺序程序的可读性，使程序清晰、解读容易，故障诊断准确容易，为调试、维修和诊断都带来许多便利，同时在编程的过程中可以有效防止输入错误的地址。

注释就是给予绝对地址或符号地址更进一步的详细描述，在程序中不是唯一的。注释的文字不受限制，可以用字母、数字或中文注释。注释字符串一般在16个字符之内为宜。

常用的符号和注释编辑方法如下：

(1) 打开新建或已建的PMC顺序程序，如图5-9所示。双击【Symbol comment】，弹出【Symbol comment Edit】编辑框，如图5-10所示。

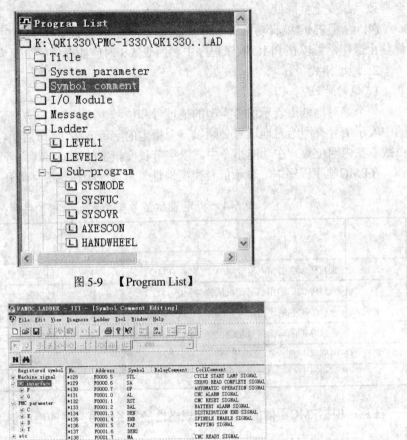

图 5-9　　【Program List】

图 5-10　　【Symbol comment Edit】编辑框

(2) 选择【Edit】→【Add Data】或单击工具栏图标 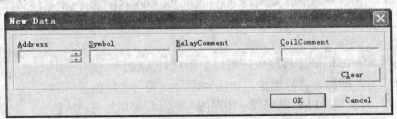 按钮，弹出【New Data】对话框，如图5-11所示。随后对地址编辑必要的符号及注释，单击【OK】按钮之后可以继续设置，直至完成全部符号及注释。

图 5-11　　编辑符号及注释窗口

(3) 在编写 PMC 顺序程序的编辑窗口网格内，将鼠标光标点中地址，按鼠标右键选择【Property】,弹出【属性】对话框，直接对地址赋予符号并注释，如图 5-12 所示。

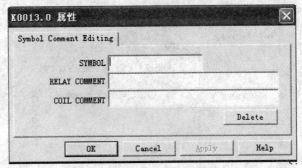

图 5-12　编辑【属性】对话框

在 PMC 编辑窗口内，通过下拉式列表框可以选择显示 PMC 顺序程序的指令地址、符号和注释，如图 5-13 所示。

图 5-13　选择显示的地址、符号和注释

3. 地址分配

编写PMC顺序程序时，首先要对标准机床控制面板(Machine Control Panel，MCP)的I/O地址和I/O模块的I/O地址进行分配。FANUC I/O LINK是连接PMC与机床端各类串行I/O设备输入输出信号的串行通信总线接口。

支持I/O LINK连接功能的主要外部设备包括 FANUC 标准MCP、手脉(悬挂手轮)、通过I/O LINK连接的β伺服放大器以及FANUC各种标准数字量/模拟量的I/O模块等。在实际连接中，外部设备的顺序可以是随意的。

因此，在编写PMC顺序程序之前需要设定每个设备的起始地址以及所占用输入和输出地址区域的范围。地址是否有效取决于此设备在整个I/O LINK 连接中的位置组号、组号中的基座号和基座号中的插槽号的设置。地址的有效范围由设备的模块名即所占I/O单元的字节数而定。

1) I/O LINK 连接

I/O LINK分为主单元和子单元。主单元与分布式串接的各I/O子单元相连接。I/O LINK在主单元与子单元之间以高速串行输入或输出I/O数据。每个子单元作为一个组，直接与主单元相连的子单元作为0号组。主单元与子单元通过I/OLINK相连接，如图5-14所示。

(1) 组号(GROUP)。规定位于主单元最近的子单元那组作为 0 号组。I/O LINK 最多可以连接 16 组子单元。其子单元可以是机床操作面板，也可以是 I/O 基本单元，视实际连接对象位置而定。

(2) 基座(BASE)。在每组中最多可连接两个 I/O 基本单元。直接与 I/O LINK 连接的 I/O 基本单元作为 0 号基座；另一个 I/O 基本单元则作为 1 号基座。

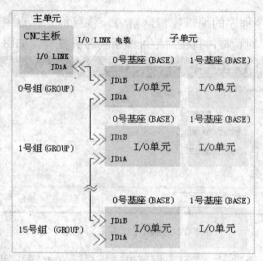

图 5-14　I/O LINK 连接图

(3) 插槽号(SLOT)。在 I/O 基本单元上可分别安装最多 5 个或 10 个 I/O 模块。模块在 I/O 基本单元上的安装位置用插槽号表示。安装位置依次从左到右指定为插槽号 1，2，3，…。各模块可安装在任意插槽内，允许在各模块之间留有空槽。

(4) 模块名称(MODULE NAME)。常用的各I/O单元的模块名如表5-5所列。表中模块名一栏"[ ]"表示所选用模块的数据字节长度。对I/O模块的组号、基座号、插槽号和模块名的设置如图5-15所示。

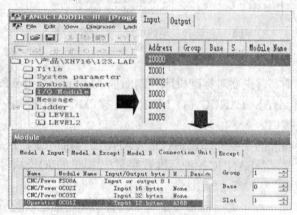

图 5-15　组号、基座号、插槽号和模块名的设置

表 5-5　常用输入输出模块及标准机床主/子操作面板型号

名　称		定货号	规　格	说　明	模块名　[字节]
I/O 单元模块(0iC)　(图1)		A02B-0309-C001	DI/DO：96/64	带 MPG 接口	OC01I [12] /OC01O [8]
操作盘 I/O 模块 (图2)		A02B-2002-0520	DI/DO：48/32	无 MPG 接口	/6 [6]　　/6 [6]
		A02B-2002-0521	DI/DO：48/32	带 MPG 接口	/8 [8]　　/6 [6]
分线盘 I/O 模块 (图3)	基本模块	A03B-0818-C001	DI/DO：24/16	无 MPG 接口	CM16I [16]/OC02I [16] CM08O [8]/OC01O [8]
	扩展模块	A03B-0818-C002	DI/DO：24/16	带 MPG 接口	
	扩展模块	A03B-0818-C003	DI/DO：24/16	无 MPG 接口	
	扩展模块	A03B-0818-C004	DO：16 (2A)	无 MPG 接口	

名　称	定货号	规　格	说　明	模块名　[字节]
标准机床操作面板(B)	A02B-0236-C231	DI/DO：标准	带符号键	
(铣床版；带 MPG 接口；	A02B-0236-C241	DI/DO：标准	带符号/英文键	
带悬挂式手轮接口)(图 4)	A02B-0236-C243	DI/DO：标准	带英文键	OC02I [16]/OC01O [8]
标准机床操作子面板(B1)	A02B—0236-C235			

图1 　　　　　图2 　　　　　　　　图3 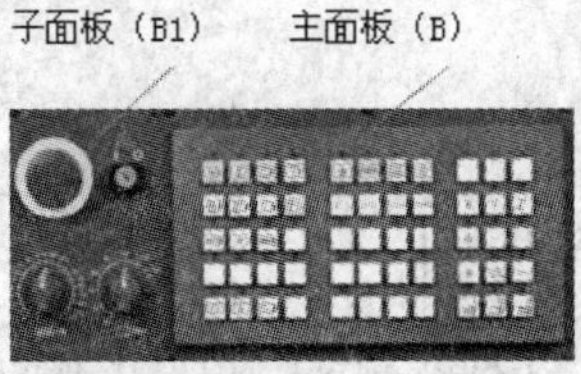　　　　　　图4

2) 组号、基座号、插槽号的设置

(1) 建立新文件或打开目标文件。

(2) 双击[I/O Module]。

(3) 选中模块的起始地址并双击。

(4) 对模块所处的组号、基座号和插槽号进行设置，然后双击相应正确的模块名即可。

每个 0 号基座的 I/O 单元都有两个 I/OLINK 电缆接口座号，分别为 JD1A 和 JD1B，对所有具有 I/O LINK 功能单元来说都是通用的。如果 I/O 单元带有手摇脉冲发生器(Manual Pulse Generator，MPG)接口，则在其模块上的 MPG 接口座号为 JA3。电缆总是从主单元 JD1A 开始依次连接到 0 号基座最后一个组单元的 JD1B，尽管 0 号基座最后一个组单元 JD1A 总是空的，也无需连接终端插头。

3) 标准机床控制主面板地址分配

标准机床控制主面板上的按键和带有的一些通用 DI/DO 的接口都不占用 I/O 模块的物理地址。标准机床控制主/子面板、主面板接口及接口引脚分配如图 5-16 所示。

标准 MCP 主/子面板的数据长度占输入地址(8+4)个字节(其中倍率开关等占 4 个字节)，输出地址 8 个字节。在进行地址分配时总处于物理地址、保留地址之后。通常的标准机床控制主面板 I/O 均以第 20 个字节或第 100 个字节为 DI/DO 起始地址为宜，以方便对顺序程序的编写和解读。

CNC 可以直接读取 MPG 信号，MPG 接口占用 DI 空间 3 个字节，地址从 Xm+12 到 Xm+14 分别对应于三个手轮的信号输入。这些地址占用的字节位置是固定的。其中“m”为 MPG 接入相应设备的 DI 起始地址的字节。MPG 可以有多种连接的接口位置，为使 MPG 接口有效，必须遵循以下几点：

(1) Xm+12～Xm+14 必须作为 DI 工作区进行分配。连接 MPG 模块的 DI 地址必须分配 16 个字节的数据长度。在编制梯形图程序时，不能使用 DI 区域中从 Xm+12 到 Xm+14 的地址。

(2) MPG 的连接位置必须离系统最近的第一个设为 16 个字节模块的 JA3(JA58)接口上才有效。即使 16 个字节模块 Xm+0→Xm+11 作为输入点而实际上没有那个输入点，但为了使 MPG 生效也必须依此分配为宜。

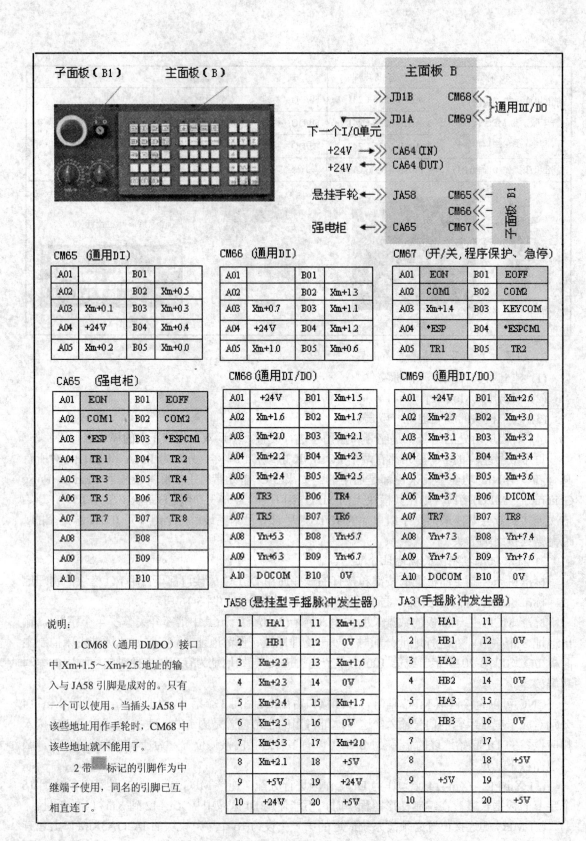

图 5-16　主面板接口引脚分配

4) I/O 单元模块地址分配

对连接在 FANUC I/O LINK 上的 I/O 单元模块进行地址分配可以从 X0 作为起始地址。I/O 单元模块的 I/O 地址与连接器引脚排列对应位置如表 5-6 所列。其中，连接器(CB104～CB107) 脚号 B01(+24V)是 I/O 单元模块直流电源 DC24V 的输出端，可以用于 DI 的输入信号。因此，外部 DC24V 电源不得连接到该引脚。

在表 5-6 中，系统明确地规定了一些输入地址作为固定的特殊信号输入点，以便于 NC 在运行过程中直接对这些固定的信号进行采样处理。固定地址的特殊输入信号应用如表 5-7 所列。

表 5-6　I/O 地址与连接器引脚排列对应位置

	CB104 A	CB104 B		CB105 A	CB105 B		CB106 A	CB106 B		CB107 A	CB107 B
01	0V	+24V	01	0V	+24V	01	0V	+24V	01	0V	+24V
02	X0000.0	X0000.1	02	X0003.0	X0003.1	02	X0004.0	X0004.1	02	X0007.0	X0000.1
03	X0000.2	X0000.3	03	X0003.2	X0003.3	03	X0004.2	X0004.3	03	X0007.2	X0000.3
04	X0000.4	X0000.5	04	X0003.4	X0003.5	04	X0004.4	X0004.5	04	X0007.4	X0000.5
05	X0000.6	X0000.7	05	X0003.6	X0003.7	05	X0004.6	X0004.7	05	X0007.6	X0000.7
06	X0001.0	X0001.1	06	X0008.0	X0008.1	06	X0005.0	X0005.1	06	X00010.0	X00010.1
07	X0001.2	X0001.3	07	X0008.2	X0008.3	07	X0005.2	X0005.3	07	X00010.2	X00010.3
08	X0001.4	X0001.5	08	X0008.4	X0008.5	08	X0005.4	X0005.5	08	X00010.4	X00010.5
09	X0001.6	X0001.7	09	X0008.6	X0008.7	09	X0005.6	X0005.7	09	X00010.6	X00010.7
10	X0002.0	X0002.1	10	X0009.0	X0009.1	10	X0006.0	X0006.1	10	X00011.0	X00011.1
11	X0002.2	X0002.3	11	X0009.2	X0009.3	11	X0006.2	X0006.3	11	X00011.2	X00011.3
12	X0002.4	X0002.5	12	X0009.4	X0009.5	12	X0006.4	X0006.5	12	X00011.4	X00011.5
13	X0002.6	X0002.7	13	X0009.6	X0009.7	13	X0006.6	X0006.7	13	X00011.6	X00011.7
14			14			14			14		
15			15			15			15		
16	Y0000.0	Y0000.1	16	Y0002.0	Y0002.1	16	Y0004.0	Y0004.1	16	Y0006.0	Y0006.1
17	Y0000.2	Y0000.3	17	Y0002.2	Y0002.3	17	Y0004.2	Y0004.3	17	Y0006.2	Y0006.3
18	Y0000.4	Y0000.5	18	Y0002.4	Y0002.5	18	Y0004.4	Y0004.5	18	Y0006.4	Y0006.5
19	Y0000.6	Y0000.7	19	Y0002.6	Y0002.7	19	Y0004.6	Y0004.7	19	Y0006.6	Y0006.7
20	Y0001.0	Y0001.1	20	Y0003.0	Y0003.1	20	Y0005.0	Y0005.1	20	Y0007.0	Y0007.1
21	Y0001.2	Y0001.3	21	Y0003.2	Y0003.3	21	Y0005.2	Y0005.3	21	Y0007.2	Y0007.3
22	Y0001.4	Y0001.5	22	Y0003.4	Y0003.5	22	Y0005.4	Y0005.5	22	Y0007.4	Y0007.5
23	Y0001.6	Y0001.7	23	Y0003.6	Y0003.7	23	Y0005.6	Y0005.7	23	Y0007.6	Y0007.7
24	DOCOM	DOCOM	24	DOCOM	DOCOM	24	DOCOM	DOCOM	24	DOCOM	DOCOM
25	DOCOM	DOCOM	25	DOCOM	DOCOM	25	DOCOM	DOCOM	25	DOCOM	DOCOM

表 5-7　地址固定的特殊输入信号

	信　号	符　号	地　址
	X / Z 轴测量位置到达信号	XAE / ZAE	X4.0 / X4.1
	+X 方向的刀具补偿测量值写入信号	+MIT1	X4.2
T(车床)系统	-X 方向的刀具补偿测量值写入信号	-MIT1	X4.3
	+Z 方向的刀具补偿测量值写入信号	+MIT2	X4.4
	-Z 方向的刀具补偿测量值写入信号	-MIT2	X4.5

219

	信　号		符　号	地　址
M(铣床)系统	X/Y/Z 轴测量位置到达信号		XAE / YAE / ZAE	X4.0 / X4.1 / X4.2
公共通用	跳转(SKIP)信号　　　(机床参数#6200)		SKIP	X4.7
	急停信号		*ESP	X8.4
	第 1 轴～第 8 轴参考点返回减速信号		*DEC1～DEC8	X9.0～X9.7

5) 操作盘 I/O 模块

操作盘 I/O 模块有效的物理输入起始地址(m)没有规定，但必须包含输入地址 X8.4 以及 X9.0～X9.7 地址，如果必要还要包含 X4.7 等地址。操作盘 I/O 模块的 I/O 地址与连接器引脚排列对应位置如表5-8 所列。

表 5-8　操作盘 I/O 地址与连接器引脚排列对应位置

CE56						CE57					
脚号	A	B	脚号	A	B	脚号	A	B	脚号	A	B
1	OV	+24V	14	DICOM0		1	OV	+24V	14		DICOM1
2	Xm+0.0	Xm+0.1	15			2	Xm+3.0	Xm+3.1	15		
3	Xm+0.2	Xm+0.3	16	Yn+0.0	Yn+0.1	3	Xm+3.2	Xm+3.3	16	Yn+2.0	Yn+2.1
4	Xm+0.4	Xm+0.5	17	Yn+0.2	Yn+0.3	4	Xm+3.4	Xm+3.5	17	Yn+2.2	Yn+2.3
5	Xm+0.6	Xm+0.7	18	Yn+0.4	Yn+0.5	5	Xm+3.6	Xm+3.7	18	Yn+2.4	Yn+2.5
6	Xm+1.0	Xm+1.1	19	Yn+0.6	Yn+0.7	6	Xm+4.0	Xm+4.1	19	Yn+2.6	Yn+2.7
7	Xm+1.2	Xm+1.3	20	Yn+1.0	Yn+1.1	7	Xm+4.2	Xm+4.3	20	Yn+3.0	Yn+3.1
8	Xm+1.4	Xm+1.5	21	Yn+1.2	Yn+1.3	8	Xm+4.4	Xm+4.5	21	Yn+3.2	Yn+3.3
9	Xm+1.6	Xm+1.7	22	Yn+1.4	Yn+1.5	9	Xm+4.6	Xm+4.7	22	Yn+3.4	Yn+3.5
10	Xm+2.0	Xm+2.1	23	Yn+1.6	Yn+1.7	10	Xm+5.0	Xm+5.1	23	Yn+3.6	Yn+3.7
11	Xm+2.2	Xm+2.3	24	DOCOM	DOCOM	11	Xm+5.2	Xm+5.3	24	DOCOM	DOCOM
12	Xm+2.4	Xm+2.5	25	DOCOM	DOCOM	12	Xm+5.4	Xm+5.5	25	DOCOM	DOCOM
13	Xm+2.6	Xm+2.7				13	Xm+5.6	Xm+5.7			

6) 地址分配的原则

(1) I/O 模块的起始地址(m)可以在任意处自由定义，地址字节数依据模块名(如 OC02I 表示模块输入字节长度为 16；OC01O 表示模块输出字节长度为 8)，一旦定义了起始地址，该模块的内部地址就分配完毕。

(2) 配有标准的机床操作面板，则 I/O 模块物理地址的有效范围一定在标准机床操作面板起始地址之前。

(3) 连接手轮的I/O单元输入地址必须分配为16个字节，且手轮连接到离系统最近的I/O单元模块接口JA3/JA58上。即使实际没有那么多输入点，但为了连接手轮也必须依此分配。Xm+12～Xm+14 分别是第一个～第三个手轮的信号输入，Xm+15 用于输出信号的报警。

(4) 从一个 JD1A 引出来的 I/O 单元为一组。在连接的过程中，要改变的仅仅是组号。位于主单元最近的子单元那组为第 0 组，依次开始逐渐递增。

(5) 在模块分配完毕以后，要注意保存，断电后再通电方可生效。同时注意模块优先于系统先上电，否则系统在上电时无法检测到该模块。

5.1.4 数据类型

顺序程序中的所有数据都必须标有数据类型这个要素。数据是程序处理和控制对象，数据的类型决定了数据的属性即数据的长度、取值范围等。数据类型在分配存储器时都具有固定的长度。PMC 可以处理的数据有速度值、倍率值、刀位值、时间值、M 代码值等，处理的数据可能是 BCD 码的形式，也可能是二进制码的形式。在功能指令中，两个不同的功能指令(如 ROT 和 ROTB)有着同一种处理功能，区别在于它们所处理对象的数据类型不同。因此，在选用功能指令时一定要注意考虑其对数据类型的要求，否则，在处理数据时会出现紊乱。数据形式可以分为以下四种：

1. 带符号的二进制(Binary)

目前，在0i、16i和18i数控系统中的数据多以二进制形式存放在系统的数据区，M/T辅助功能代码在系统内部是以二进制数来表示的，其数据位数一般不超过两位，单字节二进制数即可涵盖。

PMC 可以对单字节、双字节和四字节长的二进制的数值进行处理，字节的数值范围如表 5-9 所列。在实际顺序程序中必须指定数据的起始地址和数据长度。从系统诊断画面(PMCDGN) 可以看出，在 2 个字节或 4 个字节数据长度中地址号大的为高位地址。

表 5-9　字节的数值范围

数 据 长 度	数据范围(十进数换算)	备 注
1 个字节数据	−128〜+127	
2 个字节数据	−32768〜+32768	2 的补码表示
4 个字节数据	−2147483648〜+2147483647	

2. BCD 码(Binary Coded Decimal)

用四位二进数来表示一位十进数的编码称为 BCD 码，亦称为二—十进制。一个字节可以表示 2 位十进数，4 位的二进数 0000〜1001 表示相应的十进数 0〜9。

数据变换功能指令 DCNV 和 DCNVB 可以对 BCD 码数据和二进制码数据进行相互转换。由二进制码数据变换成 BCD 码数据后的符号结果存放在运算输出寄存器 R9000 中。

3. 位型(Bit)

从数字信息处理角度看，信号也可以看作数据。在处理 1 位的信号时表现为一个二进制位，指在地址之后指定小数点的位号。

4. 格雷码(Gray)

任意两组相邻代码之间只有一位不同，其余各位都相同的码称为格雷码。4 位二进制码和格雷码对应的位如表 5-10 所列。

表 5-10　4 位二进制代码和格雷码对应的位

十进数	0	1	2	3	4	5	6	7
二进制	0000	0001	0010	0011	0100	0101	0110	0111
格雷码	0000	0001	0011	0010	0110	0111	0101	0100
十进数	8	9	10	11	12	13	14	15
二进制	1000	1001	1010	1011	1100	1101	1110	1111
格雷码	1100	1101	1111	1110	1010	1011	1001	1000

在任意两个相邻的数之间转换时，格雷码具有只有一个数位产生变化的特点，而十进制数 3 转到 4 时的二进制数每一位都要变。因此，数控机床标准控制面板上的方式开关或进给倍率开关都选用格雷码的旋转开关，可以减少由一个状态转到下一个状态时发生逻辑混淆的可能性，提高了编码的可靠性。

格雷码不是权重码，每一位码没有大小，不能直接进行数值的大小比较和算术运算。一般普通二进制代码与格雷码可以相互转换。

二进制代码变为格雷码(编码)：从最右边一位起，依次将每一位与左边一位异或(XOR)，编码后的结果作为对应该位(格雷码)的值，最左边一位不变(相当于与"0"异或)。

格雷码变为二进制代码(解码)：最左边一位不变(相当于与"0"异或)，从左边第二位起，依次将每一位与左边一位解码后的值异或，解码后的结果作为对应该位(二进制码)的值。

5.1.5 指令应用

学习了 PMC 的基本指令和功能指令集之后，可以知道每个梯形逻辑指令都可以触发一个特定的操作。可以根据控制对象的实际要求对这些指令进行编制组合来完成 PMC 顺序程序。

1. 编程的基本原则

(1) 外部的输入输出点、内部继电器、定时器、计数器等接点可以多次重复使用，不受限制。

(2) 梯形图的每一行都是从母线开始，线圈位于最右边。线圈不能与左母线直接相连，如果需要在线圈之前，则可以使用内部继电器 R9091.0 的常闭接点(逻辑"0")或 R9091.1 的常开接点(逻辑"1")与其相连。

(3) 同一地址或符号的线圈在一个程序中使用两次称为双线圈输出。双线圈输出容易引起不确定(置位/复位线圈除外)。因此，应该尽量避免线圈重复使用，以保证控制过程的动作可靠。

(4) 梯形图程序必须符合顺序执行的原则，即从左到右、从上到下地执行。

(5) 在梯形图中，串联接点使用的次数没有限制，可无限次地使用。

(6) 两个或两个以上的不同线圈可以并联输出。

(7) 注意功能指令的数据格式合理选用。

2. 基本指令应用

基本指令是构成 PMC 顺序的程序的最基本元素。系统对触点与线圈信号状态进行周期性扫描，得到逻辑 1 或逻辑 0 两种对立的逻辑状态。对常开触点或线圈而言，"1"表示动作接通，在程序中通俗地说，"1"有效。对常闭触点而言，"0"表示动作接通，在程序中通俗地说，"0"有效。

在 PMC 顺序程序中，通常将位逻辑指令之间的连接关系称作串联或并联，实际上就是数字电路中表示的"与"运算(逻辑乘)、"或"运算(逻辑加)和非运算(逻辑非)。

1 和 0 这两个数字是构成二进制数字系统的基础。逻辑代数研究的是逻辑函数与逻辑变量之间的关系。而逻辑代数中的逻辑变量只取两个值，即 0 和 1，而没有中间值。0 和 1 并不表示数量的大小，而是表示两种对立的逻辑状态。对基本指令"1"和"0"信号状态进行组合而产生结果"1"或"0"，就是一种逻辑运算结果(RLO)。因此，数字电路的逻辑代数运算方法在解读 PMC 顺序程序还是非常有用的。

在设计、编制顺序程序时，基本指令中最常用的梯形符号包括常开接点(--| |--)、常闭接点(--|/|--)和输出线圈(--( )-)。它们可以组合成许多基本而又非常实用的控制单元。

1) 启动自保和复位电路

在传统接触器控制的过程中，依靠接触器自身辅助触点而使其线圈保持通电的现象称为自保。当合上电源，按下启动按钮后释放，则接触器线圈依靠自身的与启动按钮常开触点并联的辅助常开触点使得电机启动后"自己保持"了连续运转。只有当按下停止按钮，接触器线圈断电，主触点、辅助触点断开，电机才停止运转。

在PMC顺序程序中，可用位逻辑指令常开接点、常闭接点和输出线圈构成的类似于接触器控制的"自保和复位"，如图5-17(a)所示。图中，当常开接点符号地址"ST_SB"信号瞬间为"1"接通时，使产生动作(接通)结果的输出线圈符号地址"OUT"输出为"1"接通，从而其常开接点符号地址"OUT"为"1"闭合，保证了继电器线圈始终保持接通状态。只有当常闭接点符号地址"STP_SB"信号由"0"变"1"(打开)的瞬间，才使输出线圈"OUT"输出为"0"断开。当然，用位逻辑指令常开接点、置位和复位实现"自保和复位"，如图5-17(b)所示。图中，当常开接点符号地址"ST_SB"信号瞬间为"1"接通时，输出线圈符号地址"OUT"置位为"1"，保持接通。当常开接点符号地址"STP_SB"信号瞬间为"1"接通时，输出线圈符号地址"OUT"复位为"0"断开。

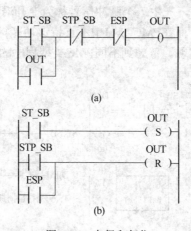

图 5-17 自保和复位

2) 互锁电路

在传统接触器控制的过程中，同一时间里两个接触器不允许同时接通的控制作用称为互锁。互锁电路就是将两个能产生动作(接通)结果的接触器常闭触点分别串联到对方的控制回路中作为双方接通的必要条件而产生"相互锁住"。当在控制电机正反转过程中是绝对不允许同时接通运转的。即使控制正反转的启动按钮同时接通，也只允许电机朝其中一个方向转动。这就必须将接通电机正反转的那两个接触器的辅助常闭触点分别串联到对方的控制回路中而使得接通条件相互制约锁住。

在PMC顺序程序中，可用位逻辑指令常开接点、常闭接点和输出线圈构成的类似于接触器控制的"互锁"，如图5-18所示。图中，当引起继电器动作的常开接点符号地址"ST1"信号瞬间为"1"接通时，使产生动作(接通)结果的输出线圈符号地址"OUT1"输出为"1"接通。从而其常开接点符号地址"OUT1"为"1"闭合，随即又使另一控制回路的常闭接点符号地址"OUT1"为"1"打开，保证了输出线圈"OUT1"保持接通而使输出线圈"OUT2"无法接通。同理，如果输出线圈"OUT2"保持接通也使输出线圈"OUT1"无法接通。由此它们之间始终保持着相互制约即"互锁"的关系。即使"ST1"和"ST2"两个信号瞬间同时为"1"，按扫描顺序在一个扫描周期内也只会使其中的一个线圈接通，起到了真正的"互锁"效果。

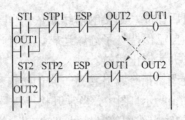

图 5-18　互锁电路

3) 交替接通/断开电路

交替接通/断开电路主要应用了上升沿(下降沿)和异或位(由常开接点、常闭接点、输出线圈组成)的特点，每当触发一次上升沿信号，异或位输出端输出线圈状态就会发生一次翻转。这种方法在实际对标准的 MCP 编写的顺序程序中应用非常频繁。

(1) 上升沿就是当执行条件的信号由 OFF 状态上升为 ON 状态之后，逻辑结果使输出信号仅在一个扫描周期内置"ON"，产生一个脉冲信号称为上升沿。在PMC-SB7中可以直接使用上升沿功能指令(DIFU/SUB57)，而在PMC-SA1中不支持该功能指令，只能通过位逻辑指令常开接点、常闭接点和输出线圈来实现。考虑到不同PMC类型程序的互通性，常用基本指令编写上升沿正逻辑程序，如图5-19(a)所示。

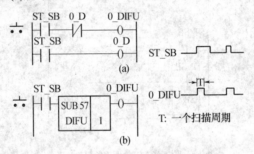

图 5-19　上升沿正逻辑程序/时序

图5-19(a)中，当系统扫描到常开接点符号地址"ST_SB"信号瞬间由"0"变"1"接通时，使输出线圈符号地址"O_DIFU"输出为"1"接通，随即又使输出线圈符号地址"O_D"输出为"1"接通。

当系统第二次扫描常开接点符号地址"ST_SB"信号时，无论"ST_SB"信号状态如何，输出线圈符号地址"O_DIFU"输出为"0"断开，因为此时常闭接点符号地址"O_D"为"1"打开。从而在一个PMC顺序程序扫描周期内输出线圈符号地址"O_DIFU"输出端输出一个宽度为一个扫描周期的正逻辑脉冲信号，如图5-19中的时序。图5-19(b)中直接使用了上升沿功能指令，输出信号时序与图5-19(a)一样，只是二者在编写顺序程序时选用了不同的指令。

(2) 异或位就是当两个指定位的信号状态不同，则输出线圈端输出结果为"1"。它由两个常开接点、两个常闭接点和一个输出线圈组成一个程序段来实现异或功能。这类似于异或运算的逻辑门电路。其逻辑运算结果的逻辑表达式为

$$L = \overline{A}B + A\overline{B} = A \oplus B$$

式中：L 代表输出线圈的状态。

异或位与功能指令定时器组合可以对主轴电机转速变挡时实现一种正反方向摆动控制，使主轴齿轮变挡时啮合更容易。通过位逻辑指令常开接点、常闭接点和输出线圈编写的由上升沿正逻辑和异或位组合实现一个信号交替控制接通/断开的一段顺序程序及时序如图 5-20 所示。

224

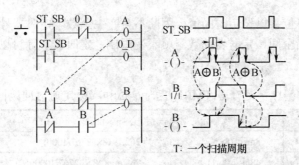

T: 一个扫描周期

图 5-20 交替接通/断开顺序程序及时序

当系统扫描到常开接点符号地址"ST_SB"信号瞬间由"0"变"1"接通时，使输出线圈符号地址"A"输出为"1"接通，随即又使输出线圈符号地址"O_D"输出为"1"接通。接着常开接点符号地址"A"和常闭接点符号地址"B"位的信号状态不同使得输出线圈符号地址"B"输出为"1"接通。

当系统第二次对信号逐个扫描时，无论"ST_SB"信号状态如何，输出线圈符号地址"A"输出状态为"0"，因为此时常闭接点符号地址"O_D"为"1"打开。此时，常闭接点符号地址"A"为"0"，而常开接点符号地址"B"仍为"1"，"A"和"B"位的信号状态不同又使得输出线圈符号地址"B"输出保持为"1"接通，实现了一次异或运算，完成了信号的一次触发接通。

当系统再次扫描到常开接点符号地址"ST_SB"信号瞬间由"0"变"1"接通时，同理输出线圈符号地址"A"输出为"1"接通。常闭接点符号地址"A"为"1"打开。"A"和"B"位的信号状态相同而使得输出线圈符号地址"B"输出"0"。随后对信号逐个扫描逻辑结果保持不变，实现了又一次异或运算，完成了信号的一次触发断开。

3. 功能指令应用

1) 定时器

FANUC PMC 有三种定时器功能指令(TMR、TMRB 和 TMBC)，它们的共同之处都是延时接通型定时器。定时器与其他指令组合可以构成各种时间控制电路。定时器输入信号一经接通，定时器的设定值开始不断减 1，直至为零且输入端的输入信号仍为"1"时，定时器输出端信号才会由"0"变"1"接通。一旦定时器输入端执行条件为"OFF"时，定时器自动复位(恢复到预置定时值)。

(1) 延时定时器(TMR)具有 8ms 和 48ms 两种定时单位，定时器号 1~8 的定时单位为 48ms，定时器号 9~40 的定时单位为 8ms。预置定时时间可以非常灵活、直观地通过 PMC 参数(T)进行设置。它主要用于对定时时间需要经常被临时调整的场合，如机床的润滑时间、主轴准停到位延时时间等。

(2) 固定定时器(TMRB)的定时单位为 8ms，且其定时时间必须在 PMC 程序中直接被定义，因此被称为固定定时器。它主要适合于定时时间不宜被人随意修改的场合，如主轴刀具夹紧/放松到位、刀库动作延时时间等。

(3) 可变延时定时器(TMRC)允许随意设定定时单位(通过设定数)，对所有定时单位的设定时间值范围都可以在 0~32767，数值可以赋给任意地址。该地址占 2 个字节，且固定的还是可变的延时定时器则由地址类型决定。若以 D 地址(数据表)作为存放设定时间值时，则定时器的定时时间就变成可变了，因为可以通过系统显示屏以二进制形式对 PMC 参数(D)进行设定时间值，反之，其他地址就为固定的定时器，因为无法直接通过修改参数来改变定时时间。由于实

225

际定时时间等于定时单位乘以设定时间值，因此不会产生余数。定时器号的存放地址占 4 个字节。只要有足够的存储空间，定时器的数量就不受限制。定时器实际可以定时的时间范围如表 5-11 所列。

表 5-11　定时器(TMRB)定时单位和实际定时时间范围

定时单位		设定数	实际定时时间 = 定时单位×设定时间值(1-32767)		
8ms		0	8ms　(8×1)	to	262.1s (8×32767/1000)
48ms		1	48ms (48×1)	to	26.2min(48 ×32767/1000×60)
1s	*	2	1s　(1×1)	to	546min (1×32767/60)
10s	*	3	10s (10 ×1)	to	91h　(10×32767/60×60)
1min	*	4	1min (1×1)	to	546h　(1×32767/60)
1ms	*	5	1ms　(1×1)	to	32.7s　(1×32767/1000)
10ms	*	6	10ms (10×1)	to	327.7s (10×32767/1000)
100ms	*	7	100ms(100×1)	to	54.6min(100×32767/1000×60)
注：*表示仅 PMC-SB7 支持 ；/表示除号					

(4) 在设计 PMC 程序时，应该根据需要合理选择定时器的时间单位和定时器类型。定时器常常可被用于对机械动作到位后的延时，保证后续其他动作的可靠；也常被用于检测两个对立信号的状态如主轴的夹紧和放松的状态信号是否正常(若正常，一个信号为"0"，另一个信号必定为"1"，当两个信号同时为"0"或为"1"都属于不正常时，定时器输出端信号为"1")；还常被用于对机床润滑系统交替定时启动/停止润滑。利用定时器功能编制了数控系统上电后对润滑系统自动启动/停止润滑的控制程序/时序，如图 5-21 所示。

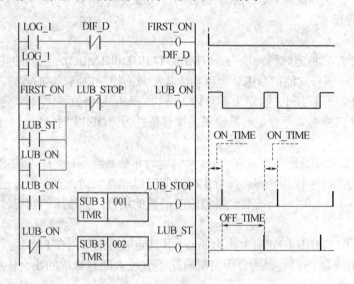

图 5-21　润滑系统启动/停止控制程序/时序

在图 5-21 中，当系统上电执行对 PMC 程序第一次扫描时，常开接点符号地址"LOG_1"(R9091.1)逻辑常"1"，使输出线圈符号地址"FIRST_ON"输出为"1"接通(仅第一个 PLC 运行周期为"1")，随即其常开接点的符号地址"FIRST_ON"为"1"作为润滑泵启动标志，使润滑泵输出线圈符号地址"LUB_ON"输出为"1"启动并"自保"，开始了润滑泵的第一次启动。

当常开接点符号地址"LUB_ON"为"1"有效后，定时器(001)开始了对润滑泵启动时间的计时。当定时时间一到，定时器(001)输出线圈符号地址"LUB_STOP"输出为"1"接通，使得常闭接点符号地址"LUB_ON"输出为"1"打开，则输出线圈符号地址"LUB_ON"输出为"0"断开而结束了润滑泵的第一次启动，定时器(001)停止计时，同时自动复位(恢复到预置定时值)。

当常闭接点符号地址"LUB_ON"为"0"有效后，定时器(002)开始了对润滑泵停止时间的计时。当定时时间一到，定时器(002)输出线圈符号地址"LUB_ST"输出为"1"接通，随即常开接点符号地址"LUB_ST"为"1"接通，使润滑泵输出线圈符号地址"LUB_ON"输出又为"1"启动并"自保"，开始了润滑泵的再次启动，同时定时器(001)再次激活，定时器(002)自动复位(恢复到预置定时值)。实现了对机床润滑系统循环启动/停止的自动控制。

注意：定时器号在 PMC 程序中不能出现重复。

2) 计数器

FANUC PMC 有三种计数器功能指令(CTR、CTRC 和 CTRB)，它们分为可变计数器(CTR、CTRC)和固定计数器(CTRB)两类。可变计数器的预置计数值可以通过 PMC 参数直接进行设置，其中 CTR 的计数的数据形式既可为二进制格式，也可为 BCD 码，可以由图 5-1 中通过系统参数进行设置选择。固定计数器的预置计数值修改只能通过顺序程序处理，其计数的数据形式为二进制格式。在编制 PMC 顺序程序时，计数的预置计数值与实际计数值的数据格式必须保持一致。

(1) 计数器(CTR)是一个可逆的递增/递减循环计数器。作为加计数器还是作为减计数器则由输入端(UPDOWN)的信号状态决定。每个计数器占用 4 个字节，其中前 2 个字节存放预置计数值，后 2 个字节存放当前计数值。

其特点是数据格式可以灵活选择，方便用户编程。可通过 PMC 参数(C)直接对预置计数值进行设置，适应对不同控制对象计数，程序的柔性化得到了提高。系统预置/计数画面示意如图5-22 所示。

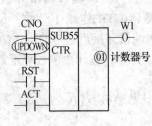

PMC PRM (COUNTR) #001			
№	ADDRESS	PRESET	CURRENT
①01	C0000	24	6
02	C0004	0	0
3	C0008	0	0
⋮	⋮	⋮	⋮
TIMER	COUNTR	KEEPRL	DATA	SETING

图 5-22　系统预置/计数画面示意图

(2) 计数器(CTRC)是一个可逆的递增/递减循环计数器。作为加计数器还是作为减计数器则由输入端(UPDOWN)的信号状态决定。计数的数据为二进制格式，计数功能与计数器(CTR)基本相同。一般可以指定数据表 D 地址(2 字节)作为存放计数器预置值地址，便于能通过系统显示屏由 PMC 参数(D)直接对计数器预置值进行设定。

(3) 固定计数器(CTRB)是一个可逆的递增/递减循环计数器。作为加计数器还是作为减计数器则由输入端(UPDOWN)的信号状态决定。计数的数据为二进制格式。计数功能与计数器(CTR)基本相同，所不同的是，存储当前计数值的地址规定从 C5000 地址开始，C5000 对应计数器 1，

C5002 对应计数器 2，依次下去。计数器预置值范围为 0～32767，当前计数值数据占 2 个字节，通过 PMC 顺序程序才能对它作修改，所以称为固定计数器。

(4) 在设计 PMC 程序时，应该根据需要合理选择计数器的数据格式。计数器常常用于对工件数、刀库的刀套位置或车床的刀架位置等进行计数。CTR 功能指令用于对刀库链上的刀套位计数示例程序，如图 5-23 所示。

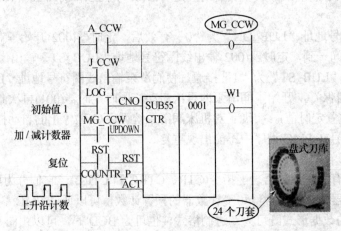

图 5-23 CTR 功能指令应用示例

在图 5-23 中，CTR 功能指令计数数据形式为 BCD 码，符号地址"LOG_1"表示 PMC 内部继电器 R9091.1(逻辑常"1")。

计数器设为 1 号，存储在地址 C0000 和 C0001 字节中的预置计数值为 24(刀套数)。考虑到刀套号最小为 1，所以选择 CNO 输入端信号为逻辑常"1"，使计数器的初始值定为 1。由此可知，可逆的递增/递减循环计数器(CTR)始终在 1～24 循环计数。

刀库链的旋转有正反两个方向。一般规定，当刀库链顺时针旋转时计数器作加计数，反之作减计数。因此，刀库链的旋转方向决定了 UPDOWN 输入端信号状态。

当常开接点符号地址"MG_CCW"为"1"接通，且 ACT 输入端常开接点符号地址"COUNTR_P"信号由"0"变"1"出现上升沿，则计数器(CTR)作减 1 计数。反之，当常开接点符号地址"MG_CCW"为"0"断开，且 ACT 输入端常开接点符号地址"COUNTR_P"由"0"变"1"出现上升沿信号，则计数器(CTR)作加 1 计数。在计数信号等正常情况下，刀库链在旋转过程中刀套号与当前计数值始终保持一一对应。

当常开接点符号地址"RST"为"1"接通时，当前计数值被复位。

注意：计数器号在 PMC 程序中不能出现重复。

3) 旋转控制

旋转控制指令是一个非常实用的功能指令，常常被用于对旋转体的控制包括刀具位置、ATC(自动刀具交换)、转台等。它所具有的功能可以大大简化 PMC 程序的编辑，给程序设计带来许多便利。

旋转控制有两个功能指令，分别是 ROT 和 ROTB。ROT 指令中的旋转体分度数在编程时由一个参数指定，是一个固定的数据。而 ROTB 指令指定了一个存储旋转体分度数地址，可以通过数据表(D)对数据进行修改。它们的编码是相同的，都具有以下功能：

(1) 通过最短路径的旋转方向选择；

(2) 当前位置到目标位置的步数计算；

228

(3) 目标位置前一个位置的位置计算或到目标前一个位置的步数计算。

它们的主要区别在于处理数据的形式。ROT 处理数据的形式为 2 位 BCD 码或 4 位 BCD 码；而 ROTB 处理数据的形式都为二进制。ROT 功能指令应用示例如图 5-24 所示。

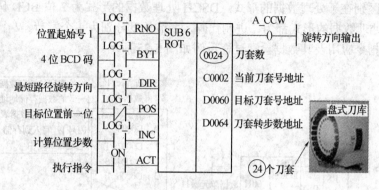

图 5-24　ROT 功能指令应用

在图 5-24 中，ROT 功能指令对数据处理的形式为 4 位 BCD 码(考虑到大小刀管理时 T 码以三位数表示大刀)。符号地址"LOG_1"表示 PMC 内部继电器 R9091.1(逻辑常"1")。

当对刀库链刀套计数的计数器定为 1 号计数器(图 5-22)时，存储在地址 C0000 和 C0001 字节中的为预置计数值；C0002 和 C0003 字节中为当前计数值(即为当前刀套号)。在计数信号等正常情况下，刀库链在旋转过程中刀套号与当前计数值始终保持一一对应。ROT 指令中的刀套数 24 必须与计数器中预置计数值相一致。

为了减少刀具交换时间，通常会控制刀库链以最短路径旋转使目标刀套转到换刀位置。因此，DIR 输入端信号为逻辑常"1"，选择了最短路径旋转方向。而 POS 和 INC 输入端的信号可以根据实际情况而定。

目标刀套是存放目标刀具的，对固定换刀(斗笠刀库)而言，目标刀套号等于目标刀号；对随机换刀(盘式刀库)而言，目标刀套号并不一定等于目标刀号。当对目标刀号(T 码)译码后通过数据检索功能指令(DSCH/DSCHB)可以得到目标刀具所放的那个刀套号，并将其存放在 D0060 地址中(注意：该指令的处理数据都是 BCD 码，因此当前刀套号和目标刀套号的数据处理形式一定要一致，且都为 BCD 码)。

当 ACT 输入端控制信号条件满足时，ROT 功能指令将刀套旋转步数的计算结果存放在 D0064 地址中，并根据条件输出最短路径旋转的方向，即可作为控制刀库链旋转(正反)的启动条件。这样，通过其他功能指令对 D0064 地址中内容的处理或将 C0002 地址与 D0060 地址二者内容时时比较使目标刀套旋转到位。

提示：目前系统的代码(T 码、M 码和 S 码)多以二进制形式出现。当在顺序程序中的功能指令(ROT)处理的数据以 BCD 码形式时，必须先将二进制 T 码转换成 BCD T 码。

4) 数据检索

数据检索指令是一个非常实用的功能指令，常常被用于检索指定的数据在数据表中是否存在。如果检索的指定数据存在，则可以读取与存储数据表中数据的地址所对应的数据表内号，并将读取结果写到指定的输出存储地址中，同时输出端信号为"0"；如果检索的指定数据不存在，则会在输出端输出一个"1"信号(可作为出错提示信号)，给程序设计带来许多便利。

数据检索有两个功能指令，分别是 DSCH 和 DSCHB。DSCH 指令中的数据表数据单元数在编程时由一个参数指定，是一个固定的数据。而 DSCHB 指令指定了一个存储数据表数据单元数地址，可以通过 PMC 参数(D)，比较容易地调整数据表数据单元数。数据表数据单元数表示在数据表中数据被检索的数目。当数据表中起始地址对应的数据表内号为 0，末尾地址对应的数据表内号为 n 时，则数据表数据单元数为 $n+1$。

它们的主要区别在于处理数据的形式。DSCH 处理数据的形式为 2 位 BCD 码或 4 位 BCD 码；而 DSCHB 处理数据的形式都为二进制代码，字节长度分别为 1 个字节、2 个字节、4 个字节。DSCH 功能指令应用及其数据检索过程示例如图 5-25 所示。

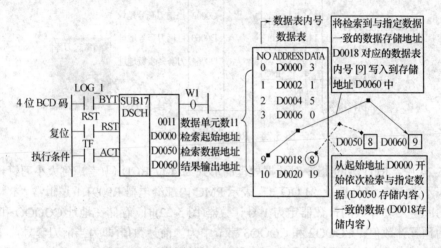

图 5-25 DSCH 功能指令应用及数据检索过程

在图 5-25 中，DSCH 功能指令处理数据的形式为 4 位 BCD 码。数据的位数决定了数据表中存储数据地址所占字节。因此，4 位 BCD 码数据在数据表中每个 D 地址要占 2 个字节。符号地址 "LOG_1" 表示 PMC 内部继电器 R9091.1(逻辑常 "1")。

当 ACT 输入端控制信号条件满足后执行 DSCH 指令，从数据表起始地址 D0000 开始依次检索与指定数据(D0050 存储内容)一致的数据表中数据。如果数据存在，则读取存储数据表中数据的地址所对应的数据表内号，并将读取结果写到指定的输出地址 D0060 中，同时输出符号地址 W1 信号为 "0"；如果数据不存在，则输出符号地址 W1 信号为 "1"。在实际应用中，对 ATC(自动刀具交换)而言，数据检索的功能就是寻找目标刀具(T 码)所在的那个刀套位置。检索数据地址的内容就是目标刀具(T 码)，而结果输出地址的内容就是目标刀套号。

提示：在数据检索功能指令中，可以对数据表指定任何的 R 地址、E 地址或 D 地址。数据表起始地址以偶数为宜，且地址必须是连续的。数据表中的数据可以在非易失性存储器中设定。

5) 变址修改数据传送

变址修改数据传送指令具有读取或改写数据表内容的功能，常常用于对数据交换后进行数据的刷新，如 ATC(自动刀具交换)完成后必须对刀具表进行更新等。它适用于 PMC 所使用的数据表。

执行变址修改数据传送指令与执行数据检索指令相类似，所不同的是，数据检索指令是对数据表内的数据进行检索，只读取存储数据表中数据的地址所对应的数据表内号(数据存在)，并将读取结果写入到指定的输出存储地址；而变址修改数据传送指令是对数据表内号进行检索，读取或改写数据表内号所对应存储地址中的数据(表内号存在)，并将读取或改写的结果传输/写入到指定的输入输出数据存储地址中。

变址修改数据传送有两个功能指令，分别是 XMOV 和 XMOVB。XMOV 指令中的数据表数据单元数在编程时由一个参数指定，是一个固定的数据。而 XMOVB 指令指定了一个存储数据表数据单元数地址，可以通过 PMC 参数比较容易调整数据表数据单元数。数据表数据单元数表示在数据表中数据被检索的数量。当数据表中起始地址对应的数据表内号为 0，末尾地址对应的数据表内号为 n 时，则数据表数据单元数为 $n+1$。

它们的主要区别在于处理数据的形式。XMOV 处理数据的形式为 2 位 BCD 码或 4 位 BCD 码；而 XMOVB 处理数据的形式都为二进制代码，字节长度分别为 1 个字节、2 个字节、4 个字节。XMOV 功能指令应用以及数据读/写传输过程示例如图 5-26 所示。

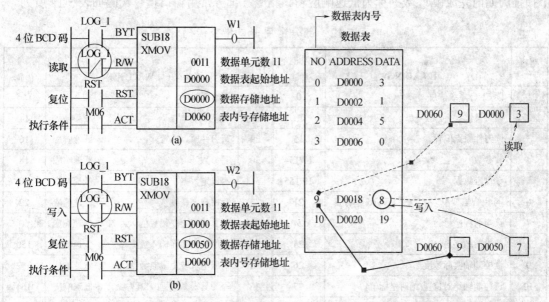

图 5-26 XMOV 功能指令应用及数据读/写传输过程

在图 5-26 中，XMOV 功能指令数处理据的形式为 4 位 BCD 码。数据的位数决定了数据表中存储数据地址所占字节。因此，4 位 BCD 码数据在数据表中每个 D 地址要占 2 个字节。符号地址"LOG_1"表示 PMC 内部继电器 R9091.1(逻辑常"1")。

R/W 输入端的状态信号决定了对数据表中的数据是读取还是改写。

当输入端状态信号为"0"有效时，指定了从数据表中读取数据。图 5-26(a)中，当 ATC 输入端控制信号条件满足后执行 XMOV 指令，从数据表起始地址 D0000 开始依次检索与指定存储地址 D0060 中数据一致的数据表内号。如果数据表内号存在，则读取数据表内号所对应的存储数据地址 D0018 中的 8 数据，并将读取的数据传输到指定的存储地址 D0000 中，同时输出符号地址 W1 信号为"0"。如果数据不存在，则输出符号地址 W1 信号为"1"。

当输入端状态信号为"1"有效时，将指定存储地址中的数据写入到数据表中。图 5-26(b)中，当 ACT 输入端控制信号条件满足后执行 XMOV 指令，从数据表起始地址 D0000 开始依次检索与指定存储地址 D0060 中数据一致的数据表内号。如果数据表内号存在，则将指定存储地址 D0050 中的 7 数据写入到数据表内号所对应的存储地址 D0018 中，同时输出符号地址 W2 信号为"0"。如果数据不存在，则输出符号地址 W2 信号为"1"。

在实际应用中，对 ATC(自动刀具交换)而言，变址修改数据传送的过程就是在完成刀具自动交换之时对主轴上的实际新刀号和目标刀套内数据(主轴上旧刀号)进行数据刷新，为下一次的刀具交换作准备。

提示：数据表起始地址以偶数为宜，且地址必须是连续的。数据表中的数据可以在非易失性存储器中修改(非正常)。

6) 窗口功能

窗口功能指令按其功能可分为窗口读指令和窗口写指令，它们的主要功能是通过窗口分别读取或改写 PMC 与 CNC 之间各种系统数据，如经窗口读取机床机械坐标位置、报警状态和刀具寿命等数据或写入用户的宏变量、参数等多种数据。按执行窗口功能读/写数据的速度又分为低速响应和高速响应两种类型。在一个扫描周期内完成读/写数据称为高速响应窗口指令；在数个扫描周期内完成读/写数据称为低速响应窗口指令。部分常用窗口指令代码如表 5-12 所列。

表 5-12　部分常用窗口指令代码

序号	说　明 (读 READING)	功能 代码	序号	说　明 (写 WRITING)	功能 代码
1	读 CNC 系统信息	0	27	读诊断数据	156
2	读刀具偏置	13	28	写刀具偏置　　　　～低速响应	14
3	读刀件原点偏置	15	29	写刀件原点偏置　　～低速响应	16
4	读参数	17/154	30	写参数　　　　　　～低速响应	18
5	读设定数据	19/155	31	写设定数据　　　　～低速响应	20
6	读用户宏变量　　　　～低速响应	21	32	写用户宏变量　　　～低速响应	22
7	读当前程序号	24	33	写 P 代码宏变量数值　～低速响应	60
8	读当前顺序号	25	34	程序检测画面输入数据　～低速响应	150
9	读控制轴实际速度	26	35	伺服电机转矩限制数据　～低速响应	152
10	读控制轴绝对位置(绝对坐标值)	27	36	写刀具寿命数据(刀具寿命)　～低速响应	164
11	读控制轴机械位置(机床坐标值)	28	37	写刀具寿命数据(刀具号)　～低速响应	173
12	读控制轴跳过位置(G31)	29	38	指定 I/O LINK 用程序号	194
13	读模态数据	32	39	写刀具寿命管理数据(刀具组号)	200
14	读诊断数据　　　　　～低速响应	33	40	预置相对坐标　　　　～低速响应	249
15	读进给电机负载电流值(A/D)转换数据	34			
16	读刀具寿命管理数据(刀具组号)	38			
17	读刀具寿命管理数据(刀具号)	40			
18	读刀具寿命管理数据(刀具寿命)	41			
19	读实际主轴速度	50			
20	读 P 代码宏变量数值　～低速响应	59			
21	读控制轴相对位置	74			
22	读剩余移动量	75			
23	读 CNC 状态信息	76			
24	读当前程序号(8 位程序号)	90			
25	读时间数据(日期和时间)	151			
26	读主轴电机负载信息(串行接口)	153			

注：1. 未说明的指令为高速响应；

　　2. 参考 PMC 编程手册 B-63983EN_02

232

在执行窗口读指令或窗口写指令之前，由 PMC 顺序程序(同一级)设置控制数据区。控制数据区使用非易失性存储地址"D"为宜，因为一旦在控制数据复写期间发生断电，此时的数据可以被记忆。因此，如果控制数据区未由顺序程序设置，"WINDR"或"WINDW"的执行可能使用错误的数据。控制数据地址+10 区域后的数据长度取决于相应功能，通常保留出读取数据后存放数据所需的长度。

控制数据地址被用于指定的存储控制数据的区域。其格式和内容如下：

(1) 数据结构区的"-"符号表示所在项，可以不设或所在项的输出数据无意义；

(2) 所有的数据都为二进制，除非另有指定；

(3) 所有的数据块长度和数据长度都用字节数来指定；

(4) 只有当窗口功能正常结束时，输出的数据才有意义且有效；

(5) 在输出的数据项中总会有结束代码，但并非每一个功能都会有结束代码。

当执行"WINDR"或"WINDW"期间出现错误时，则系统内部运算结果输出寄存器 R9000 第 0 位被置"1"，同时读/写传输结束输出信号 WI 位被置"1"。错误的详情输出到控制数据区的结束代码中。结束代码含义如表 5-13 所列。

表 5-13 结束代码含义

结束代码	含 义	结束代码	含 义
0	正常结束	4	错误(数据属性无效)
1	错误(功能代码无效)	5	错误(数据无效)
2	错误(数据块长度无效)	6	错误(不具备相应功能)
3	错误(数据数无效)	7	错误(写保护状态)

根据每个窗口指令控制数据结构区的数据编写 PMC 顺序程序，可以很方便地读/写数控系统数据。低速响应窗口指令写参数如图 5-27 所示。

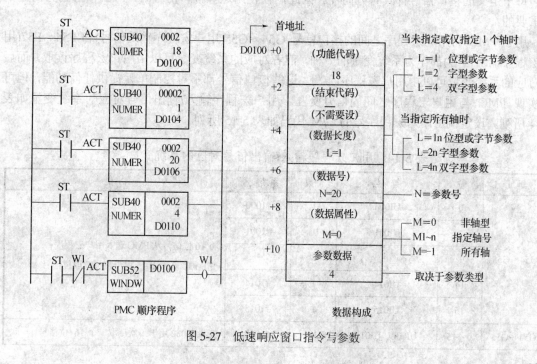

图 5-27 低速响应窗口指令写参数

233

在图 5-27 中，写参数指令的窗口功能代码数据为 18(使用窗口功能时必须首先确定)，控制数据首地址是 D100。CNC 中有位型参数、字节参数、字型参数和双字型四种类型，要写入的数据长度取决于所指定的参数号。当常开接点符号地址"ST"为"1"接通时，通过窗口将字节数据"4"写入到机床参数号[20]中。当写完成输出线圈(W1)被置为"1"。

应当注意，位型参数是不能以位单位写入，必须一次写入参数中的 8 位(1 个字节)。因此，当需要更改某位参数时，首先读出相应参数号中的全部数据，然后修改指定的位后再重新写入此参数。

使用低速响应窗口指令要注意以下几点：

(1) 当子程序中使用低速响应窗口指令时，ACT 必须保持到数据传输结束、输出信号 W1 位变为"1"。在执行还未结束的状态下，不要停止调用子程序，即不要将 CALL 指令的 ACT 置为"0"。如果这样，窗口指令的功能不能保证，也不要由其他子程序调用。因为调用后有可能窗口指令的移动不能保证，最后一条功能指令或许正在执行。低速响应窗口指令在子程序中使用受到了限制，而高速响应窗口指令不受限制。

(2) 当低速响应窗口指令在连续读/写数据时，一旦传输结束信号(W1)为"1"后，必须立即对功能指令的 ACT 置零一次。因为当其 W1=1 以及 ACT=1 时，即使其他低速响应窗口指令 ACT=1 也不工作。高速响应窗口指令可以一直保持 ACT 的接通来连续读/写数据而不需要使 ACT=0。低速响应窗口指令具有排他性，数个低速响应指令不能同时执行，而高速响应窗口指令不像低速响应窗口指令那样具有排他性。

对低速响应窗口指令应以最低频率来执行。当有些低速响应窗口指令以较高频率被连续执行时，则其他的低速响应窗口指令应答可能被延时或不能被执行。

7) 接口信号

数控系统内置 PMC 与传统的 PLC 产品最大的不同之处就是内置 PMC 增加了与数控系统进行信息交换的接口信号。接口信号是数控系统明确定义的，是衡量数控系统控制功能强弱的依据。每个定义的接口信号都具有方向性。因此，在使用这些接口信号时，理解信号的方向是十分重要的。

用于 PMC 与用户宏程序之间的接口信号 G54～G55(用户宏程序输入信号)和 F54～F57(用户宏程序输出信号)都作为系统变量的一种，前者对应的系统变量可以由用户宏程序读取，而后者对应的系统变量可以由用户宏程序读/写。这些接口信号都不对控制单元提供任何功能，但可以实现 PMC 与用户宏程序之间的信号交互。用户宏程序输入/输出信号对应的系统变量如表 5-14 所列。设定调用用户宏程序号的 G/M 代码如表 5-15 所列

表 5-14 用户宏程序输入/输出信号对应的系统变量

地址	位	符 号	位数	系统变量	功 能
G54～G55	0	UI000	1	#1000	将 16 位信号从 PMC 送入用户宏程序；变量#1000～#1015 用于按位读取位信号
	1	UI001	1	#1001	
	…	…	…	…	
	14	UI014	1	#1014	
	15	UI015	1	#1015	
G54～G55	0～15	UI000～UI015	16	#1032	变量#1032 用于一次读取一个 16 位信号

地 址	位	符 号	位数	系统变量	功 能
F54~F55	0	UO000	1	#1100	将 16 位信号从用户宏程序送入 PMC; 变量#1100~#1115 用于按位写入位信号
	1	UO001	1	#1101	
	…	…	…	…	
	15	UO015	1	#1115	
F54~F55	0~15	UO000~UO015	16	#1132	变量#1132 用于一次写入一个 16 位信号到 PMC
F56~F59	0~31	UO100~UO131	32	#1133	变量#1133 用于一次写入一个 32 位信号到 PMC 注:#1133 的值为-99999999~+99999999。

表 5-15　设定调用用户宏程序号的 G/M 代码

参数号	设定参数(G 代码)	参数号	设定参数(M 代码)
6050	调用程序号为 9010 用户宏程序的 G 代码		
6051	调用程序号为 9011 用户宏程序的 G 代码	6071	调用程序号为 9001 用户宏程序的 M 代码
6052	调用程序号为 9012 用户宏程序的 G 代码	6072	调用程序号为 9002 用户宏程序的 M 代码
6053	调用程序号为 9013 用户宏程序的 G 代码	6073	调用程序号为 9003 用户宏程序的 M 代码
6054	调用程序号为 9014 用户宏程序的 G 代码	6074	调用程序号为 9004 用户宏程序的 M 代码
6055	调用程序号为 9015 用户宏程序的 G 代码	6075	调用程序号为 9005 用户宏程序的 M 代码
6056	调用程序号为 9016 用户宏程序的 G 代码	6076	调用程序号为 9006 用户宏程序的 M 代码
6057	调用程序号为 9017 用户宏程序的 G 代码	6077	调用程序号为 9007 用户宏程序的 M 代码
6058	调用程序号为 9018 用户宏程序的 G 代码	6078	调用程序号为 9008 用户宏程序的 M 代码
6059	调用程序号为 9019 用户宏程序的 G 代码	6079	调用程序号为 9009 用户宏程序的 M 代码
1. 数据类型: 字型 2. 参数有效范围: 1~999 3. 设定值为 0 无效。G00 不能调用用户宏程序		1. 数据类型: 双字型 2. 参数有效范围: 1~99999999 3. 设定值为 0 无效。M00 不能调用用户宏程序	

　　用户宏程序输入信号作为一种由用户宏程序读取的系统变量,它在用户宏程序中常常被用作条件跳转判断,对 PMC 而言是输出信号。因此,在 PMC 顺序程序中这些是可读可写的信号。

　　用户宏程序输出信号作为一种由用户宏程序读/写的系统变量,由用户宏程序输出送给 PMC 的信号表示系统内部的状态要求,对 PMC 而言是输入信号。因此,在 PMC 顺序程序中这些是只读信号。

　　通过用户宏程序输入输出信号对应的系统变量进行用户宏程序与 PMC 顺序程序之间的信息交互,如图 5-28 所示。

　　在图 5-28 中,当 NC 零件加工程序执行到 M06(刀具交换代码)语句之时开始调用 09001 换刀宏程序(参数号 6071 设为 6)执行换刀程序。该程序被执行到 N040 条件跳转判断语句时,如果系统变量#1000 等于"0",则跳转条件未满足而使程序继续往下执行;如果系统变量#1000 等于"1",即此时 PMC 顺序程序中常开接点符号地址"MLK3"逻辑为"1",用户宏程序输入信号 G54.0 为"1"且接通自保(自定义不允许刀具交换),则跳转条件满足而使程序跳转到 N260 语句。这样用户宏程序通过系统变量就可以直接读取到 PMC 顺序程序的状态信号。

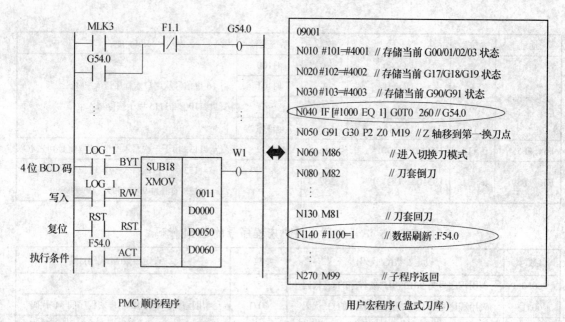

| PMC 顺序程序 | 用户宏程序（盘式刀库） |

图 5-28　用户宏程序与 PMC 顺序程序之间的信息交互

当该程序被正常执行(G54.0=0)到 N140 语句，将"1"的赋值赋给系统变量#1100 后，使得 PMC 顺序程序中的用户宏程序输出信号 F54.0 逻辑为"1"，激活执行 XMOV 指令。在 F54.0=1 的情况下，一般可以认为刀具交换已经正常完成，将此信号作为对刀具表中的数据进行刷新的一个充要条件。这样 PMC 顺序程序通过系统变量就可以直接读取到用户宏程序发出的信息。

5.2　PLC 编 程

内置 SINUMERIK 810D/840D 系统的 PLC 选用 STEP7 编写用户程序。当 STEP7 软件安装完成之后，双击图标 🖼，SIMATIC Manager 自动运行软件包内的一系列应用程序(工具)，并提供了 STEP 7 标准软件包的集成、统一的人机友好界面。人机接口(Human Machine Interface，HMI)是 STEP7 扩展可选软件包，是人机对话的交互软件(选用 SINUMERIK 810D/840D 数控系统时必须选订)。STEP 7 项目结构如图 5-29 所示。

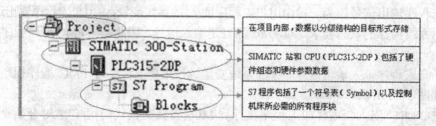

图 5-29　STEP 7 项目结构

编辑 PLC 用户程序的主要工作内容就是对 S7-Program 文件夹下的 Symbols 和 Blocks 进行编辑。当着手编写数控机床 PLC 用户程序时，可以将相对应 NCU 系统软件版本的 TOOLBOX 中基本程序块先全部复制到 Blocks 文件夹下，这样有利于进行符号的编辑和程序块的编写。数控系统与 PLC 接口地址的符号和注释都已包含在 TOOLBOX 中。

5.2.1　编程方式

S7 程序的编制方式可以分为线性编程和结构化编程两种，如图 5-30 所示。

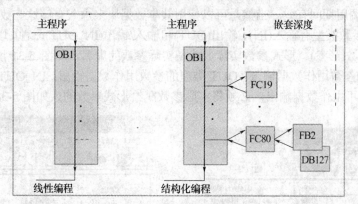

图 5-30　线性编程与结构化编程

线性编程是将整个控制程序都集中编制在主程序 OB1 中实现对整个项目控制任务的一种编程方式。在编写简单用户程序时可以采用该编程方式。

结构化编程是将整个控制程序编制分解成为若干独立功能的"块"结构形式来实现对整个项目控制任务的一种编程方式。结构化程序的执行过程就是通过主程序 OB1 调用组成用户程序的这些"块"来实现对整个项目的控制。

将块调用的顺序和嵌套深度称为调用分层结构。可以嵌套调用的块的数量(嵌套深度)必须依据特定的 CPU 而定。

1. 程序块的分类

块是一独立的程序或数据单元。在 S7 程序中主要分为以下几种类型的块：

1) 组织块——OB

组织块是操作系统和用户程序之间的接口，是直接被操作系统调用的用户程序并决定了各程序部分执行的顺序。与每一个组织块紧密相连的是它对应的类型和优先级。组织块的类型表明了它的功能(如主循环 OB1、初始化 OB100 等)，组织块的优先级则表明了一个 OB 是否可以被另一个 OB 中断。中断就是导致触发一个 OB 被调用的事件。通常，一个 OB 的执行可以被另一个优先级较高的 OB 调用而中断，即高优先级的 OB 可以中断低优先级的 OB。所有的组织块和它们的优先级与 CPU 类型相关，S7-300 CPU 的优先级是固定的，不能修改。数控机床(SINUMERK 810D/840D)用户程序中所需组织块如表 5-16 所列。

表 5-16　常用组织块

组织块	优先级	类　型	功　　能
OB1	1	程序 循环处理	用于循环执行主程序的程序块，是 STEP7 程序的主干。除 OB90(优先级 0)之外，总可以被其他 OB 中断
OB40	16	处理报警	当检测到来自外部模块的处理报警请求时 OB40 启动，启动后操作系统不再次接受硬件中断的请求
OB100	27	初始化启动	当上电时，CPU 状态由停止转入运行状态，操作系统先启动 OB100，执行一次初始化。当 OB100 运行结束后，操作系统再调用 OB1

237

2) 功能——FC

FC 是可以由用户自己编写的程序块。FC 不具有自己的存储区,必须为它指定实际参数。其临时变量(TEMP)存储在本地数据堆栈中。当 FC 执行结束,这些数据就丢失了。因此,临时变量仅在 FC 被调用期间有效。当然,可以使用共享数据块来永久存储这些数据。

FC 使用的参数类型有输入(IN)、输出(OUT)和输入/输出(IN_OUT)三种。以名称表示给出的参数称为形式参数(形参)。形式参数实际上就是实际参数的虚名,如图 5-31 所示。当 FC 被调用时,IN 类型的参数用作数据输入;OUT 类型的参数用作数据输出;IN_OUT 类型的参数既可用作数据输入又可用作数据输出,必须将实际参数赋给形式参数的,如图 5-32 所示。

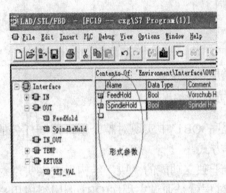

图 5-31　FC 形式参数

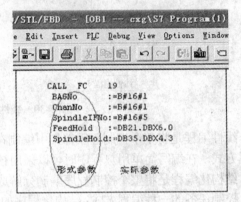

图 5-32　赋值

FC 还有一个返回值变量(RET_VAL)用以返回调用的结果。FC 被不同的逻辑块调用时,总是执行 FC 包含的一个程序部分,如返回一个功能值给调用的块是可以使用的。

3) 功能块——FB

FB 是可以由用户自己编写的程序块。FB 具有自己的存储区——背景数据块。调用任何一个 FB 时,都必须指定一个背景数据块。多次调用一个 FB,就会有多个背景数据块。FB 的实际参数和静态(STAT)数据都存在背景数据块,如图 5-33 所示,而 FB 临时变量(TEMP)存储在本地数据堆栈中。当 FB 执行结束时,存储在背景数据块中的数据不会丢失,而存储在本地数据堆栈中的数据将丢失。临时变量仅在 FB 被调用期间有效。

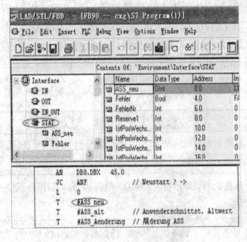

图 5-33　静态变量传递

FB 使用的参数类型有输入(IN)、输出(OUT)和 I/O(IN_OUT)三种，作用与 FC 一样。

FC 和 FB 的根本区别在于 FC 没有自己的存储区，而 FB 可以带有多个背景 DB，有自己的存储区。因此，FB 可以适应同样的控制流程和不同的生产线、同样的工艺和不同的配方等控制场合。数控机床用户程序中的常用功能/功能块(基本程序)如表 5-17 所列。

表 5-17　常用功能/功能块

程序块号	名　称	功　能
FC2	GP_HP	循环处理基本程序。
FC10	AL_MSG	报警/信息基本程序
FC19	MCP_IFM	机床控制面板和 PCU 信号到接口的分配(铣床)基本程序
FC25	MCP_IFT	机床控制面板和 PCU 信号到接口的分配(车床)基本程序
FB2	GET	读 NC 变量的基本程序
FB3	PUT	写 NC 变量的基本程序

4) 系统功能——SFC 和系统功能块——SFB

SFC 和 SFB 是预先编写好的可供用户程序调用的程序块，是操作系统的一部分，被称为"系统功能"和"系统功能块"。SFC 和 SFB 存在于随数控系统一起提供的 TOOLBOX 中，因此也作为用户程序的一部分必须下载到 S7 CPU 之中。

5) 数据块——DB

数据块分为背景数据块(Instance Data Block)和共享数据块(Share Data Block)两种类型。

背景数据块和 FB 相关联。FB 定义的变量决定了背景数据块的结构。建立一个背景数据块时，必须指定它所属的 FB 号，而且该 FB 必须已经存在；在调用一个 FB 时，也必须指明一个与其对应的背景数据块用于传递参数。

共享数据块与背景数据块没有本质的区别，它们都用于存放用户程序工作时所需要的数据。共享数据块用于存放所有其他块都可以访问的用户数据，可以被任何一个 OB、FC 或 FB 读写。用户可以用任意方式来建立共享数据块的结构，以适合其不同的需要。

共享数据块与背景数据块的主要区别在于使用的目的不同。背景数据块的用途或者目的是为某一个 FB 提供数据，其数据结构必须与 FB 的变量声明表一致。而共享数据块可以为用户程序所有的其他块提供一个可保存的数据区，其数据结构可以任意方式建立。

2. 结构化编程特点

结构化编程是相对于线性编程的一种编程方式，不同之处只是结构化编程是以功能为程序单元而使程序模块化。与线性编程相比，结构化编程具有以下特点：

(1) 程序顺序清晰，可读性好，容易理解；

(2) 程序结构模块化，功能明确，提高编程效率；

(3) 程序修改容易，故障诊断简单易行；

(4) 系统调试容易，可对子程序独立进行调试。

5.2.2　编程语言

STEP 7 支持LAD(梯形图)、STL(语句表)和FBD(功能块图) 三种编程语言。LAD和FBD都是一种图形化的编程语言，是"画"出来的程序。其特点是比较形象、直观、易理解、易编程、功能指令强大，但灵活性相对STL较差。而STL是文本编程语言，更接近程序员的语言，是"写"出来的程序。其特点是符合一定语法规则，能够实现非常灵活的控制。但STL不够直观，不易理解读懂，而且需要记忆大量的编程指令。

在编写用户程序时，STEP 7支持这三种语言的混合编程以及相互之间的转换。在通常情况下，如果程序块中没有错误，LAD/FBD程序可以直接转换成STL程序，但是并非所有的STL语句可以转换成LAD/FBD，除了指令的因素之外还要符合一定的编写语法才能转换，不能转换的仍保持原来的STL语句。三种不同的编程语言为具有不同知识背景的编程人员提供了选择。

STEP7提供了很友好的编辑元素调用界面和完善的帮助系统。编辑元素就是在用编程语言进行编程时，可以使用的指令、可供调用的程序块(如FC和FB)的统称。

当编写PLC程序时，单击程序编辑窗口工具栏上的□按钮会显现/关闭编辑元素窗口。编辑元素窗口根据当前使用的编程语言会自动显示相应的LAD、FBD和STL的编辑元素。STL、LAD和FBD对应的编辑元素窗口如图5-34所示。

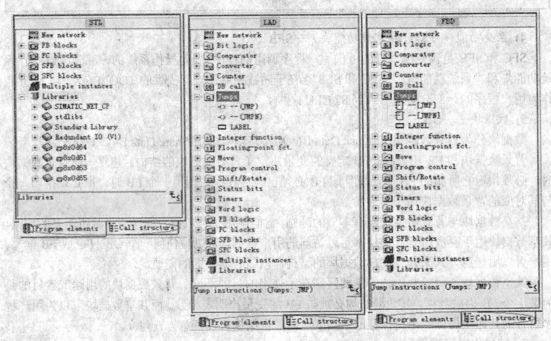

图5-34　三种编程语言的编程元素窗口

当使用LAD或FBD编程时，程序编辑窗口的工具栏上还会显示其常用的编辑元素和程序结构控制的快捷按钮，如图5-35所示。LAD和FBD是图形化的编程语言，其所有的指令在编程元素窗口都以图形元素表示。

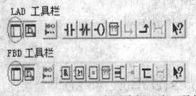

图5-35　LAD、FBD常用编辑元素工具栏

5.2.3 地址

一个绝对地址主要用来区分信号，表明事先给信号分配一个在系统特定存储区域中的存储位置，以便 CPU 能访问在存储区域中的信号。

1. 绝对地址类型

建立数控机床PLC用户程序需要的四种地址类型(不包括程序块FC/FB/SFC/SFB)如图5-36所示。

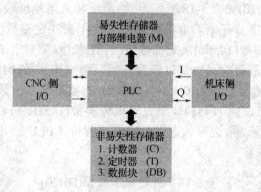

图 5-36　与 PLC 所需相关信号地址

不同的绝对地址分别对应机床侧与PLC之间的接口信号(I/Q)、CNC侧与PLC之间的接口信号以及其他的地址(M、T、C、DB)等。图中单向箭头对PLC而言表示信号只能读不能写(如机床侧输入信号 I 和CNC侧输出信号DB31.DBX60.7/ X轴位置到达信号)，而图中双向箭头对PLC而言则表示信号可读可写(如机床侧输出信号 Q 和CNC输入信号DB21.DBX6.1/第一通道读入禁止)。

其中CNC侧与PLC之间交互的I/O接口信号分PLC信息DB2(PLC→MMC)、到达NC信号DB10(PLC→NC)、NCK/MMC 信号 DB10(NCK→PLC，PLC→NCK)、方式组信号DB11(NCK→PLC，PLC→NCK)、操作面板信号DB19(MMC→PLC，PLC→MMC)、NCK通道信号DB21～DB30((NCK→PLC，PLC→NCK))以及进给轴/主轴信号DB31～DB61(NCK→PLC，PLC→NCK)。

1) PLC 输入信号 I(MT→PLC)

它是 PLC 接收来自于机床侧的输入状态信号，如按钮信号、开关位置信号、状态检测信号等。对 PLC 而言，它是只读信号，不能用作输出线圈。

2) PLC 输出信号 Q(PLC→MT)

它是由 PLC 输出到机床侧的控制信号，如信号灯、电磁阀、主轴正/反向继电器等动作的接通。对 PLC 而言，它是可读可写的信号。

3) 接口信号(PLC→NCK 和 NCK→PLC)

信号接口就是可编程控制器与数控系统进行信息交互的媒体。信号接口中的信号内容是由 CNC 系统明确定义的。接口信号分为两类：PLC 输入到 NCK 的信号和 NCK 输入给 PLC 的信号。

(1) PLC→NCK 表示 NCK(数控核心)接收 PLC 发出请求的输入信号。如控制方式(DB11.DBX0.2)、X 轴控制使能(DB31.DBX2.1)等信号，这些信号对 PLC 而言是输出信号，是可读可写的。其输出线圈地址不能重复，否则该信号地址状会出现不确定(除置位/复位输出线圈的地址可以重复之外)。

(2) NCK→PLC 表示 NCK(数控核心)发送给 PLC 的表示数控系统内部运行状态标志的输出信号。如程序测试有效(DB21.DBX33.7)、X 轴位置到达(DB31.DBX60.7)等信号,这些信号对 PLC 而言是输入信号,是只读信号,不能用作输出线圈。

4) 内部继电器(M)

内部继电器又称标志位,其地址中数据在系统断电后会丢失,待重新上电后其内容清为零。

5) PLC 机床数据(DB20)

PLC 机床数据区(BD20)如表 5-18 所列。起始地址和末尾地址取决于各分区的指定长度。通常,整数值以数据 0 字节开始。由机床参数[14504]来决定整数(字节)的长度。位数组以偶数地址开始,由机床参数[14506]决定位数组(字节)长度(类似于 FANUC PMC 中的 K 参数)。实数值直接跟着位数组而且也是以偶数开始,由机床参数[14508]决定实数区(双字)长度。这些机床参数设定值范围均为[0~31]。DB20 的整数区、位数组或实数区对应的机床参数分别是[14510]、[14512]和[14514]。通过对机床参数(14510~14514)的设置就是对 DB20 的整数区或实数区数据、位数组位状态进行赋值或置位。PLC 应用接口的数据块如附录表 C-4 所列。

表 5-18 PLC 机床数据(DB20)

DB20	PLC机床数据(PLC→操作者)							
字节	位7	位6	位5	位4	位3	位2	位1	位0
DBW0	INT 值							
DBB	位 数组							
DBD	REAL 值							

PLC机床数据是西门子数控系统商为机床制造厂设计PLC用户程序而提供的数据接口。采用参数化方法将每台机床不同数据(如刀具的数量、换刀位置等)通过机床参数设置画面输入到相应的机床参数中,可以随意修改相应的调整数据,避免对PLC程序重新进行编辑;还可以通过PLC机床数据位数组中的某一位作为调用程序块的条件或对一些信号的屏蔽,做到控制程序的模块化、通用化。有利于程序的初期调试和诊断,有利于编写不同控制对象的程序块,可以使PLC程序更加柔性化。

6) 易失性存储器与非易失性存储器区别

PLC系统内部存储器分为易失性存储器和非易失性存储器。它们之间的区别如下:

(1) 易失性存储器中的数据在断电后数据会丢失, 再上电后其数据清为零。

(2) 非易失性存储器中的数据断电后数据由系统内部电池保持而不会被丢失,再上电后仍保持原来的数据。

2. 绝对地址格式

1) 绝对地址

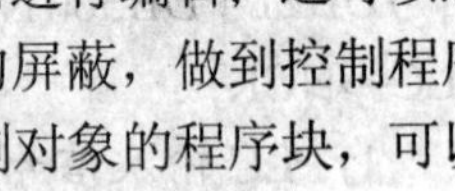

一个绝对地址由一个地址标识符(关键字)和一个存储位置所组成,如图5-37所示。其中存储地址的数据类型有位、字节、字和双字。在 SINUMERIK 810D/840D 数控机床PLC用户程序中以一个地址标识符表示的绝对地址类型如表 5-19所列。

图 5-37　绝对地址

表 5-19　绝对地址的类型

标 识 符	说　明	举 例
I/IB/IW/ID	来自机床侧的输入信号到 PLC(MT→PMC)	I1.0、IB1
Q/QB/QW/QD	来自 PMC 的输出信号到机床侧(PLC→MT)	Q1.0、QB1
M/MB/MW/MD	标志存储区	M1.0、MB0
L/LB/LW/LD	本地数据堆栈区	L2.2、LB2
T	定时器	T1
C	计数器	C1
FC/FB/STC/SFB	程序块	FC19、FB2
DB	来自 CNC 侧的输出信号到 PLC(NCK→PLC)	DB10.DBX104.7
		DB11.DBX4.2
		DB21.DBW118
		DB31.DBX60.7
	来自 PLC 的输出信号到 CNC 侧(PLC→NCK)	DB10.DBX56.1
		DB11.DBX0.2
		DB21.DBX6.0
		DB31.DBX1.5

2) 符号地址

符号地址就是给绝对地址赋予一个有含义的符号，称为符号地址，如图5-38所示。符号的字符长度在6个字符之内为宜。

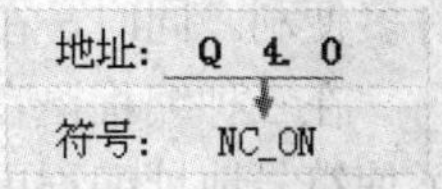

地址:　Q 4.0
　　　　　↓
符号:　　NC_ON

图 5-38　符号地址

符号可以分为全局符号(共享)和局域符号两种。全局符号表示在整个用户程序中是有效的，而且是唯一的；局域符号仅仅表示定义的某个程序块中有效，且唯一。而在不同的程序块中可以有相同的局域符号名，因此在整个用户程序中不是唯一的。

全局符号与局域符号的使用区别如表5-20所列。

表 5-20　全局符号与局域符号的使用区别

	全 局 符 号	局 域 符 号
有效使用范围	在整个用户程序中有效； 可以被所有的块使用； 在所有块中的含义是一样的； 在整个用户程序中是唯一的	在定义的块中有效； 相同的符号可以在不同的块中用于不同的目的； 在整个用户程序中不是唯一的
允许使用的字符	字母、数字及特殊符号； 使用特殊字符，则符号必须放置在引号内	字母、数字； 下划线(_)
可以使用的对象	可以为下例各项定义： (1) I/O信号 　(I、IB、IW、ID、Q、QB、QW、QD) (2) 存储位(M、MB、MW、MD) (3) 定时器(T) (4) 计数器(C) (5) 逻辑块(FC、FB、SFC、SFB) (6) 数据块(DB) (7) 用户定义数据类型(UDT) (8) 变量表(VAT)	可以为下例各项定义： (1) 块参数(输入、输出及输入/输出参数) (2) 块的静态参数 (3) 块的动态参数

	全 局 符 号	局 域 符 号
定义符号	通过符号编辑器定义全局符号名 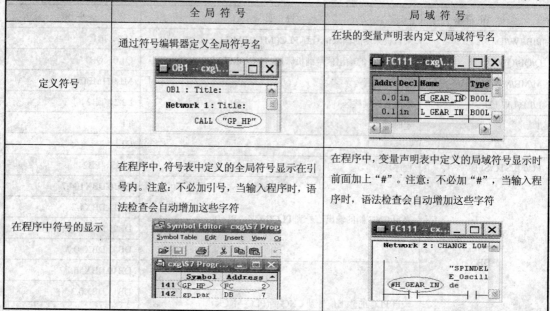	在块的变量声明表内定义局域符号名
在程序中符号的显示	在程序中,符号表中定义的全局符号显示在引号内。注意:不必加引号,当输入程序时,语法检查会自动增加这些字符	在程序中,变量声明表中定义的局域符号显示时前面加上"#"。注意:不必加"#",当输入程序时,语法检查会自动增加这些字符

STEP 7可以自动地将符号地址转换成绝对地址。如果用符号名访问数组、结构、数据块、局域数据、逻辑块和用户定义的数据类型,则必须首先将符号名赋给绝对地址,然后才能对这些数据进行符号寻址,因此符号名与对应的绝对地址是等效的。使用符号编程可以大大改善PLC用户程序的可读性,使程序清晰、解读容易,故障诊断准确容易,为调试、维修和诊断都带来许多便利。同时,在编程的过程中可以有效防止输入错误的地址。

在三种编程语言的表达方式中,都可以使用绝对地址或符号来输入地址、参数和块名。为了使符号地址编程更加简单,可以使用菜单命令【View】→【Display with】→【Symbol information】激活显示符号的绝对地址和注释。

注释就是给予地址或符号更进一步的详细描述,在程序中不是唯一的。注释的文字不受限制,可以用字母、数字或中文注释。注释字符最多为80个。

符号和注释的主要区别在于符号在程序中是唯一的,而注释不是唯一的;符号只能以字母或数字表示,而注释不受文字的限制。

编辑全局符号的三种方法和编辑局域符号的一种方法分别如下:

(1) 直接在符号表中编辑。双击STEP 7 图标,打开SIMATIC管理器窗口。单击左窗口项目结构中S7-Program文件夹,在右窗口会出现Symbols文件,然后双击【Symbols】或在打开的程序编辑窗口中选择【Option】→【Symbol Table】,都会弹出符号表编辑窗口,如图5-39所示。

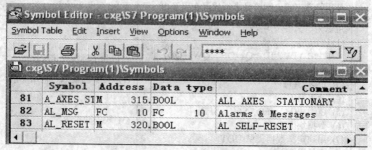

图 5-39 符号编辑表

符号表编辑窗口包含全局符号的名称、绝对地址、数据类型和注释。可以根据需要直接对符号表输入相应符号、绝对地址、数据类型和注释，这对编辑大量的符号比较适合。因为这种方法会在编写程序的过程中可以从PC机显示屏幕上较容易地观察到已经被赋值的符号。

接口信号数据块内的每一个地址可以先通过用户定义数据类型块(UDT31)来定义如图5-40所示，然后在符号表中将数据块地址(DB31)的数据类型输入UDT31用户数据名，如图5-41所示。

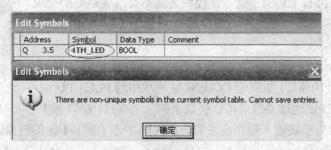

图 5-40   定义数据块内地址符号   图 5-41   编辑数据块符号

(2) 通过编辑符号对话框。在程序编辑窗口中可以选中想编辑符号的绝对地址，按鼠标右键选择【Edit Symbols】，弹出一个编辑符号对话框。编写完对话框内容后单击【OK】按钮确认，被定义的符号就输入到符号表中。

这种方法对单个绝对地址定义新的符号或对已有符号的绝对地址重新定义比较适用。被定义的共享符号如果是通过对话框输入，任何导致符号不唯一的输入都将被拒绝并显示红色错误信息，如图5-42所示。

图 5-42   编辑对话框与错误信息

(3) 从其他表格编辑器中导入符号表。通过符号编辑器编辑的符号赋值表文本，可以将其导入或导出。导出当前的符号赋值表保存为系统数据格式(System Data Format)文本文件，即文件保存类型格式为*.SDF，可以通过选择 Microsoft Excel 打开、编辑。导入到符号表时，选择数据转换格式(Data Interchange Format)将其打开，即文件打开类型格式为*.DIF。

(4) 编辑局域符号可以先打开程序块。将鼠标移到工具栏下第二框线且出现 ⇌ 图标时，按住鼠标左键下向移，窗口上半部分就会出现变量声明表，下半部分仍可以编写程序。这样就可以对窗口上半部分变量声明表中的输入参数(IN)、输出参数(OUT)、输入输出参数(IN_OUT)以及临时变量(TEMP)相应的名称(Name)、数据类型(Type)、初值(Initial Value)和注释(Comment)分别进行编辑。根据对形式参数所定义的数据类型，变量地址会自动生成。对局域符号编辑、注释如图5-43所示。

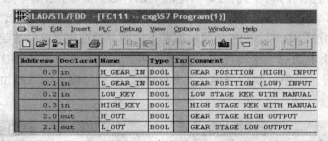

Address	Declarat	Name	Type	In	Comment
0.0	in	H_GEAR_IN	BOOL		GEAR POSITION (HIGH) INPUT
0.1	in	L_GEAR_IN	BOOL		GEAR POSITION (LOW) INPUT
0.2	in	LOW_KEY	BOOL		LOW STAGE KEK WITH MANUAL
0.3	in	HIGH_KEY	BOOL		HIGH STAGE KEK WITH MANUAL
2.0	out	H_OUT	BOOL		GEAR STAGE HIGH OUTPUT
2.1	out	L_OUT	BOOL		GEAR STAGE LOW OUTPUT

图 5-43　对局域符号编辑并注释

3. 绝对地址分配

标准的SIMATIC S7-300 I/O模块绝对地址分配主要是基于机架槽编址，I/O模块具体有效地址区域取决于机架号和其在该机架上的插槽号。每个I/O数字模块分配4个字节，每个I/O模拟模块分配16个字节。

1) 基于机架槽编址

根据图 2-8 所示，基于机架槽编址的寻址方式为默认设置，它已为每个槽号都指定了模块一个固定的起始地址。数字模块或模拟模块具有不同的地址。以数字模块为例，安装 CPU 模块的机架固定为 0 号机架位于该机架第 4 槽号的模块以第 0 字节为起始地址，每个模块的数据长度最大为 4 个字节，而机架上最多安装 8 个模块，则最大数据长度为 32 个字节。依次位于 1 号机架接口模块右边第 4 槽号的模块则以第 32 个字节为起始地址。

2) 用户自定义编址

使用用户自定义编址功能，可以从 CPU 所控制的地址区中自由分配任何所选模块(SM、FM、CP)的地址，使模块之间不会出现地址的空隙，可最优化利用编址区域。一般用户自定义编址只适用于带-2DP 后缀的 CPU 处理器。

3) 内置 PLC 编址

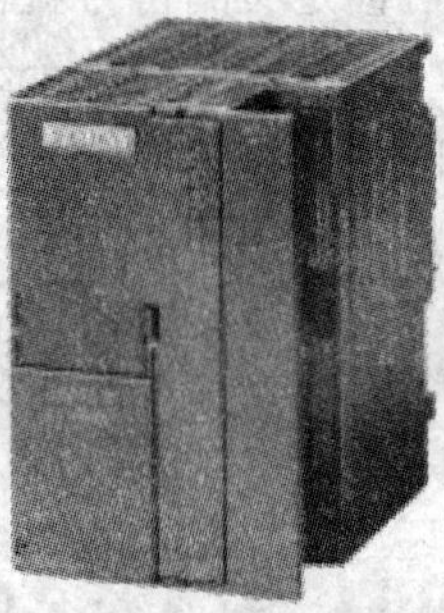

基于机架槽编址的原则，集成于 CCU/NCU 模块中的 PLC CPU 应该属于 0 号机架，且 CPU 通过 CCU/NCU 模块上的一个 X111 接口与 1 号机架的 SIMATIC 接口模块输入端相连才能访问内部存储区域中 I/O 的映像信号。SIMATIC 接口模块如图 5-44 所示。

图 5-44　接口模块

因此，位于 1 号机架接口模块右边第 4 槽号的用于数控机床外置的数字 I/O 模块的绝对地址必须以第 32 个字节开始寻址。可扩展的机架数最多为 3 个(1 号、2 号和 3 号机架)。

当然，如果内置 PLC 的 CPU 为 CPU314C-2DP、CPU315-2DP 和 CPU317-2DP 型号，可以通过硬件组态对 PLC 机架上硬件模块和局部数据进行地址和参数的重新配置。

4) MCP 编址

西门子标准 MCP 主要分为铣床版和车床版两种，是专门为数控机床而配置的。面板上所有按键的 I/O 接口信号地址都由系统商排定，按键地址的内容(除用户自定义键外)也已定义了。MCP 所有 I/O 点都不占 I/O 信号模块的物理地址。铣床版和车床版 MCP 用户自定义键位置的接口信号地址是一样的。用户自定义键对应的接口信号地址如表 5-21 所列。常用 I/O 模块及 MCP 名称、定货号及规格说明如表 5-22 所列。附录 B-1 和附录 B-2 分别为标准铣床版和车床版 MCP 信号接口表。

表 5-21　用户自定义键对应的信号接口地址

字节	位 7	位 6	位 5	位 4	位 3	位 2	位 1	位 0
IBn+6	T9	T10	T11	T12	T13	T14	T15	
IBn+7	T1	T2	T3	T4	T5	T6	T7	T8
QBn +4	T9	T10	T11	T12	T13	T14	T15	
QBn+5	T1	T2	T3	T4	T5	T6	T7	T8

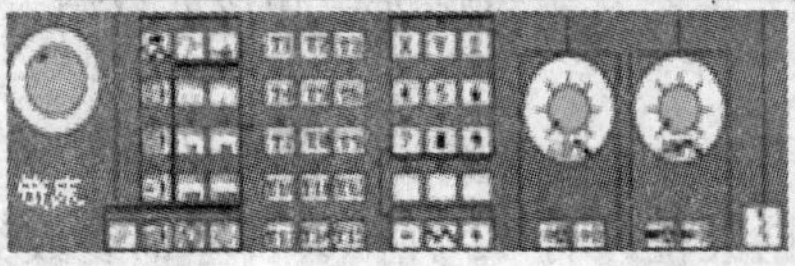

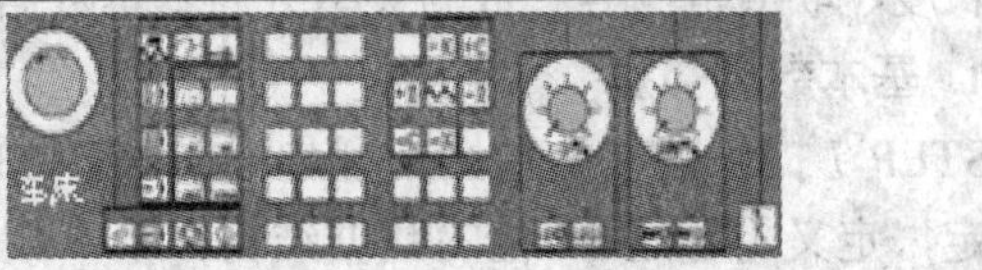

表 5-22　常用 I/O 模块及标准机床控制面板

名　称	定货号	规格	说　明
单一 I/O 模板(EFP) (图 1)	6FC5 411-0AA00-0AA00	DI/DO: 64/32 (0.5A)	通过 PROFIBUS DP 的分布式 I/O 模块,适用于 SINUMERIK 810D/840D
I/O 模板 (PP)(图 2)	6FC5 611-0CA01-0AA0	DI/DO: 72/48 (0.25A)	I/O 模板 (PP)连在 PROFIBUS DP 上,适用于 SINUMERIK 802D/840Di
SIMATIC S7-300 数字 I/O 模块(部分)(图 3)	6ES7 321-1BH02-0AA0	DI 16　24VDC	SIMATIC S7-300 系列标准 I/O 模块。适用于 SINUMERIK 810D/840D
	6ES7 321-1BL00-0AA0	DI 32　24VDC	
	6ES7 322-1BH01-0AA0	DO 16　24VDC/0.5A	
	6ES7 322-1BL00-0AA0	DO 32　24VDC/0.5A	
SINUMERIK MCP (机床控制面板) (图 4)	6FC5 203-0AF22-1AA0	面板宽 19 英寸,带薄膜,标准/美国键盘布局	订货号不分铣床/车床版。根据机床类型可更换面板定义键。基本程序 FC19/FC25 分别适用铣床/车床版

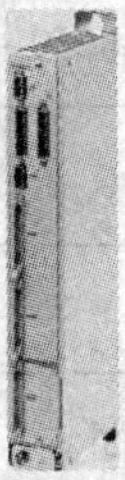

图 1 　　　　图 2 　　　　图 3 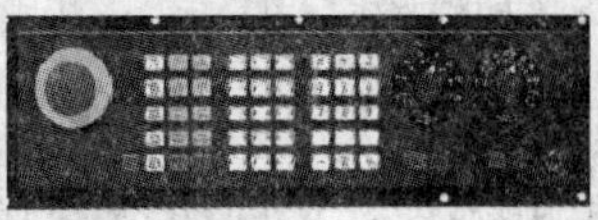　　　　图 4

5) 内置 PLC 绝对地址分配原则

(1) 以默认设置的寻址方式,基于 1 号机架第 4 槽为首块信号模块安装位置,其(数字模块)绝对地址以第 32 个字节为起始地址,模块数据长度为 4 个字节,依槽号排定其他模块绝对地址。

(2) 用户可自定义编址,自由分配信号模块的绝对地址,但只适用于带-2DP 后缀的 CPU 处理器。

(3) 自定义信号模块绝对地址不能与标准 MCP 等地址有冲突。

(4) 标准 MCP 每个按键 I/O 信号接口地址固定,按键地址对应的定义内容(除用户自定义键外)不变。

5.2.4 数据类型

用户程序中的所有指令都必须标有一个数据类型。数据是程序处理和控制对象,在程序运行过程中,数据是通过变量来存储和传递的。变量具有两个要素:名称和数据类型。程序块或数据块中的变量声明时,都必须标有名称和数据类型这两个要素。数据的类型决定了数据的属性即数据的长度、取值范围等。数据类型分为基本数据类型、复杂数据类型和参数数据类型3种。

1. 基本数据类型

STEP 7 提供的基本数据类型是根据 IEC1131-3(国际电工委员会制定的 PLC 编程语言标准)的规定,定义不超过 32 位的数据结构。基本数据类型共有 12 种,每种基本参数类型在分配存储器时都具有固定的长度。基本数据类型如表 5-23 所列。

表 5-23　STEP 7 基本数据类型

数据类型	长度/位	格式	取 值 范 围	示 例
BOOL(位)	1	布尔文本	TRUE/FLASE	TRUE
BYTE(字节)	8	十六进制数	B#16#0 ～ B#16#FF	B#16#10
WORD(字)	16	二进制数	2#0 ～ 2#1111_1111_1111_1111	2#1000_0100_0010_0000
		十六进制数	W#16#0 ～ W#16#FFFF	W#16#1000
		BCD 无符号 十进制数	C#0 ～ C#999 B#(0, 0) ～ B#(255, 255)	C#345 B#(20, 100)
DWORD (双字)	32	二进制数	2#0 ～ 2#1111_1111_1111_1111_ 1111_1111_1111_1111	2#1000_0001_1010_1000 _1001_0101_1101_1111
		十六进制数	DW#16#0_0 ～ DW#16#FFFF_FFFF	DW#16#00C2_1000
		BCD 无符号 十进制数	C#0 ～ C#9999999 B#(0, 0, 0, 0) ～ B#(255, 255, 255, 255)	C#90622 B#(110, 100, 50, 150)
INT (整数)	16	带符号 十进制数	−32768 ～ 32767	10
DINT (双整数)	32	带符号 十进制数	L#−2147483648 ～ L# 2147483647	L#10
REAL (浮点数)	32	IEEE 浮点数	上限: ±3.402823e+38 下限: ±1.175495e-38	1.234567e+13
S5TIME (SIMATIC 时间)	16	S7 时间 分辨力 10ms (默认值)	S5T#0H_0M_0S_0MS; S5T#0H_0M_0S_10MS～ S5T#2H_46M_30S_0MS	S5T#0H_1M_0S_0MS
TIME (IEC 时间)	32	带符号整数 分辨力 1ms	T#24D_20H_31M_23S_648MS ～ T#24D_20H_31M_23S_647MS	T#0D_10H_28M_0S_0MS
TIME_OF_DAY(时间)	32	时间 分辨力 1ms	TOD#0:0:0:0.0 ～ TOD#23:59:59.999	TOD#8:58:18.3
DATE(IEC 日期)	16	分辨力 1 天	D#1990-1-1～D#2168-12-31	D#2008-10-28
CHAR(字符)	8	ASC□字符	'A'、'F'等	'A'

2. 复杂数据类型

复杂数据类型是超过 32 位数据结构或通过组合基本数据类型而生成的数据结构。复杂数据类型描述如表 5-24 所列。

表 5-24　STEP 7 复杂数据类型

数据类型	描　述	举　例
DATE_AND_TIME 日期—时间	定义一个 8 个字节的区域。 数据类型(DT)以 BCD 码格式存储在 8 个字节中。 范围：DT#1990-1-1-0：0：0.0 TO 　　　　DT#2089-12-31-23：59：59.999	DATE_AND_TIME# 　　2008-10-28-20：01：1.25 或 DT#2008-10-28-20：01：1.25 2008 年 10 月 28 日 20 点 01 分 1.25 秒
STRING 字符串	一个字符串定义一个最多 254 个字符(CHAR) 的一堆数组。 每个字符占用 1 个字节，字符串首部 2 个字节。 字符串标准区域长 254+2=256 个字节。 可以指定字符串的最大长度，方括号内数字表示指定的字符长度。默认为标准长度 256 个字节	STRING[10]表示定义字符串不大于 10 个字符。若不指定长度，STEP 7 默认标准长度为 256 个字节
ARRAY 数组	定义同一种数据类型(或基本或复杂)组合成一个数组。 一个数组的维数最多定义 6 维。 每一维的下标取值范围是–32768～32767。 建立数组： (1) 给数组指定一个名字； (2)用关键字 ARRAY 声明一个数组； (3) 方括号中输入下标指定数组的大小； (4) 每一维之间用逗号隔开，每维的第一个数和最后一个数中间用两个点号； (5) 指定数组中包含数据的数据类型	ARRAY[1..4，2..5，29..31] 表示下标定义了一个三维数组。 ARRAY[-32768..-32657] 表示一个有 112 个字节的一维数组。 第 1 个字节的下标是 STATO[-32768]。 第 112 个字节的下标是 STATO[-32657]
STRUCT 结构	将任意的数据类型(基本和复杂数据类型，包括数组和结构)组合为一组单元。 可将参数作为数据单元传送而不是单个元素。 一个结构能有八层嵌套(如一个结构包括包含数组的结构)。 如果使用结构作为参数，两个结构(形参和实参)必须具有相同的元素，即，相同的数据类型按相同的顺序排列	下图表示一个结构，它包括一个整数、一个字节、一个字符、一个浮点数和布尔值
UDT 用户定义数据类型	用户定义生成的一种特殊的数据结构，包括基本的和复杂的数据类型。 UDT 可以作为模板，用于生成与其结构相同的数据块，即用户只需生成一次数据结构就可以将其分配给所要生成的数据块；简化大量数据的结构和数据类型的输入，使编程变得容易。 用户定义了一次常用的特殊数据结构可以被多次地使用；UTD 不需要下载到 S7 CPU 中	下图表示用户定义数据类型结构。 与 STRUT 不同的是 UDT 可以作为一个模板
FB、SFB	由用户决定指定的背景数据块结构并允许在一个背景 DB 中传送几个 FB 调用的背景数据	

3. 参数类型

除了基本的和复杂的数据类型外，还可以为块之间传递形参的称为参数类型。参数类型还可用于用户定义的数据类型，它为程序提供了很高的灵活性，可以实现更通用的控制功能。参数类型如表 5-25 所列。

表 5-25　STEP 7 参数类型

参数	长度/字节	描　述	举　例
Timer 定时器	2	当块被执行时将使用指定一个特定的定时器。 当分配给定时器实参的参数类型时，应该在"T"后面跟正整数	
Counter 计数器	2	当块被执行时将使用指定一个特定的计数器。 当分配给计数器实参的参数类型时，应该在"C"后面跟正整数	
Block_FB Block_FC Block_DB Block_SDB	2	指定一个特定的块用作输入或输出。由参数声明决定使用块的类型(FB、FC、DB 等)。 当分配给一个块参数类型为实参时，必须指定一个 2 字节块地址作为实参	使用绝对寻址可以写"FC100"。 使用符号寻址可以写"VALVE"
Pointer 指针	6	参考一个变量的地址。一个 6 字节指针包括一个地址而不是数值。 当分配给一个指针参数类型为实参时，必须指定一个地址作为实参	P#M50.0 表示指针的格式寻址从 M50.0 开始的数据
ANY	10	可以用于实参的类型不能确定或可以使用任何数据类型的情形。 按基本的复杂的数据类型处理数据，STEP 7 用 10 个字节来存储参数类型 ANY。 当建立一个 ANY 类型的参数时，由于被调用的块要评估整个参数的内容，就必须确保所有的 10 个字节都被占用	

5.2.5　PLC 指令应用

了解了 SIMATIC S7-300 梯形图和语句表指令集之后，可以知道每个梯形逻辑指令或语句表指令都可以触发一个特定的操作。根据控制对象的实际要求，灵活、合理地选用不同编程语言指令编写 PLC 用户程序。

1. S7 程序编制的基本原则

1) 梯形图

(1) 每个梯形图程序段必须以输出线圈或功能框结束。比较框、中间输出结果线圈(#)和上升沿/下降沿线圈除外。

(2) 用于功能框连接的分支起点必须在左边的能流线轨处。

(3) 线圈始终位于程序的最右端，在该位置上形成分支的终点。中间输出结果线圈(#)和上升沿/下降沿线圈均不能置于分支的最左端或最右端。

(4) 功能框的使能输入端"EN"和使能输出端"ENO"可以连接使用，也可以不用。

(5) 外部的输入输出点、内部继电器、定时器、计数器等接点可以多次重复使用，不受限制。

(6) 同一地址/符号线圈在一个程序中使用两次称为双线圈输出。双线圈输出容易引起状态不确定(置位/复位线圈除外)。因此，应该尽量避免线圈重复使用，以保证控制过程的动作可靠。

(7) 梯形图程序必须符合顺序执行的原则，即从左到右，从上到下地执行。

(8) 在梯形图中的串联接点使用的次数没有限制，可无限次地使用。

(9) 两个或两个以上的不同线圈可以并联输出，但不能串联。

(10) 注意指令数据格式的合理选用。

2) 语句表

(1) 每条语句由标号(可选)、指令、地址和文字注释(可选)组成。

(2) 每条语句占用一行。

(3) 输入指令或绝对地址不区分大小写。

(4) 注意逻辑块编程的顺序。调用某逻辑块之前，该块必须已编好并存在。

(5) 逻辑块中最多有999个程序段。每个程序段最多2000行左右。

(6) 注意指令数据格式的合理选用。

2. PLC 指令应用

基本指令(位逻辑指令)是构成PLC程序最基本元素。系统对触点与线圈信号状态进行周期性扫描，得到逻辑1或逻辑0两种对立的逻辑状态。对常开触点或线圈而言，"1"表示动作接通，在程序中通俗地说，"1"有效。对常闭触点而言，"0"表示动作接通，在程序中通俗地说，"0"有效。

在PLC程序中(梯形图/语句表)，将位逻辑指令之间的连接关系称作为串联(与)或并联(或)。实际上就是数字电路中表示的"与"运算(逻辑乘)、"或"运算(逻辑加)和非运算(逻辑非)。

1和0这两个数字是构成二进制数字系统的基础。逻辑代数研究的是逻辑函数与逻辑变量之间的关系。而逻辑代数中的逻辑变量只取两个值，即0和1，而没有中间值。0和1并不表示数量的大小，而是表示两种对立的逻辑状态。对基本指令"1"和"0"信号状态进行组合而产生结果"1"或"0"就是一种逻辑运算结果(RLO)。因此，数字电路的逻辑代数运算方法在解读PLC程序是非常有用的。

在设计、编写PLC程序时，位逻辑指令是最常用的，它们可以组合成许多基本而又非常实用的基本控制单元。基本电路(自保/复位/互锁、上升沿/下降沿、异或位)的实际应用可以参考5.1.5节。

1) 启动标志位信号

打开OB1主程序，利用变量声明表中临时变量(TEMP)的形式参数OB1_SCAN_1，以语句表的形式编写的一段程序可以使得系统上电之后，在PLC第一次扫描周期之内一个标志位可以输出一个脉冲信号，如图5-45所示。

在图5-45中，当数控系统上电PLC开始第一次扫描周期，装载的临时变量的形式参数OB1_SCAN_1和常数1比较相等后使得标志位M0.2在第一次扫描周期之内输出线圈为"ON"。在之后的扫描周期中，由于装载的临时变量的形式参数OB1_SCAN_1和常数1比较始终不等而使标志位M0.2输出线圈始终处于"OFF"状态。这样标志位M0.2只能在PLC第一次扫描周期内可以输出一个脉冲信号。该脉冲信号可以用作一个对程序初始化的调用条件；可以用于系统上电后自动润滑控制的第一次启动标志；可以用于系统上电后对某些有特殊动作要求的电磁阀进行置位或复位。该段程序在实际数控机床PLC用户程序中是比较有用的。

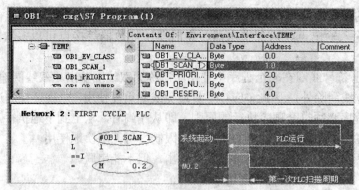

图 5-45 第一次循环扫描标志

2) 定时器

SIMATIC S7-300 有 5 种可供使用的定时器指令，即 S_PULSE 脉冲定时器、S_PEXT 延时脉冲定时器、S_ODT 延时接通定时器、S_ODTS 保持型延时接通定时器和 S_OFFDT 延时断开定时器。它们适用的场合各不相同。S5TIME 是用 BCD 码保存的，在数据存储区占用两个连续的字节。当使用 S5TIME 时，定义的数值范围为 0～999，定时的时间则根据时基(分辨力)而定。S5TIME 时基以及相应的时间范围如表 5-26 所列。

表 5-26 S5TIME 时基以及相应的时间范围

时基(分辨力)	时基的二进制码	时 间 范 围
10ms	00	10ms ～ 9s990ms (10ms×999)
100ms	01	100ms ～ 1min39s990ms(100ms×999)
1s	10	1s ～ 16min39s1s (1s×999)
10s	11	10s ～ 2h46min30s (10s×999)

预置时间值可以采用 W#16#wxyz 和 S5T#aH_bM_cS_dMS 两种格式。

在 W#16#wxyz 格式中，w 表示时基；xyz 表示 BCD 格式的时间值。这种方式只能用于 STL 编程。

在 S5T#aH_bM_cS_dMS 格式中，H、M、S 和 MS 分别表示小时、分钟、秒和毫秒。用户变量 a、b、c 和 d 由用户定义。在这种情况下时基自动选择，数值为该时基下取整去尾到下一个较低值。可以输入的最大值为 9990s(10s×999)或 2H_46M_30S。

定时器字的位 0～位 11 为 BCD 格式的时间值，位 12 和位 13 包含二进制码的时基。每一个定时器方块有两个以字存储单元输出的时间值，BI 输出端输出二进制格式的时间值，BCD 输出端输出时基和 BCD 格式的时间值。5 种定时器 S 输入端信号状态对应 Q 输出端信号状态的关系如图 5-46 所示，它可以有助于在实际编程过程中选择正确的定时器。

在图 5-46 中，定时器时间刷新按时基规定的时间间隔为单位减少时间值。时间值逐渐连续减少直到等于 "0" 结束。

(1) S_PULSE 脉冲定时器输出信号为 "1" 的最大时间等于设定的时间值。如果输入信号在时间值之内由 "1" 变为 "0" 断开，则输出信号由 "1" 变为 "0"。

(2) S_PEXT 延时脉冲定时器输入信号为 "1" 接通的时间不管长短，输出信号为 "1" 的时间

长度等于设定的时间值。

252

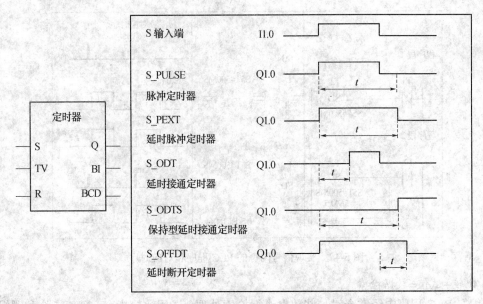

图 5-46 S 输入端信号状态对应 Q 输出端信号状态关系

(3) S_ODT 延时接通定时器输入信号一经接通，必须保持直到定时时间值减至零结束且输入信号还仍为"1"时，输出信号才会由"0"变"1"。

(4) S_ODTS 保持型延时接通定时器输入信号一旦由"0"变"1"接通，无需再保持。定时时间值减至零结束，输出信号才会由"0"变"1"。

(5) S_OFFDT 延时断开定时器输入信号由"0"变"1"接通，输出信号即刻也变"1"。当输入信号从"1"变"0"后，定时器才开始启动计时，直到时间值减至零结束输出信号才由"1"变"0"。

定时器与其他指令组合可以构成各种时间控制电路。在编写 PLC 程序时应该根据需要合理选择定时器的时基和定时器类型。如 S_ODTS 保持型延时接通定时器常常可被用于机械动作到位后的延时，保证后续其他动作的可靠；也常常被用于检测两个对立信号的状态如主轴的夹紧和放松的状态信号是否正常(如果正常，一个信号为"0"，另一个信号必定"1"，如两个信号同时为"0"或为"1"时都属于不正常，则定时器输出端信号为"1")和被用于对机床润滑系统交替定时启动/停止润滑。

利用定时器功能以梯形图形式编制的一段 PLC 程序可以在系统上电后使得标志位输出线圈输出一个发生交替闪烁(接通/关闭)的信号，如图 5-47 所示。

在图 5-47 中，当系统上电常闭接点符号地址"T1"RLO 为"1"，启动接通延时定时器 T2。当定时值 500ms 减至零，同时常闭接点符号地址"T1"信号没有发生变化，则定时器 T2 信号状态为"1"，即常开接点符号地址"T2"为"1"，启动接通延时定时器 T1，同时标志位 M0.5 输出为"1"接通。

当定时器 T1 定时值 500ms 减至零，在一个 PLC 扫描周期之内定时器 T1 输出线圈输出为"1"，使常闭接点符号地址"T1"信号由"0"变"1"发生变化，此时定时器 T2 复位，常开接点符号地址"T2"由"1"变"0"，使标志位 M0.5 输出状态为"0"断开，同时也使定时器 T1 复位。随即常闭接点符号地址"T1"RLO 为"1"，第二启动接通延时定时器 T2。周而复始，标志位 M0.5 输出一个占空比为 0.5s 的闪烁信号，即 0.5s 为"1"，0.5s 为"0"。在实际应用中，可以利用该标志位 M0.5 输出的状态信号来实现指示灯的闪烁。

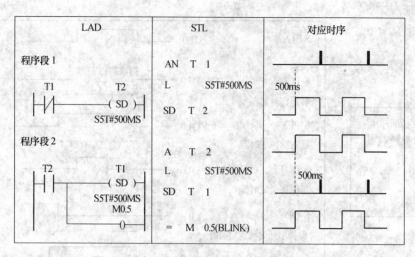

图 5-47　实现信号闪烁的 PLC 程序和对应时序

3) 比较+赋值=数据检索

在编写 PLC 程序中经常会对一些数据进行检索处理。选用比较指令、赋值指令和逻辑控制指令(跳步)等编辑实现刀库自动交换时对目标刀具(T 码)数据检索处理的程序如图 5-48 所示。

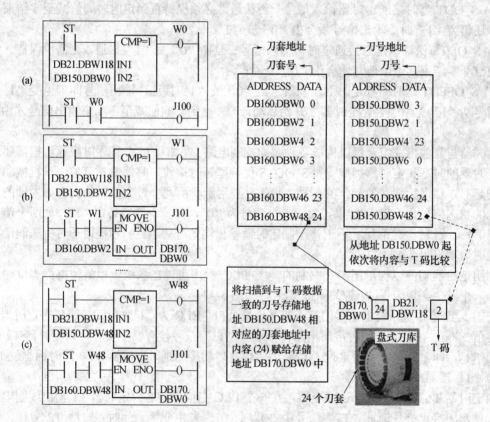

图 5-48　比较指令和赋值指令应用

在图 5-48 中,以盘式刀库随机换刀(未选用西门子刀库管理软件)为例。当编写刀具交换的控制程序时,一般必须首先要考虑检索目标刀具(T 码)是否存在,判别目标刀具是否已在主轴上,这两种情况在 T 码输入正确的情况下是不会发生的。除此之外,就需要检索到目标刀具所在刀库中目标刀套位置，只有检索到其目标刀套位置(即目标刀套号)才能使刀库链以最短路径将目标刀套旋转到位。

首先建立 DB150、DB160 和 DB170 三个数据块。定义 DB150.DBW0～DB150.DBW48 为存储刀号的地址(其中 DB150.DBW0 为主轴上的刀具)、定义 DB160.DBW0～DB160.DBW48 为存储刀套号的地址(其中 DB160.DBW0 作为主轴上刀套号)以及定义 DB170.DBW0 为临时存储目标刀套位置的地址。定义存储刀套号地址 DB160 的目的是希望有助于对 FANUC 数据检索功能指令的进一步理解。尽管存储刀套号地址可以不定义而将常数直接赋给 DB170.DBW0。

当输入端常开符号地址 "ST" 信号为 "1" 接通后开始执行比较指令。从地址 DB150.DBW0 中内容到 DB150.DBW48 中内容依次与 NCK 输出地址 DB21.DBW118 中存储的二进制 T 码进行比较。

(1) 如果 DB150.DBW0 中内容与 DB21.DBW118 中内容比较一致,则输出符号地址 W0=1,随后跳转到跳转标号 ERROR(图 5-48(a))。这说明目标刀具已在主轴上(输入的 T 码有误),可以考虑作一条出错提示信息在系统屏上显示。

(2) 如果 DB150.DBW0 与 DB21.DBW118 二者内容比较不一致,输出符号地址 W0=0, 则随后将地址 DB150.DBW0 之后地址的内容依次与 DB21.DBW118 中存储的 T 码进行比较。假设 DB150.DBW48 的内容与 DB21.DBW118 中 T 码二者比较一致(图 5-48(c)),则输出符号地址 W48=1。随之赋值指令使能输入端 EN 信号激活,将输入端 IN 的存储刀套号地址 DB160.DBW48 的内容(目标刀套号)赋给到输出端 OUT 上指定的临时存储目标刀套号地址 DB170.DBW0 中。同时使能输出端 ENO 与使能输入端 EN 具有相同的逻辑状态,激活跳转到跳转标号 J101,从而完成对目标刀具(T 码)所存放的目标刀套的检索。

(3) 如果地址 DB150.DBW0 之后地址的内容依次与 DB21.DBW118 中存储的 T 码进行比较后,比较结果都不一致(符号地址 W0～W48=0),说明目标刀具不存在,即输入 T 码不正确。也应该考虑作一条出错提示信息在系统屏上显示。图 5-48 中的程序未对目标刀具是否存在作判断处理。

4) 高级功能块

西门子工具盒(TOOLBOX)包括了许多可以调用的基本程序块(见附录 C)。通过调用读取 NC 变量的功能块 FB2 或写入 NC 变量功能块 FB3,可以实现 PLC 和 NCK 之间的数据交换。FB2/FB3 的所有形式参数如表 5-27 所列。

表 5-27 FB2/FB3 所有形式参数

信 号	参数类型	数据类型	数 值 范 围	说明(FB2)	说明(FB3)
Req	I	Bool		正上升沿执行读取	正上升沿执行写入
NumVar	I	Int	1～8(对应 Addr 1～8)	读取的变量数目	写入的变量数目
Addr1～8	I	Any	[DBName].[VarName]	变量标识符(通过变量选择器)	
Unit1～8	I	Byte		区域地址, 选择变量寻址	
Column1～8	I	Word		纵地址, 选择变量寻址	
Line1～8	I	Word		行地址, 选择变量寻址	
Error	O	Bool		不能执行读取应答	不能执行写入应答
NDR	O	Bool		读取成功, 数据有效	
State	O	Word		出错代码	
RD1～8	I/O	Any	P#Mm.nBYTEx... P#DBnr.dbxm.nBYTEx	读取数据的目标区	
Done	O	Bool			数据写入成功
SD1～8	I/O	Any	P#Mm.nBYTEx... P#DBnr.dbxm.nBYTEx		数据被写入

以调用 FB2 来读取 NC 变量为例。

(1)借助 NC 变量选择器从总变量列表中选择所要读写的变量并存储在一个*.VAR 文件中。选择【Code】→【General】(图 5-49)建立一个能被 STEP 7 编译的 STL 源文件(*.awl)。

图 5-49　建立 DB 块 STL 源文件

(2) 双击 STEP7 图标，打开 SIMATIK 管理器窗口。在【S7-Program】目录下选择【Sourse】，选择【Insert】→【External Sourse】，将 STL 源文件插入并将其打开，将源文件中数据块 DB 120 修改为 DB200。然后选择【File】→【Compile】，编译成功后建立的带相关地址数据的数据块 DB200 会自动存放在【S7-Program】目录下【Blocks】内。打开数据块 DB200，所选的读写变量如图 5-50 所示。

(3) 可以在符号表中对建立的带相关地址数据的数据块 DB200 输入符号名。

(4) 设置 FB2 的参数。如图 5-51 所示，从通道 1 中读取 Y 轴、Z 轴的位置坐标值和用户数据 14514[0]、14514[1]中的数据，这些参数地址存储在指定的数据块 DB200 中。

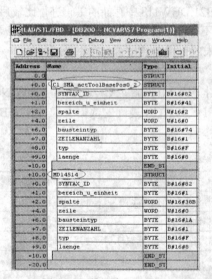

图 5-50　数据块 DB200

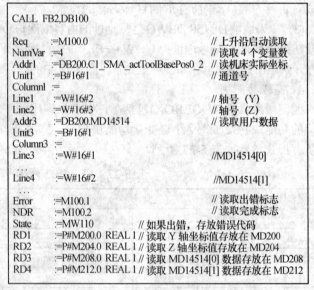

图 5-51　设置 FB2 参数

在图 5-51 中，FB2 背景数据块 DB100 可以在编制 CALL 语句时直接建立，即当输入 CALL FB2，DB100 后按回车键，编程窗口会弹出提示信息，如图 5-52 所示。此时，单击【YES】按钮就能建立背景数据块 DB100。数据块中的内容会由 FB2 直接自动赋给。

当请求读取 NC 变量的输入参数 Req 得到一个上升沿正逻辑启动信号时，开始依据 Addr1～8 读取 NCK 变量，然后参照 RD1～RD8 将 NCK 变量复制到 PLC 操作区域，读取 NCK 变量的过程至少需要几个 PLC 循环周期(一般为 1 个～2 个)。需要读取变量的实际参数数目最多为 8 个，将要读取变量的实际参数数目直接赋给变量输入参数 NumVar。读取变量的顺序没有规定，

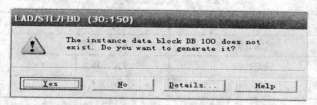

图 5-52 建立背景数据块 DB100

将 NCK 变量地址的实际参数赋给变量输入参数 Addr1～8。赋给行地址(变量输入参数 Line1～8)的数值取决于对同一实际参数(变量特征)所要读取的位置。如图 5-51 中对读取机床坐标而言,赋给变量输入参数 Line1～2 的数值就是对应机床轴号(MD20070)。而 14514[0]下角标为 0,位于用户数据 14514 第一行;14514[1]下角标为 1,依次位于用户数据 14514 第二行。所以,赋给 Line3 和 Line4 的实际参数分别为 W#16#1 和 W#16#2。

变量 I/O 参数 RD1～8——对应变量输入参数 Addr1～8,是存放读取数据的目标区。在 S7 程序中可以直接对存储地址(双字)的内容(读取的数据)进行处理了。

当读取过程成功完成后,在变量输出状态参数 NDR 位显示逻辑"1"。如果读取过程出错,则可以观察到变量输出参数 Error:=TRUE;出错结果的代码存放在状态字 MW110 之中。出错代码的含义如表 5-28 所列。

表 5-28 出错代码的含义

State 字(H)字(L)		Meaning(原因)	Note(提示)
1～8	1	过程出错	变量高字节数出现错误
0	2	读取出错	在读取时,不正确的变量编译
0	3	不能执行读取应答	内部出错,NC 复位重试
1～8	4	可用的局域用户存储器不合适	读取的变量较指定的 RD1(..RD8)长;变量高字节数出现错误

提示:

(1) 如果使 FB2 读取 NC 变量有效,则必须置基本程序 NCKomm="1"(在 OB1:FB1,DB7 中)。

(2)当读取通道指定变量时,在执行过程中通过 Addr1 到 Addr8 只有一个通道的变量可以被寻址,(调用 FB2)。

5) 接口信号

数控系统内置 PLC 与传统的 PLC 产品最大的不同之处就是内置 PLC 增加了与数控系统进行信息交互的接口信号。接口信号是数控系统明确定义的,是衡量数控系统控制功能强弱的依据。在接口信号中包括轴控制信号、通道信号、辅助功能等。每个定义的接口信号都具有方向性。因此,在使用这些接口信号时,理解信号的方向是十分重要的。

用于 PLC 与零件程序之间的接口信号 NCK 数字输入信号和 NCK 数字输出信号可以作为系统变量的一种,前者对应的系统变量可以由零件程序读取,而后者对应的系统变量可以由零件程序读/写。这些接口信号可以实现 PLC 与零件程序之间的信号交互。

系统变量的名称总是以" $ "符号开始的,紧接着是专门的名称。系统变量类型一览如表 5-29 所列。NCK 数字输入/输出信号对应的系统变量($ A_IN[n]和 $ A_OUT[n])如表 5-30 所列。

表 5-29　系统变量类型一览表

字　母	意　义	字　母	意　义
＄M	机床数据	＄P	程序数值
＄S	设定数据	＄A	实际数值
＄T	刀具管理数据	＄V	服务参数

表 5-30　NCK 数字输入/输出信号对应的系统变量

接口信号地址	系统变量	意　义	[n]范围
DB10.DBB1 DB10.DBB123～DB10.DBB129	＄A_IN[n]	读取数字 NCK 输入[n]	1～8 9～40
DB10.DBB64; DB10.DBB190～DB10.DBB193	＄A_OUT[n]	读取/写入数字 NCK 输出[n]	1～8 9～40

　　NCK 数字输入信号作为一种由零件程序读取的系统变量(＄A_IN[n])，在零件程序中常常可以用作条件跳转判断。这些由 PLC 输出的信号是向 NCK 发出的控制请求。对 PLC 而言，这些信号是可读可写的。

　　NCK 数字输出信号作为一种由零件程序读/写的系统变量(＄A_OUT[n])，由 NCK 数字输出送到 PLC 的信号表示系统内部的状态要求，对 PLC 而言这些信号是只读的。

　　NCK 数字输入输出的信号流向(部分)如图 5-53 所示。

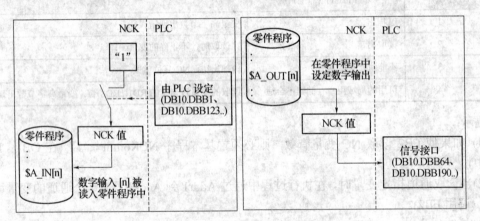

图 5-53　NCK 数字输入输出的信号流向

　　以双工作台交换为例(图 5-54)，待交换的工作台位于哪个交换区由左右两个位置检测开关发信(TBL_L 和 TBL_R)。如当零件(工作台 2)加工程序执行完成，通过机械手应先将工作台 2 从作业区移到 B 交换区，然后将工作台 1 从 A 交换区移到作业区。通过 NCK 数字输入/输出信号对应的系统变量进行用户零件程序与 PLC 程序之间的信息交互来实现两个工作台的相互交换，如图 5-55 所示。

　　在图 5-55 中，当零件加工结束，通过 Mxx 代码调用工作台交换子程序(%_N_EXCH_SPF)。当该程序被开始执行 N010 条件跳转判断语句时，如果系统变量 ＄A_IN[9]等于"1"，说明 PLC 程序中常开接点符号地址"TBL_L"逻辑为"1"(位置开关检测到工作台 1)，使得 NCK 数字输入信号(DB10.DB123.0)为"1"，条件满足跳转到标号 AA 语句执行工作台交换程序。

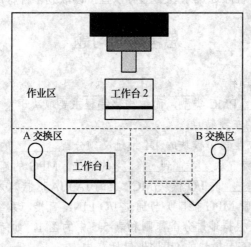

图 5-54 双工作台交换

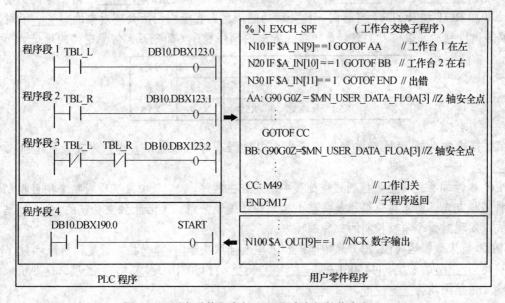

图 5-55 用户零件程序与 PLC 程序之间的信息交互

如果系统变量＄A_IN[9]等于"0"，则继续执行 N020 条件跳转判断语句。如果系统变量
＄A_IN[10]也等于"0"，则继续执行 N030 条件跳转判断语句，此时系统变量＄A_IN[11]必定
等于"1"。因为两个工作台在正常的情况下必定有一个位置检测开关发信，所以如果系统变量
＄A_IN[9]和＄A_IN[10]均等于"0"，说明工作台位置状态检测信号处于不正常而必须跳转到标
号 END 语句，结束工作台交换子程序(当然，在这种不正常的情况下，也可以不选用 NCK 数字
输入地址 DB10.DB123.2 而直接由 PLC 程序处理)。同时应该在 PLC 程序中考虑出错报警处理，
禁止读入使能(DB21.DBX6.1)，使零件加工程序暂停执行。这样用户零件程序通过系统变量
＄A_OUT[n]可以直接读取到 PLC 程序的状态信号。

当某个零件加工程序被正常执行到 N100 语句，将"1"赋值赋给系统变量＄A_OUT[9]后，
使得程序段 4 中的 NCK 数字输出信号常开接点地址"DB10.DBX190.0"逻辑为"1"，激活输
出线圈符号地址"START"接通。在这种情况下，将此信号可以作为一个条件由 PLC 程序来完

成相应的控制，所以 PLC 程序通过系统变量可以直接读取到零件程序发出的信息。

思考题与习题

1. 简述梯形图编程的优缺点。

2. PMC 线性编程适用＿＿＿＿＿＿PMC 类型，而结构化编程主要取决于＿＿＿＿＿＿PMC 类型。

3. 简述 PMC 结构化编程的主要特点。

4. 连接 MPG（手摇脉冲发生器）模块的 DI 地址必须分配＿＿＿＿＿＿＿的数据长度。在编制顺序程序时，不能使用 DI 区域中从＿＿＿＿＿＿到＿＿＿＿＿＿的地址。MPG 的连接位置必须离系统＿＿＿＿＿＿的且数据长度分配为＿＿＿＿＿＿的 I/O 模块/MCP 上的 JA3/JA58 接口才有效。

5. FANUC I/O 单元模块（带 MPG 接口）与通过 I/O LINK 直接与系统主板相连，且手脉与 I/O 模块端口 JA3 相连。请根据地址分配原则和表 5-5 中的图 1，如何设置组号、基座号和插槽号确定模块名，使得 MGA 模块的 DI 地址包括在内。

6. 数据是＿＿＿＿＿＿处理和＿＿＿＿＿＿对象，数据的类型决定了数据的＿＿＿＿＿＿。两个不同的功能指令（如 ROT 和 ROTB）有着同一种处理功能，区别在于它们所处理对象的＿＿＿＿＿＿不同。

7. 编写一段判别 8 工位刀架旋转最短路径方向的顺序程序（部分刀架信号定义的地址如下表）。

刀架编码					刀架锁紧
2^0	2^1	2^2	2^3	选通	
X5.0	X5.1	X5.2	X5.3	X5.4	X5.5

8. 在数据检索功能/变址修改数据传送指令中数据表起始地址以＿＿＿＿＿＿为宜，且地址必须是＿＿＿＿＿＿。

9. PLC 线性编程是将整个控制程序都集中编制在主程序＿＿＿＿＿＿中来实现对整个项目控制的一种编程方式。而结构化编程是将整个控制程序编制分解成为若干独立功能的＿＿＿＿＿＿结构形式来实现对整个项目控制的一种编程方式。

10. PLC 机床数据区（BD20）起始地址和末尾地址取决于＿＿＿＿＿＿指定长度。机床参数[14504]决定＿＿＿＿＿＿的长度，[14506]决定＿＿＿＿＿＿长度，[14508]决定＿＿＿＿＿＿长度。这些机床参数设定值范围均为＿＿＿＿＿＿。

11. 全局符号在＿＿＿＿＿＿定义，在＿＿＿＿＿＿有效，在程序中全局符号显示在＿＿＿＿＿＿内。局域符号在＿＿＿＿＿＿定义，在＿＿＿＿＿＿有效，在程序中局域符号显示在＿＿＿＿＿＿之后。

12. SIMATIC S7-300 I/O 模块具体有效地址区域取决于＿＿＿＿＿＿和其在该机架上的＿＿＿＿＿＿。每个 I/O 数字模块分配＿＿＿＿＿＿字节，每个 I/O 模拟模块分配＿＿＿＿＿＿。内置 PLC I/O 模块基于＿＿＿＿＿＿机架第＿＿＿＿＿＿槽为＿＿＿＿＿＿安装位置，默认的数字模块绝对地址以第＿＿＿＿＿＿个字节为起始地址。

13. 通过 NC 变量选择器，依据图 5-50 中的变量再增添参数 43900（TEMP_COMP_ABS_VALUE），建立可执行读写变量的数据块 DB120。

14. 简述用户宏程序输入/输出信号和 NCK 数字输入/输出信号的作用和使用方法。

第6章　PMC顺序程序示例

在编制 PMC 顺序程序之前,首先必须先定义好 PMC 输入/输出(I/O)模块的物理地址。尽管 FANUC 标准 MCP 主/子面板不占用 I/O 的物理地址,但也必须对其面板上的各键和倍率开关等定义 I/O 地址。

PMC 顺序程序示例中,标准 MCP 主/子面板型号分别是 A02B-236-C231 和 A02B-236-C235。它们各键和开关定义以及 I/O 地址如图 6-1 所示。示例中 I/O 模块型号是 A02-0309-C001。悬挂型手脉连接在主面板 JA58 接口处。定义 I/O 模块名和 I/O 起始地址如图 6-2 所示。

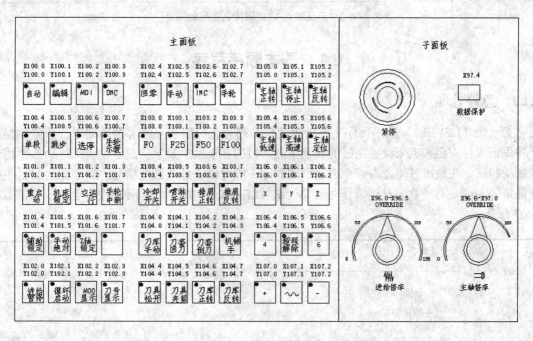

图 6-1　标准机床控制主/子面板键定义及输入输出地址

PMC 顺序程序示例以立式加工中心为例。该机床具有主轴定向、刚性攻丝以及通过 ZF 减速器来实现主轴高低档转速切换等功能。伺服轴位置反馈采用半闭环形式并配有 24 把刀具容量的盘式刀库。示例顺序程序基本上都可以运行,但难免会有不够严密的地方,而且也不一定是最佳的。仅希望通过示例提供一个编程思路和借鉴方法。

说明:顺序程序符号地址后缀字母【_K】表示标准面板上的键或开关;【_L】表示标准面板上键的发光管（LED）;【_R】表示上升沿。

为了能更方便、更容易地寻找到内部继电器线圈所在的子程序,规定子程序号后面加个位（数字范围为 0～9）就作为在该子程序中可选用的内部继电器（R）地址字节,如 SUB1 中选用的内部继电器（R）地址字节为 R10～R19,则 R13.0 的线圈一定在 SUB1 中。

Input					Output				
Address	Group	Base	Slot	Module Name	Address	Group	Base	Slot	Module Name
X0000	1	0	01	OC01I	Y0000	1	0	01	OC01O
X0001	1	0	01	OC01I	Y0001	1	0	01	OC01O
X0002	1	0	01	OC01I	Y0002	1	0	01	OC01O
X0003	1	0	01	OC01I	Y0003	1	0	01	OC01O
X0004	1	0	01	OC01I	Y0004	1	0	01	OC01O
X0005	1	0	01	OC01I	Y0005	1	0	01	OC01O
X0006	1	0	01	OC01I	Y0006	1	0	01	OC01O
X0007	1	0	01	OC01I	Y0007	1	0	01	OC01O
X0008	1	0	01	OC01I					
X0009	1	0	01	OC01I					
X0010	1	0	01	OC01I					
X0011	1	0	01	OC01I					
X0096	0	0	01	OC02I 〕子面板					
X0097	0	0	01	OC02I					
X0098	0	0	01	OC02I					
X0099	0	0	01	OC02I					
X0100	0	0	01	OC02I	Y0100	0	0	01	OC01O
X0101	0	0	01	OC02I	Y0101	0	0	01	OC01O
X0102	0	0	01	OC02I 主面板	Y0102	0	0	01	OC01O
X0103	0	0	01	OC02I	Y0103	0	0	01	OC01O
X0104	0	0	01	OC02I	Y0104	0	0	01	OC01O
X0105	0	0	01	OC02I	Y0105	0	0	01	OC01O
X0106	0	0	01	OC02I	Y0106	0	0	01	OC01O
X0107	0	0	01	OC02I	Y0107	0	0	01	OC01O
X0108	0	0	01	OC02I					
X0109	0	0	01	OC02I					
X0110	0	0	01	OC02I 〕手脉					
X0111	0	0	01	OC02I					

图 6-2　定义输入/输出模块名和起始地址

6.1　基本顺序程序

6.1.1　急停处理

第一级（LEVEL1）顺序程序主要处理急停、超程、伺服轴互锁等紧急动作。急停控制是一种保证人身安全和机床设备完好的安全措施，目的在于发生紧急情况下使机床运动部件处于被制动状态，在最短时间之内停止运动。因此，一般可以将处理这些信号的顺序程序编制在系统能每隔 8ms 进行一次采样读取信号的第一级（LEVEL1）中。如果不使用第一级时，只需编写 END 命令。

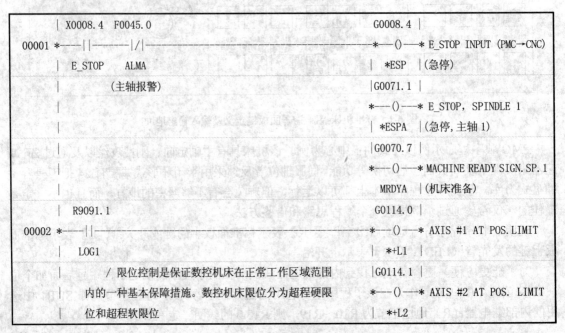

```
            | X0008.4   F0045.0                                    G0008.4 |
00001  *————| |————————| / |————————————————————————————————————*———( )———* E_STOP INPUT（PMC→CNC）
            | E_STOP     ALMA                                    | *ESP  |（急停）

            |            （主轴报警）                              |G0071.1 |
            |                                                    *———( )———* E_STOP, SPINDLE 1
            |                                                    | *ESPA |（急停，主轴 1）

            |                                                    |G0070.7 |
            |                                                    *———( )———* MACHINE READY SIGN. SP. 1
            |                                                    MRDYA  |（机床准备）

            | R9091.1                                             G0114.0 |
00002  *————| |————————————————————————————————————————————————*———( )———* AXIS #1 AT POS. LIMIT
            | LOG1                                               | *+L1  |

            |        /  限位控制是保证数控机床在正常工作区域范围    |G0114.1 |
            |        内的一种基本保障措施。数控机床限位分为超程硬限  *———( )———* AXIS #2 AT POS. LIMIT
            |        位和超程软限位                                | *+L2  |
```

262

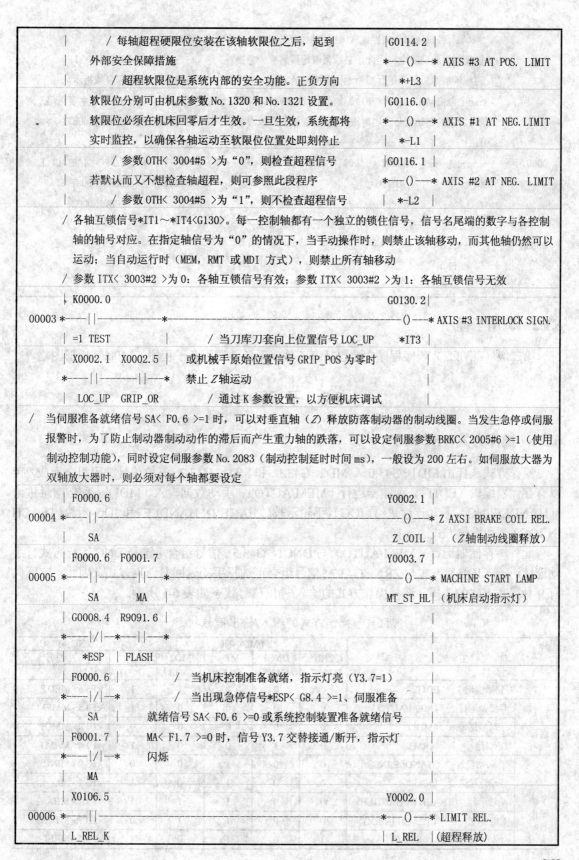

```
|          / 每轴超程硬限位安装在该轴软限位之后，起到              |G0114.2  |
|     外部安全保障措施                                *---()---* AXIS #3 AT POS. LIMIT
|          / 超程软限位是系统内部的安全功能。正负方向          | *+L3    |
|     软限位分别可由机床参数 No.1320 和 No.1321 设置。         |G0116.0  |
|     软限位必须在机床回零后才生效。一旦生效，系统都将       *---()---* AXIS #1 AT NEG.LIMIT
|     实时监控，以确保各轴运动至软限位位置处即刻停止       | *-L1    |
|          / 参数 OTH< 3004#5 >为 "0"，则检查超程信号          |G0116.1  |
|     若默认而又不想检查轴超程，则可参照此段程序          *---()---* AXIS #2 AT NEG. LIMIT
|          / 参数 OTH< 3004#5 >为 "1"，则不检查超程信号      | *-L2    |
```

/ 各轴互锁信号*IT1～*IT4<G130>。每一控制轴都有一个独立的锁住信号，信号名尾端的数字与各控制
   轴的轴号对应。在指定轴信号为 "0" 的情况下，当手动操作时，则禁止该轴移动，而其他轴仍然可以
   运动；当自动运行时（MEM，RMT 或 MDI 方式），则禁止所有轴移动
/ 参数 ITX< 3003#2 >为 0：各轴互锁信号有效；参数 ITX< 3003#2 >为 1：各轴互锁信号无效

```
       | K0000.0                                                        G0130.2|
00003 *----||--------------*----------------------------------------------()---* AXIS #3 INTERLOCK SIGN.
       | =1 TEST          |         / 当刀库刀套向上位置信号 LOC_UP       *IT3  |
       | X0002.1  X0002.5 |    或机械手原始位置信号 GRIP_POS 为零时             |
       *----||---------||--*    禁止 Z 轴运动                                   |
       | LOC_UP  GRIP_OR  |         / 通过 K 参数设置，以方便机床调试            |
```

/ 当伺服准备就绪信号 SA< F0.6 >=1 时，可以对垂直轴（Z）释放防落制动器的制动线圈。当发生急停或伺服
   报警时，为了防止制动器制动动作的滞后而产生重力轴的跌落，可以设定伺服参数 BRKC< 2005#6 >=1（使用
   制动控制功能），同时设定伺服参数 No.2083（制动控制延时时间 ms），一般设为 200 左右。如伺服放大器为
   双轴放大器时，则必须对每个轴都要设定

```
       | F0000.6                                                        Y0002.1 |
00004 *----||------------------------------------------------------------()---* Z AXSI BRAKE COIL REL.
       | SA                                                             Z_COIL |  （Z 轴制动线圈释放）
       | F0000.6  F0001.7                                               Y0003.7 |
00005 *----||--------||---*------------------------------------------------()---* MACHINE START LAMP
       | SA       MA    |                                              MT_ST_HL|（机床启动指示灯）
       | G0008.4  R9091.6 |
       *----|/|--*--||--*                                                       
       | *ESP    | FLASH                                                        
       | F0000.6 |          / 当机床控制准备就绪，指示灯亮（Y3.7=1）             |
       *----|/|--*          / 当出现急停信号*ESP< G8.4 >=1、伺服准备             |
       | SA      |      就绪信号 SA< F0.6 >=0 或系统控制装置准备就绪信号          |
       | F0001.7 |      MA< F1.7 >=0 时，信号 Y3.7 交替接通/断开，指示灯          |
       *----|/|--*      闪烁                                                     |
       | MA      |                                                              |
       | X0106.5                                                        Y0002.0 |
00006 *----||----------------------------------------------------*---()---* LIMIT REL.
       | L_REL_K                                                  | L_REL |（超程释放）
```

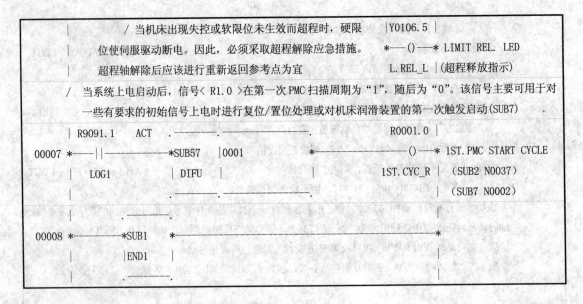

```
    |         /  当机床出现失控或软限位未生效而超程时，硬限        |Y0106.5 |
    |            位使伺服驱动断电。因此，必须采取超程解除应急措施。    *──()──* LIMIT REL. LED
    |            超程轴解除后应该进行重新返回参考点为宜            L.REL_L |（超程释放指示）

    |         /  当系统上电启动后，信号< R1.0 >在第一次PMC扫描周期为"1"，随后为"0"。该信号主要可用于对
    |            一些有要求的初始信号上电时进行复位/置位处理或对机床润滑装置的第一次触发启动(SUB7)

    |   R9091.1      ACT  .───.               .                    R0001.0 |
00007 *────||───────────*SUB57 |0001          *──────────────────────────()──* 1ST.PMC START CYCLE
    |   LOG1          | DIFU |                |                 1ST.CYC_R | （SUB2 N0037）
    |                 |     |                |                              （SUB7 N0002）

    |                 .─────.
00008 *──────────*SUB1 *────────────────────────────────────────────────────────────*
    |             |END1 |
```

6.1.2 调用子程序

第二级（LEVEL2）顺序程序主要包括有条件或无条件调用各子程序。LADDER梯形图略。

6.2 子 程 序

6.2.1 操作方式（SUB1）

操作方式选择由 MD1< G43.0 >、MD2< G43.1 >和 MD4< G43.2 >三位信号编码组合而成，可以有存储器编辑（EDIT）、存储器运行（MEM/AUTO）、手动数据输入（MDI）、手轮/增量进给（HANDLE/INC）、手动连续进给（JOG）、手轮示教（TEACH IN HANDLE）和 JOG 示教（TEACH IN JOG）7 种操作方式的选择。

此外，存储器运行（MEM/AUTO）与 DNC1< G43.5 >信号组合可选择 DNC 运行方式。手动连续进给（JOG）方式与 ZRN< G43.7 >信号组合可选择手动返回参考点方式。因此，实际共有 9 种操作方式的选择。选择操作方式的输入/输出信号状态如表 6-1 所列。

表 6-1 操作方式的输入/输出信号状态

方 式		PMC→NC					NC→PMC
		ZRN	DNC1	MD4	MD2	MD1	符号
		G43.7	G43.5	G43.2	G43.1	G43.0	地址
自动运行	存储器编辑 （EDIT）	0	0	0	1	1	<F3.6> MEDT
	存储器运行 （MEM/AUTO）	0	0	0	0	1	<F3.5> MMEM
	手动数据输入 （MDI）	0	0	0	0	0	<F3.3> MMDI
	DNC 运行 （RMT）	0	1	0	0	1	<F3.4> MRMT
手动操作	手轮/增量进给 （HANDLE/INC）	0	0	1	0	0	<F3.0> MINC
	手动连续进给 （JOG）	0	0	1	0	0	<F3.2> MJ
	手轮示教 （TEACH IN HANDLE）	0	0	1	1	1	<F3.1> MH
	JOG 示教 （TEACH IN JOG）	0	0	1	1	0	<F3.7> MTCHIN
	手动返回参考点 （REF）	1	0	1	0	1	<F4.5> MREF

264

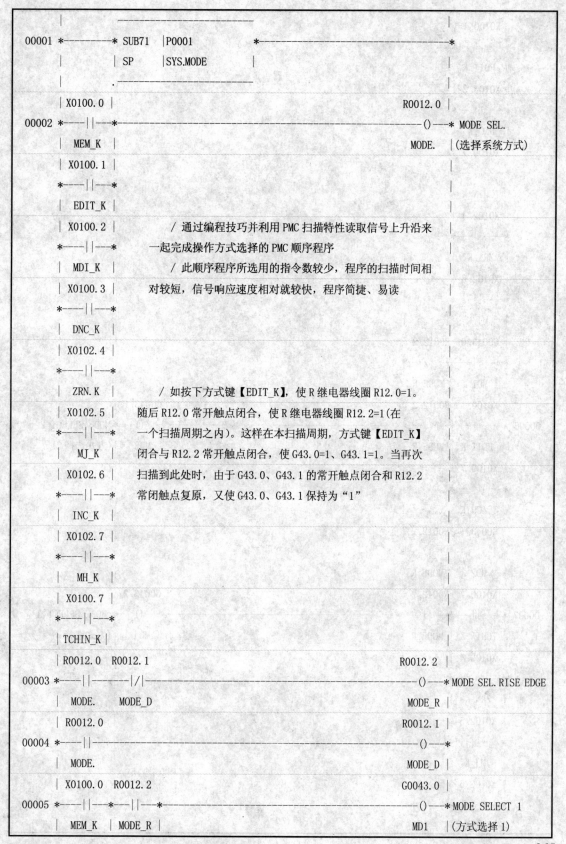

```
          |        ┌──────────────────────────┐                                      |
00001 *───────* SUB71 |P0001                  *──────────────────────────────────────*
          |        | SP    |SYS.MODE           |                                      |
          |        .└──────────────────────────┘                                      |
          | X0100.0 |                                                    R0012.0 |
00002 *────||──*──────────────────────────────────────────────────────────────()──* MODE SEL.
          | MEM_K |                                                    MODE.  |(选择系统方式)
          | X0100.1 |                                                            |
       *────||──*                                                                |
          | EDIT_K |                                                            |
          | X0100.2 |          / 通过编程技巧并利用PMC扫描特性读取信号上升沿来  |
       *────||──*       一起完成操作方式选择的PMC顺序程序                        |
          | MDI_K |          / 此顺序程序所选用的指令数较少，程序的扫描时间相  |
          | X0100.3 |       对较短，信号响应速度相对就较快，程序简捷、易读      |
       *────||──*                                                                |
          | DNC_K |                                                            |
          | X0102.4 |                                                            |
       *────||──*                                                                |
          | ZRN.K |          / 如按下方式键【EDIT_K】，使R继电器线圈R12.0=1。  |
          | X0102.5 |       随后R12.0常开触点闭合，使R继电器线圈R12.2=1(在    |
       *────||──*       一个扫描周期之内)。这样在本扫描周期，方式键【EDIT_K】    |
          | MJ_K |       闭合与R12.2常开触点闭合，使G43.0=1、G43.1=1。当再次     |
          | X0102.6 |       扫描到此处时，由于G43.0、G43.1的常开触点闭合和R12.2  |
       *────||──*       常闭触点复原，又使G43.0、G43.1保持为"1"                  |
          | INC_K |                                                            |
          | X0102.7 |                                                            |
       *────||──*                                                                |
          | MH_K |                                                            |
          | X0100.7 |                                                            |
       *────||──*                                                                |
          | TCHIN_K |                                                            |
          | R0012.0  R0012.1                                        R0012.2 |
00003 *────||───────|/|──────────────────────────────────────────────────────()───* MODE SEL.RISE EDGE
          | MODE.    MODE_D                                         MODE_R |
          | R0012.0 |                                                R0012.1 |
00004 *────||──────────────────────────────────────────────────────────────()──*
          | MODE. |                                                MODE_D |
          | X0100.0  R0012.2                                       G0043.0 |
00005 *────||──*───||──*──────────────────────────────────────────────────()───* MODE SELECT 1
          | MEM_K | MODE_R |                                       MD1  |(方式选择1)
```

265

```
              |  X0100. 1 |            |                                              |
             *———| |———*             |                                              |
              |  EDIT_K  |            |                                              |
              |  X0100. 3 |            |                                              |
             *———| |———*             |                                              |
              |  DNC_K  |            |                                              |
              |  X0100. 7 |            |                                              |
             *———| |———*             |                                              |
              |  TCHIN_K |            |                                              |
              |  X0102. 4 |            |                                              |
             *———| |———*             |                                              |
              |  ZRN. K  |            |                                              |
              |  X0102. 5 |            |                                              |
             *———| |———*             |                                              |
              |  MJ_K    |            |                                              |
              | G0043. 0   R0012. 2 |                                              |
             *———| |———————|/|—*                                                   |
              |  MD1      MODE_R  |                                                  |
              |  X0100. 1  R0012. 2 |                                    G0043. 1 |
00006 *———| |———*———| |—*————————————————————————————————()——* MODE SELECT 2
              |  EDIT_K | MODE_R |                                    MD2     |(方式选择 2)
              |  X0100. 7 |            |                                              |
             *———| |———*             |                                              |
              |  TEACH_K |            |                                              |
              | G0043. 1   R0012. 2 |                                              |
             *———| |———————|/|—*                                                   |
              |  MD2      MODE_R  |                                                  |
              |  X0100. 7  R0012. 2 |                                    G0043. 2 |
00007 *———| |———*———| |—*————————————————————————————————()——* MODE SELECT 3
              |  TCHIN_K | MODE_R |                                    MD4     |(方式选择 3)
              |  X0102. 4 |            |                                              |
             *———| |———*             |                                              |
              |  ZRN. K  |            |                                              |
              |  X0102. 5 |            |                                              |
             *———| |———*             |                                              |
              |  MJ_K    |            |                                              |
              |  X0102. 6 |            |                                              |
             *———| |———*             |                                              |
              |  INC_K  |            |                                              |
```

266

```
              | X0102.7 |                         |
         *────||──*              |                |
              |  MH_K   |                         |
              | G0043.2 R0012.2 |                 |
         *────||───────|/|──*                     |
              |  MD4     MODE_R |                  |
              | X0100.3 R0010.2 |                       G0043.5 |
00008    *────||──────||──*                          ──()──* DNC RUN MODE
              | DNC_K    MODE_R |                       DNC1  |(DNC 运行方式)
              | G0043.5 R0012.2 |                       |
         *────||───────|/|──*                           |
              | DNC1     MODE_R |                        |
              | X0102.4 R0012.2 |                       G0043.7 |
00009    *────||──────||──*                          ──()──* REF. POS. RETURN MODE
              | ZRN.K    MODE_R |                       ZRN   |(回参考点方式)
              | G0043.7 R0012.2 |                       |
         *────||───────|/|──*                           |
              | ZRN      MODE_R |                        |
              | F0003.5 |                               Y0100.0 |
00010    *────||─────────────────────────────────────  ──()──* MEM. LED
              |  MMEM   |                               MEM_L |(自动方式指示)
              | F0003.6 |                               Y0100.1 |
00011    *────||─────────────────────────────────────  ──()──* EDIT LED
              |  MEDT   |                               EDT_L |(编辑方式指示)
              | F0003.3 |                               Y0100.2 |
00012    *────||─────────────────────────────────────  ──()──* MDI LED
              |  MMDI   |                               MDI_L |(MDI 方式指示)
              | F0003.4 |                               Y0100.3 |
00013    *────||─────────────────────────────────────  ──()──* DNC LED
              |  MRMT   |                               RMT_L |(DNC 方式指示)
              | F0004.5 |                               Y0102.4 |
00014    *────||─────────────────────────────────────  ──()──* REF. LED
              |  MREF   |                               REF_L |(回参考点方式指示)
              | F0003.2 |                               Y0102.5 |
00015    *────||─────────────────────────────────────  ──()──* JOG LED
              |  MJ     |                               MJ_L  |(JOG 方式指示)
              | F0003.1 |                               Y0102.7 |
00016    *────||──*                                   ──()──* HANDWEEL. LED
              |  MH     |                               MH_L  |(手轮方式指示)
```

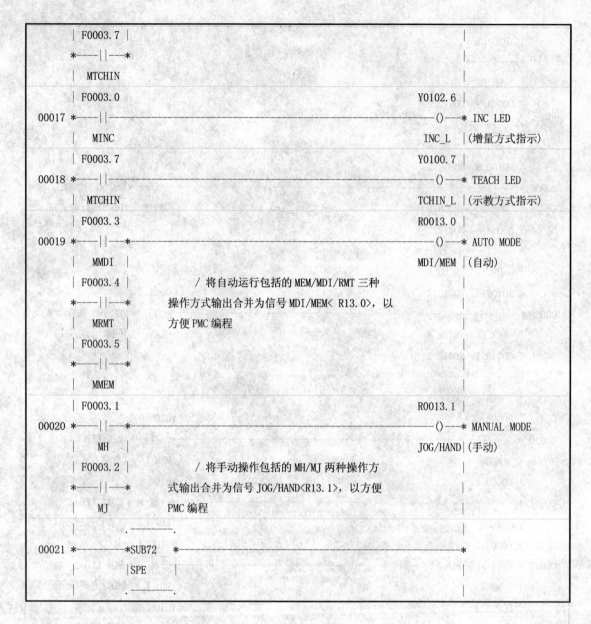

```
       | F0003.7 |                                               |
       *————||——*                                               |
       |  MTCHIN |                                               |
       | F0003.0 |                                      Y0102.6  |
00017 *————||————————————————————————————————————————————()——* INC LED
       |  MINC   |                                      INC_L    |（增量方式指示）
       | F0003.7 |                                      Y0100.7  |
00018 *————||————————————————————————————————————————————()——* TEACH LED
       |  MTCHIN |                                      TCHIN_L  |（示教方式指示）
       | F0003.3 |                                      R0013.0  |
00019 *————||——*                                           ()——* AUTO MODE
       |  MMDI   |                                      MDI/MEM  |（自动）
       | F0003.4 |            / 将自动运行包括的 MEM/MDI/RMT 三种             |
       *————||——*              操作方式输出合并为信号 MDI/MEM< R13.0>，以       |
       |  MRMT   |              方便 PMC 编程                              |
       | F0003.5 |                                               |
       *————||——*                                               |
       |  MMEM   |                                               |
       | F0003.1 |                                      R0013.1  |
00020 *————||——*————————————————————————————————————————————()——* MANUAL MODE
       |  MH  .  |                                      JOG/HAND |（手动）
       | F0003.2 |            / 将手动操作包括的 MH/MJ 两种操作方                |
       *————||——*              式输出合并为信号 JOG/HAND<R13.1>，以方便         |
       |  MJ     |              PMC 编程                               |
       |         .——————————.                                    |
00021 *————————*SUB72    *——————————————————————————————————————*
       |         |SPE     |                                      |
       |         .        .                                      |
```

6.2.2 系统功能（SUB2）

标准机床控制面板功能键包括单段键、跳步键、选停键、重启动键、机床锁定键、空运行键、手轮中断键、辅助功能锁定键、手动绝对键和 Z 轴锁住键以及循环启动键和进给暂停键等。

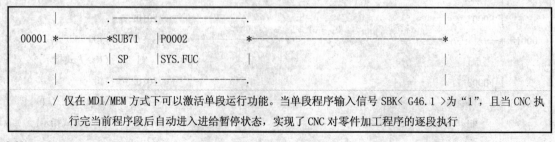

```
       |          .————————.————————.                           |
00001 *————————*SUB71  |P0002   *——————————————————————————————*
       |          | SP    |SYS.FUC |                            |
       |          .————————.————————.                           |
       / 仅在 MDI/MEM 方式下可以激活单段运行功能。当单段程序输入信号 SBK< G46.1 >为 "1"，且当 CNC 执
         行完当前程序段后自动进入进给暂停状态，实现了 CNC 对零件加工程序的逐段执行
```

/ 在用户宏程序执行期间的单程序段运行状态，取决于参数 SBM< 6000#5 >和 SBV< 6000#7 >的设定

/ SBM=0 和 SBV=0：在用户宏程序语句中运行不停止，执行到下一个 NC 指令后停止

/ SBM=1：　在宏程序语句中每个程序段后运行停止

/ SBV=1：　利用宏程序系统变量#3003 使单段运行无效时，使得在执行完一个用户宏程序段时运行停止

```
         | X0100.4   R0020.1                                      R0020.0 |
00002 *----| |--------|/|-------------------------------------------( )---* SINGLE BLOCK SEL
         | SBK_K     SBK_D                                         SBK_R   |(选择单段运行)

         | X0100.4                                                 R0020.1 |
00003 *----| |------------------------------------------------------( )---*
         | SBK_K                                                   SBK_D   |

         | R0020.0   G0046.1   R0013.0                             G0046.1 |
00004 *----| |--------|/|--*----| |----------------------------------( )---* SINGLE BLOCK PROGRAM
         | SBK_R     SBK  | MDI/MEM                                 SBK    |(单段运行有效)

         | R0020.0   G0046.1 |                                             |
      *----|/|--------| |--*                                              |
         | SBK_R     SBK                                                   |

         | F0004.3                                                 Y0100.4 |
00005 *----| |------------------------------------------------------( )---* SINGLE BLOCK LED
         | MSBK                                                    SBK_L   |(选择单段运行有效指示)
```

/ 在自动运行期间，需要被跳过执行的程序段，在其对应的程序段号之前指定一个斜杠符号标识，且跳过
　　程序段信号 BDT1 被置"1"时，对应程序段语句不被执行。反之，BDT1 置"0"时，程序段正常执行

```
         | X0100.5   R0020.3                                      R0020.2 |
00006 *----| |--------|/|-------------------------------------------( )---*SKIP SEL.
         | BDT_K     BDT_D                                         BDT_R   |(选择跳步)

         | X0100.5                                                 R0020.3 |
00007 *----| |------------------------------------------------------( )---*
         | BDT_K                                                   BDT_D   |

         | R0020.2   G0044.0                                       G0044.0 |
00008 *----| |--------|/|--*------| |------------------------------( )---* OPTION BLOCK SKIP
         | BDT_R     BDT1 |                                        BDT1    |(跳步有效)

         | R0020.2   G0044.0 |                                             |
      *----|/|--------| |--*                                              |
         | BDT_R     BDT1                                                  |

         | F0004.0                                                 Y0100.5 |
00009 *----| |------------------------------------------------------( )---* SKIP LED
         | MBDT                                                    BDT_L   |(选择跳步有效指示)
```

/ 当选停信号 OP_STP< R20.6 >为"1"时，如果 CNC 执行到零件程序中有条件选择停止指令 M01，
　　则输出信号 DM01< F9.6 >为"1"，通过 PMC 顺序程序使零件程序处于进给暂停状态。再次循环启
　　动，零件程序继续执行

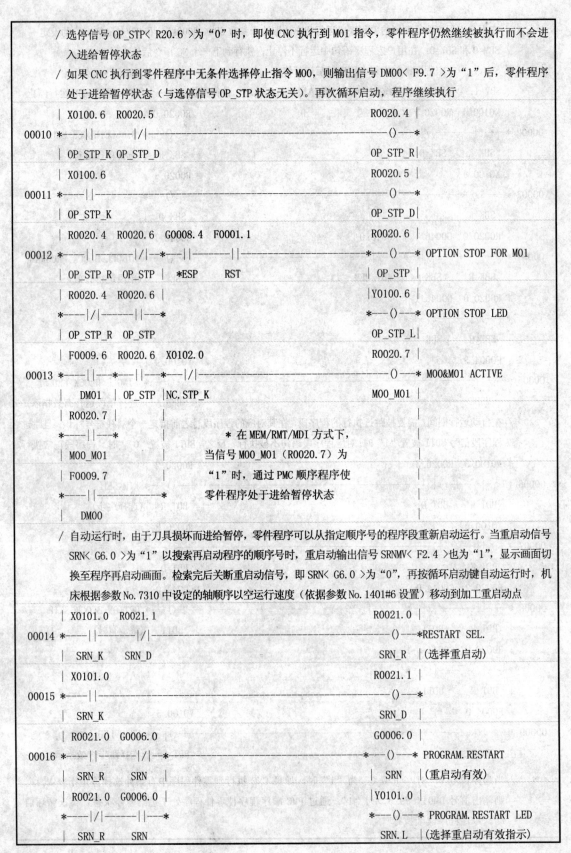

／ 选停信号 OP_STP< R20.6 >为"0"时，即使 CNC 执行到 M01 指令，零件程序仍然继续被执行而不会进入进给暂停状态

／ 如果 CNC 执行到零件程序中无条件选择停止指令 M00，则输出信号 DM00< F9.7 >为"1"后，零件程序处于进给暂停状态（与选停信号 OP_STP 状态无关）。再次循环启动，程序继续执行

```
          | X0100.6   R0020.5                                    R0020.4 |
00010 *----||--------|/|--------------------------------------------()--*
          | OP_STP_K OP_STP_D                                   OP_STP_R|

          | X0100.6                                              R0020.5 |
00011 *----||-----------------------------------------------------()--*
          | OP_STP_K                                            OP_STP_D|

          | R0020.4   R0020.6   G0008.4   F0001.1               R0020.6 |
00012 *----||--------|/|----*----||--------||---------------*----()--* OPTION STOP FOR M01
          | OP_STP_R  OP_STP |  *ESP      RST              | OP_STP |

          | R0020.4   R0020.6 |                            |Y0100.6 |
      *----|/|--------||----*                              *----()--* OPTION STOP LED
          | OP_STP_R  OP_STP                                OP_STP_L|

          | F0009.6   R0020.6   X0102.0                         R0020.7 |
00013 *----||--*----||--*----|/|-------------------------------()--* M00&M01 ACTIVE
          | DM01    | OP_STP |NC.STP_K                         M00_M01 |

          | R0020.7            |
      *----||--*               |             * 在 MEM/RMT/MDI 方式下，
          | M00_M01            |              当信号 M00_M01（R0020.7）为
          | F0009.7            |              "1"时，通过 PMC 顺序程序使
      *----||-----------------*              零件程序处于进给暂停状态
          | DM00               |
```

／ 自动运行时，由于刀具损坏而进给暂停，零件程序可以从指定顺序号的程序段重新启动运行。当重启动信号 SRN< G6.0 >为"1"以搜索再启动程序的顺序号时，重启动输出信号 SRNMV< F2.4 >也为"1"，显示画面切换至程序再启动画面。检索完后关断重启动信号，即 SRN< G6.0 >为"0"，再按循环启动键自动运行时，机床根据参数 No.7310 中设定的轴顺序以空运行速度（依据参数 No.1401#6 设置）移动到加工重启动点

```
          | X0101.0   R0021.1                                    R0021.0 |
00014 *----||--------|/|--------------------------------------------()--* RESTART SEL.
          | SRN_K     SRN_D                                      SRN_R  |（选择重启动）

          | X0101.0                                              R0021.1 |
00015 *----||-----------------------------------------------------()--*
          | SRN_K                                                SRN_D  |

          | R0021.0   G0006.0                                    G0006.0 |
00016 *----||--------|/|--*---------------------------------------()--* PROGRAM.RESTART
          | SRN_R     SRN  |                                     SRN    |（重启动有效）

          | R0021.0   G0006.0 |                                 |Y0101.0 |
      *----|/|--------||----*                                  *----()--* PROGRAM.RESTART LED
          | SRN_R     SRN                                       SRN.L   |（选择重启动有效指示）
```

/ 在加工开始之前，可以通过机床锁住功能先执行自动运行测试，用以检查生成的零件程序是否正确

/ 机床锁住信号 MLK< G44.1 >对所有轴有效。在手动运行或自动运行中，当机床锁住信号 MLK< G44.1 >为"1"时停止向伺服电机输出脉冲（移动指令），将所有的进给轴锁住，刀具处于停止状态，而轴位置状态仍显示变化。因此，可以不进行实际加工而通过观察位置显示的变化对零件程序进行检查

/ 当机床锁住信号 MLK< G44.1 >为"1"时，仍然可以执行辅助功能（M、S、T）。若不执行辅助功能时，可以使用辅助功能锁定

```
        | X0101.1   R0021.3                                  R0021.2 |
00017 *----||--------|/|-----------------------------------------()---* ALL AXES LOCK SEL.
        | MLK_K     MLK_D                                    MLK_R   |(选择机床锁住)

        | X0101.1                                            R0021.3 |
00018 *----||-------------------------------------------------------()---*
        | MLK_K                                              MLK_D   |

        | R0021.2   G0044.1    F0010.6                       G0044.1 |
00019 *----||--------|/|--*----|/|--------------------------------()---* ALL AXES LOCK
        | MLK_R     MLK   |   M06                            MLK     |(机床锁住有效)
        | R0021.2   G0044.1 |
        *----|/|-------||---*                                        |
        | MLK_R     MLK                                              |

        | F0004.1                                            Y0101.1 |
00020 *----||-------------------------------------------------------()---* MACHINE LOCK LED
        | MMLK                                               MLK_L   |(选择机床锁住有效指示)
```

/ 空运行是机床以恒定的进给速度运动而不执行程序中所指定的进给速度运动，常用于在机床不装夹工件的情况下检查机床的运动。在自动运行条件下，当空运行信号 DRN< G46.7 >为"1"时，空运行输出信号 MDRN< F2.7 >即为"1"

/ 空运行速度由参数 No.1410 设定

/ 参数 RDR< 1401#6 >为"0"，在快速进给中空运行无效

/ 参数 RDR< 1401#6 >为"1"，在快速进给中空运行有效

```
        | X0101.2   R0021.5                                  R0021.4 |
00021 *----||--------|/|-----------------------------------------()---*DRY RUN SEL.
        | DRN_K     DRN_D                                    DRN_R   |(选择空运行)

        | X0101.2                                            R0021.5 |
00022 *----||-------------------------------------------------------()---*
        | DRN_K                                              DRN_D   |

        | R0021.4   G0046.7                                  G0046.7 |
00023 *----||--------|/|--*----------------------------------------()---* DRY RUN
        | DRN_R     DRN   |                                  DRN     |(空运行有效)
        | R0021.4   G0046.7 |
        *----|/|-------||---*                                        |
        | DRN_R     DRN                                              |

        | F0002.7                                            Y0101.2 |
00024 *----||-------------------------------------------------------()---* DRY RUN LED
        | MDRN                                               DRN_L   |(选择空运行有效指示)
```

/ 在自动运行期间，手轮可以使坐标轴产生与手轮旋转量相应的坐标移动。手轮中断作用于哪一个坐标
　轴上取决于手轮中断坐标轴选择输入信号HSnIA-HSnID。信号名中的n表示所选用的手脉发生器的编号。
　编码信号A、B、C、D与手轮中断坐标轴对应关系参照手摇进给轴选择（SUB5）

/ 参数RHD< 7103#1 >为"0"，且参数IHD< 7100#2 >为1时，复位后手轮中断量不取消

/ 参数RHD< 7103#1 >为"1"，且参数IHD< 7100#2 >为1时，复位后手轮中断量取消

/ 参数HIT< 7103#3 >为"0"时，手轮中断比例乘 1

/ 参数HIT< 7103#3 >为"1"时，手轮中断比例乘 10

/ 手轮进给参数设置参见手轮控制 SUB5

/ 注意：机床锁住或互锁时，要求手轮中断无效

```
          | X0101.3   R0021.7                              R0021.6 |
00025 *-----||---------|/|------------------------------------()---* HANDLE INT.SEL.
          | HS1I_K    HS1I_D                               HS1I_R | (选择手轮中断)

          | X0101.3                                        R0021.7 |
00026 *-----||-------------------------------------------------()---*
          | HS1I_K                                         HS1I_D |

          | R0021.6  Y0101.3  R0013.0  G0008.4  F0001.1    Y0101.3 |
00027 *-----||--------|/|----*----||--------||---------|/|---------()---* HANDLE INT.LED IN AUTO
          | HS1I_R   HS1I_L  |MDI/MEM  *ESP     RST      HS1I_L | (选择手轮中断指示)

          | R0021.6  Y0101.3 |                                    |
       *-----|/|--------||---*                                    |
          | HS1I_R   HS1I_L |                                     |

          | X0098.2  X0098.5  Y0101.3                      G0041.0 |
00028 *-----||---*----|/|--------||-----------------------------()---* 1ST MPG INT.AXIS SEL.SIGN.A
          | HX_K  | HA_K     HS1I_L                        HS1IA  | (中断轴选择信号A, 第1手脉)

          | X0098.4 |                                             |
       *-----||---*                                              |
          | HZ_K  |                                               |

          | X0098.6 |                                             |
       *-----||---*                                              |
          | H5    |                                               |

          | X0098.3  X0098.5  Y0101.3                      G0041.1 |
00029 *-----||---*----|/|--------||-----------------------------()---* 1ST MPG INT.AXIS SEL.SIGN.B
          | HY_K  | HA_K     HS1I_L                        HS1IB  | (中断轴选择信号B, 第1手脉)

          | X0098.4 |                                             |
       *-----||---*                                              |
          | HZ_K  |                                               |

          | X0098.5  Y0101.3                               G0041.2 |
00030 *-----||---*----||--------------------------------------()---*1ST MPG INT.AXIS SEL.SIGN.C
          | HA_K  | HS1I_L                                  HS1IC  | (中断轴选择信号C, 第1手脉)

          | X0098.6 |                                             |
       *-----||---*                                              |
          | H5    |                                               |
```

272

/　辅助功能锁定主要禁止输出执行指定的 M、S、T 和 B 代码信号和选通信号

/　对 MEM/RMT/MDI，控制单元不执行指定的 M、S、T 和 B 代码信号和选通信号（FM、SF、TF、BF）的输出

/　若在代码信号输出后，锁定信号 AFL 被置为"1"，则 CNC 按正常方式执行输出操作直至输出操作结束

/　即使辅助锁定信号 AFL< G5.6 >被置为"1"，辅助功能锁定输出信号 MAFL< F4.4 >为"1"。辅助功能
　　 M00、M01、M02、M30 等仍按正常方式执行，其所有的代码信号、选通信号和译码信号按正常方式输出

/　即使辅助锁定信号 AFL< G5.6 >被置为"1"，仍可以执行主轴模拟输出或主轴串行输出

/　注意：考虑到辅助功能锁定的对象，将换刀代码信号 F0010.6（M06）作为约束激活辅助功能锁定的条
　　 件，以避免出现刀库在换刀过程中辅助功能的锁定。因为一般在换刀宏程序中往往有许多 M 代码

```
      | X0101.4   R0022.1                                    R0022.0 |
00031 *----| |-------|/|-----------------------------------------( )---* AUX. FUNC. LOCK SEL
      | AFL_K      AFL_D                                     AFL_R   | (选择辅助功能锁住)

      | X0101.4                                              R0022.1 |
00032 *----| |--------------------------------------------------( )---*
      | AFL_K                                                AFL_D   |

      | R0022.0  G0005.6  F0010.6                            G0005.6 |
00033 *----| |------|/|--*--|/|-------------------------------( )---* AUX. FUNC. LOCK
      | AFL_R     AFL  |  M06                                AFL     | (辅助功能锁住选择有效)
      | R0022.0  G0005.6 |                                  | (SUB 11 N00002)
      *----|/|-------| |--*                                 |
      | AFL_R     AFL                                        |

      | F0004.4                                             Y0101.4 |
00034 *----| |-------------------------------------------------( )---* AUX. FUNC. LOCK LED.
      |  MAFL                                               AFL_L   | (选择辅助功能锁住有效指示)
```

/　在手动运行（JOG连续进给和手轮进给）中，通过手动绝对值信号来选择机床移动时是否将移动量叠
　　加在工件坐标系的当前位置上

/　当手动绝对值信号*ABSM< G6.2>为"0"时，手动绝对值功能有效（ON）

*　当手动绝对值信号*ABSM< G6.2>为"1"时，手动绝对值功无效（OFF）

```
      | X0101.5  R0022.3  K0002.7                            R0022.2 |
00035 *----| |-------|/|------| |-------------------------------( )---* ABSM SEL.
      |*ABSM_K  *ABSM_D  0_*ABSM                            *ABSM_R | (选择手动绝对)

      | X0101.5                                              R0022.3 |
00036 *----| |--------------------------------------------------( )---*
      |*ABSM_K                                              *ABSM_D |

      | R0022.2  G0006.2                                     G0006.2 |
00037 *----| |-------|/|--*-------------------------------------( )---* ABSM SIGNAL
      |*ABSM_R   *ABSM  |                                   *ABSM   | (手动绝对选择有效)
      | R0022.2  G0006.2 |            / 系统上电后，脉冲信号 1STCYC_R |
      *----|/|-------| |--*           < R1.0>置*ABSM(G6.2)为"1"      |
      |*ABSM_R   *ABSM  |                                            |
      | R0001.0         |            / 通过 K 参数 0_*ABSM< K2.7> 决定 |
      *----| |---------*              手动绝对键是否有效             |
      | 1ST. CYC_R                                                   |

      | F0004.2                                             Y0101.5 |
00038 *----| |-------------------------------------------------( )---* ABSM LED
      |  MABSM                                              *ABSM.L | (选择手动绝对有效指示)
```

/ 在加工开始之前，可以将相应的轴置于机床锁住状态执行自动运行，用以检查零件程序是否正确

/ 锁定信号MLK1-MLK4< G108.0～G108.3 >对应于各控制轴，信号后的数字与各控制轴号相对应。若该信号被置"1"，将相应的轴置于机床锁住状态，但该轴的位置状态仍然显示在变化

/ 注意：将换刀代码信号 F0010.6（M06）作为约束激活 Z 轴（立加）锁住的条件，以避免出现刀库在换刀过程中 Z 轴被锁住。因为一般在换刀宏程序中编有 Z 轴移动到换刀点的指令

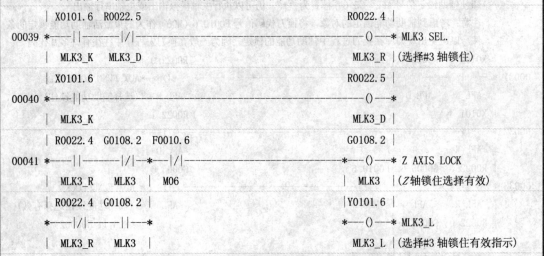

```
         | X0101.6   R0022.5                                    R0022.4 |
00039 *----| |---------|/|------------------------------------------( )---* MLK3 SEL.
         | MLK3_K    MLK3_D                                    MLK3_R  | (选择#3 轴锁住)

         | X0101.6                                             R0022.5 |
00040 *----| |-----------------------------------------------------( )---*
         | MLK3_K                                              MLK3_D  |

         | R0022.4   G0108.2   F0010.6                         G0108.2 |
00041 *----| |---------|/|---*----|/|-----------------------*---( )---* Z AXIS LOCK
         | MLK3_R    MLK3     M06                         | MLK3     | (Z 轴锁住选择有效)

         | R0022.4   G0108.2 |                             |Y0101.6 |
      *----|/|---------| |---*                             *---( )---* MLK3_L
         | MLK3_R    MLK3    |                             MLK3_L    | (选择#3 轴锁住有效指示)
```

/ 在存储器方式（MEM）、DNC 运行方式（RMT）或手动数据输入方式（MDI）下，自动运行信号 ST< G7.2 > 从"0"变"1"（上升沿），则 CNC 进入自动运行状态并开始执行零件加工程序

/ 在自动运行期间，当进给暂停信号*SP< G8.5 >由"1"变"0"或方式切换到手动运行方式时，则 CNC 进入进给暂停状态。如果*SP 信号一直处于"0"状态时，CNC 是不能执行循环启动的

/ 在自动运行期间，当执行单段运行程序段指令结束或 MDI 方式下程序指令执行结束时，则 CNC 进入运行停止状态

/ 在自动运行期间，当急停信号*ESP< G8.4 >置为"0"、外部复位信号 ERS< G8.7>置为"1"或复位< F1.1> 和倒回信号 RRW< G8.6 >置为"1"时，则 CNC 自动进入急停或复位状态并停止运行。CNC 运行状态如下

信号名称 运动状态	自动运行(OP) F0.7	循环启动(STL) F0.5	进给暂停(SPL) F0.4
循环启动状态	1	1	0
进给暂停状态	1	0	1
自动运动停止状态	1	0	0
急停或复位状态	0	0	0

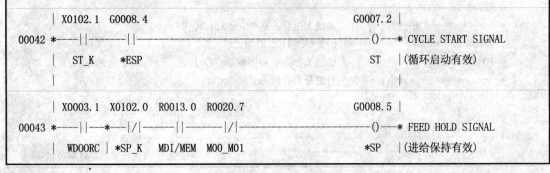

```
         | X0102.1   G0008.4                                   G0007.2 |
00042 *----| |---------| |------------------------------------------( )---* CYCLE START SIGNAL
         | ST_K      *ESP                                      ST      | (循环启动有效)
         |                                                             |

         | X0003.1   X0102.0   R0013.0   R0020.7               G0008.5 |
00043 *----| |---*----|/|--------| |--------|/|---------------------( )---* FEED HOLD SIGNAL
         | WDOORC   *SP_K     MDI/MEM   M00_M01            *SP        | (进给保持有效)
```

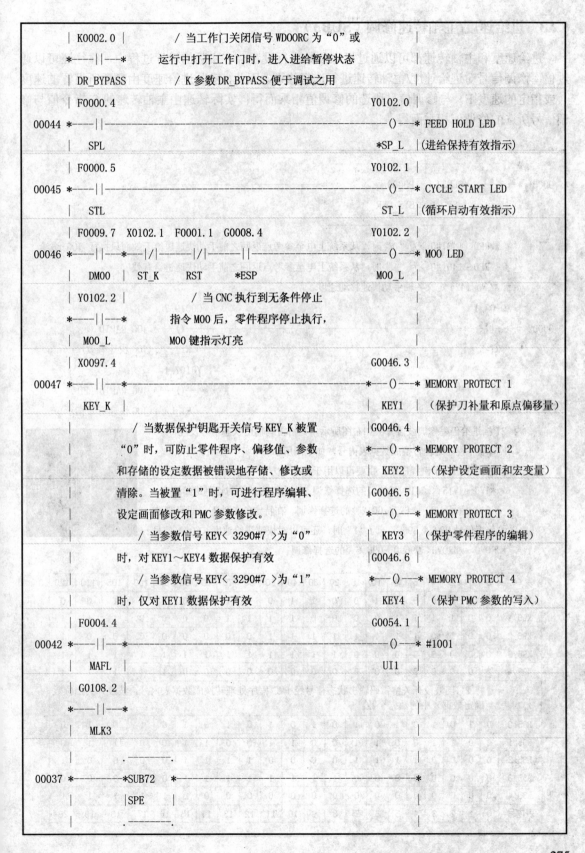

```
        | K0002.0 |            / 当工作门关闭信号 WDOORC 为 "0" 或          |
       *----||---*             运行中打开工作门时,进入进给暂停状态            |
        | DR_BYPASS            / K 参数 DR_BYPASS 便于调试之用               |

        | F0000.4                                          Y0102.0 |
00044  *----||----------------------------------------------()---* FEED HOLD LED
        | SPL                                              *SP_L  | (进给保持有效指示)

        | F0000.5                                          Y0102.1 |
00045  *----||----------------------------------------------()---* CYCLE START LED
        | STL                                              ST_L   | (循环启动有效指示)

        | F0009.7  X0102.1  F0001.1  G0008.4               Y0102.2 |
00046  *----||----*---|/|----|/|-----||------------------------()---* MOO LED
        | DMOO    | ST_K    RST     *ESP                   MOO_L  |

        | Y0102.2 |            / 当 CNC 执行到无条件停止                      |
       *----||---*             指令 MOO 后,零件程序停止执行,                  |
        | MOO_L                MOO 键指示灯亮                                |

        | X0097.4                                          G0046.3 |
00047  *----||----*                                     *----()---* MEMORY PROTECT 1
        | KEY_K   |                                     | KEY1    | (保护刀补量和原点偏移量)

        |          / 当数据保护钥匙开关信号 KEY_K 被置        |G0046.4 |
        |           "0" 时,可防止零件程序、偏移值、参数       *----()---* MEMORY PROTECT 2
        |           和存储的设定数据被错误地存储、修改或       | KEY2    | (保护设定画面和宏变量)
        |           清除。当被置 "1" 时,可进行程序编辑、      |G0046.5 |
        |           设定画面修改和 PMC 参数修改。            *----()---* MEMORY PROTECT 3
        |              / 当参数信号 KEY< 3290#7 >为 "0"      | KEY3    | (保护零件程序的编辑)
        |           时,对 KEY1~KEY4 数据保护有效             |G0046.6 |
        |              / 当参数信号 KEY< 3290#7 >为 "1"      *----()---* MEMORY PROTECT 4
        |           时,仅对 KEY1 数据保护有效                 KEY4    | (保护 PMC 参数的写入)

        | F0004.4                                          G0054.1 |
00042  *----||----*                                      -----()---* #1001
        | MAFL    |                                        UI1    |

        | G0108.2 |                                                |
       *----||---*                                                |
        | MLK3                                                    |

        |        .-------.                                        |
00037  *--------*SUB72  *                                       *
        |       |SPE    |                                        |
        |        .-------.                                        |
```

6.2.3 进给速度/主轴转速修调（SUB3）

进给速度和主轴转速都可以通过机床参数进行设置。在实际的运行过程中，往往还可以通过倍率修调信号对进给速度/主轴转速进行选择修调。因此，实际进给速度由参数所设置的速度（或指定的速度 F）与修调信号所选的修调值相乘而得；实际转速由主轴转速的 S 指令值与修调信号所选的修调值相乘而得。

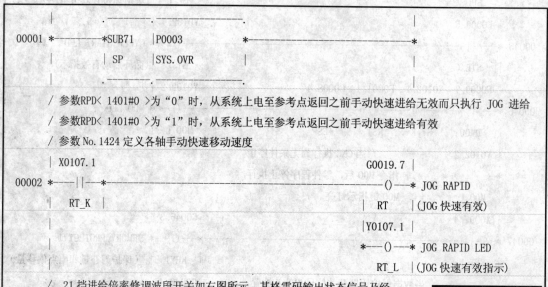

```
             |    .         .         .                      |
00001  *————*SUB71  |P0003          *————————————————————*
             |    SP    |SYS.OVR       |                      |
             |          |              .                      |

/ 参数RPD〈 1401#0 〉为"0"时，从系统上电至参考点返回之前手动快速进给无效而只执行 JOG 进给
/ 参数RPD〈 1401#0 〉为"1"时，从系统上电至参考点返回之前手动快速进给有效
/ 参数 No.1424 定义各轴手动快速移动速度

     | X0107.1                                         G0019.7 |
00002 *————||————*                                   ————()————*  JOG RAPID
     |  RT_K  |                                      |  RT    |(JOG 快速有效)
                                                     |Y0107.1 |
     |                                               *————()————*  JOG RAPID LED
                                                     RT_L    |(JOG 快速有效指示)
```

/ 21 挡进给倍率修调波段开关如右图所示。其格雷码输出状态信号及经
  PMC 顺序程序处理转换成数据表内号，如下图所示

/ 该开关在 PMC 示例程序中，主要可以用于在手动方式下对手动进给速度信
  号*JV0～JV15〈 G010～G011 〉的选择修调；在自动方式下对切削进给速度
  （G01）信号*FV0～*FV7〈 G012 〉的选择修调。在特定的条件下，即快速进
  给倍率信号 HROV〈 G96.7 〉为"1"时，还可以对快速进给速度（G00）信号
  *HROV0～*HROV6〈 G96.0～G96.6 〉的选择修调

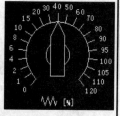

%	0	1	2	4	6	8	10	15	20	30	40	50	60	70	80	90	95	100	105	110	120
X96.0	0	1	1	0	0	1	1	0	0	1	1	0	0	1	1	0	0	1	1	0	0
X96.1	0	0	1	1	1	1	0	0	1	1	1	1	0	0	0	0	1	1	1	1	1
X96.2	0	0	0	0	1	1	1	1	1	1	0	0	0	0	1	1	1	1	1	1	1
X96.3	0	0	0	0	0	0	0	0	1	1	1	1	1	1	1	1	1	1	1	1	1
X96.4	0	0	0	0	0	0	0	0	0	0	0	0	1	1	1	1	1	1	1	1	1

将 21 挡波段开关格雷码输出状态信号经 PMC 程序处理转换成数据表内号。波段开关挡位数确定数据表中的数据个数

表	0	1	2	3	4	5	6	7	8	9	10	11	12	13	14	15	16	17	18	19	20
R35.0	0	1	0	1	0	1	0	1	0	1	0	1	0	1	0	1	0	1	0	1	0
R35.1	0	0	1	1	0	0	1	1	0	0	1	1	0	0	1	1	0	0	1	1	0
R35.2	0	0	0	0	1	1	1	1	0	0	0	0	1	1	1	1	0	0	0	0	1
R35.3	0	0	0	0	0	0	0	0	1	1	1	1	1	1	1	1	0	0	0	0	0
R35.4	0	0	0	0	0	0	0	0	0	0	0	0	0	0	0	0	1	1	1	1	1
表内号	0	1	2	3	4	5	6	7	8	9	10	11	12	13	14	15	16	17	18	19	20

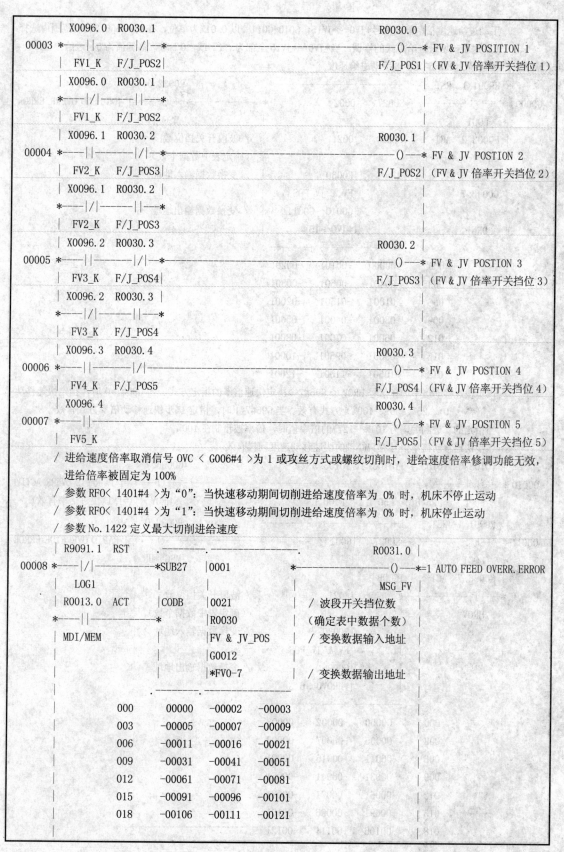

```
          | X0096.0   R0030.1                                              R0030.0 |
00003 *----| |--------|/|--*                                          ----( )---* FV & JV POSITION 1
          | FV1_K     F/J_POS2|                                       F/J_POS1|  (FV & JV 倍率开关挡位 1)
          | X0096.0   R0030.1 |                                               |
      *----|/|--------| |--*                                                  |
          | FV1_K     F/J_POS2                                                |
          | X0096.1   R0030.2                                              R0030.1 |
00004 *----| |--------|/|--*                                          ----( )---* FV & JV POSTION 2
          | FV2_K     F/J_POS3|                                       F/J_POS2|  (FV & JV 倍率开关挡位 2)
          | X0096.1   R0030.2 |                                               |
      *----|/|--------| |--*                                                  |
          | FV2_K     F/J_POS3                                                |
          | X0096.2   R0030.3                                              R0030.2 |
00005 *----| |--------|/|--*                                          ----( )---* FV & JV POSTION 3
          | FV3_K     F/J_POS4|                                       F/J_POS3|  (FV & JV 倍率开关挡位 3)
          | X0096.2   R0030.3 |                                               |
      *----|/|--------| |--*                                                  |
          | FV3_K     F/J_POS4                                                |
          | X0096.3   R0030.4                                              R0030.3 |
00006 *----| |--------|/|                                            ----( )---* FV & JV POSTION 4
          | FV4_K     F/J_POS5                                        F/J_POS4|  (FV & JV 倍率开关挡位 4)
          | X0096.4                                                       R0030.4 |
00007 *----| |-----------------------------------------------------  ----( )---* FV & JV POSTION 5
          | FV5_K                                                    F/J_POS5|  (FV & JV 倍率开关挡位 5)
```

/ 进给速度倍率取消信号 OVC < G006#4 > 为 1 或攻丝方式或螺纹切削时，进给速度倍率修调功能无效，进给倍率被固定为 100%

/ 参数 RFO< 1401#4 > 为 "0"：当快速移动期间切削进给速度倍率为 0% 时，机床不停止运动

/ 参数 RFO< 1401#4 > 为 "1"：当快速移动期间切削进给速度倍率为 0% 时，机床停止运动

/ 参数 No. 1422 定义最大切削进给速度

```
          | R9091.1  RST         .         .        .                   R0031.0 |
00008 *----|/|-----------*SUB27  |0001               *                ----( )---* =1 AUTO FEED OVERR. ERROR
          | LOG1          |       |          |         MSG_FV |
          | R0013.0  ACT  |CODB  |0021               |  / 波段开关挡位数
      *----| |---------*       |R0030              |   (确定表中数据个数)
          | MDI/MEM       |      |FV & JV POS       |  / 变换数据输入地址
          |               |      |G0012             |
          |               |      |*FV0-7            |  / 变换数据输出地址
          |               ._____.
          |         000     00000    -00002   -00003
          |         003    -00005    -00007   -00009
          |         006    -00011    -00016   -00021
          |         009    -00031    -00041   -00051
          |         012    -00061    -00071   -00081
          |         015    -00091    -00096   -00101
          |         018    -00106    -00111   -00121
          |
```

/ 手动进给速度倍率修调信号*JV0～*JV15< G010-G011 >以 0.01%为单位，在 0%～655.34%的范围内选择
　 JOG 进给或增量进给方式的修调。当*JV0～*JV15 全部为"1"或"0"时，修调值为 0，进给停止
/ 参数 No.1423 定义各轴手动进给速度

```
      | R9091.1  RST       .——————————.           R0032.0 |
00009 *————|/|————————*SUB27  |0002      *————————————————————()——*=1 JOG FEED OVERR. ERROR
      |  LOG1             |          |                  MSG_JV |
      | F0003.2  ACT      |CODB  0021                /波段开关挡位数
      *————||——*————————*      |                (确定表中数据个数)|
      |   MJ              |          R0030            /变换数据输入地址
      | G0046.7           |          FV & JV_POS      |
      *————||——*          |          G0010～G0011     /变换数据输出地址|
      |  DRN              |          *JV0～15          |
      |                    ——————————————————         |
      |              000    00000   -00101   -00201    |
      |              003   -00401   -00601   -00801    |
      |              006   -01001   -01501   -02001    |
      |              009   -03001   -04001   -05001    |
      |              012   -06001   -07001   -08001    |
      |              015   -09001   -09501   -10001    |
      |              018   -10501   -11001   -12001    |
```

/ 1%步快速移动倍率选择信号 HROV < G96#7 >决定快速倍率的指定方式。当 G96#7=0 时，指定快速移动
　 倍率（F0%、25%、50%、100%）方式有效。当 G96#7=1 时，指定 1%步快速移动倍率方式有效
/ 当指定的二进制编码为 101%～127%的倍率值时，倍率被箝制在 100%
/ 1%步快速移动倍率信号对 PMC 轴的快速移动速度同样有效

```
      | Y0103.0  Y0103.1  Y0103.2  Y0103.3              G0096.7 |
00010 *————|/|————|/|————|/|————|/|——————————————————()——* =1 1% RAPID OVERR. ACTIVI
      |  F0_L    F25_L   F50_L   F100_L                HROV  |(=1,1%快进倍率有效)
```

```
      | R9091.1  RST       .——————.——————————.         R0033.0 |
00011 *————|/|————————*SUB27  |0001      *————————————————()———*=1 RAPID OVERRIDE ERROR
      |  LOG1             |          |                  MSG_*HR |
      | G0096.7  ACT      |CODB  |                       |
      *————||——*————————*      |0021                /波段开关挡位数|
      |  HROV             |          |                (确定表中数据个数)|
      |                    |          R0030            /变换数据输入地址|
      |                    |          FV & JV_POS      |
      |                    |          G0096            /变换数据输出地址|
      |                    |          *HROV0～6         |
      |                    ——————————————————          |
      |              000    00000   -00002   -00003     |
      |              003   -00005   -00007   -00009     |
      |              006   -00011   -00016   -00021     |
      |              009   -00031   -00041   -00051     |
      |              012   -00061   -00071   -00081     |
      |              015   -00091   -00096   -00101     |
      |              018   -00106   -00111   -00121     |
```

```
     / 当 1%步快速移动倍率选择信号 HROV G96#7=0 时，快速移动倍率方式（F0%、25%、50%、100%）有效，
       通过标准机床控制面板四键（F0%~F100%）可以分别选择固定修调值，实现修调快速移动速度（G00）
        | X0103.0                                                    R0034.0 |
00012 *----| |---*---------------------------------------------------( )---*F0~F100 SEL.
        | F0_K |                                                   RT_KEY |（选择 F0~F100）
        | X0103.1 |                                                         |
      *----| |---*                                                         |
        | F25_K |                                                          |
        | X0103.2 |                                                         |
      *----| |---*                                                         |
        | F50_K |                                                          |
        | X0103.3 |                                                         |
      *----| |---*                                                         |
        | F100_K |                                                         |
        | F0004.5 |                                                         |
      *----| |---*                                                         |
        | MREF                                                             |
        | R0034.0  R0034.3  X0103.0                                  R0034.3 |
00013 *----| |---------|/|---------| |---*                      *----( )---*
        | RT_KEY    F0       F0_K |                                 | F0 |
        | R0034.0  R0034.3          |                               |Y0103.0 |
      *----|/|---------| |---------------*                      *---( )---* F0 LED
        | RT_KEY    F0              |                               F0_L  |（F0 选择有效指示）
        | R0034.0  R0034.4  X0103.1                                  R0034.4 |
00014 *----| |---------|/|---------| |---*                      *----( )---*
        | RT_KEY    F25      F25_K |                                 | F25 |
        | R0034.0  R0034.4          |                               |Y0103.1 |
      *----|/|---------| |---------------*                      *---( )---* F25 LED
        | RT_KEY    F25             |                               F25_L |（F25 选择有效指示）
        | F0004.5  K0003.1          |         / 当选择回参考点方式时，指定以
      *----| |---------|/|---------*        F25%（K3.1=0）或 F50%（K3.1=1）       |
        | MREF     =1_F50                    速度移向回零挡块处                |
        | R0034.0  R0034.5  X0103.2                                  R0034.5 |
00015 *----| |---------|/|---------| |---*                      *----( )---*
        | RT_KEY    F50      F50_K |                                 | F50 |
        | R0034.0  R0034.5          |                               |Y0103.2 |
      *----|/|---------| |---------------*                      *---( )---* F50 LED
        | RT_KEY    F50             |                               F50_L |（F50 选择有效指示）
        | F0004.5  K0003.1          |                                        |
      *----| |---------| |---------*                                        |
        | MREF     =1_F50                                                   |
```

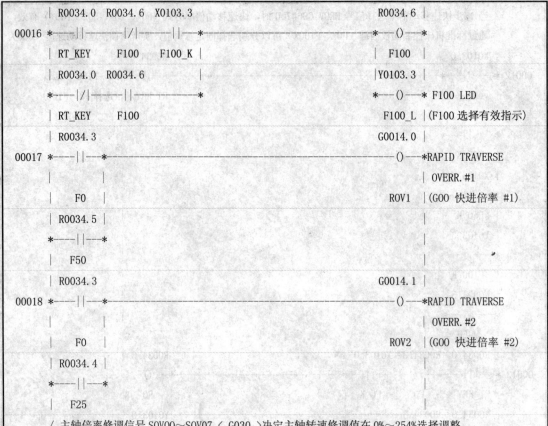

```
       | R0034.0   R0034.6   X0103.3                             R0034.6  |
00016 *──┤├────────┤/├──────┤├──*                          *──(  )──*
       | RT_KEY     F100     F100_K |                          | F100    |
       | R0034.0   R0034.6          |                          |Y0103.3  |
       *──┤/├────────┤├──────────*                          *──(  )──* F100 LED
       | RT_KEY     F100            |                          F100_L  |(F100 选择有效指示)
       | R0034.3                                              G0014.0  |
00017 *──┤├──*                                             ─────────(  )──*RAPID TRAVERSE
       |        |                                              | OVERR. #1
       |  F0   |                                              ROV1   |(G00 快进倍率 #1)
       | R0034.5 |                                              |
       *──┤├──*                                                |
       |  F50  |                                              |
       | R0034.3 |                                              G0014.1  |
00018 *──┤├──*                                             ─────────(  )──*RAPID TRAVERSE
       |        |                                              | OVERR. #2
       |  F0   |                                              ROV2   |(G00 快进倍率 #2)
       | R0034.4 |                                              |
       *──┤├──*                                                |
       |  F25  |                                              |
```

/ 主轴倍率修调信号 SOV00~SOV07 < G030 >决定主轴转速修调值在 0%~254%选择调整

/ 参数 TSO< 3708#6 >为"0"：在攻丝循环（M 系列：G84，G74；T 系列：G84，G88）和螺纹切削（M 系列：G33；T 系列：G32，G92，G76）时，主轴转速修调功能无效（相当于 100%）。反之，修调功能有效

/ 8 挡波段开关如下图所示。

其格雷码输出状态信号及经 PMC 程序处理转换成数据表内号如左图所示

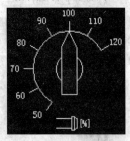

表内号数据	%	50	60	70	80	90	100	110	120
格雷码输出	X96.6	0	1	1	0	0	1	1	0
	X96.7	0	0	1	1	1	1	0	0
	X97.0	0	0	0	0	1	1	1	1

将 8 挡波段开关格雷码输出状态信号经 PMC 程序处理转换成数据表内号。波段开关挡位数确定数据表中的数据个数

变换数据	R35.0	0	1	0	1	0	1	0	1
输入地址	R35.1	0	0	1	1	0	0	1	1
	R35.2	0	0	0	0	1	1	1	1
表内号		0	1	2	3	4	5	6	7

```
       | X0096.6   R0035.1                                     R0035.0  |
00019 *──┤├──────┤/├──*                          ────────────(  )──* SP.OVERRIDE POS.1
       | SOV1_K   SOV_POS2|                          SOV_POS1 |(主轴倍率开关挡位 1)
       | X0096.6   R0035.1 |                          |
       *──┤/├──────┤├──*                          |
       | SOV1_K   SOV_POS2                          |
```

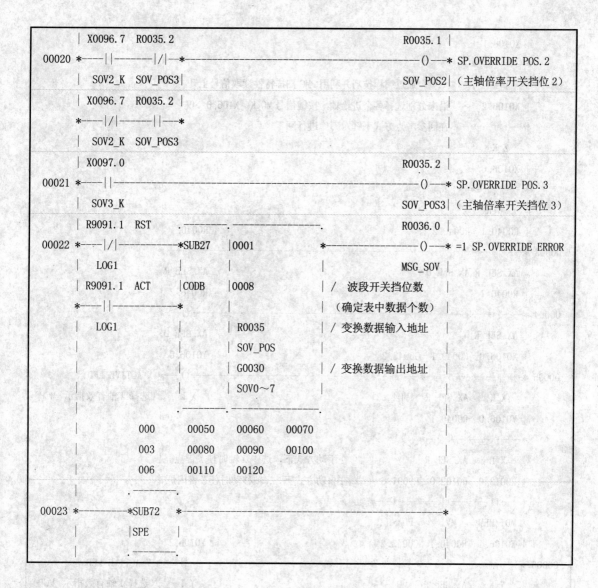

```
      | X0096.7  R0035.2                              R0035.1 |
00020 *----||--------|/|--*----------------------------------()--* SP.OVERRIDE POS.2
      | SOV2_K  SOV_POS3|                           SOV_POS2|（主轴倍率开关挡位2）
      | X0096.7  R0035.2 |                                   |
      *----|/|--------||--*                                   |
      | SOV2_K  SOV_POS3                                      |
      | X0097.0                                       R0035.2 |
00021 *----||----------------------------------------------()--* SP.OVERRIDE POS.3
      | SOV3_K                                        SOV_POS3|（主轴倍率开关挡位3）
      | R9091.1  RST    .--------.        .              R0036.0 |
00022 *----|/|--------*SUB27  |0001    *-----------------()--* =1 SP.OVERRIDE ERROR
      | LOG1          |        |        |              MSG_SOV |
      | R9091.1  ACT  |CODB   |0008    | /  波段开关挡位数      |
      *----||--------*       |        | （确定表中数据个数）   |
      | LOG1          |       |R0035   | /  变换数据输入地址    |
      |               |       |SOV_POS |                      |
      |               |       |G0030   | /  变换数据输出地址    |
      |               |       |SOV0～7 |                      |
      |               .-------.--------.                      |
      |         000    00050   00060   00070                  |
      |         003    00080   00090   00100                  |
      |         006    00110   00120                          |
      |               .--------.                              |
00023 *---------*SUB72  *-----------------------------------------*
      |         |SPE  |                                       |
      |         .------.                                       |
```

6.2.4 进给轴控制（SUB4）

在手动方式或回参考点方式下对进给轴正/负向移动进行控制（手脉方式除外）。一般的数控机床都要求开机后对各轴执行一次回参考点，建立机床的零点。如果带绝对值编码器的进给轴就可以避免每次开机后回参考点。

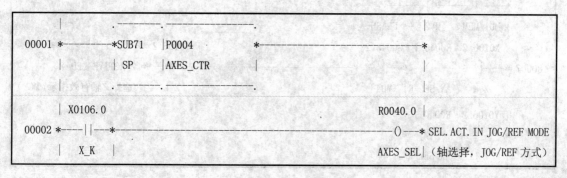

```
      |            .--------.--------.                        |
00001 *---------*SUB71  |P0004    *---------------------------*
      |         | SP    |AXES_CTR |                          |
      |         .--------.--------.                           |
      | X0106.0                                       R0040.0 |
00002 *----||--*------------------------------------------()--* SEL.ACT.IN JOG/REF MODE
      | X_K    |                                      AXES_SEL|（轴选择，JOG/REF方式）
```

```
        | X0106.1 |                                                              |
       *——||——*                                                                |
        |  Y_K   |          / 通过编程技巧并利用 PMC 扫描特性读取信号上升       |
        | X0106.2 |          沿来分别选择各个进给轴，按键信号 MG_K< X106.6 >仅    |
       *——||——*            在回参考点方式下针对刀库进行回零                    |
        |  Z_K   |                                                              |
        | X0106.6 |                                                              |
       *——||——*                                                                |
        |  MG_K  |                                                              |
        | R0040.1  R0040.2 |                                          R0040.1 |
00003  *——||————|/|——————————————————————————————()——*
        | AX.SEL_R AX.SLE_D|                                          AX.SLE_R|
        | R0040.1 |                                                  R0040.2 |
00004  *——||———————————————————————————————————————()——*
        | AX.SEL_R|                                                  AX.SLE_D|
        | X0106.0  R0040.1  G0043.2 |                              Y0106.0 |
00005  *——||————||——*——||——*———————————————————()——* X ACTIVE LED
        |  X_K    AX.SEL_R|  MD4  |                      X_L  |（选择 X 轴有效指示，MCP）
        | Y0106.0 R0040.1 |        |                                      |
       *——||———————|/|——*        |                                       |
        |  X_L    AX.SEL_R |       / 在手动方式下，选中 X 轴时使 X 键点亮|
        | R0013.0  F0102.0  R9091.6 | / 在自动方式下，X 轴移动时使 X 键闪烁|
       *——||————||——————||——*                                       |
        | MDI/MEM   MV1     FLASH  |                                     |
        | X0106.1  R0040.1  G0043.2 |                              Y0106.1 |
00006  *——||————||——*——||——*———————————————————()——* Y ACTIVE LED
        |  Y_K    AX.SEL_R|  MD4  |                      Y_L  |（选择 Y 轴有效指示，MCP）
        | Y0106.1 R0040.1 |        |                                      |
       *——||———————|/|——*        |                                       |
        |  Y_L    AX.SEL_R |                                             |
        | R0013.0  F0102.1  R9091.6 |                                     |
       *——||————||——————||——*                                       |
        | MDI/MEM   MV2     FLASH  |                                     |
        | X0106.2  R0040.1  G0043.2 |                              Y0106.2 |
00007  *——||————||——*——||——*———————————————————()——* Z ACTIVE LED
        |  Z_K    AX.SEL_R|  MD4  |                      Z_L  |（选择 Z 轴有效指示，MCP）
        | Y0106.2 R0040.1 |        |                                      |
       *——||.———————|/|——*        |                                       |
        |  Z_L    AX.SEL_R |                                             |
```

```
              | R0013.0   F0102.2   R9091.6 |
         *────┤├─────────┤├───────┤├────────*                                              |
              |  MDI/MEM    MV3      FLASH  |

              | X0106.6   R0040.1   G0043.2   G0043.7                              Y0106.6 |
00008    *────┤├─────────┤├──────*──┤├───────┤├──────────────────────────────────────( )──*  #6 KEY ACTIVE LED
              |  MG_K     AX.SEL_R|   MD4       ZRN                                    MG_L |（选择#6键有效指示,MCP）

              | Y0106.6   R0040.1 |              / 在回参考点方式下选中第六
         *────┤├─────────┤/├─────*                轴时，该轴（作刀库）键点亮                    |
              |  MG_L     AX.SEL_R
```

/ 参数 ZMLx< 1006#5 >为"0"，各轴按正方向返回参考点。反之，各轴按负方向返回参考点

/ 参数 No.1425 定义各轴返回参考点 FL 速度

/ 参数 No.1850 定义各轴参考点栅格偏移量

```
              | X0107.0   Y0106.0   X0009.0   G0043.7   G0008.4   F0001.1      R0041.0 |
00009    *────┤├─────────┤├────────┤├──────*──┤├────────┤├───────┤/├────────────( )──*  X AXIS ZERO RETURN
              | +DIR_K     X_L      X_DEC  |   ZRN       *ESP      RST          X_ZRN |（X轴返回参考点）

              | R0041.0   F0094.0          |
         *────┤├─────────┤/├──────────────*                                              |
              |  X_ZRN     ZP1

              | X0107.0   Y0106.1   X0009.1   G0043.7   G0008.4   F0001.1      R0041.1 |
00010    *────┤├─────────┤├────────┤├──────*──┤├────────┤├───────┤/├────────────( )──*  Y AXIS ZERO RETURN
              | +DIR_K     Y_L      Y_DEC  |   ZRN       *ESP      RST          Y_ZRN |（Y轴返回参考点）

              | R0041.1   F0094.1          |
         *────┤├─────────┤/├──────────────*                                              |
              |  Y_ZRN     ZP2

              | X0107.0   Y0106.2   X0009.2   G0043.7   G0008.4   F0001.1      R0041.2 |
00011    *────┤├─────────┤├────────┤├──────*──┤├────────┤├───────┤/├────────────( )──*  Z AXIS ZERO RETURN
              | +DIR_K     Z_L      Z_DEC  |   ZRN       *ESP      RST          Z_ZRN |（Z轴返回参考点）

              | R0041.2   F0094.2          |
         *────┤├─────────┤/├──────────────*                                              |
              |  Z_ZRN     ZP3

              | R0013.1   X0107.0   Y0106.0   G0102.0                           G0100.0 |
00012    *────┤├─────────┤├────────┤├──────*──┤/├─────────────────────────────────( )──*  FEED AXIS #1 POS.DIR
              | JOG/HAND  +DIR_K     X_L    |   -J1                                +J1  |（#1 进给轴正方向信号）

              | R0041.0   F0120.2          |
         *────┤├─────────┤├──────────────*                                               |
              |  X_ZRN     ZRF3

              | R0013.1   X0107.2   Y0106.0   G0100.0                           G0102.0 |
00013    *────┤├─────────┤├────────┤├──────*──┤/├─────────────────────────────────( )──*  FEED AXIS #1 NEG.DIR.
              | JOG/HAND  -DIR_K     X_L    |   +J1                                -J1  |（#1 进给轴负方向信号）
```

```
          | R0013.1   X0107.0   Y0106.1   G0102.1                        G0100.1 |
00014 *----| |--------| |--------| |---*---|/|--------------------------()---* FEED AXIS #2 POS. DIR.
          | JOG/HAND  +DIR_K    Y_L   |  -J2                             +J2   | (#2进给轴正方向信号)
          | R0041.1   F0120.2         |                                        |
          *----| |--------| |---------*                                        |
          | Y_ZRN     ZRF3                                                     |
          | R0013.1   X0107.2   Y0106.1   G0100.1                        G0102.1 |
00015 *----| |--------| |--------| |---------|/|----------------------------()---* FEED AXIS #2 NEG. DIR.
          | JOG/HAND  -DIR_K    Y_L        +J2                           -J2   | (#2进给轴负方向信号)
          | R0013.1   X0107.0   Y0106.2   G0102.2                        G0100.2 |
00016 *----| |--------| |--------| |---*---|/|----------------------------()---* FEED AXIS #3 POS. DIR
          | JOG/HAND  +DIR_K    Z_L   |  -J3                             +J3   | (#3进给轴正方向信号)
          | R0041.2                   |                                        |
          *----| |---------------------*                                       |
          | Z_ZRN                                                              |
          | R0013.1   X0107.2   Y0106.2   G0100.2                        G0102.2 |
00017 *----| |--------| |--------| |---------|/|----------------------------()---* FEED AXIS #3 NEG. DIR.
          | JOG/HAND  -DIR_K    Z_L        +J3                           -J3   | (#3进给轴负方向信号)
          | G0100.0                                                      Y0107.0 |
00018 *----| |---*--------------------------------------------------------()---* POS. DIR.KEY LED
          | +J1  |                                                       +DIR_L | (正向键指示, MCP)
          | G0100.1 |                                                          |
          *----| |---*                        / 在手动/回参考点方式下,进         |
          | +J2  |                            给轴朝正方向移动时使正向键点亮       |
          | G0100.2 |                                                          |
          *----| |---*                                                         |
          | +J3  |                                                             |
          | G0100.3 |                                                          |
          *----| |---*                                                         |
          | +J4  |                                                             |
          | G0102.0                                                      Y0107.2 |
00019 *----| |---*--------------------------------------------------------()---* NEG. DIR.KEY LED
          | -J1  |                                                       -DIR_L | (负向键指示, MCP)
          | G0102.1 |                                                          |
          *----| |---*                        / 在手动/回参考点方式下,进         |
          | -J2  |                            给轴朝负方向移动时使负向键点亮       |
          | G0102.2 |                                                          |
          *----| |---*                                                         |
          | -J3  |                                                             |
```

```
        | G0102.3 |                                              |
        *----||---*                                              |
        |   -J4   |                                              |
        |         . . . .                                        |
00020 *-----------*SUB72  *------------------------------------*
        |         |SPE  |                                        |
        |         . . . .                                        |
```

6.2.5 手轮控制（SUB5）

手摇脉冲发生器广泛应用于数控机床，在实际使用过程中给操作者带来许多方便。手脉手持单元除手脉外还带有轴选择开关、进给脉冲当量选择开关等，使操作者操作更灵活、更方便。

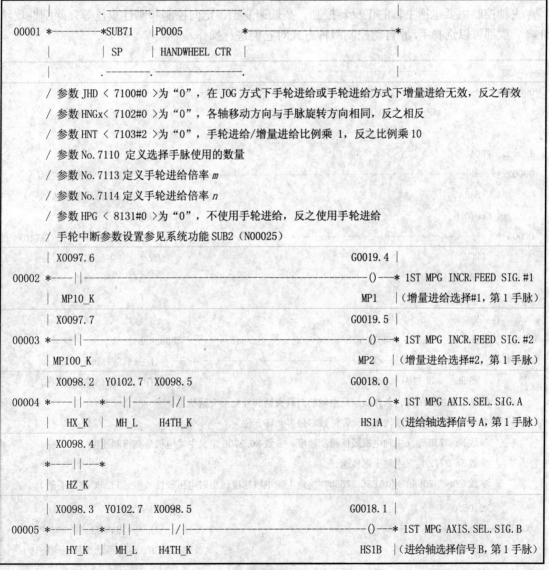

```
        |           . . . . . .                                 |
00001 *-----------*SUB71 |P0005    *-----------------------*
        |          | SP  | HANDWHEEL CTR |                      |
        |           . . . . . .                                 |
```

/ 参数 JHD < 7100#0 > 为"0"，在 JOG 方式下手轮进给或手轮进给方式下增量进给无效，反之有效

/ 参数 HNGx < 7102#0 > 为"0"，各轴移动方向与手脉旋转方向相同，反之相反

/ 参数 HNT < 7103#2 > 为"0"，手轮进给/增量进给比例乘 1，反之比例乘 10

/ 参数 No.7110 定义选择手脉使用的数量

/ 参数 No.7113 定义手轮进给倍率 m

/ 参数 No.7114 定义手轮进给倍率 n

/ 参数 HPG < 8131#0 > 为"0"，不使用手轮进给，反之使用手轮进给

/ 手轮中断参数设置参见系统功能 SUB2（N00025）

```
        | X0097.6                              G0019.4 |
00002 *-----||---------------------------------------()---* 1ST MPG INCR.FEED SIG. #1
        | MP10_K                               MP1    |（增量进给选择#1，第1手脉）

        | X0097.7                              G0019.5 |
00003 *-----||---------------------------------------()---* 1ST MPG INCR.FEED SIG. #2
        | MP100_K                              MP2    |（增量进给选择#2，第1手脉）

        | X0098.2  Y0102.7  X0098.5            G0018.0 |
00004 *-----||---*---||-------|/|----------------------()---* 1ST MPG AXIS.SEL.SIG. A
        | HX_K  | MH_L    H4TH_K                HS1A   |（进给轴选择信号A，第1手脉）
        | X0098.4 |                                    |
        *-----||---*                                    |
        | HZ_K                                         |

        | X0098.3  Y0102.7  X0098.5            G0018.1 |
00005 *-----||---*---||-------|/|----------------------()---* 1ST MPG AXIS.SEL.SIG. B
        | HY_K  | MH_L    H4TH_K                HS1B   |（进给轴选择信号B，第1手脉）
```

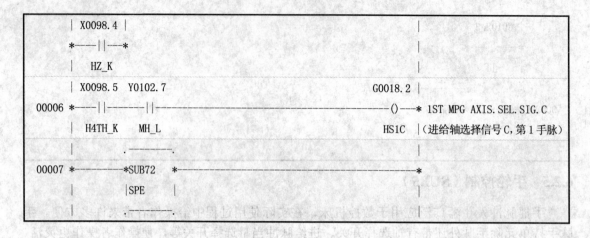

```
           | X0098.4 |                                          |
        *——||——*                                               |
           |   HZ_K  |                                          |
           | X0098.5  Y0102.7                         G0018.2 |
00006   *——||———————||—————————————————————————————()——* 1ST MPG AXIS.SEL.SIG.C
           | H4TH_K    MH_L                           HS1C |（进给轴选择信号C，第1手脉）
           |              .————————.                        |
00007   *————————*SUB72  *————————————————————————————————*
           |           |SPE     |                          |
           |           .————————.                          |
```

6.2.6 主轴控制（SUB6）

主轴控制主要包括主轴的正反转控制、高低速变挡、定向控制和刚性攻丝等。除刚性攻丝外，一般都可以选择手动/自动控制两种方式对它们进行操作。

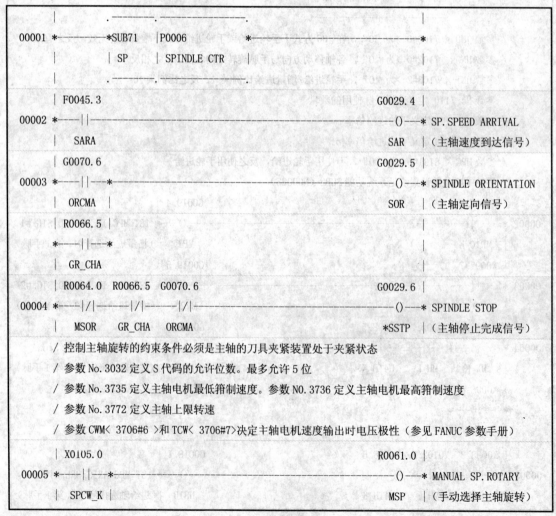

```
           |          .———————.  .—————————————.                    |
00001   *————————*SUB71 |P0006           *————————————*         *
           |         | SP   | SPINDLE CTR  |                        |
           |          .———————.  .—————————————.                    |
           | F0045.3 |                                     G0029.4 |
00002   *——||————————————————————————————————————————()——* SP.SPEED ARRIVAL
           | SARA    |                                      SAR   |（主轴速度到达信号）
           | G0070.6 |                                     G0029.5 |
00003   *——||——*———————————————————————————————————————()——* SPINDLE ORIENTATION
           | ORCMA   |                                      SOR   |（主轴定向信号）
           | R0066.5 |                                              |
        *——||——*                                                   |
           | GR_CHA  |                                              |
           | R0064.0  R0066.5  G0070.6                     G0029.6 |
00004   *——|/|—————|/|————|/|————————————————————————————()——* SPINDLE STOP
           | MSOR     GR_CHA   ORCMA                      *SSTP |（主轴停止完成信号）
       / 控制主轴旋转的约束条件必须是主轴的刀具夹紧装置处于夹紧状态
       / 参数 No.3032 定义 S 代码的允许位数。最多允许 5 位
       / 参数 No.3735 定义主轴电机最低箝制速度。参数 NO.3736 定义主轴电机最高箝制速度
       / 参数 No.3772 定义主轴上限转速
       / 参数 CWM< 3706#6 >和 TCW< 3706#7>决定主轴电机速度输出时电压极性（参见 FANUC 参数手册）
           | X0105.0 |                                     R0061.0 |
00005   *——||——*                                                  ()——* MANUAL SP.ROTARY
           | SPCW_K  |                                      MSP   |（手动选择主轴旋转）
```

286

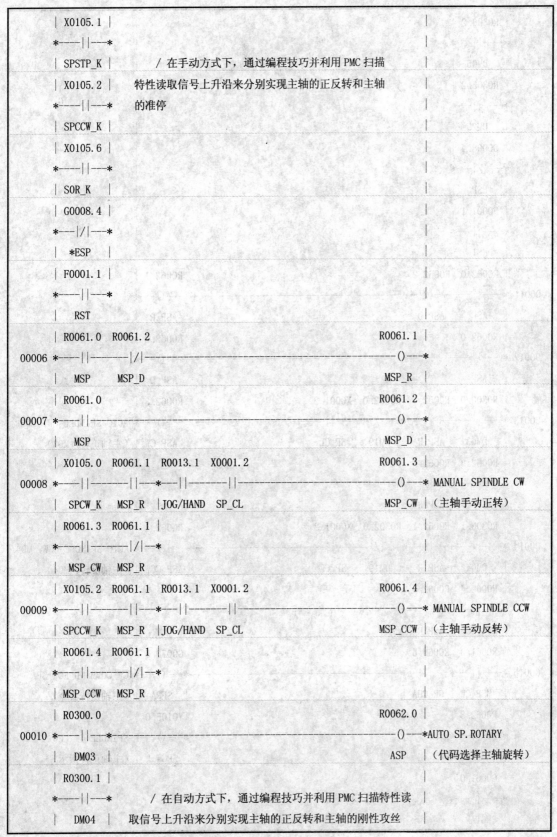

```
     | X0105.1 |                                                            |
    *-----||---*                                                            |
     | SPSTP_K |           / 在手动方式下，通过编程技巧并利用 PMC 扫描       |
     | X0105.2 |        特性读取信号上升沿来分别实现主轴的正反转和主轴       |
    *-----||---*         的准停                                             |
     | SPCCW_K |                                                            |
     | X0105.6 |                                                            |
    *-----||---*                                                            |
     |  SOR_K  |                                                            |
     | G0008.4 |                                                            |
    *---|/|---*                                                             |
     |  *ESP   |                                                            |
     | F0001.1 |                                                            |
    *-----||---*                                                            |
     |   RST   |                                                            |
     | R0061.0  R0061.2                                        R0061.1 |
00006 *-----||--------|/|-----------------------------------------()---*
     |   MSP     MSP_D                                          MSP_R  |
     | R0061.0                                                  R0061.2 |
00007 *-----||-----------------------------------------------------()---*
     |   MSP                                                    MSP_D  |
     | X0105.0  R0061.1  R0013.1  X0001.2                      R0061.3 |
00008 *-----||-------||---*---||---------||---------------------()---* MANUAL SPINDLE CW
     | SPCW_K   MSP_R  |JOG/HAND  SP_CL                         MSP_CW | (主轴手动正转)
     | R0061.3  R0061.1 |                                              |
    *-----||---------|/|--*                                            |
     | MSP_CW   MSP_R                                                  |
     | X0105.2  R0061.1  R0013.1  X0001.2                      R0061.4 |
00009 *-----||-------||---*---||---------||---------------------()---* MANUAL SPINDLE CCW
     | SPCCW_K  MSP_R  |JOG/HAND  SP_CL                         MSP_CCW | (主轴手动反转)
     | R0061.4  R0061.1 |                                              |
    *-----||---------|/|--*                                            |
     | MSP_CCW  MSP_R                                                  |
     | R0300.0                                                 R0062.0 |
00010 *-----||---*-------------------------------------------------()---*AUTO SP.ROTARY
     |  DM03   |                                                ASP    | (代码选择主轴旋转)
     | R0300.1 |                                                        |
    *-----||---*          / 在自动方式下，通过编程技巧并利用 PMC 扫描特性读 |
     |  DM04   |        取信号上升沿来分别实现主轴的正反转和主轴的刚性攻丝  |
```

```
              |  R0300.2  |                                          |
              *———| |———*                                           |
              |  DM05     |                                          |
              |  R0303.2  |                                          |
              *———| |———*                                           |
              |  DM29     |                                          |
              |  G0008.4  |                                          |
              *———|/|———*                                           |
              |  *ESP     |                                          |
              |  F0001.1  |                                          |
              *———| |———*                                           |
              |  RST      |                                          |
              |  R0062.0  R0062.2                          R0062.1  |
00011  *———| |———————|/|—————————————————————————————————( )——*
              |  ASP     ASP_D                             ASP_R   |
              |  R0062.0                                   R0062.2  |
00012  *———| |—————————————————————————————————————————( )——*
              |  ASP                                       ASP_D   |
              |  R0300.0  R0062.1  R0302.0  X0001.2        R0062.3  |
00013  *———| |—————| |——*———|/|————| |——————————————( )——*  AUTO SPINDLE CW, M03
              |  DM03    ASP_R  |  DM19   SP_CL           ASP_CW  |  (主轴正转,M03)
              |  R0062.3  R0062.1 |                                |
              *———| |————|/|——*                                   |
              |  ASP_CW   ASP_R                                    |
              |  R0300.1  R0062.1  R0302.0  X0001.2        R0062.4  |
00014  *———| |—————| |——*———|/|————| |——————————————( )——*  AUTO SPINDLE CCW, M04
              |  DM04    ASP_R  |  DM19   SP_CL           ASP_CCW |  (主轴反转,M04)
              |  R0062.4  R0062.1 |                                |
              *———| |————|/|——*                                   |
              |  ASP_CCW  ASP_R                                    |
              |  R0061.3  R0066.5                          G0070.5  |
00015  *———| |——*———|/|——*                              *——( )——*  CW COMMAND FOR SP.
              |  MSP_CW   GR_CHA  |                       |  SFRA  |  (主轴正转命令)
              |  R0062.3  |       |                       | Y0105.0 |
              *———| |——*  |                               *——( )——*  SPINDLE CW LED
              |  ASP_CW   |       |                       |  SPCW_L |  (主轴正转指示)
              |  G0061.0  |       |                       |         |
              *———| |——*  |                               |         |
              |  RGTAP    |       |                       |         |
```

288

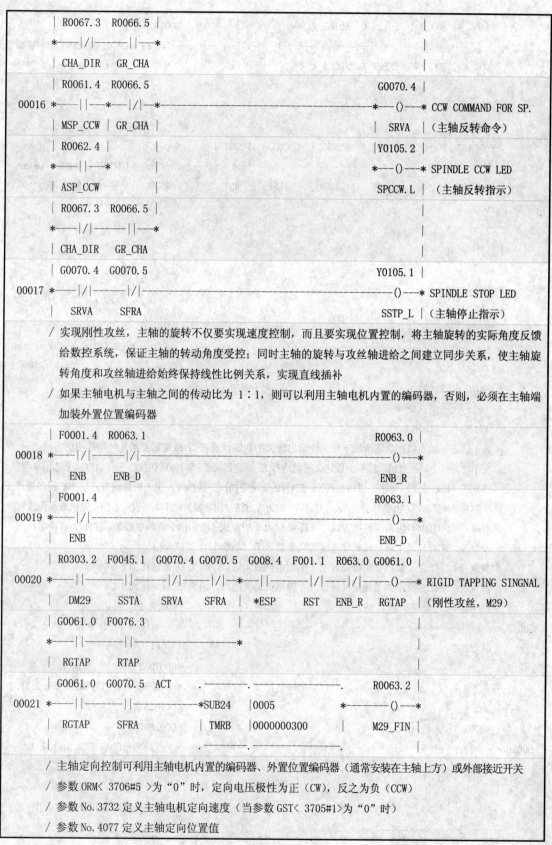

```
        | R0067.3  R0066.5 |                                        |
        *————|/|————||—*                                           |
        | CHA_DIR   GR_CHA |                                        |
        | R0061.4  R0066.5 |                          G0070.4 |
00016 *————||——*————|/|—*————————————————————————*———()———* CCW COMMAND FOR SP.
        | MSP_CCW   GR_CHA |                        | SRVA   | (主轴反转命令)
        | R0062.4 |        |                        |Y0105.2 |
        *————||——*        |                        *———()———* SPINDLE CCW LED
        | ASP_CCW |        |                         SPCCW.L | (主轴反转指示)
        | R0067.3  R0066.5 |                                 |
        *————|/|————||—*                                    |
        | CHA_DIR   GR_CHA                                   |
        | G0070.4  G0070.5 |                          Y0105.1 |
00017 *————|/|————|/|————————————————————————————————()———* SPINDLE STOP LED
        | SRVA     SFRA                               SSTP_L | (主轴停止指示)
```

/ 实现刚性攻丝, 主轴的旋转不仅要实现速度控制, 而且要实现位置控制, 将主轴旋转的实际角度反馈给数控系统, 保证主轴的转动角度受控; 同时主轴的旋转与攻丝轴进给之间建立同步关系, 使主轴旋转角度和攻丝轴进给始终保持线性比例关系, 实现直线插补

/ 如果主轴电机与主轴之间的传动比为 1:1, 则可以利用主轴电机内置的编码器, 否则, 必须在主轴端加装外置位置编码器

```
        | F0001.4  R0063.1 |                          R0063.0 |
00018 *————|/|————|/|————————————————————————————————()———*
        | ENB      ENB_D                               ENB_R |
        | F0001.4 |                                    R0063.1 |
00019 *————|/|——————————————————————————————————————()———*
        | ENB                                          ENB_D |
        | R0303.2 F0045.1 G0070.4 G0070.5 G008.4 F001.1 R63.0 G0061.0 |
00020 *————||————||————|/|————|/|—*————||————|/|————|/|————()———* RIGID TAPPING SINGNAL
        | DM29    SSTA    SRVA    SFRA   *ESP   RST    ENB_R  RGTAP | (刚性攻丝, M29)
        | G0061.0 F0076.3 |                                    |
        *————||————||——————————————*                          |
        | RGTAP   RTAP                                         |
        | G0061.0 G0070.5 ACT  .————————.              R0063.2 |
00021 *————||————||——*SUB24 |0005      *————()———*
        | RGTAP   SFRA      | TMRB |0000000300  |  M29_FIN |
        |                    .————————————.              |
```

/ 主轴定向控制可利用主轴电机内置的编码器、外置位置编码器 (通常安装在主轴上方) 或外部接近开关

/ 参数 ORM< 3706#5 >为 "0" 时, 定向电压极性为正 (CW), 反之为负 (CCW)

/ 参数 No.3732 定义主轴电机定向速度 (当参数 GST< 3705#1>为 "0" 时)

/ 参数 No.4077 定义主轴定向位置值

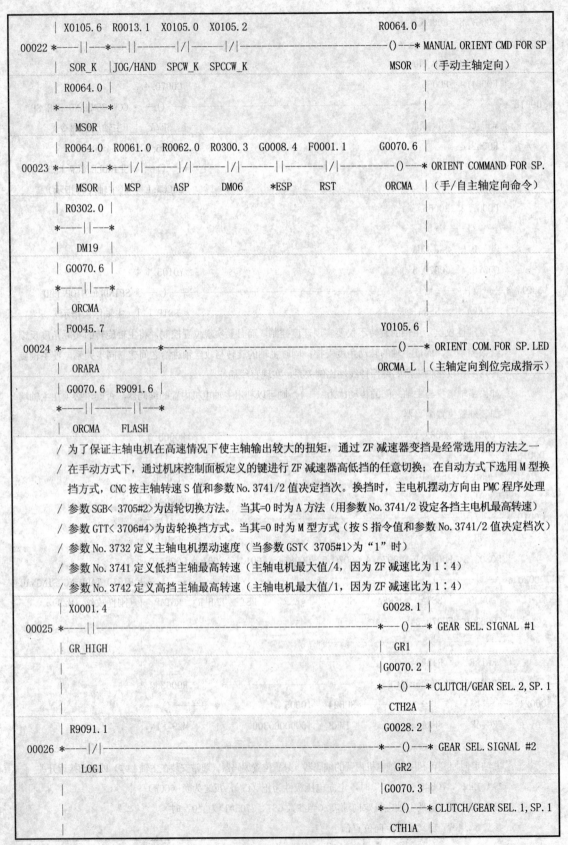

```
          | X0105.6  R0013.1   X0105.0    X0105.2                           R0064.0 |
00022 *——| |——*——| |———————|/|—————|/|—————————————————————————————()———* MANUAL ORIENT CMD FOR SP
          | SOR_K    |JOG/HAND  SPCW_K    SPCCW_K                          MSOR    | （手动主轴定向）
          | R0064.0 |                                                              |
        *——| |——*                                                                 |
          | MSOR  |                                                                |

          | R0064.0  R0061.0  R0062.0   R0300.3   G0008.4  F0001.1       G0070.6 |
00023 *——| |——*——|/|———————|/|————————|/|—————————| |—————————|/|—————————()———* ORIENT COMMAND FOR SP.
          | MSOR  |  MSP      ASP        DM06      *ESP      RST          ORCMA   | （手/自主轴定向命令）
          | R0302.0 |                                                            |
        *——| |——*                                                               |
          |  DM19 |                                                             |
          | G0070.6 |                                                            |
        *——| |——*                                                               |
          | ORCMA |                                                             |

          | F0045.7                                                     Y0105.6 |
00024 *——| |——————————————————*—————————————————————————————————————————()———* ORIENT COM. FOR SP.LED
          | ORARA            |                                          ORCMA_L | （主轴定向到位完成指示）
          | G0070.6  R9091.6 |                                                  |
        *——| |———————| |——*                                                     |
          | ORCMA    FLASH                                                     |
```

/ 为了保证主轴电机在高速情况下使主轴输出较大的扭矩，通过 ZF 减速器变挡是经常选用的方法之一
/ 在手动方式下，通过机床控制面板定义的键进行 ZF 减速器高低挡的任意切换；在自动方式下选用 M 型换
  挡方式，CNC 按主轴转速 S 值和参数 No.3741/2 值决定挡次。换挡时，主电机摆动方向由 PMC 程序处理
/ 参数 SGB< 3705#2>为齿轮切换方法。当其=0 时为 A 方法（用参数 No.3741/2 设定各挡主电机最高转速）
/ 参数 GTT< 3706#4>为齿轮换挡方式。当其=0 时为 M 型方式（按 S 指令值和参数 No.3741/2 值决定档次）
/ 参数 No.3732 定义主轴电机摆动速度（当参数 GST< 3705#1>为 "1" 时）
/ 参数 No.3741 定义低挡主轴最高转速（主轴电机最大值/4，因为 ZF 减速比为 1∶4）
/ 参数 No.3742 定义高挡主轴最高转速（主轴电机最大值/1，因为 ZF 减速比为 1∶4）

```
          | X0001.4                                                     G0028.1 |
00025 *——| |——————————————————————————————————————————————————*———()———* GEAR SEL.SIGNAL #1
          | GR_HIGH                                            |   GR1     |
          |                                                    |G0070.2 |
          |                                                  *——()———* CLUTCH/GEAR SEL.2,SP.1
          |                                                    CTH2A   |

          | R9091.1                                                     G0028.2 |
00026 *——|/|——————————————————————————————————————————————————*———()———* GEAR SEL.SIGNAL #2
          | LOG1                                               |   GR2     |
          |                                                    |G0070.3 |
          |                                                  *——()———* CLUTCH/GEAR SEL.1,SP.1
          |                                                    CTH1A   |
```

```
        | X0105.4   R0013.1      X0001.2                        R0065.0  |
00027 *----| |----*----| |---------| |--------------------------( )----*  MANUAL GEAR CHANGE.
        | LGR_K   |JOG/HAND    SP_CL                           MGR_CHA |  (选择手动变挡)
        | X0105.5 |
      *----| |----*
        | HGR_K
        | R0065.0   R0065.2                                     R0065.1  |
00028 *----| |---------|/|-----------------------------------------( )----*
        | MGR_CHA  MGR_CH_D                                    MGR_CH_R |
        | R0065.0                                               R0065.2  |
00029 *----| |-----------------------------------------------------( )----*
        | MGR_CHA                                              MGR_CH_D |
        | X0105.4   R0065.1   F0001.1   R0065.5                 R0065.3  |
00030 *----| |---------| |----*---|/|-------|/|--------------------( )----* MANUAL GEAR CHANGE LOW
        | LGR_K    MGR_CH_R| RST     GRL_DLAY                  MGR_CHAL |  (手动变挡，低挡)
        | R0065.3   R0065.1 |                                          |
      *----| |---------|/|--*                                          |
        | MGR_CHAL MGR_CH_R                                            |
        | X0105.5   R0065.1   F0001.1   R0065.6                 R0065.4  |
00031 *----| |---------| |----*---|/|-------|/|--------------------( )----* MANUAL GEAR CHANGE HIGH
        | HGR_K    MGR_CH_R| RST     GRH_DLAY                  MGR_CHAH |  (手动变挡，高挡)
        | R0065.4   R0065.1 |                                          |
      *----| |---------|/|--*                                          |
        | MGR_CHAH MGR_CH_R                                            |
        | X0001.3    ACT  .--------------------.                R0065.5  |
00032 *----| |--------*SUB3  |0007            *----------------------( )----* DELAY, GR. LOW TO POS.
        | GR_LOW        | TMR   |             |                 GRL_DLAY|  (低挡位信号到位后延时)
        |               .--------------------.
        | X0001.4    ACT  .--------------------.                R0065.6  |
00033 *----| |--------*SUB3  |0008            *----------------------( )----* DELAY, GR. HIGH TO POS.
        | GR_HIGH       | TMR   |             |                 GRH_DLAY|  (高挡位信号到位后延时)
        |               .--------------------.
        | F0034.0   X0001.3   F0007.2   X0001.2                 R0066.0  |
00034 *----| |---------|/|--*--| |---------| |--------------------( )----* AUTO GEAR CHANGE
        | GR10     GR_LOW | SF       SP_CL                      AGR_CHA |  (主轴S值选择变挡)
        | F0034.1   X0001.4 |                                          |
      *----| |---------|/|--*                                          |
        | GR20     GR_HIGH                                             |
        | R0066.0   R0066.2                                     R0066.1  |
00035 *----| |---------|/|-----------------------------------------( )----*
        | AGR_CHA  AGR_CH_D                                    AGR_CH_R |
```

```
         | R0066.0                                            R0066.2 |
00036 *----| |--------------------------------------------------( )---*
         | AGR_CHA                                             AGR_CH_D|

         | F0034.0  R0066.1  F0001.1  R0065.5                  R0066.3 |
00037 *----| |--------| |---*---|/|-------|/|--------------------( )---* AUTO GEAR CHANGE LOW
         |  GR10    AGR_CH_R|  RST   GRL_DLAY                  AGR_CHAL| (自动变挡,低挡)
         | R0066.3  R0066.1 |                                         |
      *----| |--------|/|--*                                          |
         | AGR_CHAL AGR_CH_R                                          |

         | F0034.1  R0066.1  F0001.1  R0065.6                  R0066.4 |
00038 *----| |--------| |---*---|/|-------|/|--------------------( )---* AUTO GEAR CHANGE HIGH
         |  GR20    AGR_CH_R|  RST   GRH_DLAY                  AGR_CHAH| (自动变挡,高挡)
         | R0066.4  R0066.1 |                                         |
      *----| |--------|/|--*                                          |
         | AGR_CHAH AGR_CH_R                                          |

         | R0065.3                                             R0066.5 |
00039 *----| |--*------------------------------------------------( )---* GEAR CHANGE ACTIVE
         | MGR_CHAL|                                           GR_CHA | (手动/自动变挡有效)
         | R0065.4 |                                                  |
      *----| |--*                                                     |
         | MGR_CHAH|                                                  |
         | R0066.3 |                                                  |
      *----| |--*                                                     |
         | AGR_CHAL|                                                  |
         | R0066.4 |                                                  |
      *----| |--*                                                     |
         | AGR_CHAH                                                   |

         | F0045.1      ACT .-------------------------.        R0067.0 |
00040 *----| |----------*SUB24   |0006                *--------------( )---* SP. ZERO SPEED DELAY
         | SSTA             | TMRB | 0000001000       |        SSTA_DLY| (主轴零速信号延时)
         |                  .-------------------------.                |

         | R0066.5  R0067.2    ACT .-------------------------.  R0067.1 |
00041 *----| |-------|/|---*SUB24   |0007                *--------( )---* GEAR CHA.CW/CCW DIR.
         | GR_CHA  GR_DIR_D|  TMRB  |0000001500        |         GR_CHDIR| (换挡过程主轴摆动方向)
         |                  .-------------------------.                 |

         | R0067.1                                            R0067.2 |
00042 *----| |--------------------------------------------------( )---*
         | GR_CHDIR                                            GR_DIR_D|

         | R0067.1  R0067.3  R0066.5                          R0067.3 |
00043 *----| |-------|/|--*----| |--------------------------------( )---* GR. EXCHA. DIR. SEL.
         | GR_CHDIR CHA_DIR | GR_CHA                          CHA_DIR |
```

292

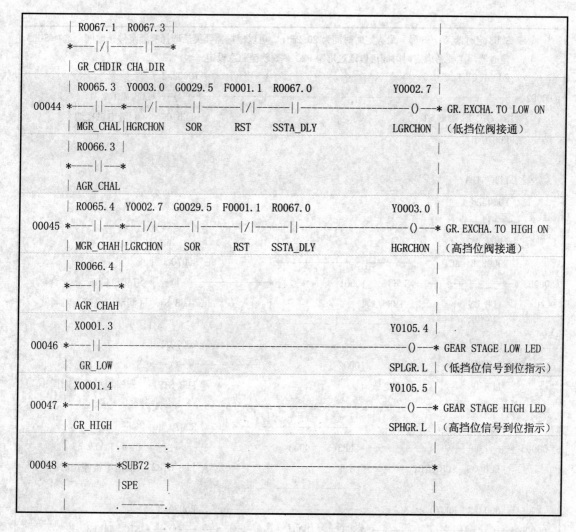

```
          | R0067.1  R0067.3 |                                          |
          *——|/|————||——*                                             |
          | GR_CHDIR CHA_DIR |                                          |
          | R0065.3  Y0003.0  G0029.5  F0001.1  R0067.0        Y0002.7 |
00044 *———||——*———|/|————||————|/|————||————————————————————()——* GR. EXCHA. TO LOW ON
          | MGR_CHAL|HGRCHON    SOR      RST     SSTA_DLY      LGRCHON | （低挡位阀接通）
          | R0066.3 |                                                  |
          *———||——*                                                   |
          | AGR_CHAL |                                                 |
          | R0065.4  Y0002.7  G0029.5  F0001.1  R0067.0        Y0003.0 |
00045 *———||——*———|/|————||————|/|————||————————————————————()——* GR. EXCHA. TO HIGH ON
          | MGR_CHAH|LGRCHON    SOR      RST     SSTA_DLY      HGRCHON | （高挡位阀接通）
          | R0066.4 |                                                  |
          *———||——*                                                   |
          | AGR_CHAH |                                                 |
          | X0001.3                                            Y0105.4 |
00046 *———||————————————————————————————————————————————————()——* GEAR STAGE LOW LED
          | GR_LOW                                            SPLGR. L | （低挡位信号到位指示）
          | X0001.4                                            Y0105.5 |
00047 *———||————————————————————————————————————————————————()——* GEAR STAGE HIGH LED
          | GR_HIGH                                           SPHGR. L | （高挡位信号到位指示）
          |              .————————.                                    |
00048 *————————*SUB72   *————————————————————————————————————————————*
          |            |SPE                                            |
          |              .———————.                                     |
```

6.2.7　辅助电机控制（SUB7）

除伺服电机和主轴电机之外的一般电机（润滑、油泵、冷却和排屑等）的程序控制都编制在子程序 7 中。在此顺序程序示例中仅以润滑泵的启动/停止为例。

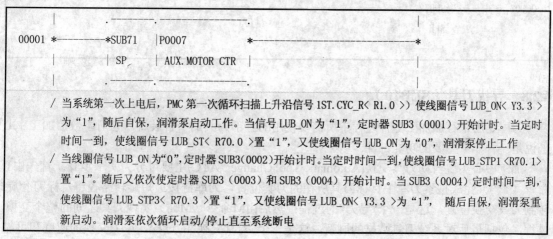

```
          |              .————————.   .————————————————.               |
00001 *————————*SUB71   |P0007          *————————————————————————————*
          |            | SP          | AUX.MOTOR CTR   |               |
          |              .————————.   .————————————————.               |
```

/ 当系统第一次上电后，PMC 第一次循环扫描上升沿信号 1ST. CYC_R〈 R1.0 〉）使线圈信号 LUB_ON〈 Y3.3 〉为 "1"，随后自保，润滑泵启动工作。当信号 LUB_ON 为 "1"，定时器 SUB3（0001）开始计时。当定时时间一到，使线圈信号 LUB_ST〈 R70.0 〉置 "1"，又使线圈信号 LUB_ON 为 "0"，润滑泵停止工作

/ 当线圈信号 LUB_ON 为 "0"，定时器 SUB3（0002）开始计时。当定时时间一到，使线圈信号 LUB_STP1〈R70.1〉置 "1"。随后又依次使定时器 SUB3（0003）和 SUB3（0004）开始计时。当 SUB3（0004）定时时间一到，使线圈信号 LUB_STP3〈 R70.3 〉置 "1"，又使线圈信号 LUB_ON〈 Y3.3 〉为 "1"，随后自保，润滑泵重新启动。润滑泵依次循环启动/停止直至系统断电

```
  / SUB3 定时器（1～8 号）最大定时时间为 26.2min。可以根据需要灵活选择润滑泵停止时间。选择 SUB3
    定时器，主要考虑定时时间可以通过屏幕 PMC 参数软键随意设定
        | R0001.0  R0070.0                              Y0003.3 |
00002 *----||---*----|/|--------------------------------()---*LUB.MOTOR ON
        |1ST.CYC_R| LUB_ST                               LUB_ON |（润滑电机接通）
        | R0070.3 |                                             |
       *----||---*                                             |
        | LUB_STP3|                                            |
        | Y0003.3 |                                            |
       *----||---*                                            |
        | LUB_ON                                               |
        | Y0003.3  ACT     .--------.--------.        R0070.0 |
00003 *----||-----------*SUB3    |0001    *---------------()---* START TIME
        | LUB_ON           | TMR  |        |        LUB_ST |（润滑电机接通时间）
        |                  .--------.                       |
        | Y0003.3  ACT     .--------.--------.        R0070.1 |
00004 *----|/|-----------*SUB3    |0002    *---------------()---* STOP TIME1
        | LUB_ON           | TMR  |        |        LUB_STP1|（润滑电机停止时间1）
        |                  .--------.                       |
        | Y0003.3  R0070.1  ACT   .-------.-------.   R0070.2 |
00005 *----|/|-----||-----------*SUB3  |0003   *--------()---* STOP TIME2
        | LUB_ON  LUB_STP1        | TMR |       | LUB_STP2|（润滑电机停止时间2）
        |                         .-------.               |
        | Y0003.3  R0070.2  ACT   .-------.-------.   R0070.3 |
00006 *----|/|-----||-----------*SUB3  |0004   *--------()---* STOP TIME3
        | LUB_ON  LUB_STP2        | TMR |       | LUB_STP3|（润滑电机停止时间3）
        |                         .-------.-------.       |
        |                    .-------.                    |
00007 *----*SUB72   |                                     |
        |        |SPE  |                                  |
        |        .-------.                                |
```

6.2.8　寻找刀具（SUB10）

刀库是用来存放加工零件过程中所需要使用的全部刀具的一种装置。它对于数控加工中心来说是一种非常重要的功能部件。

加工中心实现自动刀具交换(Automatic Tool Changer ,ATC)主要可分为两个步骤：首先由T命令（T码）完成搜索刀库中目标刀具所在的刀套位置，刀库链按最短旋转路径将目标刀套旋转到刀具交换位置，这是一个"寻刀"的过程；然后由M命令（M06）实现刀具之间的整个交换过程，包括最后对系统刀具数据的刷新，这是一个"刀具交换"的过程。ATC交换的速度和可靠

294

性已成为衡量加工中心性能的一个重要指标。

按刀具交换的存取方式，通常可以分为随机存取刀具和固定存取刀具两种。

(1) 每次刀具交换后，刀具所对应刀库中的刀套位不会发生改变，定义的刀具号始终与刀套号一一对应，这种方式称为固定存取刀具。如不带机械手的斗笠式刀库通常采用固定存取刀具方式，控制程序相对简单。

(2) 每次刀具交换后，刀具所对应刀库中的刀套位可能会发生变化而不固定，这种方式称为随机存取刀具。如带机械手的盘式刀库通常采用随机存取刀具方式，机械手每步换刀动作的可靠性和安全性都要求较高，控制程序相对比较复杂。由于随机存取刀具刀只对刀具进行编码而不对刀套进行编码，所以刀具号可以随意定义，但必须唯一。

按刀具直径的大小可以分为大刀和小刀。一般当刀具直径大于等于相邻二刀套中心距时称为大刀，反之称为小刀。为了防止刀库中刀具之间的相互干涉，放置大刀的刀套与其两个相邻刀套就必须为空刀位，不能放置刀具。在对刀库内刀套不划分大小刀区域的情况下进行随机存取刀具，PMC顺序程序控制是非常复杂的。因此，在通常情况下可以考虑将刀库内刀套划分大小刀区域来进行大小刀管理。这样，就严格意义上的随机换刀而言，在示例中对盘式刀库的刀具交换实际上只是在同一大刀区域或同一小刀区域内进行随机换刀的。

按刀具之间交换分类可以分为特例刀具、同类刀具和异类刀具三种类型。

(1) 特例刀具交换。将目标刀具（小刀或大刀）直接交换到主轴位置上（主轴上无刀）或通过 T0M06 程序指令将主轴上的当前刀具（小刀或大刀）直接放回到刀库中相应的刀具区域，特例刀具交换和对刀具表数据刷新一次完成。

(2) 同类刀具交换。将目标刀具和当前刀具（均为小刀或均为大刀）在刀库的同一刀具区域之间一次完成随机存取刀具和对刀具表数据进行刷新。

(3) 异类刀具交换——将目标小刀与主轴上当前大刀或目标大刀与主轴上当前小刀在不同刀具区域之间的交换。如果按刀库内刀套划分大小刀区域来进行大小刀管理，必须要通过机械手的二次交换和刀具表数据的二次刷新来完成对异类刀具交换。

示例中，按刀库内刀套划分大小刀区域来进行大小刀管理。因此，对异类刀具交换首先将主轴上当前刀具放回到刀库的同一刀具区域，并对刀具表进行数据刷新；然后再将目标刀具交换到主轴上，并再次对刀具表进行数据刷新。简言之，就是经过类似二次特例刀具交换来完成异类刀具交换。

示例中，盘式刀库的"寻刀"和"刀具交换"控制流程如图 6-3 所示。盘式刀库的 I/O 信号地址如表 6-2 所列。

表 6-2 盘式刀库的 I/O 地址

输入地址/符号	含 义		输出地址/符号	含 义
X2.0/ LOC_DOWN		倒刀	Y0.0/ MG_CW	刀库链正转
X2.1/ LOC_UP	刀套	回刀	Y0.1/ MG_CCW	刀库链反转
X2.2/ LOC_COUN		计数	Y0.2/ GRIP_ON	机械手 ON
X2.3/ GRIP_STP		停止确认	Y0.3/ LOC_DWON	倒刀汽缸 ON
X2.4/ GRIP_CUT	机械手	扣刀到位	Y0.4/ LOC_UPON	回刀汽缸 ON
X2.5/ GRIP_OR		原位到位		
X2.6/ MG_REF	刀库回参考点			

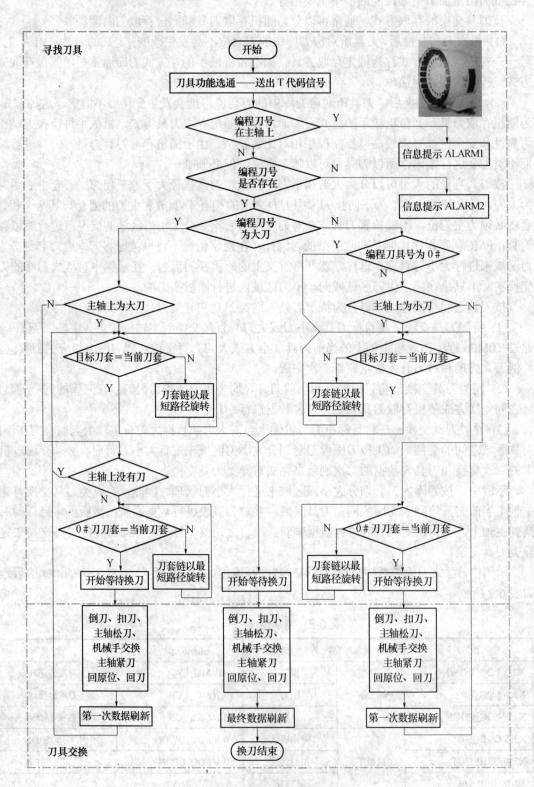

图 6-3 盘式刀库随机换刀控制流程图

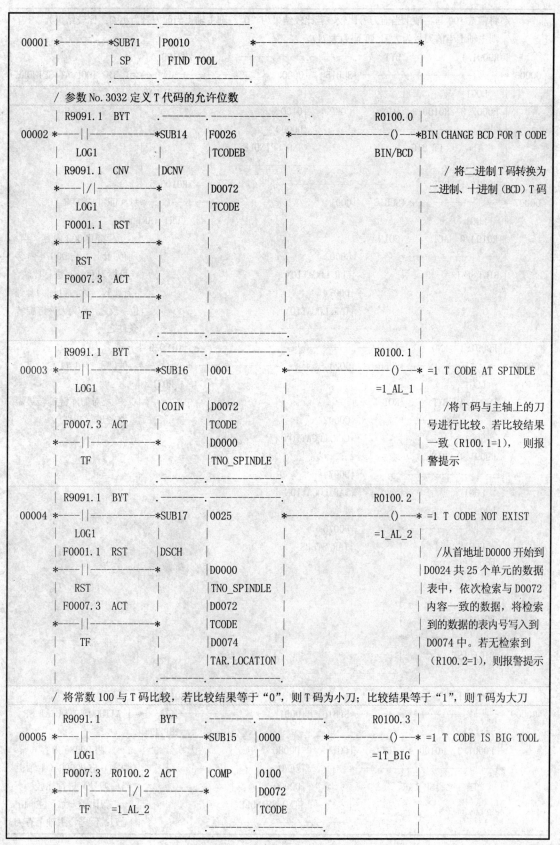

```
              |         .————————.————————————.                                  |
00001 *————————*SUB71   |P0010     |           *——————————————————————————*       |
              |  SP     | FIND TOOL|           |                          |       |
              |         .————————.————————————.                                  |
```

/ 参数 No.3032 定义 T 代码的允许位数

```
       | R9091.1    BYT    .————————.————————————.              R0100.0 |
00002 *————||————————————*SUB14  |F0026     |           *——————————————()———*BIN CHANGE BCD FOR T CODE
       |  LOG1          |        |TCODEB    |                      BIN/BCD
       | R9091.1  CNV   |DCNV    |          |                          / 将二进制 T 码转换为
      *————|/|————————*        |D0072     |                            二进制、十进制（BCD）T 码
       |  LOG1          |        |TCODE     |
       | F0001.1  RST   |        |          |
      *————||————————*          |
       |  RST           |        |
       | F0007.3  ACT   |        |
      *————||————————*          |
       |  TF            |        |
       |                |        .————————.————————————.
```

```
       | R9091.1    BYT    .————————.————————————.              R0100.1 |
00003 *————||————————————*SUB16  |0001      |           *——————————————()———* =1 T CODE AT SPINDLE
       |  LOG1          |        |          |                      =1_AL_1 |
       |                |COIN    |D0072     |                          /将 T 码与主轴上的刀
       | F0007.3  ACT   |        |TCODE     |                          号进行比较。若比较结果
      *————||————————*          |D0000     |                          一致（R100.1=1），则报
       |  TF            |        |TNO_SPINDLE|                        警提示
       |                |        .————————.————————————.
```

```
       | R9091.1    BYT    .————————.————————————.              R0100.2 |
00004 *————||————————————*SUB17  |0025      |           *——————————————()———* =1 T CODE NOT EXIST
       |  LOG1          |        |          |                      =1_AL_2 |
       | F0001.1  RST   |DSCH    |          |                          /从首地址 D0000 开始到
      *————||————————*          |D0000     |                          |D0024 共 25 个单元的数据
       |  RST           |        |TNO_SPINDLE|                        |表中，依次检索与 D0072
       | F0007.3  ACT   |        |D0072     |                          |内容一致的数据，将检索
      *————||————————*          |TCODE     |                          |到的数据的表内号写入到
       |  TF            |        |D0074     |                          |D0074 中。若无检索到
       |                |        |TAR.LOCATION|                       |（R100.2=1），则报警提示
       |                |        .————————.————————————.
```

/ 将常数 100 与 T 码比较，若比较结果等于"0"，则 T 码为小刀；比较结果等于"1"，则 T 码为大刀

```
       | R9091.1        BYT    .————————.————————————.          R0100.3 |
00005 *————||————————————————*SUB15  |0000      |           *——————————————()———* =1 T CODE IS BIG TOOL
       |  LOG1          |        |          |                      =1T_BIG |
       | F0007.3 R0100.2 ACT   |COMP    |0100      |
      *————||———————|/|————————*        |D0072     |
       |  TF      =1_AL_2      |        |TCODE     |
       |                        |        .————————.————————————.
```

/ 将常数 100 与主轴上当前刀号比较，若比较结果为 "0"，则主轴上当前刀号为小刀；比较结果为 "1"，
则主轴上当前刀号为大刀（T 码为大刀）

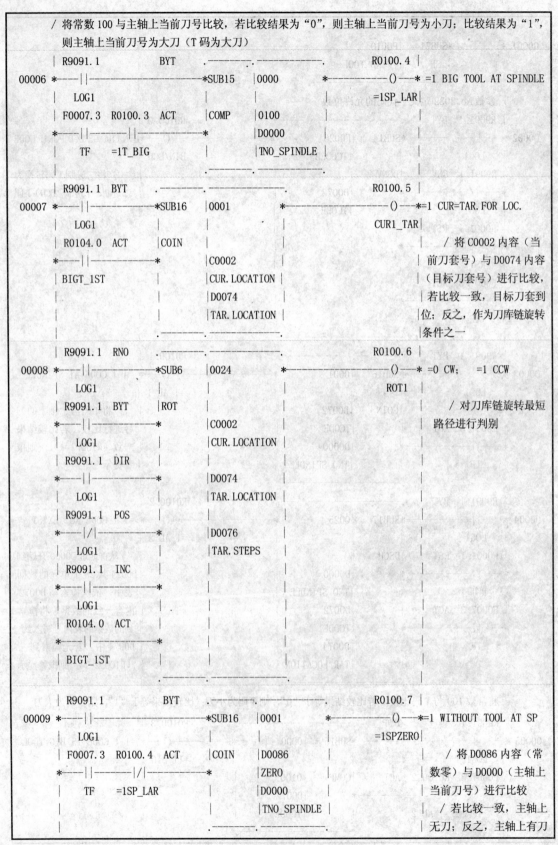

```
        | R9091.1            BYT     .————.   .————.        R0100.4 |
00006 *————||——————————*SUB15 |0000   *———————————()———* =1 BIG TOOL AT SPINDLE
        | LOG1                       |       |       |              |=1SP_LAR|
        | F0007.3  R0100.3  ACT      |COMP   |0100   |              |        |
        *————||——————||——————*       |       |D0000  |              |        |
        |  TF     =1T_BIG            |       |TNO_SPINDLE|          |        |
        |                            .————.   .————.               |        |
```

```
        | R9091.1  BYT    .————.   .————.                R0100.5 |
00007 *————||——————*SUB16 |0001   *———————————()———*=1 CUR=TAR. FOR LOC.
        | LOG1           |       |       |                 CUR1_TAR|
        | R0104.0  ACT   |COIN   |       |                  / 将 C0002 内容（当
        *————||——————*    |C0002  |                        |前刀套号）与 D0074 内容
        | BIGT_1ST       |CUR. LOCATION |                  |（目标刀套号）进行比较，
        |               |D0074  |                         |若比较一致，目标刀套到
        |               |TAR. LOCATION |                  |位；反之，作为刀库链旋转
        |               .————.   .————.                   |条件之一
```

```
        | R9091.1  RNO    .————.   .————.                R0100.6 |
00008 *————||——————*SUB6  |0024   *———————————()———* =0 CW；   =1 CCW
        | LOG1           |       |       |                 ROT1   |
        | R9091.1  BYT  |ROT    |       |                  / 对刀库链旋转最短
        *————||——————*    |C0002  |                        |路径进行判别
        | LOG1           |CUR. LOCATION |
        | R9091.1  DIR  |       |
        *————||——————*    |D0074  |
        | LOG1           |TAR. LOCATION |
        | R9091.1  POS  |       |
        *————|/|——————*    |D0076  |
        | LOG1           |TAR. STEPS |
        | R9091.1  INC  |       |
        *————||——————*    |       |
        | LOG1           |       |
        | R0104.0  ACT  |       |
        *————||——————*    |       |
        | BIGT_1ST       |       |
        |               .————.   .————.
```

```
        | R9091.1            BYT     .————.   .————.        R0100.7 |
00009 *————||——————————*SUB16 |0001   *———————————()———*=1 WITHOUT TOOL AT SP
        | LOG1                       |       |       |              |=1SPZERO|
        | F0007.3  R0100.4  ACT      |COIN   |D0086  |              | / 将 D0086 内容（常
        *————||——————|/|——————*       |       |ZERO   |              |数零）与 D0000（主轴上
        |  TF     =1SP_LAR          |       |D0000  |              |当前刀号）进行比较
        |                            |       |TNO_SPINDLE|          | / 若比较一致，主轴上
        |                            .————.   .————.               |无刀；反之，主轴上有刀
```

```
      | R9091.1  BYT          .————————————.                    R0101.3 |
00010 *————||——————————*SUB17  |0025              *————————————()—*=1 WITHOUT #0 TOOL IN LOC
      | LOG1            |       |                  |              =1 AL_3 |
      | F0001.1  RST    |DSCH   |D0000             |              /从首地址 D0000 开始到
      *————||——————————*        |TNO_SPINDLE       |              |D0024 共 25 个单元的数据
      | RST             |       |D0086             |              |表中，依次检索与 D0086
      | F0007.3  ACT    |       |ZERO              |              |内容一致的数据，将检索
      *————||——————————*        |D0078             |              |到的数据的表内号写入到
      | TF              |       |EMPTY LOCATION    |              |D0078 中。若无检索到
      |                 .       .————————————.                  |（R101.3），则报警提示

      | R9091.1  BYT          .————————————.                    R0101.5 |
00011 *————||——————————*SUB16  |0001              *————————————()——*
      | LOG1            |       |                  |              CUR2_EMP|  / 将 C0002 内容（当
      | R0104.1  ACT    |COIN   |C0002             |              |前刀套号）与 D0078 内容
      *————||——————————*        |CUR. LOCATION     |              |（0# 刀具所在的刀套）进
      | BIGT_2          |       |D0078             |              |行比较
      |                 |       |EMPTY LOCATION    |              |
      |                 .       .————————————.

      | R9091.1  RNO          .————————————.                    R0101.6 |
00012 *————||——————————*SUB6   |0024              *————————————()——* =0 CW;   =1 CCW
      | LOG1            |       |                  |              ROT2    |
      | R9091.1  BYT    |ROT    |                  |              / 对刀库链旋转最短
      *————||——————————*        |C0002             |              路径进行判别
      | LOG1            |       |CUR. LOCATION     |              |
      | R9091.1  DIR    |       |D0078             |              |
      *————||——————————*        |EMPTY LOCATION    |              |
      | LOG1            |       |D0076             |              |
      | R9091.1  POS    |       |TAR. STEPS        |              |
      *————|/|—————————*        |                  |              |
      | LOG1            |       |                  |              |
      | R9091.1  INC    |       |                  |              |
      *————||——————————*        |                  |              |
      | LOG1            |       |                  |              |
      | R0104.1  ACT    |       |                  |              |
      *————||——————————*        |                  |              |
      | BIGT_2          |       |                  |              |
      |                 .       .————————————.

      | R9091.1         BYT   .————————————.                    R0102.3 |
00013 *————||——————————*SUB16  |0001              *————————————()—*=1 T CODE IS ZERO
      | LOG1            |       |                  |              TCDE_ZRO|
      | F0007.3 R0100.3 ACT|COIN|D0072             |              / D0086 内容为常数零
      *————||———————|/|——*     |TCODE             |              / T 码与 D0086 内容比较
      | TF      =1T_BIG |       |D0086             |              |
      |                 |       |ZERO              |              |
      |                 .       .————————————.
```

299

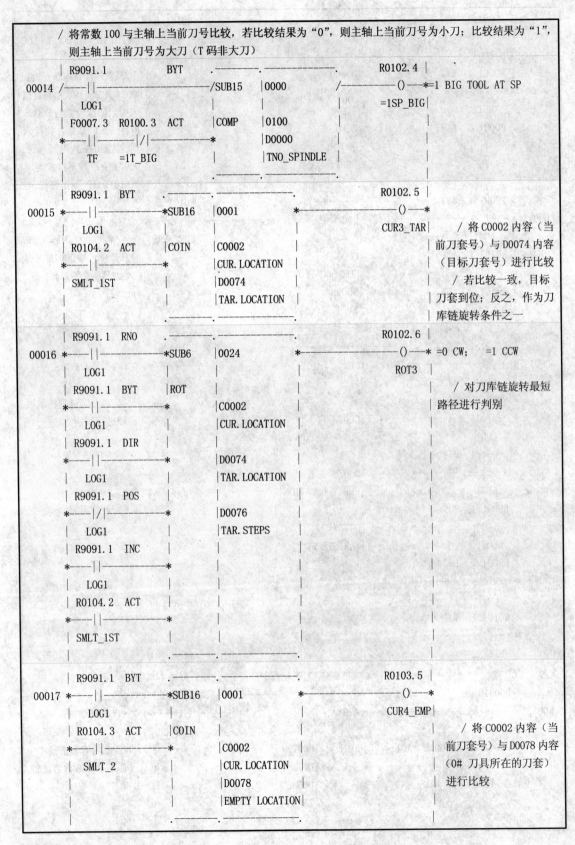

/ 将常数100与主轴上当前刀号比较，若比较结果为"0"，则主轴上当前刀号为小刀；比较结果为"1"，
则主轴上当前刀号为大刀（T码非大刀）

```
           | R9091.1           BYT      .———.          .                    R0102.4 |
00014 /——||——————————/SUB15 |0000           /——————()——*=1 BIG TOOL AT SP
           | LOG1                    |       |           |                    =1SP_BIG|
           | F0007.3  R0100.3 ACT    |COMP   |0100       |                            |
           *——||———|/|——————*       |D0000      |                            |
           |   TF     =1T_BIG         |       |TNO_SPINDLE |                        |
           |                         .———.          .                            |

           | R9091.1  BYT      .——.         .                    R0102.5 |
00015 *——||————*SUB16 |0001          *——————()——*
           | LOG1            |       |           |                    CUR3_TAR|       / 将 C0002 内容（当
           | R0104.2  ACT    |COIN   |C0002      |                            |       前刀套号）与 D0074 内容
           *——||————*       |CUR. LOCATION|      |                            |       （目标刀套号）进行比较
           | SMLT_1ST        |       |D0074      |                            |       / 若比较一致，目标
           |                 |       |TAR. LOCATION|     |                            |       刀套到位；反之，作为刀
           |                 .——.         .                            |       库链旋转条件之一

           | R9091.1  RNO     .———.         .                    R0102.6 |
00016 *——||————*SUB6 |0024          *——————————()——* =0 CW;   =1 CCW
           | LOG1            |       |           |                    ROT3    |
           | R9091.1  BYT    |ROT    |           |                            |       / 对刀库链旋转最短
           *——||————*       |C0002      |                            |       路径进行判别
           | LOG1            |       |CUR. LOCATION|     |                            |
           | R9091.1  DIR    |       |           |                            |
           *——||————*       |D0074      |                            |
           | LOG1            |       |TAR. LOCATION|     |                            |
           | R9091.1  POS    |       |           |                            |
           *——|/|————*       |D0076      |                            |
           | LOG1            |       |TAR. STEPS |     |                            |
           | R9091.1  INC    |       |           |                            |
           *——||————*       |           |                            |
           | LOG1            |       |           |                            |
           | R0104.2  ACT    |       |           |                            |
           *——||————*       |           |                            |
           | SMLT_1ST        |       |           |                            |
           |                 .———.         .                            |

           | R9091.1  BYT     .———.         .                    R0103.5 |
00017 *——||————*SUB16 |0001          *——————()——*
           | LOG1            |       |           |                    CUR4_EMP|
           | R0104.3  ACT    |COIN   |           |                            |       / 将 C0002 内容（当
           *——||————*       |C0002      |                            |       前刀套号）与 D0078 内容
           | SMLT_2          |       |CUR. LOCATION|     |                            |       （0# 刀具所在的刀套）
           |                 |       |D0078      |                            |       进行比较
           |                 |       |EMPTY LOCATION|    |                            |
           |                 .———.         .                            |
```

300

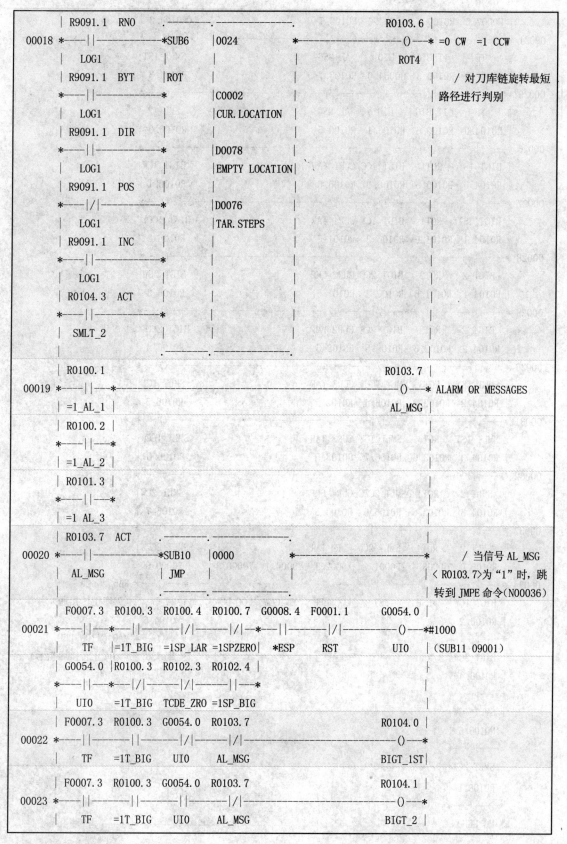

```
       | R9091.1  RNO      .————.————————.                    R0103.6 |
00018 *——||————————*SUB6  |0024                *——————————————()——* =0 CW  =1 CCW
       | LOG1      |        |                    |              ROT4    |
       | R9091.1  BYT      |ROT  |                |                     |    / 对刀库链旋转最短
       *——||————————*       |C0002              |              |  路径进行判别
       | LOG1      |        |CUR. LOCATION      |              |
       | R9091.1  DIR      |     |                |              |
       *——||————————*       |D0078              |              |
       | LOG1      |        |EMPTY LOCATION|              |
       | R9091.1  POS      |     |                |              |
       *——|/|————————*      |D0076              |              |
       | LOG1      |        |TAR. STEPS         |              |
       | R9091.1  INC      |     |                |              |
       *——||————————*       |     |                |              |
       | LOG1      |        |     |                |              |
       | R0104.3  ACT      |     |                |              |
       *——||————————*       |     |                |              |
       | SMLT_2    |        |     |                |              |
       |                    .————.————————.                     |
       | R0100.1                                              R0103.7 |
00019 *——||——*————————————————————————————————————()——* ALARM OR MESSAGES
       | =1_AL_1 |                                          AL_MSG  |
       | R0100.2 |                                                  |
       *——||——*                                                     |
       | =1_AL_2 |                                                  |
       | R0101.3 |                                                  |
       *——||——*                                                     |
       | =1 AL_3 |                                                  |
       | R0103.7  ACT      .————.————————.                     |
00020 *——||————————*SUB10 |0000                *——————————————*    / 当信号 AL_MSG
       | AL_MSG    |        | JMP |                |            | ＜ R0103.7＞为 "1" 时，跳
       |                    .————.————————.                    | 转到 JMPE 命令（N00036）
       | F0007.3  R0100.3  R0100.4  R0100.7  G0008.4  F0001.1      G0054.0 |
00021 *——||——*——||————|/|————|/|——*——||————|/|————————()——*#1000
       | TF   |=1T_BIG =1SP_LAR =1SPZERO|  *ESP    RST        UIO  |（SUB11 09001）
       | G0054.0 |R0100.3  R0102.3  R0102.4 |                    |
       *——||——*——|/|————|/|————||——*                         |
       | UIO     =1T_BIG  TCDE_ZRO =1SP_BIG                    |
       | F0007.3  R0100.3  G0054.0  R0103.7                  R0104.0 |
00022 *——||————||————|/|————|/|————————————————()——*
       | TF   =1T_BIG  UIO     AL_MSG                        BIGT_1ST|
       | F0007.3  R0100.3  G0054.0  R0103.7                  R0104.1 |
00023 *——||————||————||————|/|————————————————()——*
       | TF   =1T_BIG  UIO     AL_MSG                        BIGT_2  |
```

301

```
       | F0007.3  R0100.3  G0054.0  R0103.7                    R0104.2 |
00024 *----| |-------|/|------|/|------|/|-------------------------( )---*
       |   TF      =1T_BIG    UIO      AL_MSG                   SMLT_1ST|

       | F0007.3  R0100.3  G0054.0  R0103.7                    R0104.3 |
00025 *----| |-------|/|------| |------|/|-------------------------( )---*
       |   TF      =1T_BIG    UIO      AL_MSG                   SMLT_2  |

       | R0104.0  R0100.6  R0106.1  R0100.5                    R0106.0 |
00026 *----| |-------|/|------|/|------|/|-------------------------( )---*
       | BIGT_1ST   ROT1   BIGT_1CC  CUR1_TAR                  BIGT_1CW|

       | R0104.0  R0100.6  R0106.0  R0100.5                    R0106.1 |
00027 *----| |-------| |------|/|------|/|-------------------------( )---*
       | BIGT_1ST   ROT1   BIGT_1CW  CUR1_TAR                 BIGT_1CCW|

       | R0104.1  R0101.6  R0106.3  R0101.5                    R0106.2 |
00028 *----| |-------|/|------|/|------|/|-------------------------( )---*
       |  BIGT_2   ROT2   BIGT_2CC  CUR2_EMP                   BIGT_2CW|

       | R0104.1  R0101.6  R0106.2  R0101.5                    R0106.3 |
00029 *----| |-------| |------|/|------|/|-------------------------( )---*
       |  BIGT_2   ROT2   BIGT_2CW  CUR2_EMP                  BIGT_2CCW|

       | R0104.2  R0102.6  R0106.5  R0102.5                    R0106.4 |
00030 *----| |-------|/|------|/|------|/|-------------------------( )---*
       | SMLT_1ST   ROT3  SMLT_1CCW CUR3_TAR                  SMLT_1CW|

       | R0104.2  R0102.6  R0106.4  R0102.5                    R0106.5 |
00031 *----| |-------| |------|/|------|/|-------------------------( )---*
       | SMLT_1ST   ROT3   SMLT_1CW CUR3_TAR                 SMLT_1CCW|

       | R0104.3  R0103.6  R0106.7  R0103.5                    R0106.6 |
00032 *----| |-------|/|------|/|------|/|-------------------------( )---*
       |  SMLT_2   ROT4  SMLT_2CWC CUR4_EMP                   SMLT_2CW|

       | R0104.3  R0103.6  R0106.6  R0103.5                    R0106.7 |
00033 *----| |-------| |------|/|------|/|-------------------------( )---*
       |  SMLT_2   ROT4   SMLT_2CW CUR4_EMP                  SMLT_2CCW|

       | R0106.0  G0008.4  F0001.1  X0002.1  Y0000.1  Y0000.3   Y0000.0 |
00034 *----| |---*----| |------|/|------| |------|/|------|/|---*---( )---* KA5 MG.CW
       | BIGT_1CW|  *ESP     RST    LOC_UPP  MG_CCW  LOC_DOWN |  MG_CW | （刀库正转接通）
       | R0106.2 |                                           |Y0104.6 |
       *----| |---*                                          *---( )---* MAG. CW ON LED
       | BIGT_2CW|                                             MG.CWL |（刀库正转接通指示）
       | R0106.4 |                                                   |
       *----| |---*                                                  |
       | SMLT_1CW|                                                   |
       | R0106.6 |                                                   |
       *----| |---*                                                  |
       | SMLT_2CW|                                                   |
       | R0108.1 |                                                   |
       *----| |---*                                                  |
       | MG_REFON|                                                   |
```

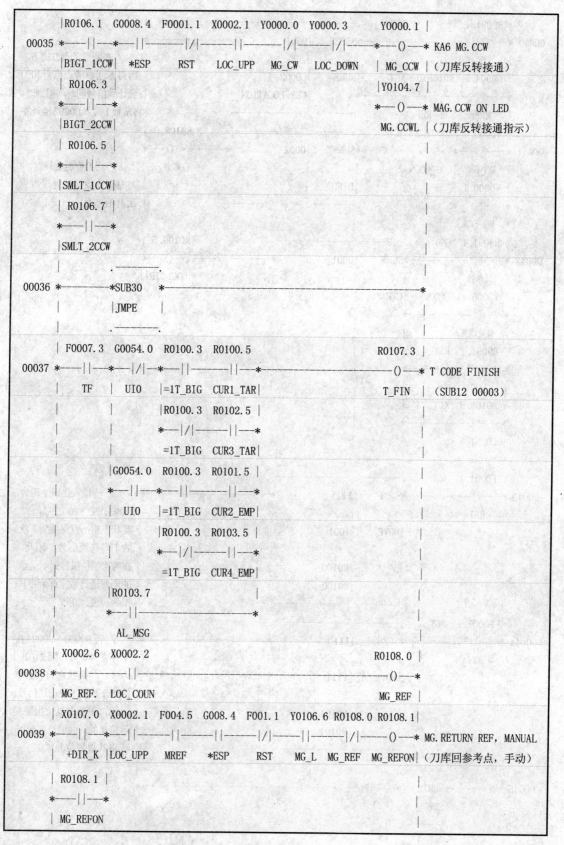

```
       |R0106.1  G0008.4  F0001.1  X0002.1  Y0000.0  Y0000.3        Y0000.1 |
00035 *———||———*———||————|/|———||———|/|———|/|———*———()———* KA6 MG.CCW
       |BIGT_1CCW| *ESP    RST     LOC_UPP  MG_CW   LOC_DOWN  | MG_CCW |  (刀库反转接通)
       | R0106.3 |                                           |Y0104.7 |
       *———||———*                                            *———()———* MAG.CCW ON LED
       |BIGT_2CCW|                                           MG.CCWL |  (刀库反转接通指示)
       | R0106.5 |                                                   |
       *———||———*                                                    |
       |SMLT_1CCW|                                                    |
       | R0106.7 |                                                    |
       *———||———*                                                    |
       |SMLT_2CCW                                                     |
       |              .————.                                         |
00036 *————————*SUB30  *——————————————————————————————————————*
       |         |JMPE |                                            |
       |              .————.                                        |
       | F0007.3  G0054.0  R0100.3  R0100.5                R0107.3 |
00037 *———||———*———|/|———*———||———————||———*———————————————————()———* T CODE FINISH
       |  TF   | UIO  |=1T_BIG  CUR1_TAR|                  T_FIN |  (SUB12 00003)
       |       |      |R0100.3  R0102.5 |                        |
       |       |      *———|/|———————||———*                       |
       |       |      =1T_BIG  CUR3_TAR|                          |
       |       |G0054.0  R0100.3  R0101.5 |                       |
       |       *———||———*———||———————||———*                       |
       |       | UIO  |=1T_BIG  CUR2_EMP|                          |
       |       |      |R0100.3  R0103.5 |                          |
       |       |      *———|/|———————||———*                         |
       |       |      =1T_BIG  CUR4_EMP|                            |
       |       |R0103.7            |                               |
       |       *———||———————————————*                              |
       |            AL_MSG                                         |
       | X0002.6  X0002.2                                  R0108.0 |
00038 *———||———————||——————————————————————————————————————()———*
       | MG_REF.  LOC_COUN                                 MG_REF |
       | X0107.0  X0002.1  F004.5  G008.4  F001.1  Y0106.6 R0108.0 R0108.1|
00039 *———||———*———||———————||———————||———————|/|———||———————|/|———()———* MG.RETURN REF, MANUAL
       | +DIR_K |LOC_UPP  MREF    *ESP    RST     MG_L  MG_REF MG_REFON|  (刀库回参考点, 手动)
       | R0108.1 |                                                  |
       *———||———*                                                   |
       | MG_REFON                                                   |
```

303

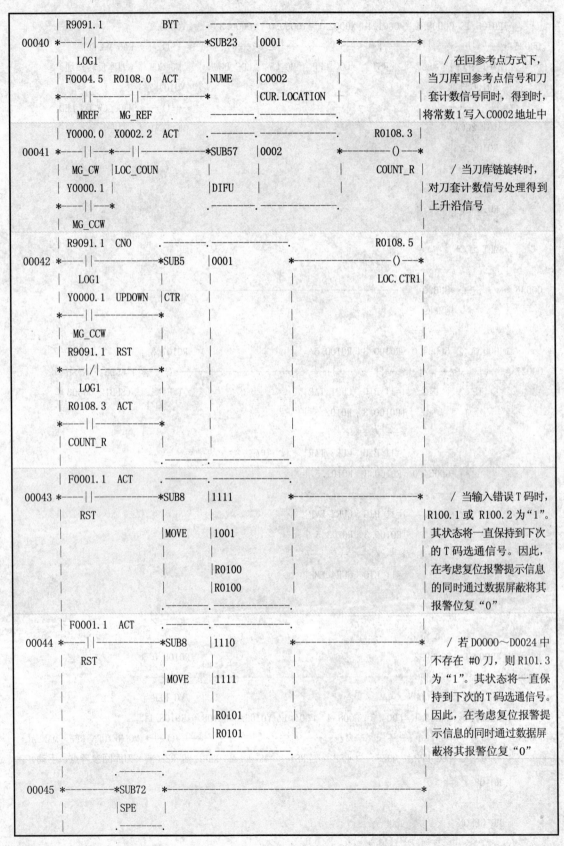

```
        | R9091.1           BYT       .            .                  .
00040 *----|/|----------------*SUB23  |0001        *----------------*
        | LOG1               |        |            |                  |        / 在回参考点方式下,
        | F0004.5 R0108.0 ACT |NUME   |C0002       |                  |       当刀库回参考点信号和刀
        *----||-------||------*       |CUR.LOCATION |                          套计数信号同时, 得到时,
        | MREF   MG_REF      .        ----------.   .                          将常数1写入C0002地址中
        | Y0000.0 X0002.2 ACT .        .            .                  R0108.3 |
00041 *----||----*----||-------*SUB57  |0002        *----------()----*
        | MG_CW  |LOC_COUN     |        |            |            COUNT_R |      / 当刀库链旋转时,
        | Y0000.1 |            |DIFU   |            |                  |        对刀套计数信号处理得到
        *----||----*          .        .            .                  |        上升沿信号
        | MG_CCW             |                      |
        | R9091.1 CNO        .        .            .                  R0108.5 |
00042 *----||----------------*SUB5   |0001        *----------()----*
        | LOG1               |        |            |            LOC.CTR1 |
        | Y0000.1 UPDOWN     |CTR    |            |                  |
        *----||--------------*       |            |                  |
        | MG_CCW             |        |            |                  |
        | R9091.1 RST        |        |            |                  |
        *----|/|-------------*       |            |                  |
        | LOG1               |        |            |                  |
        | R0108.3 ACT        |        |            |                  |
        *----||--------------*       |            |                  |
        | COUNT_R            |        |            |                  |
        |                    .        ----------   ----------   .
        | F0001.1 ACT        .        .            .                  |
00043 *----||----------------*SUB8   |1111        *----------------*      / 当输入错误T码时,
        | RST                |        |            |                  |     |R100.1 或 R100.2 为"1"。
        |                    |MOVE   |1001        |                  |     |其状态将一直保持到下次
        |                    |        |            |                  |     |的 T 码选通信号。因此,
        |                    |        |R0100       |                  |     |在考虑复位报警提示信息
        |                    |        |R0100       |                  |     |的同时通过数据屏蔽将其
        |                    .        ----------   |                  |     |报警位复"0"
        | F0001.1 ACT        .        .            .                  |
00044 *----||----------------*SUB8   |1110        *----------------*      / 若 D0000~D0024 中
        | RST                |        |            |                  |     |不存在 #0刀, 则 R101.3
        |                    |MOVE   |1111        |                  |     |为"1"。其状态将一直保
        |                    |        |            |                  |     |持到下次的 T 码选通信号。
        |                    |        |R0101       |                  |     |因此, 在考虑复位报警提
        |                    |        |R0101       |                  |     |示信息的同时通过数据屏
        |                    .        ----------   .                  |     |蔽将其报警位复"0"
        |                    .        ---------.   .                  |
00045 *----------*SUB72      *------------------------------------*
        |          |SPE      |                                      |
        |          .--------.                                      |
```

304

6.2.9 刀具交换（SUB11）

由 M06（换刀命令）调用盘式刀库换刀宏程序 09001，系统执行宏程序完成"刀具交换"，包括对刀具数据的刷新。

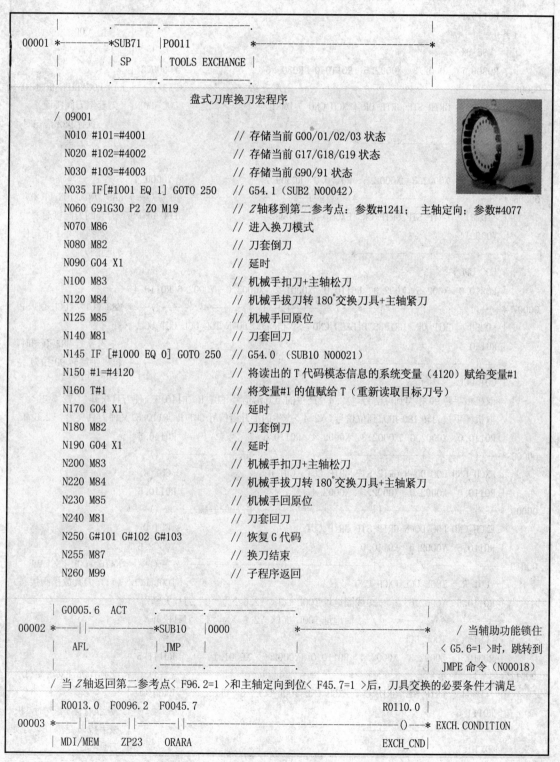

```
00001 *────────*SUB71   |P0011                *──────────────*
                  | SP    | TOOLS EXCHANGE |
```

盘式刀库换刀宏程序

```
/ 09001
   N010 #101=#4001                // 存储当前 G00/01/02/03 状态
   N020 #102=#4002                // 存储当前 G17/18/19 状态
   N030 #103=#4003                // 存储当前 G90/91 状态
   N035 IF[#1001 EQ 1] GOTO 250   // G54.1（SUB2 N00042）
   N060 G91G30 P2 Z0 M19          // Z轴移到第二参考点：参数#1241； 主轴定向；参数#4077
   N070 M86                       // 进入换刀模式
   N080 M82                       // 刀套倒刀
   N090 G04 X1                    // 延时
   N100 M83                       // 机械手扣刀+主轴松刀
   N120 M84                       // 机械手拔刀转 180°交换刀具+主轴紧刀
   N125 M85                       // 机械手回原位
   N140 M81                       // 刀套回刀
   N145 IF [#1000 EQ 0] GOTO 250  // G54.0 （SUB10 N00021）
   N150 #1=#4120                  // 将读出的 T 代码模态信息的系统变量（4120）赋给变量#1
   N160 T#1                       // 将变量#1 的值赋给 T（重新读取目标刀号）
   N170 G04 X1                    // 延时
   N180 M82                       // 刀套倒刀
   N190 G04 X1                    // 延时
   N200 M83                       // 机械手扣刀+主轴松刀
   N220 M84                       // 机械手拔刀转 180°交换刀具+主轴紧刀
   N230 M85                       // 机械手回原位
   N240 M81                       // 刀套回刀
   N250 G#101 G#102 G#103         // 恢复 G 代码
   N255 M87                       // 换刀结束
   N260 M99                       // 子程序返回
```

```
     | G0005.6  ACT      .──────────.
00002 *────||────────────*SUB10  |0000            *──────────────*   / 当辅助功能锁住
     |  AFL             | JMP   |                               |   〈 G5.6=1 〉时，跳转到
     |                   .──────────.                               |   JMPE 命令（N00018）
```

/ 当 Z 轴返回第二参考点〈 F96.2=1 〉和主轴定向到位〈 F45.7=1 〉后，刀具交换的必要条件才满足

```
     | R0013.0   F0096.2  F0045.7                      R0110.0 |
00003 *────||──────||──────||─────                      ()───* EXCH.CONDITION
     | MDI/MEM   ZP23    ORARA                        EXCH_CND|
```

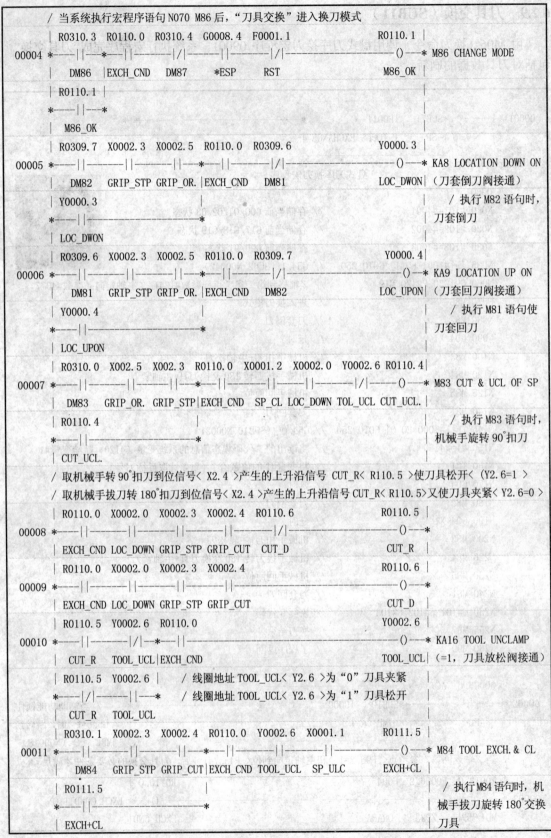

```
            / 当系统执行宏程序语句 N070 M86 后，"刀具交换"进入换刀模式
            | R0310.3  R0110.0  R0310.4  G0008.4  F0001.1                    R0110.1 |
      00004 *——||——*——||——————|/|——||—————|/|—————————————————————()———* M86 CHANGE MODE
            |  DM86   EXCH_CND   DM87    *ESP     RST                      M86_OK |
            | R0110.1 |                                                           |
            *——||———*                                                            |
            | M86_OK                                                              |
            | R0309.7  X0002.3  X0002.5  R0110.0  R0309.6                    Y0000.3 |
      00005 *——||———||———————||——*——||——————|/|—————————————————————()——— KA8 LOCATION DOWN ON
            |  DM82  GRIP_STP  GRIP_OR. |EXCH_CND   DM81             LOC_DWON (刀套倒刀阀接通)
            | Y0000.3 |                                                      | / 执行 M82 语句时，
            *——||——————————————————*                                         | 刀套倒刀
            | LOC_DWON                                                        |
            | R0309.6  X0002.3  X0002.5  R0110.0  R0309.7                    Y0000.4 |
      00006 *——||———||———————||——*——||——————|/|—————————————————————()——* KA9 LOCATION UP ON
            |  DM81  GRIP_STP  GRIP_OR. |EXCH_CND   DM82             LOC_UPON (刀套回刀阀接通)
            | Y0000.4 |                                                      | / 执行 M81 语句使
            *——||——————————————————*                                         | 刀套回刀
            | LOC_UPON                                                        |
            | R0310.0  X002.5  X002.3  R0110.0  X0001.2  X0002.0  Y0002.6 R0110.4|
      00007 *——||————||——————||——*——||——————||—————||————————|/|————()——* M83 CUT & UCL OF SP
            |  DM83   GRIP_OR. GRIP_STP|EXCH_CND  SP_CL LOC_DOWN TOL_UCL CUT_UCL.|
            | R0110.4 |                                                      | / 执行 M83 语句时，
            *——||——————————————————*                                         | 机械手旋转 90°扣刀
            | CUT_UCL.                                                        |
            / 取机械手转 90°扣刀到位信号< X2.4 >产生的上升沿信号 CUT_R< R110.5 >使刀具松开< Y2.6=1 >
            / 取机械手拔刀转 180°扣刀到位信号< X2.4 >产生的上升沿信号 CUT_R< R110.5 >又使刀具夹紧< Y2.6=0 >
            | R0110.0  X0002.0  X0002.3  X0002.4  R0110.6                    R0110.5 |
      00008 *——||———||————————||——————||——————|/|—————————————————————()———*
            | EXCH_CND LOC_DOWN GRIP_STP GRIP_CUT  CUT_D                     CUT_R |
            | R0110.0  X0002.0  X0002.3  X0002.4                             R0110.6 |
      00009 *——||———||————————||——————||—————————————————————————————()———*
            | EXCH_CND LOC_DOWN GRIP_STP GRIP_CUT                            CUT_D |
            | R0110.5  Y0002.6  R0110.0                                      Y0002.6 |
      00010 *——||——————|/|——*——||————————————————————————————————————()——— KA16 TOOL UNCLAMP
            | CUT_R   TOOL_UCL|EXCH_CND                              TOOL_UCL (=1，刀具放松阀接通)
            | R0110.5  Y0002.6 |      / 线圈地址 TOOL_UCL< Y2.6 >为 "0" 刀具夹紧        |
            *——|/|———||——*      / 线圈地址 TOOL_UCL< Y2.6 >为 "1" 刀具松开        |
            | CUT_R   TOOL_UCL                                                |
            | R0310.1  X0002.3  X0002.4  R0110.0  Y0002.6  X0001.1           R0111.5 |
      00011 *——||———||—————||——*——||—————||————————||——————————————————()——— M84 TOOL EXCH. & CL
            |  DM84  GRIP_STP GRIP_CUT|EXCH_CND TOOL_UCL SP_ULC          EXCH+CL |
            | R0111.5 |                                                      | / 执行 M84 语句时，机
            *——||——————————————————*                                         | 械手拔刀旋转 180°交换
            | EXCH+CL                                                         | 刀具
```

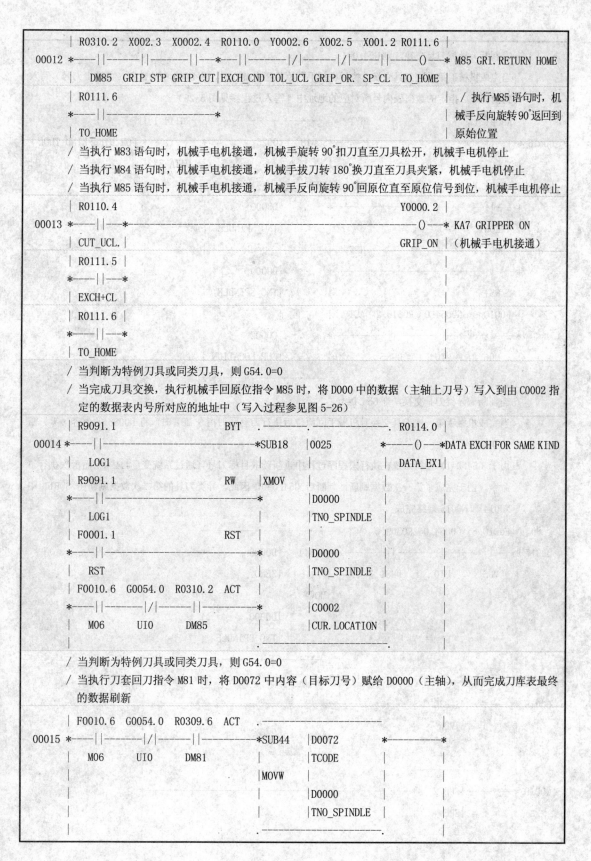

```
          | R0310.2   X002.3   X0002.4  R0110.0   Y0002.6   X002.5   X001.2  R0111.6 |
00012 *———||————||————||——*———||————|/|————|/|————||————()——* M85 GRI.RETURN HOME
          |  DM85    GRIP_STP GRIP_CUT|EXCH_CND TOL_UCL GRIP_OR. SP_CL   TO_HOME |
          | R0111.6                   |
      *———||——————————————————*
          | TO_HOME
```

/ 执行 M85 语句时，机械手反向旋转 90°返回到原始位置

/ 当执行 M83 语句时，机械手电机接通，机械手旋转 90°扣刀直至刀具松开，机械手电机停止

/ 当执行 M84 语句时，机械手电机接通，机械手拔刀转 180°换刀直至刀具夹紧，机械手电机停止

/ 当执行 M85 语句时，机械手电机接通，机械手反向旋转 90°回原位直至原位信号到位，机械手电机停止

```
          | R0110.4                                              Y0000.2 |
00013 *———||——*————————————————————————————————————()——* KA7 GRIPPER ON
          | CUT_UCL. |                                  GRIP_ON | （机械手电机接通）
          | R0111.5  |                                          |
      *———||——*                                                 |
          | EXCH+CL  |                                          |
          | R0111.6  |                                          |
      *———||——*                                                 |
          | TO_HOME  |                                          |
```

/ 当判断为特例刀具或同类刀具，则 G54.0=0

/ 当完成刀具交换，执行机械手回原位指令 M85 时，将 D000 中的数据（主轴上刀号）写入到由 C0002 指定的数据表内号所对应的地址中（写入过程参见图 5-26）

```
          | R9091.1                        BYT    .——————————————. R0114.0 |
00014 *———||——————————————————————*SUB18 |0025        *———()———*DATA EXCH FOR SAME KIND
          |  LOG1                          |           |        | DATA_EX1|
          | R9091.1                  RW   |XMOV |                |
      *———||——————————————————*        |D0000  |                |
          |  LOG1                          |     |TNO_SPINDLE |   |
          | F0001.1                  RST  |     |                |
      *———||——————————————————*        |D0000  |                |
          |  RST                           |     |TNO_SPINDLE |   |
          | F0010.6  G0054.0  R0310.2  ACT |     |                |
      *———||————|/|————||——————*        |C0002  |                |
          |  M06      UI0      DM85        |     |CUR.LOCATION |  |
          |                                .——————————————.     |
```

/ 当判断为特例刀具或同类刀具，则 G54.0=0

/ 当执行刀套回刀指令 M81 时，将 D0072 中内容（目标刀号）赋给 D0000（主轴），从而完成刀库表最终的数据刷新

```
          | F0010.6  G0054.0  R0309.6  ACT .——————————————.          |
00015 *———||————|/|————||——————*SUB44 |D0072       *————————*
          |  M06      UI0      DM81        | TCODE     |          |
          |                          |MOVW |           |          |
          |                          |     |D0000      |          |
          |                          |     |TNO_SPINDLE |         |
          |                          .——————————————.            |
```

／ 当判断为异类刀具交换，则 G54.0=1

／ 当完成机械手第一次刀具交换，执行机械手回原位指令 M85 时，将 D000 中的数据（主轴上刀号）写入
　 到由 C0002 指定的数据表内号所对应的地址中（写入过程参见图 5-26）

```
        | R9091.1                          BYT   .————————.————————————.    R0114.1 |
00016 *————||————————————————————————————————*SUB18  |0025         *————()———* FOR DIFF.KIND TOOL
        | LOG1                                 |       |             | DATA_EX2|
        | R9091.1                     RW   |XMOV |       |             |
        *————||——————————————————————————————*       |D0000        |
        | LOG1                                 |       |TNO_SPINDLE  |
        | F0001.1                     RST  |       |             |
        *————||——————————————————————————————*       |D0000        |
        | RST                                  |       |TNO_SPINDLE  |
        | F0010.6  G0054.0  R0310.2   ACT  |       |             |
        *————||————||————————||——————————————*       |C0002        |
        | M06     UI0      DM85               |       |CUR.LOCATION |
        |                                      .————————————————————.             |
```

／ 当判断为异类刀具交换，则 G54.0=1

／ 当完成机械手第一次刀具交换且机械手回原位后执行刀套回刀指令 M81 时，将 D0086 的内容（零）赋
　 给 D0000（主轴）

／ 由于 G54.0=1，使得系统在执行宏程序过程中重新读取目标刀号（通过系统变量#4120）而再次执行 T
　 命令。由于完成了第一次数据刷新，判断后 G54.0=0。因此，异类刀具的第二次数据刷新由 SUB11 中
　 N0014 和 N0015 最终完成

```
        | F0010.6  G0054.0  R0309.6   ACT  .————————————————————.      |
00017 *————||————||————————||——————————————*SUB44  |D0086        *————————*
        | M06     UI0      DM81               |       |ZERO         |
        |                                      |MOVW   |             |
        |                                      |       |D0000        |
        |                                      |       |TNO_SPINDLE  |
        |                                      .————————————————————.      |

        |           .————————.                                           |
00018 *—————————*SUB30  *—————————————————————————————————————————————*
        |           |JMPE   |                                           |

        |           .————————.                                           |
00019 *—————————*SUB72  *—————————————————————————————————————————————*
        |           |SPE    |                                           |
        |                                                                |
```

6.2.10 M/T 命令完成（SUB12）

当系统执行 M/T 功能命令时，其选通信号 MF/TF 根据参数 No.3010 所设延时选通时间而被置为"1"。在 PMC 顺序程序中可以读取选通信号相应的代码信号并执行相应的功能操作。

当功能操作结束后才能在PMC顺序程序中将完成信号FIN〈G4.3〉置为"1"。CNC在收到完成信号FIN的最小宽度时间（TFIN 标准值为16ms）之后，将选通信号MF/TF置为"0"，随后PMC顺序程序中的完成信号FIN也随之置"0"。

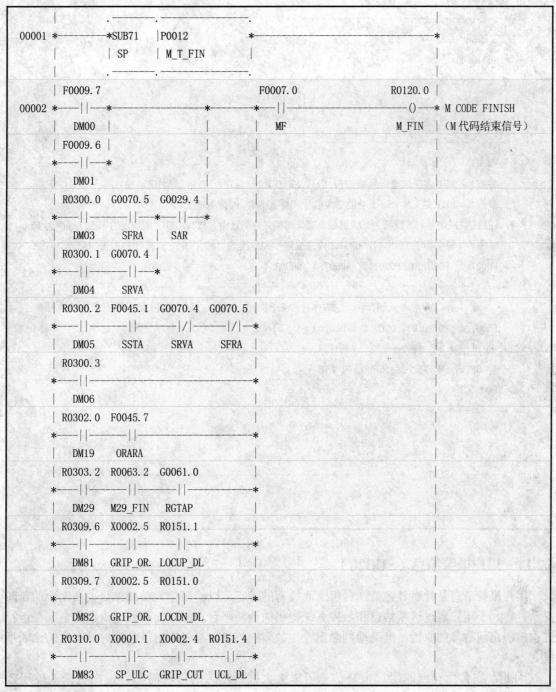

309

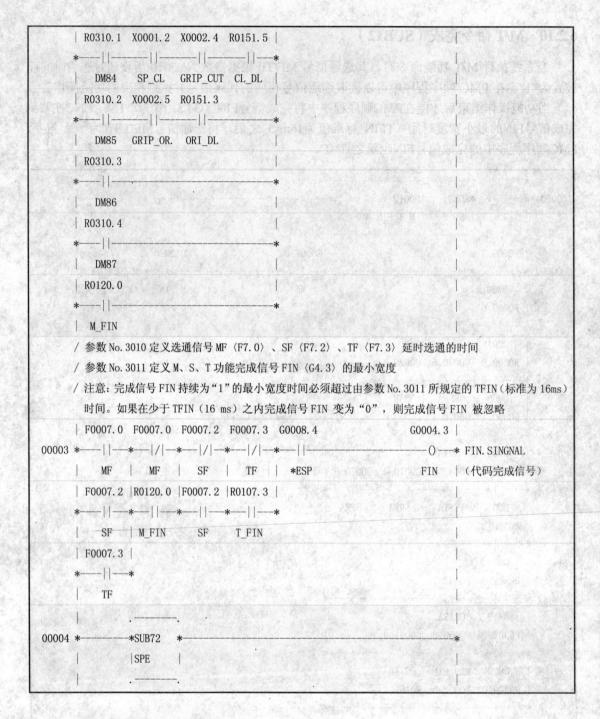

```
          | R0310.1  X0001.2  X0002.4  R0151.5 |
          *----||--------||--------||--------||----*
          |  DM84    SP_CL   GRIP_CUT   CL_DL  |
          | R0310.2  X0002.5  R0151.3          |
          *----||--------||--------||----------*
          |  DM85    GRIP_OR.  ORI_DL          |
          | R0310.3                            |
          *----||------------------------------*
          |  DM86                              |
          | R0310.4                            |
          *----||------------------------------*
          |  DM87                              |
          | R0120.0                            |
          *----||------------------------------*
          |  M_FIN                             |
```

/ 参数 No. 3010 定义选通信号 MF〈F7.0〉、SF〈F7.2〉、TF〈F7.3〉延时选通的时间

/ 参数 No. 3011 定义 M、S、T 功能完成信号 FIN〈G4.3〉的最小宽度

/ 注意：完成信号 FIN 持续为"1"的最小宽度时间必须超过由参数 No. 3011 所规定的 TFIN（标准为 16ms）
  时间。如果在少于 TFIN（16 ms）之内完成信号 FIN 变为"0"，则完成信号 FIN 被忽略

```
          | F0007.0  F0007.0  F0007.2  F0007.3  G0008.4              G0004.3
00003  *----||--*--|/|--*---|/|--*--|/|--*----||-------------------()----*  FIN.SINGNAL
          |  MF  |  MF  |  SF  |  TF  |  *ESP                    FIN   |（代码完成信号）
          | F0007.2 |R0120.0 |F0007.2 |R0107.3 |
          *----||--*--||--*---||--*---||---*
          |  SF  | M_FIN   SF     T_FIN
          | F0007.3 |
          *----||--*
          |  TF                                |
          |                 .-------.          |
00004  *---------*SUB72 *-----------------------------------------*
          |              |SPE  |                |
          |                 .-------.          |
```

6.2.11 用户报警信息（SUB20）

用户报警信息是针对具体某一台机床而编写的。它可以给操作人员或维修人员明确的诊断提示，有利于用户通过诊断信息和数控系统提供的诊断平台，迅速而有效地诊断出机床在运行过程中所出现故障的原因，准确地判断出发生故障的部位，是机床出现故障时最有效的诊断手段之一。

因此，完善而详细的用户报警信息可以大大缩短机床的停机时间，提高机床的使用效率。这对使用数控机床的用户而言十分重要，也是数控机床制造厂家对用户使用负责的一个重要方面。

用户报警信息分为报警信息和操作信息。信息号 1000～1999 显示报警信息，CNC 处于报警状态并禁止机床运行；信息号 2000～2999 显示操作信息，CNC 不处于报警状态，其中 2000～2099 信息在显示时带信息号，2100～2999 信息在显示时不带信息号，它们只起提示作用而不会影响机床运行。

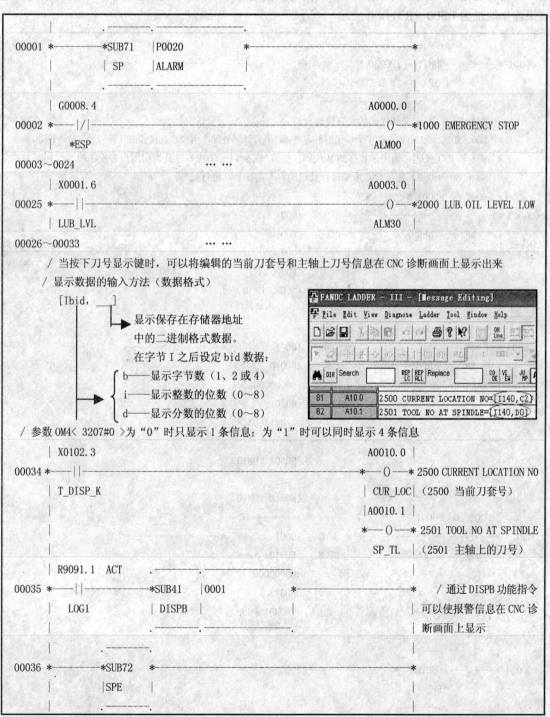

6.2.12 M 代码的译码（SUB30）

对辅助功能 M 代码进行集中译码，给出译码处理结果输出地址，这样在编制 PMC 顺序程序过程中可以非常灵活地增/减 M 代码的使用，可以使不同机型同代码的译码处理结果输出地址保持一致，有利于 PMC 顺序程序的管理，更有利于使用者方便解读 PMC 顺序程序。

使用功能指令 DECB 对 M03～M98 代码数据进行译码，一次可以连续译 8 个码。译码处理结果输出地址为 R300～R311。

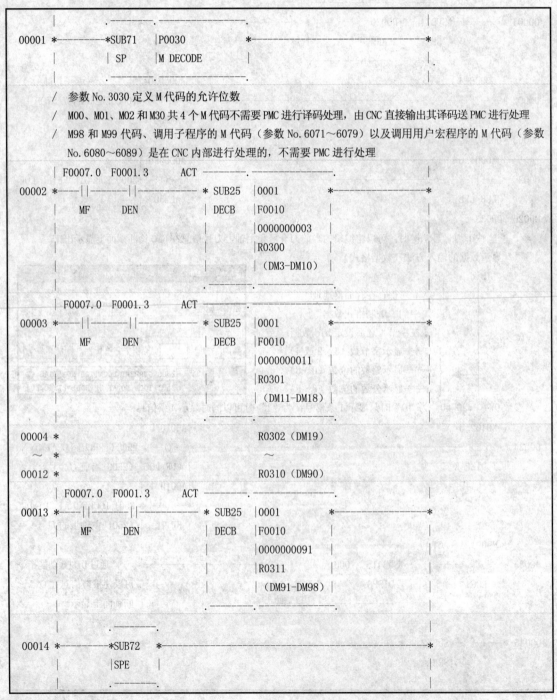

思考题与习题

1. 数控机床限位控制是保证数控机床在正常工作区域范围内运行的一种_____措施。限位分为超程_____和_____限位两种。

2. 简述超程硬限位和超程软限位各自的作用。当发生超程时一般如何解决？

3. 简述分析该程序中 K 参数的个作用。当 K 参数作临时调试之用，那么，当完成调试后又如何保证不遗忘将该 K 参数置为"0"？

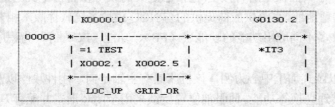

4. 硬限位超程解除后超程轴一般要重新进行_____操作，目的是保证该轴_____正常。

5. 1%步快速移动倍率选择信号 HROV < G96#7 >决定_____的指定方式。 当_____时，指定快速移动倍率 F0%～100%方式有效。当_____时，指定 1%步快速移动倍率方式有效。

6. 简述分析主轴齿轮换档的过程。

7. 主轴旋转启动的约束条件是什么？

8. 主轴松刀的约束条件是什么？

9. 盘式刀库链旋转的约束条件是什么？

10. 刀具交换的约束条件是什么？

11. 加工中心（盘式刀库）Z 轴移动的约束条件是什么？

12. 盘式刀库机械手返回原始位的约束条件是什么？

13. 显示信息号_____为用户报警信息，CNC 处于报警状态并禁止机床运行；信息号_____为用户操作信息，CNC 不处于报警状态。

14. 编写一段 PMC 顺序程序：在 JOG 方式下，用 MCP 上的一个按键(X103.4)控制冷却泵的启动/停止(Y103.4)。在 MDI/AUTO 方式下由辅助代码 M08/M09（R300.5/R300.6）控制冷却泵的启动/停止,且在此方式下按键也能控制冷却泵的启动/停止。同时要求在急停或复位的情况下冷却泵处于工作停止。

第7章 PLC程序示例

在编制PLC程序之前,首先必须先定义好内置PLC的I/O的物理地址。西门子标准MCP分铣床版和车床版两种，其面板上所有按键(包括已定义的或可以自由定义的键)和倍率修调开关等都不占用I/O的物理地址。系统供应商提供的与NCU模块系统软件版本相兼容的TOOLBOX中基本程序包括了许多不同应用功能的功能块（FB）、功能（FC）等，为程序设计人员编制程序带来很大方便。

PLC程序示例以卧式加工中心为例。该机床具有主轴定向、刚性攻丝以及通过ZF减速器来实现主轴高低挡转速切换等功能。伺服轴位置反馈采用全闭环形式并配有刀具容量为40把的链式刀库（刀库控制选用西门子刀具管理软件，整个选刀和换刀过程的程序在示例程序中省略了）。

示例中标准铣床版MCP如图7-1所示。控制面板上各个按键和倍率修调开关的定义以及相对应的输入输出地址可以参考附录B。伺服电源模块外部使能控制端子以及其状态的内部输出端子如图7-2所示。

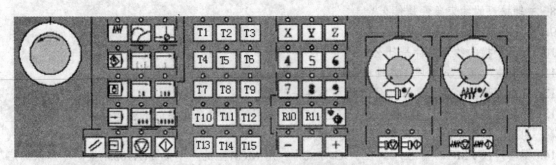

图7-1 标准铣床版机床控制面板

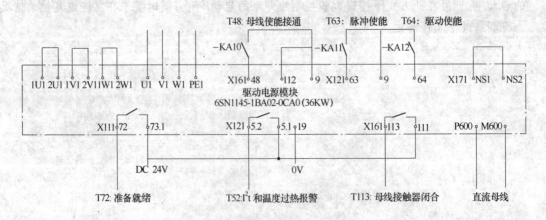

图7-2 伺服电源模块

示例中,各功能程序的 I/O 物理地址多以局域符号的形式, 局域符号的名称在程序块的变量声明区窗口中被定义。这样一旦功能程序完善了,就可作为一种标准功能灵活方便地被不同 PLC 应用程序中的 OB1 主程序调用。需要提醒的是, 系统监控窗口无法监控到局域变量的状态。

示例程序基本上都可以运行, 但难免会有不够严密的地方, 而且也不一定是最佳的, 仅希望通过示例提供一个编程思路和借鉴方法。

说明:

(1) 在编写 PLC 程序过程中, 可以根据编辑窗口选择【View】→【Display】→【...】, 可以有选择地显示绝对地址、符号地址以及注释。梯形图或语句表不同显示的结果如图 7-3 所示。

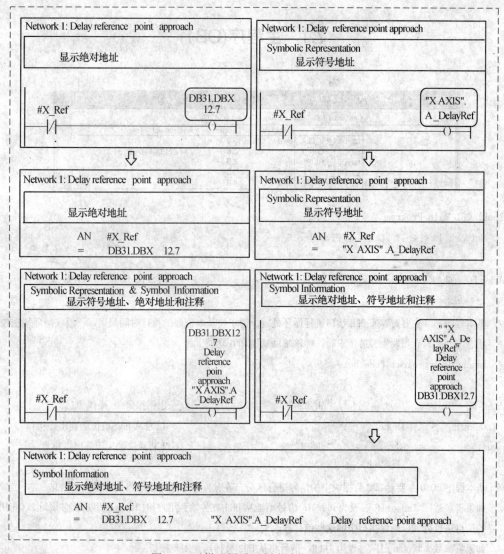

图 7-3　对梯形图或语句表选择不同显示

(2) 为了考虑能对示例程序的实际表述容易和注释明了, 对实际示例程序中的绝对地址、符号地址以及注释采用了类似于对 FANUC PMC 程序的表述形式, 如图 7-4 所示, 与图 7-3 表述有所不同。

315

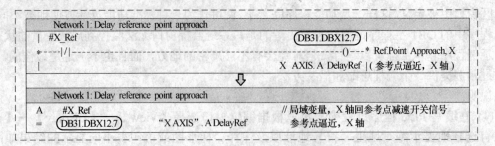

Network 1: Delay reference point approach	
#X_Ref	(DB31.DBX12.7)
----|/|--()--- Ref.Point Approach, X	
X AXIS. A DelayRef |(参考点逼近，X轴)	

⇩

Network 1: Delay reference point approach		
A	#X_Ref	//局域变量，X轴回参考点减速开关信号
=	(DB31.DBX12.7)	"X AXIS". A DelayRef 参考点逼近，X轴

图 7-4   示例程序实际表述

7.1 主程序(OB1)

```
OB1 -- cxg\S7 Program(1)

Contents Of: 'Environment\Interface\TEMP'

 Interface          Name          Data Type    Address    Comment
  TEMP           OB1_EV_CLA...   Byte         0.0
                   OB1_SCAN_1     Byte         1.0        First PLC Cycle Scan 1
                   OB1_PRIORI...   Byte         2.0
                   OB1_OB_NU...   Byte         3.0
                   OB1_RESER...   Byte         4.0
```

Block: OB1 Main Program

    Network:1   Call FC Block From ToolBox

CALL FC   2   "GP_HP"   --Cyclic Base Program

// 基本程序 FC2 主要对 NCK-PLC 接口进行循环处理。为了使基本程序的执行时间最短，一般仅循环传送控制/
   状态信号；只有当发生 NCK 请求时，传输辅助功能和 G 功能

// Insert Userprogram from here

CALL FC   10   "AL_MSG"   --出错报警 & 操作信息
  ToUserIF   :=TRUE   --信号从 DB2 被传送到用户接口
  Quit   :=I3.7   "RESET"   --MCP 复位键，应答出错信息

// 基本程序 FC10 主要对 DB2 数据块中的信号进行区分，在 MMC 上显示分出的错信息和操作信息

// 如果将参数 "ToUserIF" 设为 FLASH，信号不能从 DB2 被传输到用户接口。这样用户就必须对 PLC 程序中
   的信息进行处理以确保接口中的这些信号被改变

// 如果将参数 "ToUserIF" 设为 TRUE，信号将从 DB2 被传送到用户接口

CALL FC   19   "MCP_IFM"   --铣床版 MCP 信号传送接口
  BAGNo   :=B#16#1   --第一方式组号
  ChanNo   :=B#16#1   --第一通道

316

```
Spindle IFNo  : =B#16#5                                  --第五轴为主轴
FeedHold      : =DB21.DBX6.0   "CHANEL".A_FDdisable       --进给停止
SpindleHold   : =DB35.DBX4.3   "SPINDLE".A_FDSpStop       --主轴停止
```

// 基本程序 FC19（铣床版）主要传输从机床控制面板（MCP）到 NCK/PLC 接口的通信信号，处理 MCP 基本操
   作包括方式的选择（手动、自动、MDA 和回参考点等）、手动操作、MCS/WCS（机床坐标系/工件坐标系）命
   令转换、倍率修调、程序启动/停止以及复位等

// 将 OB100 CALL FB1（DB7）中的参数 "MMCToIF" 设为 "TRUE"，则使 MCP 与接口的通信信号传输有效

// 将 OB100 CALL FB1（DB7）中的参数 "HWheelMMC" 设为 "FLASH"，则使手轮信号选择有效

// 形式参数 "BAGNo"：赋值范围为 0～31（B#16#1F），定义方式组号，传送操作方式信号

// 形式参数 "ChanNo"：赋值范围为 0～31（B#16#1F），定义通道号

// 形式参数 "Spindle IFNo"：赋值范围为 0～31（B#16#1F），定义作为主轴的接口号

// 形式参数 "FeedHold"：来自机床控制面板的进给停止

// 形式参数 "SpindleHold"：来自机床控制面板的主轴停止

```
      Network:2    Machine Start/Stop Control


CALL  FC  100                  "MCH_ST_STP"          --机床启动/停止控制
  E_STOP        : =I32.5        "E_STP"              --紧停信号
  T_72          : =I34.1        "READY_OK"           --电源模块准备就绪（0：出错）
  T_52          : =I34.2        "TMP_MONITORING"     --电源模块过温监控（1：报警）
  T_113         : =I34.3        "SERVO_OK"           --电源模块母线接触器闭合（1：OK）
  CTR_ON        : =I34.0        "CTR_ON_BU"          --控制接通信号
  Y_BRAKE_OUT   : =Q45.3        "Y_COIL"             --Y 轴制动线圈释放
  T_48          : =Q45.2        "LINE_CNTCT"         --电源模块直流母线使能接通
  T_63          : =Q45.0        "PULSE_ENB"          --电源模块脉冲使能接通
  T_64          : =Q45.1        "DRIVE_ENB"          --驱动使能接通
  CTR_ON_HL     : =Q47.0        "CTR_OUT_HL"         --控制接通指示灯
  HY_ON         : =Q44.0        "HY_OUT"             --液压接通
```

// FC100 主要包括对机床的急停处理、机床的启动和停止以及激活与轴有关的信号包括位置测量系统 2（全
   闭环）、轴的控制使能（Controller enable）和轴的脉冲使能(Pulse enable)等信号

```
      Network:3    All Axes Return REF.Point


CALL  FC  101                  "REF_POINT"           --返回参考点
  X_Ref         : =I34.5        "X_REF"              --X 轴返回参考点减速开关信号
  Y_Ref         : =I34.6        "Y_REF"              --Y 轴返回参考点减速开关信号
  Z_Ref         : =I34.7        "Z_REF"              --Z 轴返回参考点减速开关信号
  B_Ref         : =I35.0        "4TH_REF"            --4TH 轴返回参考点减速开关信号
```

// FC101 主要处理参考点减速开关信号，激活系统寻找以其最近距离的一个零脉冲作为坐标轴的参考点，从而根据参考点确定出机床坐标轴的原点。一旦各坐标轴返回参考点完成，对应轴的软限位就生效了

// MD11300=1，返回参考点保持操作方式（系统默认），即一直按住机床控制面板坐标轴的"方向"键直至完成返回参考点的整个过程。一旦在返回参考点过程中松开"方向"键，返回参考点过程即刻自动终止。这种操作方式比较安全

// MD11300=0，返回参考点触发操作方式，即按一下坐标轴的"方向"键，系统自动完成返回参考点。这种操作方式比较简单，也是机床制造厂商较常选用的方式。但是为了安全起见，对参考点减速开关安装位置与硬限位安装位置之间的距离有一定的要求，这点必须注意

| Network:4 | Gear Chang & Orient |

```
CALL  FC  111                        "GEAR CHANGE"        --ZF 减速器换档控制(Auto/MDA)
   H_GEAR_POS   : =I35.7             "GR_H_POS"           --齿轮高挡到位信号
   L_GEAR_POS   : =I35.6             "GR_L_POS"           --齿轮低挡到位信号
   H_GEAR_OUT   : =Q45.5             "GR_H_ON"            --齿轮高挡位阀接通
   L_GEAR_OUT   : =Q45.4             "GR_L_ON"            --齿轮低挡位阀接通
   H_GEAR_LED   : =Q5.3              "GR_H_LED"           --齿轮高挡到位指示(MCP, T5)
   L_GEAR_LED   : =Q5.4              "GR_L_LED"           --齿轮低挡到位指示(MCP, T4)
   OR_LED       : =Q5.2              "OR_LED"             --主轴定向到位指示(MCP, T6)
```

// FC111 主要对主轴的高低挡位的转速转换以及相应信号状态的指示等处理

| Network:5 | Rotary Table (4TH Axis) |

```
CALL  FC  113                        "ROTARY TABLE"       --转台控制
   TBL_CL        : =I35.1            "T_CL"               --转台夹紧到位信号
   TBL_UCL       : =I35.2            "T_UCL"              --转台放松到位信号
   TBL_UCL_OUT   : =Q46.4            "T_UCL_ON"           --转台放松阀接通
   TBL_CL_LED    : =Q4.6             "T_CL_LED"           --转台夹紧到位指示(MCP, T10)
   TBL_UCL_LED   : =Q4.5             "T_UCL_LED"          --转台放松到位指示(MCP, T11)
```

// FC113 主要对转台轴的手/自动旋转以及相应信号状态的指示等处理

| Network:6 | Alarm & Message |

```
CALL  FC  120                        "AL-MSG"             --出错信息 & 操作信息
```

// FC120 主要处理用户报警信息。系统的报警信息参阅系统商提供的相关资料

// 如用户报警信息显示为红色（EM——错误信息），将会中止程序的执行，而显示为黑色（OM——操作信息）则不会影响程序的执行

// 编写用户报警文本必须使用 Microsoft 的 Dos 环境下的 ASCII 编辑器。文本必须满足一定格式和语法

```
Network:7    First  PLC Cycle Scan One
L    # OB1_SCAN_1
L    1
==I
=    M  0.2              "SCAN_1ST"                    —第一次 PLC 扫描周期为 "1"，随后为 "0"
```

// 当系统上电启动后，在第一次 PLC 扫描周期内标志位信号 "SCAN_1ST" 为 "1"，随后为 "0"。该信号主要可对一些有要求信号初始上电时进行复位/置位处理或对机床润滑装置的首次触发启动处理等

7.2 子 程 序

7.2.1 机床启动/停止(FC100)

伺服电源模块（图 7-2）对上电（开机启动，释放急停按钮）或下电（按下急停按钮）的时序有严格的要求，否则很容易导致模块的硬件故障。伺服电源模块上下电处理可以由 PLC 用户程序通过外部继电器对电源模块外部使能控制端子 T48（直流母线使能接通）、T63（脉冲使能）和 T64（驱动使能）接通/断开的先后顺序进行控制。

为了保证数控系统与伺服系统能安全可靠运行，将系统 CPU 和 NC 准备就绪信号以及电源模块状态的内部输出端子 T72（准备就绪）、T52（I^2t 和温度过热报警）和 T113（直流母线接触器闭合）的信号作为机床控制接通就绪的必要条件之一。电源模块控制端子如图 7-2 所示。

机床的位置反馈分为半闭环和全闭环。利用内装在伺服电机中的编码器作为位置检测单元，并将其位置检测信息反馈到数控系统位置接口的称为半闭环控制。利用分离型位置检测装置（直线光栅尺或圆光栅）作为实际位置检测单元，并将其位置检测信息反馈到数控系统位置接口的称为全闭环控制。

半闭环的位置检测信息只是间接地反映了机床轴的位移值，忽略了同步带的传动误差、丝杆的精度和间隙，并非机床坐标轴真正的实际位移值。而全闭环(直线光栅尺)的位置检测信息则是直接反映了机床坐标轴的实际位移值，可以较好地保证机床的位置精度。

当系统接口信号 DB3x.DBX1.5 被置 "1"，则位置测量系统 1 生效（半闭环）；当系统接口信号 DB3x.DBX1.6 被置 "1"，则位置测量系统 2 生效（全闭环）。当 DB3x.DBX1.5 和 DB3x.DBX1.6 同时被置 "1"，则为位置测量系统 1 生效（半闭环）。机床在通常初调的情况下总先以半闭环形式进行位置控制，使位置测量系统 1 生效（DB3x.DBX1.5=1）。如果需要，在此情况下再转换，使位置测量系统 2 生效（DB3x.DBX1.6=1），完成全闭环位置控制。

由于系统出厂设定各轴均为仿真轴，系统既不产生指令输出给驱动器，也不读取电机的位置信号。因此，使坐标轴进入正常工作状态，需要激活每个伺服轴/主轴的控制使能（DB3x.DBX2.1=1）和脉冲使能（DB3x.DBX21.7=1），同时对机床参数 No.30130 和 No.30240 进行配置以激活各轴的位置控制器。

```
■ FC100 -- cxg\S7 Program(1)                                    [_][□][X]
```

```
                    Contents Of: 'Environment\Interface\IN'
⊟ 🔲 Interface      | Name   | Data Type | Comment
  ⊞ 📭 IN           | E_STOP | Bool      | Emergency Stop Signal
  ⊞ 📭 OUT          | T_72   | Bool      | Terminal 72 (NO):Ready Relay(Fault Signal)
    📭 IN_OUT       | T_52   | Bool      | Terminal 52 (NO):I2/t Temperature Monitoring
    📭 TEMP         | T_113  | Bool      | Terminal 113(NO):Internal Line Contactor Closed
  ⊞ 📭 RETURN       | CTR_ON | Bool      | Control On Signal
                    |        |           |
```

```
                    Contents Of: 'Environment\Interface\OUT'
⊟ 🔲 Interface      | Name     | Data Type | Comment
  ⊞ 📭 IN           | Y_BRAKE_O...| Bool    | Release For Y Axis
  ⊞ 📭 OUT          | T_48     | Bool      | Terminal 48(NO):Start
    📭 IN_OUT       | T_63     | Bool      | Terminal 63(NO):Pulse Enable
    📭 TEMP         | T_64     | Bool      | Terminal 64(NO):Drive Enable
  ⊞ 📭 RETURN       | CTR_ON_HL| Bool      | Indication Of Contrl On
                    | HY_ON    | Bool      | Hydraulic On
                    |          |           |
```

Block: FC100 Machine Start /Stop

Network:1   Setting

SET

=   M   0.1   "LOG_1"   —逻辑常"1"信号

CLR

=   M   0.0   "LOG_0"   —逻辑常"0"信号

AN   T   81

L   S5T#500MS   —预设时间 0.5s

SD   T   82   —以延时接通定时器方式启动定时器 T82

A   T   82

L   S5T#500MS   —预设时间 0.5s

SD   T81   —以延时接通定时器方式启动定时器 T81

=   M   0.5   "BLINK"   —1s 脉冲交替闪烁

L   DB21.DBB4   "CHANEL".A_FD_OR   —进给倍率修调（字节）

T   DB21.DBB5   "CHANEL".A_RT_OR   —快速进给倍率修调（字节）

A   Q   3.5   "MCP_KEY"   —MCS/WCS 命令转换键(LED)

=   DB19.DBX 0.7   "MMC".A_ActWCS   —WCS 中，实际值 0=MCS

Network:2   Emergency Stop

```
| #E_STOP                                          DB10.DBX56.1 |
*----|/|------------------------------------------------------( )----*  E_STOP（PLC→NCK）
|                                                  NC.A_EMERG. |  （急停）
```

Network:3   Drive Power Off （下电）

```
| DB10.DBX106.1                                    #T_64  |
*----||--*-------------------------------------------------( R )---*
| NC_E_STP|                                              （驱动器处于制动状态）
|        |  #T_48   #T_63   #T_64                  T70  |
|        *------||-------||--------|/|------------------(SD)---* 延时接通定时器 ON(T70)
```

```
|        |                                                 S5T#500MS |
|        |   T70                                            #T_63   |
|        *————||—————————————————————————————————————————————(R)———*
|        |                                              （脉冲使能禁止）
|        |   #T_48    #T_63    #T_64                        T71      |
|        *————||—————|/|—————|/|——————————————————————————(SD)———* 延时接通定时器 ON(T71)
|        |                                                 S5T#500MS |
|        |   T71                                            #T_48   |
|        *————||—————————————————————————————————————————————(R)———*
|                                                    （直流母线进入放电）
```

// 伺服电源模块下电时，控制端子的断开顺序则依次是 T64、T63、T48，每两个步骤之间一般为 0.5s

Network:4   Drive Power On （上电）

```
| DB10.DBX106.1                                            #T_48   |
*————|/|—*————————————————————————————————————————————————(S)———*
| NC_E_STP|                                          （直流母线开始充电）
|        |   #T_48    #T_63    #T_64                        T72      |
|        *————||—————|/|—————|/|——————————————————————————(SD)———* 延时接通定时器 ON(T72)
|        |                                                 S5T#500MS |
|        |   T72                                            #T_63   |
|        *————||—————————————————————————————————————————————(S)———*
|        |                                              （脉冲使能接通）
|        |   #T_48    #T_63    #T_64                        T73      |
|        *————||—————||—————|/|——————————————————————————(SD)———* 延时接通定时器 ON(T73)
|        |                                                 S5T#500MS |
|        |   T73                                            #T_64   |
|        *————||—————————————————————————————————————————————(S)———*
|                                                （驱动器处于工作状态）
```

// 伺服电源模块上电时,控制端子的接通顺序依次是 T48、T63、T64，每两个步骤之间一般为 0.5s

Network:5   Reset

```
|  I3.7                                             DB10.DBX56.2 |
*————||—*————————————————————————————————————————————————( )———* Acknowledge E_STOP
| RESET |                                           NC.A_EM.Ackn （急停确认 PLC→NCK）
|       |                                            DB21.DBX7.7 |
|       *————————————————————————————————————————————————( )———* Channel Reset
|                                                   CHA.A_RESET （通道复位 PLC→NCK）
```

```
|   M0.1                                                      DB21.DBX6.6 |
*----| |----*------------------------------------------------( )----* Rapid Override Active
|   LOG=1   |                                                 CHA.A_RT |  （快速进给修调有效）
|           |                                                 DB21.DBX6.7 |
|           *------------------------------------------------( )----* Feed Override Active
|           |                                                 CHA.A_FD  |  （进给修调有效）
|           |                                                 DB31.DBX1.7 |
|           *------------------------------------------------( )----* X Axis Override Active
|           |                                                 X.A_OR   |  （X轴修调有效）
|           |                                                 DB32.DBX1.7 |
|           *------------------------------------------------( )----* Y Axis Override Active
|           |                                                 Y.A_OR   |  （Y轴修调有效）
|           |                                                 DB33.DBX1.7 |
|           *------------------------------------------------( )---* Z Axis Override Active
|           |                                                 Z.A_OR   |  （Z轴修调有效）
|           |                                                 DB34.DBX1.7 |
|           *------------------------------------------------( )----* 4TH Axis Override Active
|           |                                                 4TH.A_OR |  （4 TH 轴修调有效）
|           |                                                 DB35.DBX1.7 |
|           *------------------------------------------------( )----* Spindle Override Active
|           |                                                 SP.A_OR  |  （主轴修调有效）
```

```
|   M0.1                                                      DB31.DBX1.6 |
*----| |----*------------------------------------------------( )----* X Axis A_PosMeas2
|   LOG=1   |                                                 X.A_POS.2 |  （X轴位置测量系统2）
|           |                                                 DB32.DBX1.6 |
|           *------------------------------------------------( )----* Y Axis A_PosMeas2
|           |                                                 Y.A_POS.2 |  （Y轴位置测量系统2）
|           |                                                 DB33.DBX1.6 |
|           *------------------------------------------------( )----* Z Axis A_PosMeas2
|           |                                                 Z.A_POS.2 |  （Z轴位置测量系统2）
|           |                                                 DB34.DBX1.6 |
|           *------------------------------------------------( )---- 4TH Axis A_PosMeas2
|           |                                                 4TH.A_POS.2|  （4TH轴位置测量系统2）
|           |                                                 DB35.DBX1.6 |
|           *------------------------------------------------( )---- Spindle A_PosMeas2
|                                                             SP.A_POS.2 |  （主轴位置测量系统2）
```

// DB3x.DBX1.5（位置测量系统1）和 DB3x.DBX1.6（位置测量系统2）只需激活一个即可。若两个信号同时为

322

"1"，则位置测量系统1（半闭环）有效

Network:8   Control Ok

```
| DB10.DBX106.1   #CTR_ON    M100.1                              M100.0 |
*----|/|------------||----------||----------------------------------( )--* Control Ok
| NC_E_STP                    READY_OK                          CTR_OK |  (控制接通)
```

Network:9   Ready Ok

```
|  #T_52       #T_72      #T_113   DB10.DBX104.7   DB10.DBX108.7   M100.1 |
*----|/|------||----------||----------||---------------||----------( )--*
|                            NCK.CPU_READY    NC_READY    READY_OK |  (机床控制接通条件准备)
```

Network:10   Control & Pulse Enable For Feed Axes

```
|  M100.0          Q1.7                                   DB31.DBX2.1 |
*----||------------||---*------------------------------------( )---* X Axis Control Enable
| CTR_OK        DRV_ST_LED |                              X_CTR_ENABLE |  (X轴控制使能)
|                          |                              DB32.DBX2.1 |
|                          *------------------------------------( )---* Y Axis Control Enable
|                          |                              Y_CTR_ENABLE |  (Y轴控制使能)
|                          |                              DB33.DBX2.1 |
|                          *------------------------------------( )---* Z Axis Control Enable
|                          |                              Z_CTR_ENABLE |  (Z轴控制使能)
|                          |      M113.0                  DB34.DBX2.1 |
|                          *----------||------------------------( )---* 4TH Axis Control Enable
|                          |      TBL_POS_OK              4TH_CTR_ENABLE|  (4TH轴控制使能)
|                          |                              DB31.DBX21.7|
|                          *------------------------------------( )---* X Axis Pulse Enable
|                          |                              X_PUL_ENABLE |  (X轴脉冲使能)
|                          |                              DB32.DBX21.7|
|                          *------------------------------------( )---* Y Axis Pulse Enable
|                          |                              Y_PUL_ENABLE |  (Y轴脉冲使能)
|                          |                              DB33.DBX21.7|
|                          *------------------------------------( )---* Z Axis Pulse Enable
|                          |                              Z_PUL_ENABLE |  (Z轴脉冲使能)
|                          |      I35.2                   DB34.DBX21.7|
|                          *----------||------------------------( )---* 4TH Axis Pulse Enable
|                          |      TBL_UCL                 4TH_PUL_ENABLE|  (4TH轴脉冲使能)
```

Network:11   Control & Pulse Enable For Spindle

```
|  M100.0          Q2.1                                   DB35.DBX2.1 |
*----||------------||---*------------------------------------( )---* Spindle Control Enable
```

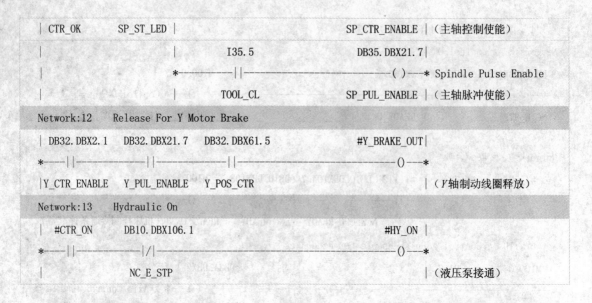

```
| CTR_OK         SP_ST_LED |                                    SP_CTR_ENABLE | (主轴控制使能)
|                          |          I35.5                      DB35.DBX21.7|
|                          *-----------||----------------------------( )---* Spindle Pulse Enable
|                          |          TOOL_CL                    SP_PUL_ENABLE | (主轴脉冲使能)

Network:12     Release For Y Motor Brake

| DB32.DBX2.1    DB32.DBX21.7    DB32.DBX61.5              #Y_BRAKE_OUT|
*-----||-------------||--------------||-------------------------------()---*
| Y_CTR_ENABLE   Y_PUL_ENABLE   Y_POS_CTR                               | (Y轴制动线圈释放)

Network:13     Hydraulic On

| #CTR_ON        DB10.DBX106.1                               #HY_ON |
*-----||------------|/|-------------------------------------------()---*
|                NC_E_STP                                          | (液压泵接通)
```

```
Network:14     LED Of Control On

| DB10.DBX106.1    #CTR_ON                                   #CTR_ON_HL|
*-----|/|-------------||------*                                       ()---*
| NC_E_STP                    |                                       | (控制接通指示灯)

| DB10.DBX106.1    M0.5        |
*-----||------*------||--------*
| NC_E_STP    |     BLINK      |
| #CTR_ON     |                |
*-----|/|-----*                |
|                              |
```

// 当系统上电之后，如果急停未释放或机床控制未接通，则控制指示灯闪烁

```
Network:15     MDA/AUTO Mode Flag

| DB11.DBX6.0                                                M100.5 |
*-----||------*                                                    ()---*
| MODE_AUTO   |                                              MDA_AUTO| (MDA/AUTO方式)
| DB11.DBX6.1 |
*-----||------*
| MODE_MDA    |
```

// 将自动运行包括的 AUTO/MDA 两种操作方式合并为 MDA_AUTO < M100.5 >仅考虑方便 PLC 用户程序的编制

7.2.2 返回参考点(FC101)

软限位的基准位置就是机床坐标系的原点，一旦机床坐标轴完成返回参考点后软限位才生

效起作用。数控系统将实时监控各坐标轴的速度和位置，以确保坐标轴能够在设定的软限位位置处停止。

　　示例中的位置反馈检测装置均为增量式，因此开机后必须先进行返回参考点操作。

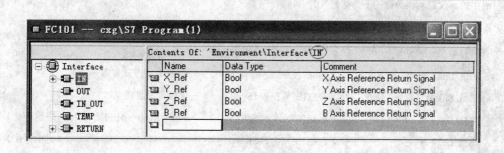

Block: FC101 All Axes Return Reference Point (REF.Mode)

// 在回参考点方式下选择 MCP 上轴选按键，然后点动正方向键（MD34010=1），机床将以触发方式（MD11300=0）自动以寻找参考点减速开关的速度（MD34020）移向至该轴参考点减速开关（DB3x.DBX12.7=1）后减速停止。随后机床将以寻找编码器（光栅尺）零脉冲标志的速度（MD34040）退离参考点减速开关搜寻零脉冲信号。当找到零脉冲信号后，又根据参考点移动距离（MD34080）和参考点偏移值（MD34090）以返回参考点定位速度（MD34070）移动，最后停在参考点位置（MD34100）上

// 如果开始返回参考点时坐标轴的当前位置正好停在参考点减速开关上，则坐标轴自动退离参考点开关寻找参考点位置

// 如果零脉冲信号的位置与参考点开关闭合位置重合，有可能会出现参考点位置相差一个螺距的现象。当出现该情况时，可以通过调整参考点减速开关的安装位置或调整机床参数 MD34092（增量系统凸轮偏移）

// MD11300：JOG_INC_MODE_LEVELTRIGGRD　　返回参考点方式选择（0：触发方式/1：系统默认的保持方式）

// MD20700：REF_NC_START_LOCK　　NC 启动是否允许不回参考点（0：允许/1：不允许，NC 启动禁止）

// MD34010：REFP_CAM_DIR_IS_MINUS　　返回参考点方向选择（0：正/1：负）

// MD34020：REFP_VELO_SEARCH_CAM　　寻找参考点减速开关的速度

// MD34040：REFP_VELO_SEARCH_MARKE[n]　寻找编码器（光栅尺）零脉冲标志的速度

// MD34050：REFP_SEARCH_MARKER_DIST[n]　寻找零脉冲标志方向（0：正/1：负）

// MD34070：REFP_VELO_POS　　返回参考点定位速度

// MD34080：REFP_MOVE_DIST[n]　　参考点移动距离

// MD34090：REFP_MOVE_DIST_CORR[n]　　参考点偏移值，即数控轴的基准点偏移值

// MD34100：REFP_SET_POS[n]　　参考点位置（相对于机床坐标系）

// MD30240：ENC_TYPE[n]　　编码器（光栅尺）信号类型选择（1～5）

// MD31000：ENC_IS_LINEAR[n]　　全闭环位置检测装置选择（0：外置编码器/1：光栅尺）

// MD31020：ENC_RESOL[n]　　编码器脉冲数

// MD31040：ENC_IS_DIRECT[n]　　位置反馈选择（0：半闭环/1：全闭环）

// MD32110：ENC_FEEDBACK_POL[n]　　编码器（光栅尺）反馈极性选择（1/-1）

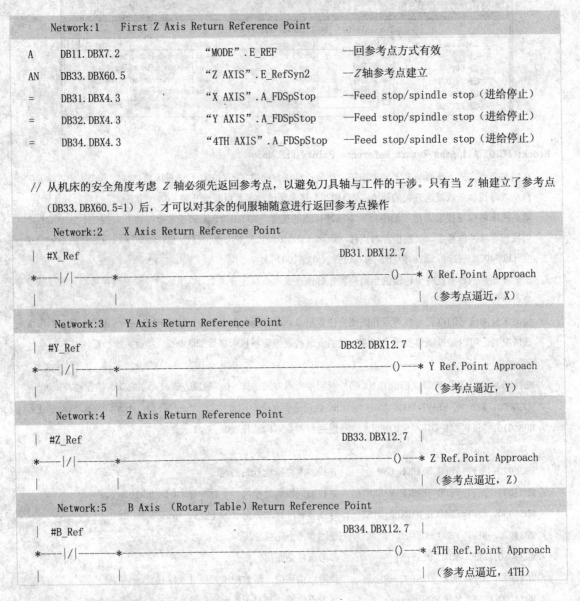

```
// MD34200: ENC_REFP_MODE[n]              编码器（光栅尺）类型选择（0：绝对式/1：增量式）

// MD34310: ENC_MARKER_INC[n]             光栅尺信号栅格间距


// [n]中的 n 仅表示该参数的下角标数（0，1，2，…）
```

```
        Network:1    First Z Axis Return Reference Point

A       DB11.DBX7.2            "MODE".E_REF          --回参考点方式有效
AN      DB33.DBX60.5          "Z AXIS".E_RefSyn2    --Z轴参考点建立
=       DB31.DBX4.3           "X AXIS".A_FDSpStop   --Feed stop/spindle stop（进给停止）
=       DB32.DBX4.3           "Y AXIS".A_FDSpStop   --Feed stop/spindle stop（进给停止）
=       DB34.DBX4.3           "4TH AXIS".A_FDSpStop --Feed stop/spindle stop（进给停止）
```

// 从机床的安全角度考虑 Z 轴必须先返回参考点，以避免刀具轴与工件的干涉。只有当 Z 轴建立了参考点（DB33.DBX60.5=1）后，才可以对其余的伺服轴随意进行返回参考点操作

```
        Network:2    X Axis Return Reference Point

  | #X_Ref                                           DB31.DBX12.7 |
  *----|/|--------*------------------------------------------()---* X Ref.Point Approach
  |              |                                              | （参考点逼近，X）
```

```
        Network:3    Y Axis Return Reference Point

  | #Y_Ref                                           DB32.DBX12.7 |
  *----|/|--------*------------------------------------------()---* Y Ref.Point Approach
  |              |                                              | （参考点逼近，Y）
```

```
        Network:4    Z Axis Return Reference Point

  | #Z_Ref                                           DB33.DBX12.7 |
  *----|/|--------*------------------------------------------()---* Z Ref.Point Approach
  |              |                                              | （参考点逼近，Z）
```

```
        Network:5    B Axis （Rotary Table）Return Reference Point

  | #B_Ref                                           DB34.DBX12.7 |
  *----|/|--------*------------------------------------------()---* 4TH Ref.Point Approach
  |              |                                              | （参考点逼近，4TH）
```

7.2.3 主轴转速换挡(FC111)

为保证主轴电机在高转速情况下主轴仍能输出较大的扭矩，通过 ZF 减速器（1：4）变挡是常选用的方法之一。在自动方式下，由 M41/M42 代码或由主轴转速 S 指令值来决定 ZF 减速器高低挡的切换（Network:1 和 Network:2 由梯形图直接转换而成）。控制 ZF 减速器换挡流程图如图 7-5 所示。

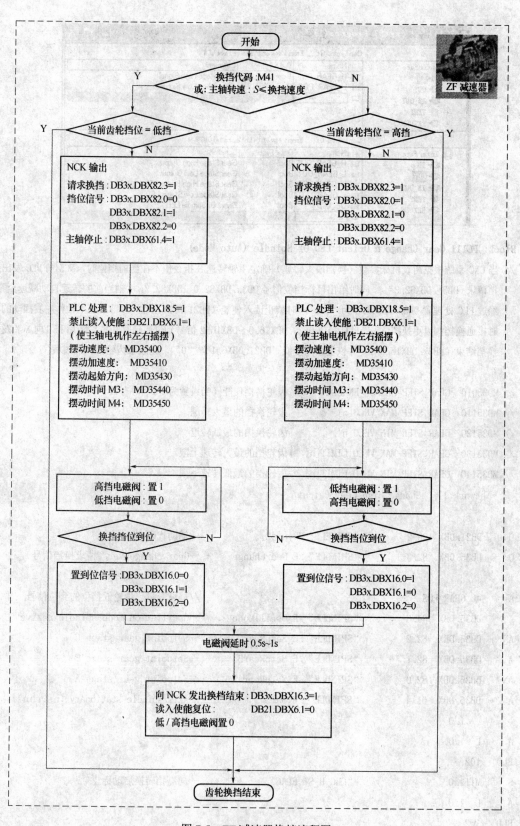

图 7-5　ZF 减速器换挡流程图

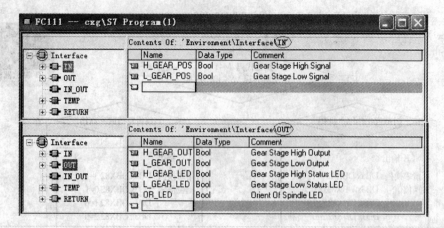

Block: FC111 Gear Change & Orient LED Of Spindle (Auto Mode)

// 当 CNC 系统根据所设机床参数（换挡最大转速）确定主轴转速 S 指令值不在当前挡位时，NCK 向 PLC 发出换挡请求（DB3*.DBX82.3=1），同时给出目标挡位信号 DB3x.DBX82.0～DBX82.2。主轴当前的转速自动减速至零。经过 PLC 处理置 DB3x.DBX18.5 为"1"，同时禁止读入使能（DB21.DBX6.1 置"1"），使主轴作左右摆动的同时接通换挡阀以更换挡位。当目标挡位 DB3x.DBX16.0～DBX16.2 信号到位后延时 0.5s，随后 PLC 向 NCK 发出换挡结束（DB3x.DBX16.3=1）并恢复读入使能（DB21.DBX6.1 置"0"），完成了齿轮换挡的过程

// MD35010 GEAR_STEP_CHANGE_ENABLE   齿轮换挡使能（当设置为"1"时有效）

// MD35110 GEAR_STEP_MAX_VELO[n]   齿轮换挡的最大转速

// MD35120 GEAR_STEP_MIN_VELO[n]   齿轮换挡的最低转速

// MD35130 GEAR_STEP_MAX_VELO LIMIT[n]   齿轮挡的最大转速上限

// MD35140 GEAR_STEP_MIN_VELO LIMIT[n]   齿轮挡的最低转速下限

	Network:1	Change High Gear Output	
A(			
O	DB21.DBX 199.2	"CHANEL".MDyn[42]	--辅助代码 M42
O	DB35.DBX 82.3	"SPINDLE".E_GearChange	--Gear changeover（请求换挡信号）
)			
A	#L_GEAR_POS		//局域变量，齿轮低挡位的到位信号
A	DB35.DBX 84.6	"SPINDLE".E_OscillMode	--Oscillation mode spindle active
AN	DB35.DBX 82.2	"SPINDLE".E_SetpRearC	--Setpoint gear stage C
A	DB35.DBX 82.1	"SPINDLE".E_SetpRearB	--Setpoint gear stage B
AN	DB35.DBX 82.0	"SPINDLE".E_SetpRearA	--Setpoint gear stage A
A	DB35.DBX 61.4	"SPINDLE".E_Sart	--Axis/spindle stationary (n<nmin)
=	L 1.0		
A	L 1.0		
BLD	102		
S	M111.0	"CHG_H_ST_FLAG"	--向高挡转换启动标志
A	L 1.0		
BLD	102		
S	DB35.DBX 18.5	"SPINDLE".A_OscilSpeed	--Enable Oscillation（摆动使能置"1"）

A	L 1.0		
BLD	102		
S	DB21.DBX 6.1	"CHANEL".A_RIdisable	——Read-in disable（置"1"读入使能禁止）
A	L 1.0		
BLD	102		
R	DB35.DBX 18.4	"SPINDLE".A_OscilPLC	——Oscillation via PLC（由 PLC 摆动）
A	L 1.0		
A	M111.0	"CHG_H_ST_FLAG"	——向高挡转换启动标志
A	DB35.DBX 18.5	"SPINDLE".A_OscilSpeed	——Enable Oscillation（摆动使能）
S	#H_GEAR_OUT		//局域变量，齿轮高挡位阀置"1"
R	#L_GEAR_OUT		//局域变量，齿轮低挡位阀置"0"

	Network:2 Change Low Gear Output		
A(			
O	DB21.DBX 199.1	"CHANEL".MDyn[41]	——辅助代码 M41
O	DB35.DBX 82.3	"SPINDLE".E_GearChange	——Gear changeover（请求换挡信号）
)			
A	#H_GEAR_POS		//局域变量，齿轮高挡位的到位信号
A	DB35.DBX 84.6	"SPINDLE".E_OscillMode	——Oscillation mode spindle active
AN	DB35.DBX 82.2	"SPINDLE".E_SetpRearC	——Setpoint gear stage C
AN	DB35.DBX 82.1	"SPINDLE".E_SetpRearB	——Setpoint gear stage B
A	DB35.DBX 82.0	"SPINDLE".E_SetpRearA	——Setpoint gear stage A
A	DB35.DBX 61.4	"SPINDLE".E_Sart	——Axis/spindle stationary（n＜nmin）
=	L 1.0		
A	L 1.0		
BLD	102		
S	M111.1	"CHG_L_ST_FLAG"	——向低挡转换启动标志
A	L 1.0		
BLD	102		
S	DB35.DBX 18.5	"SPINDLE".A_OscilSpeed	——Enable Oscillation（摆动使能置"1"）
A	L 1.0		
BLD	102		
S	DB21.DBX 6.1	"CHANEL".A_RIdisable	——Read-in disable（置"1"读入使能禁止）
A	L 1.0		
BLD	102		
R	DB35.DBX 18.4	"SPINDLE".A_OscilPLC	——Oscillation via PLC（由 PLC 摆动）
A	L 1.0		
A	M111.1	"CHG_L_ST_FLAG"	——向低挡转换启动标志
A	DB35.DBX 18.5	"SPINDLE".A_OscilSpeed	——Enable Oscillation（摆动使能）
S	#L_GEAR_OUT		//局域变量，齿轮低挡位阀置"1"
R	#H_GEAR_OUT		//局域变量，齿轮高挡位阀置"0"

Network:3   Low Gear Reached (PLC-NCK) & Status Display

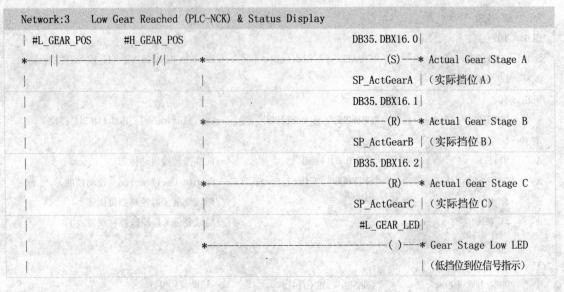

```
| #L_GEAR_POS        #H_GEAR_POS                                    DB35.DBX16.0|
*——||————————————|/|————*————————————————————————(S)——* Actual Gear Stage A
|                              |                    SP_ActGearA |（实际挡位 A）
|                              |                    DB35.DBX16.1|
|                              *————————————————————(R)——* Actual Gear Stage B
|                              |                    SP_ActGearB |（实际挡位 B）
|                              |                    DB35.DBX16.2|
|                              *————————————————————(R)——* Actual Gear Stage C
|                              |                    SP_ActGearC |（实际挡位 C）
|                              |                    #L_GEAR_LED|
|                              *————————————————————( )——* Gear Stage Low LED
|                              |                                |（低挡位到位信号指示）
```

Network:4   High Gear Reached (PLC-NCK) & Status Display

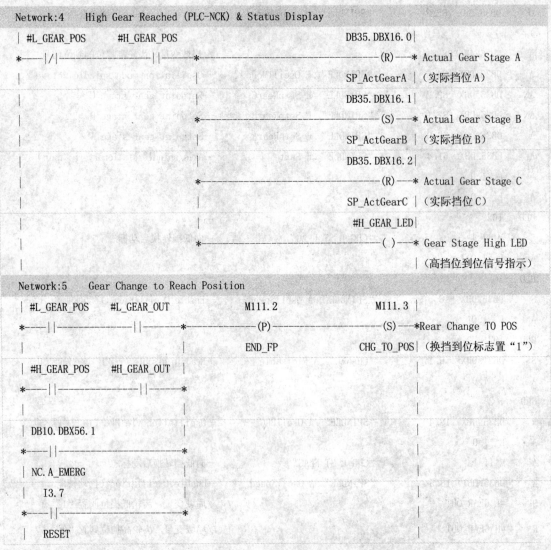

```
| #L_GEAR_POS        #H_GEAR_POS                                    DB35.DBX16.0|
*——|/|————————————||————*————————————————————————(R)——* Actual Gear Stage A
|                              |                    SP_ActGearA |（实际挡位 A）
|                              |                    DB35.DBX16.1|
|                              *————————————————————(S)——* Actual Gear Stage B
|                              |                    SP_ActGearB |（实际挡位 B）
|                              |                    DB35.DBX16.2|
|                              *————————————————————(R)——* Actual Gear Stage C
|                              |                    SP_ActGearC |（实际挡位 C）
|                              |                    #H_GEAR_LED|
|                              *————————————————————( )——* Gear Stage High LED
|                              |                                |（高挡位到位信号指示）
```

Network:5   Gear Change to Reach Position

```
| #L_GEAR_POS        #L_GEAR_OUT        M111.2              M111.3 |
*——||————————————||————*————(P)————————————————(S)——*Rear Change TO POS
|                              |     END_FP         CHG_TO_POS |（换挡到位标志置“1”）
| #H_GEAR_POS        #H_GEAR_OUT |                            |
*——||————————————||——*                                  |
|                              |                            |
| DB10.DBX56.1              |                            |
*——||————————————————*                                  |
| NC. A_EMERG              |                            |
|  I3.7                    |                            |
*——||————————————————*                                  |
| RESET                    |                            |
```

330

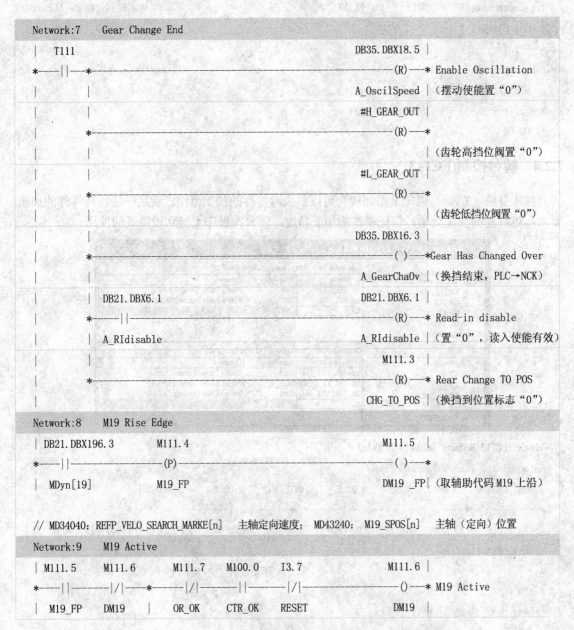

Network:6   To Position Delay

```
| M111.3                                                T111    |
*————||————*————————————————————————————————————————————(SD)———*End Delay After To POS
| CHG_TO_POS |                                      S5T#500MS  | (换挡到位后延时)
|            |                                          M111.0 |
|            *————————————————————————————————————————————(R)———*
|            |                                   CHG_H_ST_FLAG | (向高挡转换标志置 "0")
|            |                                          M111.1 |
|            *————————————————————————————————————————————(R)———*
|            |                                   CHG_L_ST_FLAG | (向低挡转换标志置 "0")
```

Network:7   Gear Change End

```
| T111                                            DB35.DBX18.5 |
*————||————*——————————————————————————————————————————————(R)———* Enable Oscillation
|          |                                     A_OscilSpeed | (摆动使能置 "0")
|          |                                       #H_GEAR_OUT |
|          *——————————————————————————————————————————————(R)———*
|          |                                                   | (齿轮高挡位阀置 "0")
|          |                                       #L_GEAR_OUT |
|          *——————————————————————————————————————————————(R)———*
|          |                                                   | (齿轮低挡位阀置 "0")
|          |                                     DB35.DBX16.3 |
|          *——————————————————————————————————————————————( )———*Gear Has Changed Over
|          |                                      A_GearChaOv | (换挡结束, PLC→NCK)
|          | DB21.DBX6.1                           DB21.DBX6.1 |
|          *————||—————————————————————————————————————————(R)———* Read-in disable
|          | A_RIdisable                          A_RIdisable | (置 "0", 读入使能有效)
|          |                                            M111.3 |
|          *——————————————————————————————————————————————(R)———* Rear Change TO POS
|          |                                       CHG_TO_POS | (换挡到位置标志 "0")
```

Network:8   M19 Rise Edge

```
| DB21.DBX196.3      M111.4                             M111.5 |
*————||—————————————(P)—————————————————————————————————( )———*
| MDyn[19]          M19_FP                          DM19 _FP | (取辅助代码 M19 上沿)
```

// MD34040: REFP_VELO_SEARCH_MARKE[n]   主轴定向速度; MD43240: M19_SPOS[n]   主轴 (定向) 位置

Network:9   M19 Active

```
| M111.5    M111.6      M111.7   M100.0   I3.7           M111.6 |
*————||———————|/|————*————|/|—————||————|/|———————————————()———* M19 Active
| M19_FP    DM19     |  OR_OK   CTR_OK  RESET           DM19   |
```

```
| M111.5      M111.6  |                                          |
*———|/|————————||———*                                          |
| M19_FP      DM19    |                                          |
```

| Network:10 | Orient Position Reach |

```
| DB35.DBX60.6   DB35.DBX60.7   DB35.DBX61.4              M111.7 |
*———||—————————————||—————————————||—————————————————————()———* Orient Reach
| E_ExactCoarse  E_ExactFine    E_Stat                   OR_OK | （定向到位标志）
```

| Network:14 | Orient Position Reach Indication |

```
| DB35.DBX60.6   M111.6      M0.5                      #OR_LED |
*———|/|————————*———||———————||————————*————————————————()———* Orient Reach LED
| E_ExactCoarse|  DM19       BLINK      |                      | （定向到位指示，MCP T6）
| DB35.DBX60.7 |                         |                      |
*———|/|———————*                          |                      |
| E_ExactFine  |                          |                      |
| M111.7       |                          |                      |
*———||———————————————————————————————————*                      |
| OR_OK        |                          |                      |
```

7.2.4 转台控制(FC113)

在床身铣（立/卧）机床上添加转台可以扩大对零件的加工范围，满足一些特殊零件的加工要求；可以提高加工效率，保证零件的加工精度。转台在机床上得到较广泛的使用。

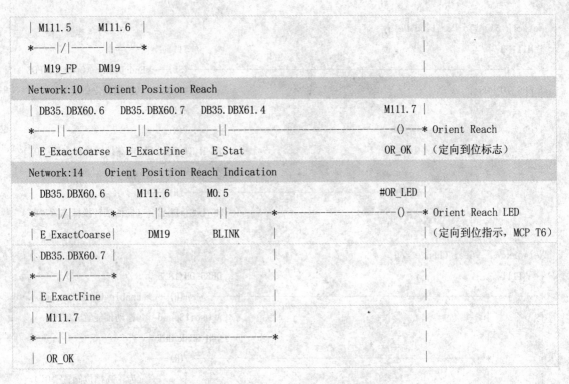

| Block: FC113 Rotary Table(4TH Axis) |

| Network: 1 | Rotary Table Unclamp |

```
| DB34.DBX4.6    DB11.DBX6.2   Q2.5      #TBL_CL   M100.0      M113.1 |
*———||——————————*———||————————*———||——————*———||——————||——————(S)———*
| 4TH_MINUS     MODE_JOG   |  4TH_LED  |              CTR_OK   TBL_UCL_F| （转台松开阀置 "1"）
| DB34.DBX4.7|              |           |
*———||——————*              |           * 手动旋转（正/反）                |
| 4TH_PLUS   |              |           |
| DB34.DBX4.7    DB11.DBX7.2|           |
```

```
*──| |────────────| |───*              |    * 回参考点（正向）            |
| 4TH_PLUS          MODE_REF            |                                |
| DB21.DBX195.3                         |                                |
*──| |─────────────────────────────*   * M11：转台松开代码              |
|  MDyn[11]                             |                                |
```

```
| DB34.DBX4.6  DB34.DBX4.7 DB11.DBX6.2 Q2.5 #TBL_UCL   M100.0      M113.1 |
*──|/|─────────|/|──────| |────| |────| |──*──| |──────(R)──*
| 4TH_MINUS    4TH_PLUS    MODE_JOG  4TH_LED   |  CTR_OK   TBL_UCL_F|（转台松开阀置"0"）
| DB34.DBX60.5 DB11.DBX7.2 Q2.5      M113.2    |                                |
*──| |─────────| |────| |──────────(P)──*     * 回参考点结束           |
| 4TH_RefSyn2  MODE_REF  4TH_LED     REF_FN    |                                |
| DB21.DBX195.2                                |                                |
*──| |─────────────────────────────────*     * M10：                    |
|  MDyn[10]                                    |   转台夹紧代码            |
|  I3.7                                        |                                |
*──| |─────────────────────────────────*     * 按复位键                 |
|  RESET                                       |                                |
| DB10.DBX56.1                                 |                                |
*──| |─────────────────────────────────*     * 按下急停按钮             |
|  E_STOP                                      |                                |
```

```
|  M113.1                                              #TBL_UCL_OUT |
*──| |─────────────────────────────────────────────────()──*
| TBL_UCL_F                                            |（转台松开阀接通）
```

```
    A    #TBL_UCL                        //局域变量，转台松开到位信号
    AN   #TBL_CL                         //局域变量，转台夹紧到位信号
    L    S5T#300MS                       —预设时间 0.5s
    SD   T 113                           —以延时接通定时器方式启动定时器 T113
    A(
    AN   #TBL_UCL                        //局域变量，转台松开到位信号
    A    #TBL_CL                         //局域变量，转台夹紧到位信号
    O    DB10.DBX 106.1     "NC" E_STP   —EMERGENCY STOP ACTIVE
    )
    R    T 113                           —复位定时器 T113
    NOP  0
    NOP  0
    A    T 113
```

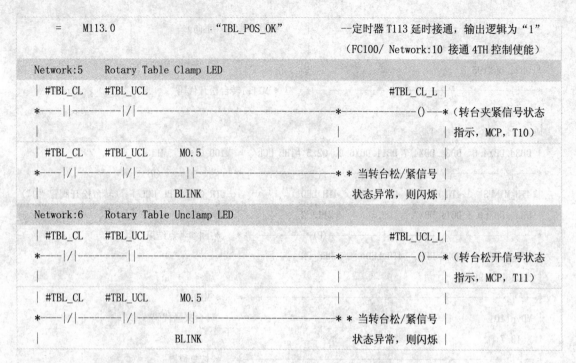

| = | M113.0 | | "TBL_POS_OK" | --定时器 T113 延时接通，输出逻辑为 "1" |

（FC100/ Network:10 接通 4TH 控制使能）

Network:5   Rotary Table Clamp LED

```
| #TBL_CL      #TBL_UCL                                    #TBL_CL_L |
*-----||-----------|/|------------------------------*------------------()---* （转台夹紧信号状态
|                                                   |                 | 指示，MCP，T10）
| #TBL_CL      #TBL_UCL      M0.5                    |                 |
*-----|/|-----------|/|-----------||----------------* * 当转台松/紧信号 |
|                             BLINK                   状态异常，则闪烁 |
```

Network:6   Rotary Table Unclamp LED

```
| #TBL_CL      #TBL_UCL                                    #TBL_UCL_L |
*-----|/|-----------||------------------------------*------------------()---* （转台松开信号状态
|                                                   |                 | 指示，MCP，T11）
| #TBL_CL      #TBL_UCL      M0.5                    |                 |
*-----|/|-----------|/|-----------||----------------* * 当转台松/紧信号 |
|                             BLINK                   状态异常，则闪烁 |
```

7.2.5 用户报警信息(FC120)

在 PLC 应用程序中，用户报警是针对具体某一台机床作出的专门诊断。通过 PLC 用户报警可以给操作人员或维修人员明确的诊断信息，有利于用户通过诊断信息和数控系统提供的诊断平台，迅速而有效地诊断出机床在运行过程中所出现故障的原因，准确地判断出发生故障的部位，是机床出现故障时最有效的诊断手段之一。

因此，编制完善而详细的 PLC 用户报警提示信息，可以大大缩短机床的停机时间，提高机床的使用效率。这对使用数控机床的用户而言十分重要，也是数控机床制造厂家对用户使用负责的一个重要方面。

用户报警需要在 PLC 程序中处理了相应的报警号（DB2），在主程序 OB1 中调用了 FC10 以及编写了报警文本并传入系统，这样系统处理用户报警信息才算完整。

Block: FC120 Alarm & Massage

Network:1   Machine Error(700000～700008)

AN	I	34.0	"CTR_ON"	--Control On Signal
=	DB2.DBX180.0		"PLC_MSG" A700000	--700000 机床控制 OFF
AN	I	34.1	"READY_OK"	--Ready Signal For I/R Module（T72）
=	DB2.DBX180.1		"PLC_MSG" A700001	--700001 电源模块准备未就绪
A	I	34.2	"TMP_MONITORING"	--Temp.Moni Signal For I/R Module（T52）
=	DB2.DBX180.2		"PLC_MSG" A700002	--700002 驱动电源模块温度过热

...

Network:2   Unclamp/Clamp Status Fault For Spindle

```
| I35.4        I35.5                                          T120  |
```

334

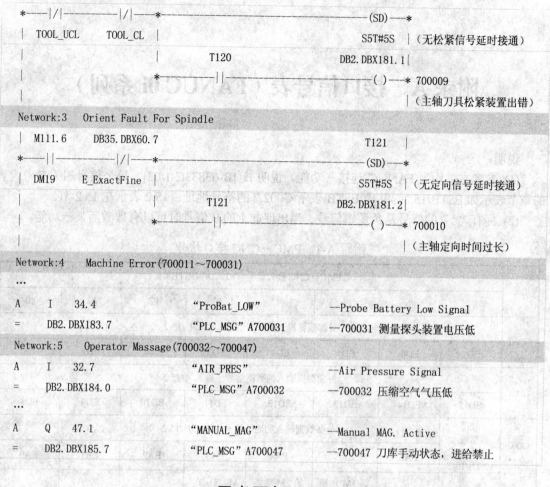

```
*———|/|————————|/|———*—————————————————————————(SD)——*
 |  TOOL_UCL      TOOL_CL  |                          S5T#5S  |（无松紧信号延时接通）
 |                          |    T120                  DB2.DBX181.1|
 |                          *—————————||——————————————（  ）——* 700009
 |                                                              |（主轴刀具松紧装置出错）
```

Network:3   Orient Fault For Spindle

```
 |  M111.6      DB35.DBX60.7                              T121   |
*———||————————————|/|———*—————————————————————————(SD)——*
 |  DM19        E_ExactFine |                          S5T#5S  |（无定向信号延时接通）
 |                          |    T121                  DB2.DBX181.2|
 |                          *—————————||——————————————（  ）——* 700010
 |                                                              |（主轴定向时间过长）
```

Network:4   Machine Error（700011～700031）

...

```
A    I    34.4          "ProBat_LOW"              ——Probe Battery Low Signal
=    DB2.DBX183.7        "PLC_MSG" A700031         ——700031 测量探头装置电压低
```

Network:5   Operator Massage（700032～700047）

```
A    I    32.7          "AIR_PRES"                ——Air Pressure Signal
=    DB2.DBX184.0        "PLC_MSG" A700032         ——700032 压缩空气气压低
...
A    Q    47.1          "MANUAL_MAG"              ——Manual MAG. Active
=    DB2.DBX185.7        "PLC_MSG" A700047         ——700047 刀库手动状态，进给禁止
```

思考题与习题

1. 简述电源模块对上下电顺序的要求。
2. 机床在通常初调的情况下总先以＿＿＿＿位置控制，使＿＿＿＿生效。如果需要，在此正常情况下再使＿＿＿＿生效，完成＿＿＿＿位置控制。
3. 数控机床开机后（CNC 和驱动系统都正常)，必须检测＿＿＿等信号，目的是保证机床＿＿＿运行。
4. 从安全角度考虑铣床类机床的 Z 轴必须先返回参考点，以避免刀具轴与工件的干涉。那么，数控车床、数控磨床是否也必须考虑某轴先回参考点？为什么？
5. 系统收到换挡指令后会使主轴转速发生哪种变化？
6. 当 NCK 发出换挡请求时，必须检测到主轴转速处于＿＿＿＿状态，信号＿＿＿＿为 "1"。
7. 换挡结束的前提条件是什么？
8. 简述转台（无级）旋转的约束条件。
9. 简述报警信息和提示操作信息的区别与各自的作用。
10. 编写一段 PLC 用户程序：在 JOG 方式下，用 MCP 上一个按键(I7.1)控制冷却泵的启动/停止(Q5.1)。在 MDI/AUTO 方式下由辅助代码 M08/M09（DB21.DBX195.0/DB21.DBX195.1）控制冷却泵的启动/停止,且在此方式下按键也能控制冷却泵的启动/停止。同时要求在急停或复位的情况下冷却泵处于工作停止状态。

附录 A 接口信号表（FANUC 0i 系列）

说明：

(1) 参考文献均为 FANUC 连接（功能）说明书 [B-63833C-1/02]。每个信号相关参考内容的章节表示如 ESTB/15.2。其中 ESTB 表示 G002.7 的符号地址；15.2 表示在 15.2 节。

(2) 标有"*"的信号是负逻辑信号。当出现非 1 的 0 信号时可以有效激活某一功能。

附录 A-1 PMC→CNC 接口信号

地址	PMC→CNC 接口信号（READ/WRITE）							
	#7	#6	#5	#4	#3	#2	#1	#0
G000	外部数据输入的数据信号（输入）/15.2							
	ED7	ED6	ED5	ED4	ED3	ED2	ED1	ED0
G001	外部数据输入的数据信号（输入）/15.2							
	ED15	ED14	ED13	ED12	ED11	ED10	ED9	ED8
G002	外部数据输入读取信号 ESTB/15.2	外部数据输入的地址信号（输入）/15.2						
		EA6	EA5	EA4	EA3	EA2	EA1	EA0
G004			第 3M 功能结束信号 MF1N3/8.4	第 2M 功能结束信号 MF1N2/8.4	M、S、T 结束信号 F1N/8.1			
G005	第 2 辅助功能结束信号（M）BFIN /8.4	辅助功能锁住信号 AFL /8.2		第 2 辅助功能结束信号（T）BFIN /8.4	刀具功能结束信号 TFIN /8.4	主轴功能结束信号 SFIN /8.4	外部运行功能结束 EFIN /8.4	辅助功能结束信号 MFIN/8.4
G006		跳转信号 SKIPP/14.3		倍率取消信号 OVC /7.1.6		手动绝对值信号 *ABSM/5.4		程序再启动信号 SRN /5.4
G007	行程到限解除信号 RLSOT/2.3	存储行程极限选择信号 EXLM /2.3	跟踪信号 *PLWU/1.2	行程检测 3 解除信号 RLSOT3/2.3		循环启动信号 ST /5.1	启动锁住信号 STIK /2.5	
G008	外部复位信号 ERS /5.2	复位&倒回信号 RRW /5.2	进给暂停信号 *SP /5.1	急停信号 *ESP /2.1	程序段开始互锁信号 *BSL /2.5		切削程序段互锁信号 *CSL /2.5	互锁信号 *IL /2.5
G009	工件号检索信号 /15.3							
				PN16	PN8	PN4	PN2	PN1
G010	手动移动速度倍率信号/3.1							
	JV7	JV6	JV5	JV4	JV3	JV2	JV1	JV0

336

(续)

地址	PMC→CNC 接口信号（READ/WRITE）							
	#7	#6	#5	#4	#3	#2	#1	#0
G011	手动移动速度倍率信号/3.1							
	JV15	JV14	JV13	JV12	JV11	JV10	JV9	JV8
G012	进给速度倍率信号/7.1.6.2							
	FV7	FV6	FV5	FV4	FV3	FV2	FV1	FV0
G014							快速进给速度倍率信号/7.1.6.1	
							ROV2	ROV1
G016	F1 位进给选择信号 F1D /7.1.5							电机速度检测功能有效信号 MSDFON/2.10
G018	手轮进给轴 2 选择信号				手轮进给轴 1 选择信号			
	HS2D /3.2	HS2C /3.2	HS2B /3.2	HS2A /3.2	HS1D /3.2	HS1C /3.2	HS1B /3.2	HS1A /3.2
G019	手动快速进给选择信号 RT /3.1		手轮进给量选择信号（增量进给信号）		手轮进给轴 3 选择信号			
			MP2 /3.2	MP1 /3.2	HS3D /3.2	HS3C /3.2	HS3B /3.2	HS3A /3.2
G024	扩展工件号检索信号 /15.3.2							
	EPN7	EPN6	EPN5	EPN4	EPN3	EPN2	EPN1	EPN0
G025	扩展工件号检索开始信号 EPNS/15.3	扩展工件号检索信号/15.3.2						
		EPN13	EPN12	EPN11	EPN10	EPN9	EPN8	
G027	Cs 轮廓控制切换信号 CON /9.8	各主轴停止信号 /9.9			主轴选择信号 /9.9			
		*SSTP3	*SSTP2	*SSTP1	SWS3	SWS2	SWS1	
G028	第 2 位置编码器选择信号 PC2SLC/9.9	主轴停止完成信号 SPSTP/9.7	主轴夹紧完成信号 *SCPF/9.7	主轴松开完成信号 *SUCPF/9.7			齿轮选择信号(输入)	
							GR2 /9.3	GR1 /9.3
G029		主轴停止信号 *SSTP/9.3	主轴定向信号 SOR /9.3	主轴速度到达信号 SAR /9.3				齿轮挡选择信号(输入) GR21 /9.9
G030	主轴速度倍率信号 /9.3							
	SOV7	SOV6	SOV5	SOV4	SOV3	SOV2	SOV1	SOV0
G032	PMC 第 1 主轴电机速度指令信号 /15.4							
	RO8I	RO7I	RO6I	RO5I	RO4I	RO3I	RO2I	RO1I
G033	PMC 控制主轴速度输出控制信号 SIND /15.4	PMC 主轴电机指令输出极性选择信号		PMC 主轴电机速度指令信号 /15.4				
		SSIN /15.4	SGN /15.4	R12I	R11I	R10I	R09I	

337

（续）

地址	PMC→CNC 接口信号（READ/WRITE）							
	#7	#6	#5	#4	#3	#2	#1	#0
G034	PMC 第 2 主轴电机速度指令信号 /15.4							
	RO8I2	RO7I2	RO6I2	RO5I2	RO4I2	RO3I2	RO2I2	RO1I2
G035	PMC 控制主轴速度输出控制信号	PMC 主轴电机指令输出极性选择信号			PMC 主轴电机速度指令信号 /15.4			
	SIND2/15.4	SSIN2/15.4	SGN2/15.4		R12I2	R11I2	R10I2	R09I2
G036	PMC 第 2 主轴电机速度指令信号 /15.4							
	RO8I3	RO7I3	RO6I3	RO5I3	RO4I3	RO3I3	RO2I3	RO1I3
G037	PMC 控制主轴速度输出控制信号	PMC 主轴电机指令输出极性选择信号			PMC 主轴电机速度指令信号 /15.4			
	SIND3/15.4	SSIN3/15.4	SGN3/15.4		R12I3	R11I3	R10I3	R09I3
G038	B 轴夹紧完成信号	B 轴松开完成信号			主轴相位同步控制信号	主轴同步控制信号		
	*BECLP/119	*BECUP/119			SPPHS/9.11	SPSYC/9.11		
G039	刀具偏移量写入方式选择信号	工件坐标偏移值写入方式选择信号		刀具偏移号选择信号 /14.4.2				
	GOQSM /14.4	WOQSM /14.4		OFN5	OFN4	OFN3	OFN2	OFN1
G040	工件坐标系偏移量写入信号	位置记录信号	主轴测量选择信号					
	GOSET /14.4	MOSET /14.4	S2TLS /14.4					
G041	手轮中断轴选择信号 /3.3				手轮中断轴选择信号 /3.3			
	HS2ID	HS2IC	HS2IB	HS2IA	HS1ID	HS1IC	HS1IB	HS1IA
G042	直接运行选择信号				手轮中断轴选择信号 /3.3			
	DMMC /15.6				HS3ID	HS3IC	HS3IB	HS3IA
G043	手动回参考点选择信号		DNC 运行选择信号		方式选择信号/2.6			
	ZRN /4.1		DNC1 /5.9			MD4	MD2	MD1
G044						所有轴机床锁住信号	跳过任选程序段信号	
						MLK /5.3	BDT1 /5.5	

338

地址	PMC→CNC 接口信号（READ/WRITE）							
	#7	#6	#5	#4	#3	#2	#1	#0
G045	跳过任选程序段信号/5.5							
	BDT9	BDT8	BDT7	BDT6	BDT5	BDT4	BDT3	BDT2
G046	空运行信号	存储器保护信号 /12.2.3					单段信号	
	DRN /5.3.2	KEY4	KEY3	KEY2	KEY1		SBK/5.3.3	
G047	刀具组号选择信号（T系列）/10.3							
		TL64	TL32	TL16	TL08	TL04	TL02	TL01
	刀具组号选择信号（M系列）/10.3							
	TL128	TL64	TL32	TL16	TL08	TL04	TL02	TL01
G048	刀具更换复位信号 TLRST/10.3	每把刀具更换复位信号 TLRST1/103	刀具跳过信号 TLSKP/10.3					刀具组号选择信号（M系列）TL256/10.3
G049	刀具寿命计数倍率信号/10.3							
	TLV7	TLV6	TLV5	TLV4	TLV3	TLV2	TLV1	TLV0
G050							刀具寿命计数倍率信号 /10.3	
							TLV9	TLV8
G053	倒角信号 CDZ /11.8	误差检测信号 SMZ /7.2.3			用户宏程序中断信号 UNIT /11.5		，	通用累计计数器启动信号 TMRON/12.1
G054	用户宏程序输入信号/11.5.1							
	UI007	UI006	UI005	UI004	UI003	UI002	UI001	UI000
G055	用户宏程序输入信号/11.5.1							
	UI0015	UI0014	UI0013	UI0012	UI0011	UI0010	UI009	UI008
G058				外部传出启动信号 EXWT/13.3	外部读/传出停止信号 EXSTP/13.3	外部读取开始信号 EXRD/13.5	程序输入外部启动信号 MINP /13.4	
G060	尾架屏蔽选择信号 *TSB/2.3.4			.				
G061			刚性攻丝主轴选择信号					刚性攻丝信号
			RGTSP2/910	RGTSP1/910				RGTAP/9.10

（续）

地址	PMC→CNC 接口信号（READ/WRITE）							
	#7	#6	#5	#4	#3	#2	#1	#0
G062		刚性攻丝回退启动信号 RINT /5.11					CRT 显示自动清屏信号取消 *CRTOF/121	
G063				垂直/角度轴控制无效信号 NOZAGC/1.7				
G066	键代码读取信号 EKSET/15.5			EGB 完成结束信号 RTRCT /63523EN #			外部键输入方式选择信号 ENBKY/15.5	所有轴 VRDY OFF 报警忽略信号 IGNVRY/2.8
G070 串行主轴	机床准备就绪信号 MRDYA /9.2	定向指令信号 ORCMA /9.2	CW 指令信号 SFRA /9.2	CCW 指令信号 SRVA /9.2	离合器/齿轮信号 CTH2A/9.2	CTH1A/9.2	转矩限制 HIGH 指令 TLMHA/9.2	转矩限制 LOW 指令 TLMLA/9.2
G071 串行主轴	动力线状态检测信号 RCHA /9.2	输出切换请求信号 RSLA /9.2	速度积分控制信号 INTGA /9.2	软启动停止取消信号 SOCNA/9.2	动力线切换结束信号 MCFNA/9.2	主轴选择信号 SPSLA/9.2	急停信号 *ESPA/9.2	报警复位信号 ARSTA/9.2
G072 串行主轴	用磁性传感器时高输出 MCC 状态 RCHHGA/9.2	变主轴信号时主轴 MCC 状态信号 MEFHGA/9.2	增量指令外部设定型定向信号 INCMDA/9.2	模拟倍率指令信号 OVRIDA/9.2	微分方式指令信号 DEFRDA/9.2	变换准停位置时最短距离移动指令 NRROA/9.2	变换准停位置时旋转方向指令信号 ROTAA/9.2	准停位置变换信号 INDXA/9.2
G073 串行主轴				断线检测无效信号 DSCNA/9.2		电机动力关断信号 MPOFA/9.2	从动运行指令信号 SLVA /9.2	用磁传感器的主轴定向指令 MORCMA/92
G074 串行主轴	机床准备就绪信号 MRDYB/9.2	定向指令信号 ORCMB/9.2	CW 指令信号 SFRB /9.2	CCW 指令信号 SFVB /9.2	离合器/齿轮挡信号 CTH2B /9.2	CTH1B /9.2	转矩限制 HIGH 指令信号 TLMHB/9.2	转矩限制 LOW 指令信号 THMLB/9.2
G075 串行主轴	动力线状态检测信号 RCHB /9.2	输出切换请求信号 RSLB /9.2	速度积分控制信号 INTGB /9.2	软启动停止取消信号 SOCNB/9.2	动力线切换结束信号 MCFNB/9.2	主轴选择信号 SPSLB/9.2	急停信号 *ESPB/9.2	报警复位信号 ARSTB/9.2
G076 串行主轴	用磁性传感器时高输出 MCC 状态 RCHHGB/9.2	变主轴信号时主轴 MCC 状态信号 MEFHGB/9.2	增量指令外部设定型定向信号 INCMDB/9.2	模拟倍率指令信号 OVRIDB/9.2	微分方式指令信号 DEFRDB/9.2	变换准停位置时最短距离移动指令 NRROB/9.2	变换准停位置时旋转方向指令信号 ROTAB/9.2	准停位置变换信号 INDXB/9.2
G077 串行主轴				断线检测无效信号 DSCNB/9.2		电机动力关断信号 MPOFB/9.2	从动运行指令信号 SLVB /9.2	用磁传感器的主轴定向指令 MORCMB/9.2

地址	PMC→CNC 接口信号（READ/WRITE）							
	#7	#6	#5	#4	#3	#2	#1	#0
G078	主轴定向外部停止的位置指令信号/9.12							
	SHA07	SHA06	SHA05	SHA04	SHA03	SHA02	SHA01	SHA00
G079					主轴定向外部停止的位置指令信号/9.12			
					SHA11	SHA10	SHA09	SHA08
G080	主轴定向外部停止的位置指令信号/9.12							
	SHB07	SHB06	SHB05	SHB04	SHB03	SHB02	SHB01	SHB00
G081					主轴定向外部停止的位置指令信号/9.12			
					SHB11	SHB10	SHB09	SHB08
G091					组号指定信号/13.5			
					SRLNI3	SRLNI2	SRLNI1	SRLNI0
G092				POWER MATE 后台 忙信号 BGEN/13.5	POWER MATE 读/写 报警信号 BGIALM/135	POWER MATE 读/写 进行中信号 BGION/135	I/O LINK 指定信号 IOLS /135	I/O LINK 确认信号 IOLACK/13.5
G096	1%快速进给倍率选择信号 HROV/7.1.6			1%快速进给倍率信号/7.1.6.1				
		*HROV6	*HROV5	*HROV4	*HROV3	*HROV2	*HROV1	*HROV0
G098	键代码信号/15.5							
	EKC7	EKC6	EKC5	EKC4	EKC3	EKC2	EKC1	EKC0
G100					进给轴和方向选择信号/3.1			
					+J4	+J3	+J2	+J1
G102					进给轴和方向选择信号/3.1			
					−J4	−J3	−J2	−J1
G104					坐标轴方向存储行程限位开关信号/2.3.2			
					+EXL4	+EXL3	+EXL2	+EXL1
G105					坐标轴方向存储行程限位开关信号/2.3.2			
					−EXL4	−EXL3	−EXL2	−EXL1
G106					镜像信号/1.2.5			
					MI4	MI3	MI2	MI1

地址	PMC→CNC 接口信号（READ/WRITE）							
	#7	#6	#5	#4	#3	#2	#1	#0
G108					各轴机床锁住信号/5.3.1			
					MLK4	MLK3	MLK2	MLK1
G110					行程极限外部设定信号/2.3.2			
					+LM4	+LM3	+LM2	+LM1
G112					行程极限外部设定信号/2.3.2			
					−LM4	−LM3	−LM2	−LM1
G114					超程信号/2.3.1			
					*+L4	*+L3	*+L2	*+L1
G116					超程信号/2.3.1			
					*−L4	*−L3	*−L2	*−L1
G118					外部减速信号/7.1.8			
					*+ED4	*+ED3	*+ED2	*+ED1
G120					外部减速信号/7.1.8			
					*−ED4	*−ED3	*−ED2	*−ED1
G125					异常负载检测忽略/2.9			
					1UDD4	1UDD3	1UDD2	1UDD1
G126					伺服关闭信号/1.2.7			
					SVF4	SVF3	SVF2	SVF1
G130					各轴互锁信号/2.5			
					*IT4	*IT3	*IT2	*IT1
G132					各轴和方向互锁信号/2.5			
					+MIT4	+MIT3	+MIT2	+MIT1
G134					各轴和方向互锁信号/2.5			
					−MIT4	−MIT3	−MIT2	−MIT1
G136					控制轴选择信号(PMC 轴控制)/15.1			
					EAX4	EAX3	EAX2	EAX1
G138					简单同步轴选择信号/1.6			
					SYNC4	SYNC3	SYNC2	SYNC1

地址	PMC→CNC 接口信号（READ/WRITE）							
	#7	#6	#5	#4	#3	#2	#1	#0
G140					简单同步手动进给轴选择信号/1.6			
					SYNCJ4	SYNCJ3	SYNCJ2	SYNCJ1
G142 PMC轴 控制	轴控制指令 读取信号 EBUFA/15.1	复位信号 ECLRA/15.1	轴控制 暂停信号 ESTPA/15.1	伺服 关断信号 ESOFA/15.1	程序段 停止信号 ESBKA/15.1	缓冲 禁止信号 EMBUFA/15.1	累计零位 检测信号 ELCKZA	辅助功能 结束信号 EFINA/15.1
G143 PMC 轴控制	程序段停止 禁止信号 EMSBKA/15.1	轴控制指令信号/15.1						
		EC6A	EC5A	EC4A	EC3A	EC2A	EC1A	EC0A
G144 PMC 轴控制	轴控制进给速度信号/15.1							
	EIF7A	EIF6A	EIF5A	EIF4A	EIF3A	EIF2A	EIF1A	EIF0A
G145 PMC 轴控制	轴控制进给速度信号/15.1							
	EIF15A	EIF14A	EIF13A	EIF12A	EIF11A	EIF10A	EIF9A	EIF8A
G146 PMC 轴控制	轴控制数据信号/15.1							
	EID7A	EID6A	EID5A	EID4A	EID3A	EID2A	EID1A	EID0A
G147 PMC 轴控制	轴控制数据信号/15.1							
	EID15A	EID14A	EID13A	EID12A	EID11A	EID10A	EID9A	EID8A
G148 PMC 轴控制	轴控制数据信号/15.1							
	EID23A	EID22A	EID21A	EID20A	EID19A	EID18A	EID17A	EID16A
G149 PMC 轴控制	轴控制数据信号/15.1							
	EID31A	EID30A	EID29A	EID28A	EID27A	EID26A	EID25A	EID24A
G150 PMC 轴控制	空运行 信号 DRNE /15.1	手动快速进 给选择信号 RTE /15.1	倍率 取消信号 OVCE /15.1				快速进给倍率信号	
							ROV2E /15.1	ROV1E /15.1
G151 PMC 轴控制	进给速度倍率信号/15.1							
	*FV7E	*FV6E	*FV5E	*FV4E	*FV3E	*FV2E	*FV1E	*FV 0E
G154 PMC 轴控制	轴控制指令 读取信号 EBUFB/15.1	复位 ECLRB/15.1	轴控制 暂停信号 ESTPB/15.1	伺服 关断信号 ESOFB/15.1	程序段 停止信号 ESBKB/15.1	缓冲 禁止信号 EMBUFB/15.1	累计零位 检测信号 ELCKZB	辅助功能 结束信号 EFINB/15.1
G155 PMC 轴控制	程序段停止 禁止信号 EMSBKB/15.1	轴控制指令信号/15.1						
		EC6B	EC5B	EC4B	EC3B	EC2B	EC1B	EC0B
G156 PMC 轴控制	轴控制进给速度信号/15.1							
	EIF7B	EIF6B	EIF5B	EIF4B	EIF3B	EIF2B	EIF1B	EIF0B

地址	PMC→CNC 接口信号（READ/WRITE）							
	#7	#6	#5	#4	#3	#2	#1	#0
G157 PMC 轴控制	轴控制进给速度信号/15.1							
	EIF15A	EIF14A	EIF13A	EIF12A	EIF11A	EIF10A	EIF9A	EIF8A
G158 PMC 轴控制	轴控制数据信号/15.1							
	EID7B	EID6B	EID5B	EID4B	EID3B	EID2B	EID1B	EID0B
G159 PMC 轴控制	轴控制数据信号/15.1							
	EID15B	EID14B	EID13B	EID12B	EID11B	EID10B	EID9B	EID8B
G160 PMC 轴控制	轴控制数据信号/15.1							
	EID23B	EID22B	EID21B	EID20B	EID19B	EID18B	EID17B	EID16B
G161 PMC 轴控制	轴控制数据信号/15.1							
	EID31B	EID30B	EID29B	EID28B	EID27B	EID26B	EID25B	EID24B
G166 PMC 轴控制	轴控制指令读取信号 EBUFC/15.1	复位信号 ECLRC/15.1	轴控制暂停信号 ESTPC/15.1	伺服关断信号 ESOFC/15.1	程序段停止信号 ESBKC/15.1	缓冲禁止信号 EMBUFC/15.1	累计零位检测信号 ELCKZC	辅助功能结束信号 EFINC/15.1
G167 PMC 轴控制	程序段停止禁止信号 EMSBKC/15.1	轴控制指令信号/15.1						
		EC6C	EC5C	EC4C	EC3C	EC2C	EC1C	EC0C
G168 PMC 轴控制	轴控制进给速度信号/15.1							
	EIF7C	EIF6C	EIF5C	EIF4C	EIF3C	EIF2C	EIF1C	EIF0C
G169 PMC 轴控制	轴控制进给速度信号/15.1							
	EIF15C	EIF14C	EIF13C	EIF12C	EIF11C	EIF10C	EIF9C	EIF8C
G170 PMC 轴控制	轴控制数据信号/15.1							
	EID7C	EID6C	EID5C	EID4C	EID3C	EID2C	EID1C	EID0C
G171 PMC 轴控制	轴控制数据信号/15.1							
	EID15C	EID14C	EID13C	EID12C	EID11C	EID10C	EID9C	EID8C
G172 PMC 轴控制	轴控制数据信号/15.1							
	EID23C	EID22C	EID21C	EID20C	EID19C	EID18C	EID17C	EID16C
G173 PMC 轴控制	轴控制数据信号/15.1							
	EID31C	EID30C	EID29C	EID28C	EID27C	EID26C	EID25C	EID24C
G178 PMC 轴控制	轴控制指令读取信号 EBUFD/15.1	复位信号 EDLRD/15.1	轴控制暂停信号 ESTPD/15.1	伺服关断信号 ESOFD/15.1	程序段停止信号 ESBKD/15.1	缓冲禁止信号 EMBUFD/15.1	累计零位检测信号 ELDKZD/15.1	辅助功能结束信号 EFIND/15.1

（续）

地址	PMC→CNC 接口信号（READ/WRITE）							
	#7	#6	#5	#4	#3	#2	#1	#0
G179 PMC 轴控制	程序段停止 禁止信号 EMSBKD/15.1	轴控制指令信号/15.1						
		EC6D	EC5D	EC4D	EC3D	EC2D	EC1D	EC0D
G180 PMC 轴控制	轴控制进给速度信号/15.1							
	EIF7D	EIF6D	EIF5D	EIF4D	EIF3D	EIF2D	EIF1D	EIF0D
G181 PMC 轴控制	轴控制进给速度信号/15.1							
	EIF15D	EIF14D	EIF13D	EIF12D	EIF11D	EIF10D	EIF9D	EIF8D
G182 PMC 轴控制	轴控制数据信号/15.1							
	EID7D	EID6D	EID5D	EID4D	EID3D	EID2D	EID1D	EID0D
G183 PMC 轴控制	轴控制数据信号/15.1							
	EID15D	EID14D	EID13D	EID12D	EID11D	EID10D	EID9D	EID8D
G184 PMC 轴控制	轴控制数据信号/15.1							
	EID23D	EID22D	EID21D	EID20D	EID19D	EID18D	EID17D	EID16D
G185 PMC 轴控制	轴控制数据信号/15.1							
	EID31D	EID30D	EID29D	EID28D	EID27D	EID26D	EID25D	EID24D
G192 PMC 轴控制					各轴 VRDY OFF 报警忽略信号/12.1.10			
					IGVRY4	IGVRY3	IGVRY2	IGVRY1
G192					位置显示忽略信号/12.1.10			
					NOPS4	NOPS3	NOPS2	NOPS1
G199							手摇脉冲 发生器 选择信号 IOLBH3/16.1	手摇脉冲 发生器 选择信号 IOLBH2/16.1
G200					轴控制高级指令信号/15.1			
					EASIP4	EASIP3	EASIP2	EASIP1

345

附录 A-2　CNC→PMC 接口信号

地址	CNC→PMC 接口信号（READ ONLY）							
	#7	#6	#5	#4	#3	#2	#1	#0
F000	自动运行 信号 OP /5.1	伺服准备 就绪信号 SA /2.2	循环启动 信号 STL /5.1	进给暂停 信号 SPL /5.1				倒带信号 RWD /5.2
F001	CNC 信号 MA/2.2		攻丝信号 TAP /11.6	主轴使能 信号 ENB /9.3	分配结束 信号 DEN /8.1	电池报警 信号 BAL /2.4	复位信号 RST /5.2	报警信号 （CNC） AL /2.4
F002	空运行 检测信号 MDRN / 5.3.2	切削进给 信号 CUT /2.7		程序启动 信号 SRNMY/5.7	螺纹切削 信号 THRD /6.4.1	恒表面切削 速度信号 CSS/9.4	快速进给 信号 RPDO /2.7	英制输入 信号 INCH/11.4
F003	示教选择 检测信号 MTCHIN/2.6	存储器编辑 选择检测 MEDT /2.6	自动运行选 择确认信号 MMEN/2.6	DNC 运行选 择确认信号 MRMT /5.9	手动数据 输入选择 MMDI /2.6	JOG 进给 检测信号 MJ /2.6	手轮进给 选择信号 MH /2.6	增量进给选 择检测 MINC/2.6
F004			手动返回 参考点 检测信号 MREF /4.1	辅助功能 锁住 检测信号 MAFL /8.2	单程序段 检测信号 MSMBDT1 /5.5	手动绝对值 检测信号 MABSM/5.4	所有轴机床 锁住 检测信号 MMLK/5.3.1	跳过任选程 序段 检测信号 MBDT1/5.5
F005	跳过任选程序段检测信号/5.5							
	MBDT9	MBDT8	MBDT7	MBDT6	MBDT5	MBDT4	MBDT3	MBDT2
F007	第 2 辅助功 能选通信号 （M 系列） BF /8.1			第 2 辅助功 能选通信号 （T 系列） BF /8.1	刀具功能 选通信号 TF /8.1	主轴速度功 能选通信号 SF /8.1	高速接口外 部运行信号 EFD /8.4	辅助功能 选通信号 MF /8.1
F008			第 3M 功能 选通信号 MF3 /8.3	第 2 功能 选通信号 MF2 /8.3				外部运行 信号 EF /11.7
F009	M 译码信号/8.1							
	DM00	DM01	DM02	DM30				
F010	辅助功能代码信号/8.1							
	M07	M06	M05	M04	M03	M02	M01	M00
F011	辅助功能代码信号/8.1							
	M15	M14	M13	M12	M11	M10	M09	M08
F012	辅助功能代码信号/8.1							
	M23	M22	M21	M20	M19	M18	M17	M16
F013	辅助功能代码信号/8.1							
	M31	M30	M29	M28	M27	M26	M25	M24

地址	CNC→PMC 接口信号（READ ONLY）							
	#7	#6	#5	#4	#3	#2	#1	#0
F014	第 2M 功能代码信号/8.1							
	M207	M206	M205	M204	M203	M202	M201	M200
F015	第 2M 功能代码信号/8.1							
	M215	M214	M213	M212	M211	M210	M209	M208
F016	第 3M 功能代码信号/8.1							
	M307	M306	M305	M304	M303	M302	M301	M300
F017	第 3M 功能代码信号/8.1							
	M315	M314	M313	M313	M311	M310	M309	M308
F022	主轴速度代码信号/8.1							
	S07	S06	S05	S04	S03	S02	S01	S00
F023	主轴速度代码信号/8.1							
	S15	S14	S13	S12	S11	S10	S09	S08
F024	主轴速度代码信号/8.1							
	S23	S22	S21	S20	S19	S18	S17	S16
F025	主轴速度代码信号/8.1							
	S31	S30	S29	S28	S27	S26	S25	S24
F026	刀具功能代码信号/8.1							
	T07	T06	T05	T04	T03	T02	T01	T00
F027	刀具功能代码信号/8.1							
	T15	T14	T13	T12	T11	T10	T09	T08
F028	刀具功能代码信号/8.1							
	T23	T22	T21	T20	T19	T18	T17	T16
F029	刀具功能代码信号/8.1							
	T31	T30	T29	T28	T27	T26	T25	T24
F030	第 2 辅助功能代码信号/8.1							
	B07	B06	B05	B04	B03	B02	B01	B00

地址	CNC→PMC 接口信号（READ ONLY）							
	#7	#6	#5	#4	#3	#2	#1	#0
F031	第 2 辅助功能代码信号/8.1							
	B15	B14	B13	B12	B11	B10	B09	B08
F032	第 2 辅助功能代码信号/8.1							
	B23	B22	B21	B20	B19	B18	B17	B16
F033	第 2 辅助功能代码信号/8.1							
	B31	B30	B29	B28	B27	B26	B25	B24
F034					齿轮选择信号（输出）/9.3			
						GR30	GR20	GR10
F035								主轴功能 检测报警 SPAL /9.5
F036	12 位代码信号/9.3							
	R080	R070	R060	R050	R040	R030	R020	R010
F037					12 位代码信号/9.3			
					R120	R110	R100	R090
F038					主轴使能信号/9.9		主轴松开 信号 SUCLP/9.7	主轴夹紧 信号 SCLP /9.7
					ENB3	ENB2		
F040	实际主轴速度信号/9.6							
	AR7	AR6	AR5	AR4	AR3	AR2	AR1	AR0
F041	实际主轴速度信号/9.6							
	AR15	AR14	AR13	AR12	AR11	AR10	AR9	AR8
F044				主轴同步 控制报警 信号 SYCAL/9.11	主轴相位 同步控制 结束信号 FSPPH/9.11	主轴同步 速度控制 结束信号 FSPSY/9.11	Cs 轮廓控制 切换结束 信号 FSCSL/9.8	
F045 串行 主轴	定向结束 信号 ORARA/9.2	转矩限制 信号 TLMA /9.2	负载检测 信号 2 LDT2A/9.2	负载检测 信号 1 LDT1A/9.2	速度到达 信号 SARA/9.2	速度检测 信号 SDTA/9.2	零速度信号 SSTA /9.2	报警信号 （SPINDLE） ALMA /9.2
F046 串行 主轴	用磁传感器 的主轴定向 接近信号 MORA2A/9.2	用磁传感器 的主轴定向 结束信号 MORA1A/9.2	用位置编码 器的主轴定向 接近信号 PORA2A/9.2	从动运动 状态信号 SLVSA/9.2	输出切换 结束信号 RCFNA/9.2	输出切换 信号 RCHPA/9.2	主轴切换 结束信号 CFINA/9.2	动力线 切换信号 CHPA /9.2

地址	CNC→PMC 接口信号（READ ONLY）							
	#7	#6	#5	#4	#3	#2	#1	#0
F047 串行 主轴				电机激磁 关断状态 信号 EXOFA/9.2			增量方式 定向信号 INCSTA/9.2	位置编码器 一转检测状 态信号 PCIDTA/9.2
F049 串行 主轴	定向结束 信号 ORARB/9.2	转矩限制 信号 TLMB /9.2	负载检测 信号 2 LDT2B/9.2	负载检测 信号 1 LDT1B/9.2	速度到达 信号 SARB /9.2	速度检测 信号 SDTB/9.2	零速度信号 SSTB /9.2	报警信号 ALAMB /9.2
F050 串行 主轴	用磁传感器 的主轴定向 接近信号 MORA2B/9.2	用磁传感器 的主轴定向 结束信号 MORA1B/9.2	用位置编码 器的主轴定向 接近信号 PORA2B/9.2	从动运动 状态信号 SLVSB/9.2	输出切换 结束信号 RCFNB/9.2	输出切换 信号 RCHPB/9.2	主轴切换 结束信号 CFINB/9.2	动力线 切换信号 CHPB /9.2
F051 串行 主轴				电机激磁 关断状态 信号 EXOFB/9.2			增量方式 定向信号 INCSTB/9.2	位置编码器 一转检测状 态信号 PCIDTB/9.2
F053	键代码读取 结束信号 EKENB/15.5			后台忙信号 BGEACT /13.3	阅读/传出 报警信号 RPALM/13.3	阅读/传出处 理中信号 RPBSY/13.5	程序屏幕显 示方式信号 PRGDPL /15.5	键输入禁 止信号 INHKY/15.5
F054	用户宏程序输出信号/11.5.1							
	UO007	UO006	UO005	UO004	UO003	UO002	UO001	UO000
F055	用户宏程序输出信号/11.5.1							
	UO015	UO014	UO013	UO012	UO011	UO010	UO009	UO008
F056	用户宏程序输出信号/11.5.1							
	UO107	UO106	UO105	UO104	UO103	UO102	UO101	UO100
F057	用户宏程序输出信号/11.5.1							
	UO115	UO114	UO113	UO112	UO111	UO110	UO109	UO108
F058	用户宏程序输出信号/11.5.1							
	UO123	UO122	UO121	UO120	UO119	UO118	UO117	UO116
F059	用户宏程序输出信号/11.5.1							
	UO131	UO130	UO129	UO128	UO127	UO126	UO125	UO124
F060				外部数据 输入检索 取消信号 ESCAN/15.2	外部数据 输入检索 结束信号 ESEND/15.2	外部数据 输入读取 结束信号 EREND/15.2		

地址	CNC→PMC 接口信号（READ ONLY）							
	#7	#6	#5	#4	#3	#2	#1	#0
F061							B 轴夹紧信号 BCLP/11.9	B 轴松开信号 BUCLP/11.9
F062	所需零件计数达到信号 PRTSF/12.1			主轴 2 测量中信号 S2MES/14.4	主轴 1 测量中信号 SIMES/14.4			AI 先行控制方式 AICC/7.1.12
F063	多边形同步信号 PSYN/6.9.1							
F064					刀具寿命到期通知信号 TLCHB/10.3	每把刀具的切换信号 TLCHI/10.3	新刀具选择信号 TLNW/10.3	更换刀具信号 TLCH /10.3
F065		EGB 方式信号（G81 执行同步应答 SYNMOD /63523EN #		EGB 完成信号 RTRCTF /63523EN #			主轴转向信号/9.10 RGSPM	RGSPP
F066			小孔径深孔钻孔处理 PECK2/11.13				刚性攻丝回退结束信号 RTPT/5.11	先行控制方式信号 GO8MD/7.1
F070	位置开关信号/1.2.8 PSW08	PSW07	PSW06	PSW05	PSW04	PSW03	PSW02	PSW01
F071	位置开关信号/1.2.8 PSW15	PSW14	PSW13	PSW12	PSW11	PSW10	PSW09	PSW08
F072	软操作面板通用开关信号/12.1.14 O UT7	O UT6	O UT5	O UT4	O UT3	O UT2	O UT1	O UT0
F073						软操作面板信号（MD4）MD4 O/12.1	软操作面板信号（MD2）MD2 O/12.1	软操作面板信号（MD1）MD1 O/12.1
F075	软操作面板信号（*SP）SP O/12.1	软操作面板信号（KEY1）KEY O/12.1	软操作面板信号（DRN）DRN O/12.1	软操作面板信号（MLK）MLK O/12.1	软操作面板信号（SBK）SBK O/ 12.1	软操作面板信号（BDT）BDT O/12.1		
F076				软操作面板信号（ROV2）ROV2 O/12.1	软操作面板信号（ROV1）ROV1 O/12.1	刚性攻丝方式信号 RTAP /9.10	软操作面板信号（MP2）MP2 O/12.1	软操作面板信号（MP1）MP1 O/12.1
F077		软操作面板信号（RT）RT O/12.1			软操作面板信号（HS1D）HS1D O/12.1	软操作面板信号（HS1C）HS1C O/12.1	软操作面板信号（HS1B）HS1B O/12.1	软操作面板（HS1A）HS1A O/12.1

地址	CNC→PMC 接口信号（READ ONLY）							
	#7	#6	#5	#4	#3	#2	#1	#0
F078	软操作面板信号（*FVO-*FV7）/12.1.14							
	*FV7 0	*FV6 0	*FV5 0	*FV4 0	*FV3 0	*FV2 0	*FV1 0	*FV0 0
F079	软操作面板信号（*JVO-*JV7）/12.1.14							
	*JV7 0	*JV6 0	*JV5 0	*JV4 0	*JV3 0	*JV2 0	*JV1 0	*JV0 0
F080	软操作面板信号（*FVO8-*FV15）/12.1.14							
	*JV15 0	*JV14 0	*JV13 0	*JV12 0	*JV11 0	*JV10 0	*JV9 0	*JV8 0
F081	软操作面板信号（+J1O～+J40；-J1O～-J4O）/12.1.14							
	-J4 0	+J4 0	-J3 0	+J3 0	-J2 0	+J2 0	-J1 0	+J1 0
F090						第2主轴异常负载检测信号 ABTSP2/2.9	第1主轴异常负载检测信号 ABTSP1/2.9	伺服轴异常负载检测信号 ABTQSV/2.9
F094	返回第 1 参考点位置结束信号/4.1							
					ZP4	ZP3	ZP2	ZP1
F096	返回第 2 参考点位置结束信号/4.5							
					ZP24	ZP23	ZP22	ZP21
F098	返回第 3 参考点位置结束信号/4.5							
					ZP34	ZP33	ZP32	ZP31
F100	返回第 4 参考点位置结束信号/4.5							
					ZP44	ZP43	ZP42	ZP41
F102	轴移动信号/1.2.4							
					MV4	MV3	MV2	MV1
F104	到位信号/7.2.5.1							
					INP4	INP3	INP2	INP1
F106	轴运动方向信号/1.2.4							
					MVD4	MVD3	MVD2	MVD1
F108	镜像检测信号/1.2.5							
					MMI4	MMI3	MMI2	MMI1

地址	CNC→PMC 接口信号（READ ONLY）							
	#7	#6	#5	#4	#3	#2	#1	#0
F112					分配结束信号（PMC 轴控制）/15.1			
					EADEN4	EADEN3	EADEN2	EADEN1
F114					转矩极限到达信号/14.3.3			
					TRQL4	TRQL3	TRQL2	TRQL1
F120					参考点建立信号/4.1			
					ZRF4	ZRF3	ZRF2	ZRF1
F122								高速跳转状态信号 HD00/14.3
F124					行程限位到达信号/2.3.2			
					+OT4	+OT3	+OT2	+OT1
F126					行程限位到达信号/2.3.2			
					−OT4	−OT3	−OT2	−OT1
F129 PMC 轴控制	控制轴选择状态信号 *EAXSL/15.1		0%倍率信号 EOVO/15.1					
F130 PMC 轴控制	轴控制指令读取结束 EBSYA/15.1	负向超程信号 EOTNA/15.1	正向超程信号 EOTPA/15.1	轴移动信号 EGENA/15.1	辅助功能执行信号 EDENA/15.1	报警信号 EIALA/15.1	零跟随误差检测信号 ECKZA/15.1	到位信号 SINPA/15.1
F131 PMC 轴控制							缓冲器满信号 EABUFA/15.1	辅助功能选通信号 EMFA/15.1
F132 PMC 轴控制	辅助功能代码信号/15.1							
	EM28A	EM24A	EM22A	EM21A	EM18A	EM14A	EM12A	EM11A
F133 PMC 轴控制	轴控制指令读取结束 EBSYB/15.1	负向超程信号 EOTNB/15.1	正向超程信号 EOTPB/15.1	轴移动信号 EGENB/15.1	辅助功能执行信号 EDENB/15.1	报警信号 EIALB/15.1	零跟随误差检测信号 ECKZB/15.1	到位信号 SINPB/15.1
F134 PMC 轴控制							缓冲器满信号 EABUFB/15.10	辅助功能选通信号 EMFB/15.1
F135 PMC 轴控制	辅助功能代码信号/15.1							
	EM28B	EM24B	EM22B	EM21B	EM18B	EM14B	EM12B	EM11B

地址	CNC→PMC 接口信号（READ ONLY）							
	#7	#6	#5	#4	#3	#2	#1	#0
F136 PMC 轴控制	轴控制指令读取结束 EBSYC/15.1	负向超程信号 EOTNC/15.1	正向超程信号 EOTPC/15.1	轴移动信号 EGENC/15.1	辅助功能执行信号 EDENC/15.1	报警信号 EIALC/15.1	零跟随误差检测信号 ECKZC/15.1	到位信号 SINP/15.1
F137 PMC 轴控制							缓冲器满信号 EABUFC/15.10	辅助功能选通信号 EMFC/15.1
F138 PMC 轴控制	辅助功能代码信号/15.1							
	EM28C	EM24C	EM22C	EM21C	EM18C	EM14C	EM12C	EM11C
F139 PMC 轴控制	轴控制指令读取结束 EBSYD/15.1	负向超程信号 EOTND/15.1	正向超程信号 EOTPD/15.1	轴移动信号 EGEND/15.1	辅助功能执行信号 EDEND/15.1	报警信号 EIALD/15.1	零跟随误差检测信号 ECKZD/15.1	到位信号 SINPD/15.1
F140 PMC 轴控制							缓冲器满信号 EABUFD/15.10	辅助功能选通信号 EMFD/15.1
F141 PMC 轴控制	辅助功能代码信号/15.1							
	EM28D	EM24D	EM22D	EM21D	EM18D	EM14D	EM12D	EM11D
F142 PMC 轴控制	辅助功能代码信号/15.1							
	EM48A	EM44A	EM42A	EM41A	EM38A	EM34A	EM32A	EM31A
F145 PMC 轴控制	辅助功能代码信号/15.1							
	EM48B	EM44B	EM42B	EM41B	EM38B	EM34B	EM32B	EM31B
F148 PMC 轴控制	辅助功能代码信号/15.1							
	EM48C	EM44C	EM42C	EM41C	EM38C	EM34C	EM32C	EM31C
F151 PMC 轴控制	辅助功能代码信号/15.1							
	EM48D	EM44D	EM42D	EM41D	EM38D	EM34D	EM32D	EM31D
F177	从装置诊断选择信号 EDGN/13.5	从装置参数选择信号 EPARM/13.5	从装置宏变量选择信号 EVAR /13.5	从装置程序选择信号 EPRG /13.5	从装置外部写开始信号 EWTIO/13.5	从装置读/写停止信号 ESTPIO/13.5	从装置外部读取开始 ERDIO/13.5	从装置 I/O LINK 选择 IOLNK/13.5
F178	组号输出信号/13.5							
					SRLN03	SRLN02	SRLN01	SRLN00
F180	冲撞式参数位置设定的转矩极限到达信号/4.6							
					CLRCH4	CLRCH3	CLRCH2	CLRCH1
F182 PMC 轴控制	控制信号/15.1							
					EACHT4	EACHT3	EACHT2	EACHT1
F208	EGB 方式确认信号/18i 功能手册/63523EN							
							EGBM2	EGBM1

353

附录 B　接口信号表(SINUMERIK 810D/840D)

说明：

(1) 参考文献为 Information on DOCon CD SINUMERIK/SIMODRIVE。

(2) 每个信号相关参考内容章节简略表示(如/A2/)。

(3) 标有"*"的信号是负逻辑信号。当出现非"1"的"0"信号时可以有效激活某一功能。

附录 B-1　机床控制面板接口信号（铣床板）

				来自机床控制面板的信号（键）			
字节	位 7	位 6	位 5	位 4	位 3	位 2	位 1	位 0
IB n+0	主轴速度修调				运行方式			
	D	C	B	A	JOG	TEACH IN	MDA	AUTO
IB n+1	机床功能							
	REPOS	REF	Var.INC	10000 INC	1000 INC	100 INC	10 INC	1 INC
IB n+2	按键开关位 0	按键开关位 2	主轴启动	*主轴停止	进给启动	*进给停止	NC 启动	*NC 停止
IB n+3	复位	按键开关位 1	单程序段	进给倍率修调				
				E	D	C	B	A
IB n+4	方向键		快速进给 R14	按键开关位 3	进给轴选择			
	+ R15	- R13			X R1	第四轴 R4	第七轴 R7	R10
IB n+5	进给轴选择		第五轴 R5	进给命令 MCS/WCS R12	进给轴选择			
	Y R2	Z R3			R11	第九轴 R9	第八轴 R8	第六轴 R6
IB n+6	未定义用户键							
	T 9	T10	T11	T12	T13	T14	T15	
IB n+7	未定义用户键							
	T 1	T2	T3	T4	T5	T6	T7	T 8

到达机床控制面板的信号（LED）								
字节	位 7	位 6	位 5	位 4	位 3	位 2	位 1	位 0
OB n+0	机床功能				运行方式			
	1000 INC	100 INC	10 INC	1 INC	JOG	TEACH IN	MDA	AUTO
OB n+1					机床功能			
	开始进给	*停止进给	NC 启动	*NC 停止	REPOS	REF	Var.INC	10000 INC
OB n+2	方向键 – R13	进给轴选择				单程序段	主轴启动	*主轴停止
		X R1	第四轴 R4	第七轴 R7	R10			
OB n+3	进给轴选择		进给命令 MCS/WCS R12	进给轴选择			第八轴 R8	第六轴 R6	方向键 + R15
	Z R3	第五轴 R5		R11	R9			
OB n+4	未定义用户键							
	T 9	T10	T11	T12	T13	T14	T15	
OB n+5	未定义用户键							
	T 1	T2	T3	T4	T5	T6	T7	T 8

附录 B-2　机床控制面板接口信号（车床板）

来自机床控制面板的信号（键）								
字节	位 7	位 6	位 5	位 4	位 3	位 2	位 1	位 0
IB n+0	主轴速度修调				运行方式			
	D	C	B	A	JOG	TEACH IN	MDA	AUTO
IB n+1	机床功能							
	REPOS	REF	Var.INC	10000 INC	1000 INC	100 INC	10 INC	1 INC
IB n+2	按键开关位 0	按键开关位 2	主轴启动	*主轴停止	进给启动	*进给停止	NC 启动	*NC 停止
IB n+3	复位	按键开关位 1	单程序段	进给倍率修调				
				E	D	C	B	A
IB n+4				按键开关位 3	进给轴（方向）选择			
	R15	R13	R14		+Y R1	–Z R4	–C R7	R10
IB n+5	进给轴（方向）选择		快速进给修调 R5	进给命令 MCS/WCS R12	进给轴（方向）选择			
	+X R2	+C R3			R11	–Y R9	–X R8	+Z R6
IB n+6	未定义用户键							
	T 9	T10	T11	T12	T13	T14	T15	
IB n+7	未定义用户键							
	T 1	T2	T3	T4	T5	T6	T7	T 8

355

到达机床控制面板的信号（LED）								
字节	位7	位6	位5	位4	位3	位2	位1	位0
OB n+0	机床功能				运行方式			
	1000 INC	100 INC	10 INC	1 INC	JOG	TEACH IN	MDA	AUTO
OB n+1	开始进给	*停止进给	NC 启动	*NC 停止	机床功能			
					REPOS	REF	Var.INC	10000 INC
OB n+2	R13	进给轴（方向）选择			R10	单程序段	主轴启动	*主轴停止
		+Y R1	-Z R4	-C R7				
OB n+3	R3	R5	进给命令 MCS/WCS R12	R11	进给轴（方向）选择			R15
					-Y R9	-X R8	+Z R6	
OB n+4	未定义用户键							
	T 9	T10	T11	T12	T13	T14	T15	
OB n+5	未定义用户键							
	T 1	T2	T3	T4	T5	T6	T7	T8

附录 B-3　PLC 信息（DB2）

[通道区域]

DB2	PLC 报警/提示信息信号（PLC→MMC）./P3/							
字节	位7	位6	位5	位4	位3	位2	位1	位0
通道 1								
0	510007	510006	510005	510004	510003	510002	510001	510000
进给禁止（报警号：510000～510015）								
1	510015	510014	510013	510012	510011	510010	510009	510008
2～5	进给和读入禁止字节 1～4（报警号：510100～510131）							
6～9	读入禁止字节 1～4（报警号：510200～510231）							
10～11	NC 启动禁止字节 1～2（报警号：510300～510315）							
12～13	进给停止几何轴 1 字节 1～2（报警号：511100～511115）							
14～15	进给停止几何轴 2 字节 1～2（报警号：511200～511215）							
16～17	进给停止几何轴 3 字节 1～2（报警号：511300～511315）							
通道 2								
18	520007	520006	520005	520004	520003	520002	520001	520000
进给禁止（报警号：520000～520015）								
19	520015	520014	520013	520012	520011	520010	520009	520008
20～23	进给和读入禁止字节 1～4（报警号：520100～520131）							
24～27	读入禁止字节 1～4（报警号：520200～520231）							
28～29	NC 启动禁止字节 1～2（报警号：520300～520315）							
30～31	进给停止几何轴 1 字节 1～2（报警号：521100～521115）							
32～33	进给停止几何轴 2 字节 1～2（报警号：521200～521215）							
34～35	进给停止几何轴 3 字节 1～2（报警号：521300～521315）							
*36～143	通道 3～8 参见上述（报警号：530000～581315）							

[轴区域]

	坐标轴/主轴						
144	600107	600106	600105	600104	600103	600102	600101	600100
	停止进给/主轴停止　　（报警号：600100～600115）　用于进给轴/主轴 1						
145	600115	600114	600113	600112	600111	600110	600109	600108
146～147	停止进给/主轴停止　　（报警号：600200～600215）　用于进给轴/主轴 2						
148～177	停止进给/主轴停止　　（报警号：600300～600715）　用于进给轴/主轴 4～7						
178～179	停止进给/主轴停止　　（报警号：600800～600815）　用于进给轴/主轴 8						

[用户区域]

	用户区域 0 字节 1～8						
180	700007	700006	700005	700004	700003	700002	700001	700000
	用户区域 0　（报警号：700000～700063）						
187	700063	700062	700061	700060	700059	700058	700057	700056
188～195	用户区域 1 字节 1～8（报警号：700100～700163）						
...							
172～379	用户区域 24 字节 1～8（报警号：702400～702463）						

附录 B-4　到达 NC 信号（DB10）

[来自 NCK 的板载输入输出信号 Read/Write]

DB10	到 NC 信号（PLC→NC）						
字节	位 7	位 6	位 5	位 4	位 3	位 2	位 1	位 0
	禁止 NCK 数字输入/A2/（软件版本 2 或更高）						
DBB0	无硬件数字输入#）				板载输入§）		
	输入 8	输入 7	输入 6	输入 5	输入 4	输入 3	输入 2	输入 1
	来自 PLC 数字 NCK 输入信号设定（软件版本 2 或更高）						
DBB1	无硬件数字输入#）				板载输入§）		
	输入 8	输入 7	输入 6	输入 5	输入 4	输入 3	输入 2	输入 1
BB2-3 未分配							
	禁止 NCK 数字输出/A2/（软件版本 2 或更高）						
DBB4	无硬件数字输入#）				板载输入§）		
	输入 8	输入 7	输入 6	输入 5	输入 4	输入 3	输入 2	输入 1
	覆盖数字 NCK/A2/输出的屏幕形式（软件版本 2 或更高）						
DBB5	无硬件数字输入#）				板载输入§）		
	输入 8	输入 7	输入 6	输入 5	输入 4	输入 3	输入 2	输入 1
	来自 PLC 数字 NCK 输出信号设定（软件版本 2 或更高）						
DBB6	无硬件数字输入#）				板载输入§）		
	输入 8	输入 7	输入 6	输入 5	输入 4	输入 3	输入 2	输入 1

DB10	到 NC 信号（PLC→NC）							
字节	位 7	位 6	位 5	位 4	位 3	位 2	位 1	位 0
DBB7	数字 NCK/A2/输出的屏幕形式（软件版本 2 或更高）							
	无硬件数字输入#）				板载输入§）			
	输入 8	输入 7	输入 6	输入 5	输入 4	输入 3	输入 2	输入 1
DBB8-29 自 SW6	FC19，24，25， 26 的机床轴号表（第一 MCP）							
DBB30 自 SW6	FC19，24（第一 MCP）机床轴号上限。使用 0，机床轴号的最大号通用							
DBB32-53 自 SW6	FC19，24，25， 26 的机床轴号表（第二 MCP）							
DBB54 自 SW6	FC19，24（第二 MCP）机床轴号上限。使用 0，机床轴号的最大号通用							

注：#) 尽管没有相关的硬件 I/O，但是 PLC 可以处理数字输入和 NCK 输出的位 4～位 7，因此，这些位可以用于 NCK 和 PLC 之间的信息传递；
§) 对于 840D，NCK 数字输入和输出 1～4 作为板载硬件而存在，对于 FM-NC 的位 0～位 3 不存在硬件 I/O，根据#)，PLC 可以处理这些位

[到 NCK 的通用信号 Read/Write]

DB10	到 NC 信号（PLC→NC）							
字节	位 7	位 6	位 5	位 4	位 3	位 2	位 1	位 0
DBB56	按键开关/A2/					急停响应 /N2/	急停/N2/	
	位置 3	位置 2	位置 1	位置 0				
DBB57					PC 关闭 仅 840 i			INC 输入 在模式组 区有效
DBB58-59								

[板载 NCK 输入输出 Read only]

DB10	来自 NC 信号（NCK→PLC）							
字节	位 7	位 6	位 5	位 4	位 3	位 2	位 1	位 0
DBB60					NCK 数字输入实际值 板载输入 §）			
					输入 4	输入 3	输入 2	输入 1
DBB61-63								
DBB64	无硬件 NCK 数字输出设定值				NCK 数字板载输出设定值			
	输出 8	输出 7	输出 6	输出 5	输出 4	输出 3	输出 2	输出 1
DBB65-67								
DBB68	手轮 1 移动							
DBB69	手轮 2 移动							
DBB70	手轮 3 移动							
DBB71	修改计数器英制/公制单位							
DBB 72-96	未赋值							

DB10	来自 NC 信号（NCK→PLC）							
字节	位 7	位 6	位 5	位 4	位 3	位 2	位 1	位 0
DBB97 MMC→PLC					手轮 1 通道号/H1/（SW2 和更高）			
					D	C	B	A
DBB98 MMC→PLC					手轮 2 通道号/H1/（SW2 和更高）			
					D	C	B	A
DBB99 MMC→PLC					手轮 3 通道号/H1/（SW2 和更高）			
					D	C	B	A
DBB100 MMC→PLC	机床轴	选择的手轮	轮廓手轮	手轮 1 轴号/H1/（SW2 和更高）				
				E	D	C	B	A
DBB101 MMC→PLC	机床轴	选择的手轮	轮廓手轮	手轮 2 轴号/H1/（SW2 和更高）				
				E	D	C	B	A
DBB102 MMC→PLC	机床轴	选择的手轮	轮廓手轮	手轮 3 轴号/H1/（SW2 和更高）				
				E	D	C	B	A
DBB103 MMC→PLC	MMC101/102 电池报警	MMC 湿度极限	AT 盒就绪					

DB10	来自 NC 信号（NCK→PLC）							
字节	位 7	位 6	位 5	位 4	位 3	位 2	位 1	位 0
DBB104	NCK CPU 就绪 /A2/					HH2 就绪	MCP2 就绪	MCP1 就绪
DBB105	未赋值							
DBB106							急停有效/N2/	
DBB107	英制系统	NCU 连接有效					探测器激活/M4/	
							Probe 2	Probe 1
DBB108	NC 就绪/A2/	驱动器就绪 /FBA/	驱动在循环操作中		MMC-CPU 就绪/A2/ (MMC→P1)	MMC CPU 就绪/A2/ (MMC→P1)	MMC2CPU 就绪 E-MMC2 就绪	
DBB109	NCK 电池报警/A2/	空气湿度报警/A2/	散热湿度报警 CU573	PC 操作系统故障				NCK 报警存在/A2/
DBB110	软件挡块负值（SW2 或更高）/N3/							
	7	6	5	4	3	2	1	0
...								
DBB117	软件挡块负值（SW2 或更高）/N3/							
	31	30	29	28	27	26	25	24

关于 NCKCPU 就绪（DBX104.7）：

此信号是 NC 的寿命监控功能，它必须包含在机床的安全电路中。

关于 MMC CPU1 就绪（DBX108.3 和 DBX108.2）：

如果 MMC 连接到操作面板接口（X101），J 即设定了 3 位（默认值）。如果连接到 PG MPI 接口，位 2 被设定。

[NCK 的外部数字输入 Read/Write]

DB10	到 NC 信号（PLC→NCK）							
字节	位 7	位 6	位 5	位 4	位 3	位 2	位 1	位 0
DBB122	禁止外部 NCK 数字输入（SW2 或更高）							
	输入 16	输入 15	输入 14	输入 13	输入 12	输入 11	输入 10	输入 9
DBB123	来自 PLC 用于外部 NCK 数字输入值（SW2 或更高）							
	输入 16	输入 15	输入 14	输入 13	输入 12	输入 11	输入 10	输入 9
...								
DBB128	禁止外部 NCK 数字输入（SW2 或更高）							
	输入 40	输入 39	输入 38	输入 37	输入 36	输入 35	输入 34	输入 33
DBB129	来自 PLC 用于外部 NCK 数字输入值（SW2 或更高）							
	输入 40	输入 39	输入 38	输入 37	输入 36	输入 35	输入 34	输入 33

[NCK 的外部数字输出 Read/Write]

DB10	到 NC 信号（PLC→NCK）							
字节	位 7	位 6	位 5	位 4	位 3	位 2	位 1	位 0
DBB130	禁止外部 NCK 数字输出（SW2 或更高）							
	输出 16	输出 15	输出 14	输出 13	输出 12	输出 11	输出 10	输出 9
DBB131	覆盖外部 NCK 数字输出的屏幕形式（SW2 或更高）							
	输出 16	输出 15	输出 14	输出 13	输出 12	输出 11	输出 10	输出 9
DBB132	来自 PLC 用于外部 NCK 数字输出值（SW2 或更高）							
	输出 16	输出 15	输出 14	输出 13	输出 12	输出 11	输出 10	输出 9
DBB133	外部 NCK 数字输出的默认屏幕形式（SW2 或更高）							
	输出 16	输出 15	输出 14	输出 13	输出 12	输出 11	输出 10	输出 9
...								
DBB142	禁止外部 NCK 数字输出（SW2 或更高）							
	输出 40	输出 39	输出 38	输出 37	输出 36	输出 35	输出 34	输出 33
DBB143	覆盖外部 NCK 数字输出的屏幕形式（SW2 或更高）							
	输出 40	输出 39	输出 38	输出 37	输出 36	输出 35	输出 34	输出 33
DBB144	来自 PLC 用于外部 NCK 数字输出值（SW2 或更高）							
	输出 40	输出 39	输出 38	输出 37	输出 36	输出 35	输出 34	输出 33
DBB145	外部 NCK 数字输出的默认屏幕形式（SW2 或更高）							
	输出 40	输出 39	输出 38	输出 37	输出 36	输出 35	输出 34	输出 33

[NCK 的外部模拟输入 Read/Write]

DB10	到 NC 信号（PLC→NCK）							
字节	位 7	位 6	位 5	位 4	位 3	位 2	位 1	位 0
DBB146	禁止外部 NCK 模拟输入							
	输入 8	输入 7	输入 6	输入 5	输入 4	输入 3	输入 2	输入 1
DBB147	来自 PLC 定义外部 NCK 模拟输入值							
	输入 8	输入 7	输入 6	输入 5	输入 4	输入 3	输入 2	输入 1
DBW148	PLC 中 NCK 的模拟值输入 1 设定值							
DBW150	PLC 中 NCK 的模拟值输入 2 设定值							
…								
DBW162	PLC 中 NCK 的模拟值输入 8 设定值							
DBB 164，165	未赋值							

[NCK 的外部模拟输出 Read/Write]

DB10	到 NCK 信号（PLC→NCK）							
字节	位 7	位 6	位 5	位 4	位 3	位 2	位 1	位 0
DBB166	覆盖外部模拟 NCK 输出的屏幕形式							
	输出 8	输出 7	输出 6	输出 5	输出 4	输出 3`	输出 2	输出 1
DBB167	外部模拟 NCK 输出的缺省屏幕形式							
	输出 8	输出 7	输出 6	输出 5	输出 4	输出 3`	输出 2	输出 1
DBB168	禁止外部 NCK 输出							
	输出 8	输出 7	输出 6	输出 5	输出 4	输出 3`	输出 2	输出 1
DBB169	保留							
DBW170	PLC 中 NCK 的模拟值输出 1 设定值							
DBW172	PLC 中 NCK 的模拟值输出 2 设定值							
…	99							
DBW184	PLC 中 NCK 的模拟值输出 8 设定值							

[NCK 的外部数字输入和输出信号 Read/Write]

DB10	来自 NCK 信号（NCK→PLC），/A2/(SW2 和更高)							
字节	位 7	位 6	位 5	位 4	位 3	位 2	位 1	位 0
DBB186	外部 NCK 数字输入实际值							
	输入 16	输入 15	输入 14	输入 13	输入 12	输入 11	输入 10	输入 9
DBB187	外部 NCK 数字输入实际值							
	输入 24	输入 23	输入 22	输入 21	输入 20	输入 19	输入 18	输入 17

DB10	来自 NCK 信号（NCK→PLC），/A2/(SW2 和更高)							
字节	位 7	位 6	位 5	位 4	位 3	位 2	位 1	位 0
DBB188	外部 NCK 数字输入实际值							
	输入 32	输入 31	输入 30	输入 29	输入 28	输入 27	输入 26	输入 25
DBB189	外部 NCK 数字输入实际值							
	输出 40	输出 39	输出 38	输出 37	输出 36	输出 35	输出 34	输出 33
DBB190	外部 NCK 数字输出 NCK 设定值							
	输出 16	输出 15	输出 14	输出 13	输出 12	输出 11	输出 10	输出 9
DBB191	外部 NCK 数字输出 NCK 设定值							
	输出 24	输出 23	输出 22	输出 21	输出 20	输出 19	输出 18	输出 17
DBB192	外部 NCK 数字输出 NCK 设定值							
	输出 32	输出 31	输出 30	输出 29	输出 28	输出 27	输出 26	输出 25
DBB193	外部 NCK 数字输出 NCK 设定值							
	输出 40	输出 39	输出 38	输出 37	输出 36	输出 35	输出 34	输出 33

[NCK 的外部模拟输入和输出信号 Read only]

DB10	来自 NCK 信号（NCK→PLC），/A2/（SW2 和更高）							
字节	位 7	位 6	位 5	位 4	位 3	位 2	位 1	位 0
DBW194	NCK 的模拟输入 1 的实际设定值							
DBW196	NCK 的模拟输入 2 的实际设定值							
DBW198	NCK 的模拟输入 3 的实际设定值							
DBW200	NCK 的模拟输入 4 的实际设定值							
DBW202	NCK 的模拟输入 5 的实际设定值							
DBW204	NCK 的模拟输入 6 的实际设定值							
DBW206	NCK 的模拟输入 7 的实际设定值							
DBW208	NCK 的模拟输入 8 的实际设定值							
DBW210	NCK 的模拟输出 1 的设定值							
DBW212	NCK 的模拟输出 2 的设定值							
DBW214	NCK 的模拟输出 3 的设定值							
DBW216	NCK 的模拟输出 4 的设定值							
DBW218	NCK 的模拟输出 5 的设定值							
DBW220	NCK 的模拟输出 6 的设定值							
DBW222	NCK 的模拟输出 7 的设定值							
DBW224	NCK 的模拟输出 8 的设定值							

附录 B-5 方式组信号（DB11）

[方式组专用信号]

DB11	到达方式组 1 信号（PLC→NCK）/K1/(Read/Write)							
字节	位 7	位 6	位 5	位 4	位 3	位 2	位 1	位 0
DBB0	方式组复位	方式组停止坐标轴/主轴	方式组停止	禁止方式改变		操作方式		
						JOG	MDA	AUTO
DBB1	单程序块					机床功能		
	类型 A	类型 B				REF	REPOS	TEACH IN
DBB2	机床功能							
			Var.INC	10000 INC	1000 INC	100 INC	10 INC	1 INC
DBB3	未赋值							
注：关于机床功能：当"INC 输入在方式组区域有效"信号 DB10.DBX57.0 被设定时"，机床功能被中心定义								

DB11	来自方式组 1 信号（NCK→PLC）/K1/(Read only)							
字节	位 7	位 6	位 5	位 4	位 3	位 2	位 1	位 0
DBB4 MMC→PLC						滤波方式		
						JOG	MDA	AUTO
DBB5 MMC→PLC						滤波机床功能		
						REF	REPOS	TEACH IN
DBB6	所有通道处于复位				方式组就绪	有效操作方式		
						JOG	MDA	AUTO
DBB7 MMC→PLC					数字化	有效机床功能		
						REF	REPOS	TEACH IN

DB11	到达方式组 2 号（PLC→NCK）/K1/ (Read/Write)							
字节	位 7	位 6	位 5	位 4	位 3	位 2	位 1	位 0
DBB20	方式组复位	方式组停止坐标轴/主轴	方式组停止	禁止方式改变		操作方式		
						JOG	MDA	AUTO
DBB21	单程序块					机床功能		
	类型 A	类型 B				REF	REPOS	TEACH IN
DBB22	机床功能							
			Var.INC	10000 INC	1000 INC	100 INC	10 INC	1 INC
DBB23	未赋值							
注：关于机床功能：当"INC 输入在方式组区域有效"信号 DB10.DBX57.0 被设定时"，机床功能被中心定义								

DB11	来自方式组2号（NCK→PLC）/K1/(Read only)							
字节	位7	位6	位5	位4	位3	位2	位1	位0
DBB24 MMC→PLC						滤波方式		
						JOG	MDA	AUTO
DBB25 MMC→PLC						滤波机床功能		
						REF	REPOS	TEACH IN
DBB26	所有通道 处于复位				方式组 就绪	有效操作方式		
						JOG	MDA	AUTO
DBB27 MMC→PLC					数字化 /FBD/	有效机床功能		
						REF	REPOS	TEACH IN

附录 B-6　操作面板信号（DB19）

[到达操作面板 Read/Write]

DB19	到达操作面板信号（PLC→MMC）/K1/							
字节	位7	位6	位5	位4	位3	位2	位1	位0
DBB0	WCS 中实际值0=MCS /A2/	备份行程记录器	MMC 关闭（用于OEM用户）	清除调用报警（MC103）	清除删除报警（MC103）	禁止键/A2/	屏幕变暗 /A2/	屏幕变亮 /A2/
DBB1	保留							
DBB2	HIGRAPH 第一错误显示							
DBB4	HIGRAPH 第一错误显示							
DBB6	模拟主轴 1.容量百分比							
DBB7	模拟主轴 2.容量百分比							
DBB8	机床控制面板到 MMC 通道号							
DBB9	为选择保留					自动刀具测量	OEM2	OEM1
DBB10	SopMill	为选择保留				选择刀具偏移	选择报警区	选择程序区
DBB11	保留用于硬件功能扩展							
DBB12	RS232 接通 /A2/	RS232 断开 /A2/	RS232 外部 /A2/	RS232 停止 /A2/	COM1 /A2/	COM2 /A2/	保留	保留
DBB13	选择 /A2/	载入零件程序 /A2/	卸载 /A2/	保留				
DBB14	0=act.FS 1=pas.FS	RS232 act. FS:标准列表中待传输文件的索引 RS232 pass.FS: 用于用户文件名的控制文件数						
DBB15		RS232 act. FS:标准列表中待传输文件的索引 RS232 pass.FS: 用于用户文件名的控制文件数						
DBB16	1=pas.FS	零件程序处理：用于用户文件名的控制文件数						
DBB17	零件程序处理：用户列表中待传输文件的索引							
DBB18 DBB19	保留（信号计数器）							TO comp

DB19	来自操作面板信号（MMC→PLC）/K1/							
字节	位 7	位 6	位 5	位 4	位 3	位 2	位 1	位 0
DBB20	MCS/WCS 转换 /A2/	模拟有效 /A2/		调用报警清除 MMC103/A2/	删除报警清除 MMC103/A2/	删除激活	屏幕变暗 /A2/	
DBB21								
DBB22	显示来自 MMC 的通道号/A2/							
DBB23							计数主轴内部电压	主轴内部电压
DBB24	从 PLC 的 RS232 状态 /A2/							
	RS232 接通	RS232 断开	RS232 外部	RS232 停止	COM1 有效	COM2 有效	正常	错误
DBB25	错误 ERROR RS232							
DBB26	零件程序处理状态/A2/							
	选择	载入	卸载		有效	错误 MMC5.3	正常	错误
DBB27	错误处理程序/A2/							
DBB28	"扩展用户接口"隐藏号/IAM/，BE1							
DBB30	控制位 PLC→MMC							
							退出隐藏	要求隐藏
DBB31	控制位 PLC→MMC							
	无效位			错误不能	隐藏已	隐藏有效	要求隐藏	隐藏要求接收
DBB32	临时功能	滤波功能	来自 PLC 的功能选择号					
DBB 33-99	保留							
DBB 40-47	保留							
DBB48 MMC→PLC	PLC 临时占用功能	HMI 滤波功能	来自 MMC 功能选择号					
DBB49 MMC→PLC	功能选择号错误代码（从 DBB48 功能选择）							

365

DB19	来自操作面板信号（MMC→PLC）/K1/							
字节	位 7	位 6	位 5	位 4	位 3	位 2	位 1	位 0
	第 2MMC 接口							
DBB 50-99	DBB0 到 DBB49 的赋值							
	转换 MMC 接口							
	震动接口（MMC 向 NCU 发送自身信号）							
DBW100	ONL_REQUEST/B3/	来自 MMC 联机请求，MMC 写入用户标识作为联机要求（位 8～15：总线类型；位 7：MMC 总线地址）						
DBW102	ONL_CONFIRM /B3/	从 PLC 响应联机请求，PLC 将 MMC 用户标识写作响应（总线类型，MMC 总线地址：如同 DBW100）						
DBW104	PAR_CLIENT_IDENT /B3/	MMC 写入它的用户标识（总线类型，MMC 总线地址：如同 DBW100）						
DBB106	PAR_MMC_TYP /B3/	根据 NETNAMES.INI 的 MMC 类型：Main/subordinate operator panel/server/…						
DBB107	PAR_MSTT_ADR /B3/	当没有激活 MCP 时，MMC 写入待激活的 MCP 地址：255						
DBB108	PAR_MSTT_ADR /B3/	PLC 写入 MMC 联想使能						
DBB109	PAR_Z_INFO /B3/	PLC 写入有关状态的附加信息						
DBB110	M_TO_N_ALIVE	通过 M 到 N 程序块，PLC 到 MMC 的寿命记录						
	联机接口 MMC1（用户）							
DBW120	MMC1_CLIENT_IDENT/B3/	当 MMC 联机时，PLC 将 PAR_CLIENT_IDENT 写入到 MMCx_ CLIENT_IDENT						
DBW122	MMC1_TYP/B3/	当 MMC 联机时，PLC 将 PAR_MMC_TYP 写入到 MMCx_TYP						
DBW123	MMC1_MSTT_ADR/B3/	当 MMC 联机时，PLC 将 PAR_MSTT_ADR 写入到 MMCx_MSTT_ADR						
DBW124	MMC1_STATUS/B3/	连接状态，MMC 和 PLC 分别写入请求/响应						
DBW125	MMC1_Z_INFO/B3/	附加信息连接状态（正/负响应，错误信息）						
DBW126			MMC1 ACTIVE DENIED /B3/	MMC1 ACTIVE CHANGE /B3/	MMC1 ACTIVE PERM /B3/	MMC1 ACTIVE REQ /B3/	MMC1 MCP SHIFT LOCK/B3/	MMC1 SHIFT LOCK/B3/
DBB 127-129	保留							

注：联机接口 MMC2（用户）略，可以参考联机接口 MMC1（用户）

附录 B-7 PLC 机床数据（DB20）

DB20	PLC 机床数据（PLC→操作者）						
字节	位 7	位 6	位 5	位 4	位 3	位 2	位 1	位 0
DBW0	整数值（INT）						
DBB	位数值（BOOL）						
DBD	实数值（REAL）						

注：PLC 机床数据区的起始和末尾地址取决于各个分区的长度。通常整数值以数据 0 字节开始，由机床参数[14504]决定其数据长度（字）。位数组以偶数地址开始紧跟在整数后面，由机床参数[14506]决定其数据长度(字节)。实数值直接跟在位数组后，而且也是以偶数地址开始，由机床参数[14508]决定其数据长度（双字）。

DB20 的整数区、位数组或实数区对应的机床参数分别是[14510]、[14512]和[14514]

附录 B-8 NCK 通道信号（DB21-30）

[到达 NCK 通道信号 Read/Write]

DB21-30	到 NCK 通道信号（PLC→NCK）（R/W）						
字节	位 7	位 6	位 5	位 4	位 3	位 2	位 1	位 0
DBB0		激活空转进给率/V1/	激活 M01 /K1/	激活单程序段 /K1/	激活 DRF /H1/			
DBB1	激活程序测试	PLC 作用完成 /K1/	PLC 修调 /TE1/	PLC 停止 /TE1/	激活时间监控（刀具管理）	同步作用关闭	使能保护区 /A3/	激活回参考点 /R1/
DBB2	跳跃程序块 /K1/							
	/7	/6	/5	/4	/3	/2	/1	/0
DBB3	步冲和单冲 /N4/							
			冲击延迟 /N4/	未冲击 /N4/	冲击抑制 /N4/	使能手动冲程 /N4/		未使能冲程/N4/
DBB4	进给倍率修调 /V1/							
	H	G	F	E	D	C	B	A
DBB5	快速进给倍率修调 /V1/							
	H	G	F	E	D	C	B	A
DBB6	进给倍率修调有效 /V1/		快进给倍率修调 V1/	程序级退出 /K1/	删除通过子程序号	删除剩余行程	读入禁止 /K1/	禁止进给 /K1
DBB7	复位 /V1/			NC 停止主轴加进给轴	NC 停止 /K1/	NC 在程序极限处停止	NC 启动 /K1/	禁止 NC 启动 /K1/
DBB8	激活机床相关保护区 /A3/（SW2 和更高）							
	区域 8	区域 7	区域 6	区域 5	区域 4	区域 3	区域 2	区域 1
DBB9	激活机床相关保护区 /A3/（SW2 和更高）							
							区域 10	区域 9

DB21-30	到 NCK 通道信号（PLC→NCK）（R/W）							
字节	位 7	位 6	位 5	位 4	位 3	位 2	位 1	位 0
DBB10	激活通道专用保护区 /A3/（SW2 和更高）							
	区域 8	区域 7	区域 6	区域 5	区域 4	区域 3	区域 2	区域 1
DBB11	激活通道专用保护区 /A3/（SW2 和更高）							
							区域 10	区域 9
DBB12	几何轴 1							
	进给轴/H1/		快速进给修调/H1/	禁止进给键/H1/	进给停止/V1/	激活手轮/H1/		
	+	-				3	2	1
DBB13	几何轴 1 机床功能 /H1/							
			Var. INC	10000 INC	1000 INC	100 INC	10 INC	1 INC
DBB14	OEM 信号几何轴 1							
DBB15	几何轴 1							
DBB16	几何轴 2							
	进给轴/H1/		快速进给修调/H1/	禁止进给键/H1/	进给停止/V1/	激活手轮/H1/		
	+	-				3	2	1
DBB17	几何轴 2 机床功能 /H1/							
			Var. INC	10000 INC	1000 INC	100 INC	10 INC	1 INC
DBB18	OEM 信号几何轴 2							
DBB19	几何轴 2							
DBB20	几何轴 3							
	进给轴/H1/		快速进给修调/H1/	禁止进给键/H1/	进给停止/V1/	激活手轮/H1/		
	+	-				3	2	1
DBB21	几何轴 3 机床功能 /H1/							
			Var. INC	10000 INC	1000 INC	100 INC	10 INC	1 INC
DBB22	OEM 信号几何轴 3							
DBB23	几何轴 3							

DB21-30	来自 NCK 通道信号（NCK→PLC .MMC→PLC. PLC→NCK）							
字节	位 7	位 6	位 5	位 4	位 3	位 2	位 1	位 0
DBB24 MMC→PLC		选择空转进给率/V1/	M01 已选样 /K1/		DRF 已选样/H1/			
DBB25 MMC→PLC	选择程序测试/K1/			REPOS MODE EDGE	选择快速进给倍率修调/V1/	REPOSPATHMODE 2	1	0
DBB26 MMC→PLC	选择程序跳跃/K1/（SW2 和更高）							
	7	6	5	4	3	2	1	0
DBB27 MMC→PLC							选择程序跳跃 /K1/	选择程序跳跃 /K1/
DBB28 PLC→NCK	OEM 通道信号							
DBB29 PLC→NCK	不要禁止刀具	关闭磨损监控	关闭工件计数器	激活 PTP 运动	激活固定进给 4/ FBMA/ V1/	激活固定进给 3/ FBMA/ V1/	激活固定进给 2/ FBMA/ V1/	激活固定进给 1/ FBMA/ V1/
DBB30 PLC→NCK	激活轮廓手轮							
				轮廓手轮负方向模拟	打开轮廓手轮模拟	手轮 3	手轮 2	手轮 1
DBB31 PLC→NCK	跳跃程序块有效/9	跳跃程序块有效/8		REPOS MODE EDGE		REPOSPATHMODE 2	1	0
DBB32 NCK→PLC		程序块最后作用有效/K1/	M00/M01 有效/K1/	接近程序块有效/K1/	作用程序块有效/K1/			从外部执行有效
DBB33 NCK→PLC	程序测试有效/K1/	传输有效/K1/M1	M02/M30 有效/K1/	程序块搜索有效/K1/	手轮修调有效/H1/	旋转进给率有效/V1/		回参考点有效/R1/
DBB34 NCK→PLC	OEM 通道信号反馈							
DBB35 NCK→PLC	通道状态/K1/			程序状态/K1/				
	复位	中断	有效	中止	中断	停止	等待	运行
DBB36 NCK→PLC	出现处理停止 NCK 报警/A2/	出现通道专用 NCK 报警 /A2/	SW4, 以上版本通道操作就绪	处理中断有效 /K1/	所有轴停止 /B1/	所有要求回 REF 轴回 REF/R1/		
DBB37 NCK→PLC	块 SBL 结尾抑制停止	忽略读入使能	CLC 上限停止/TE1/	CLC 下限停止/TE1/	CLC 有效 /TE1/	轮廓手轮有效/H1/ 手轮 3	手轮 2	手轮 1
DBB38 NCK→PLC	步冲和冲孔/N4/						手轮冲程使能响应/N4/	冲程使能有效/N4/
DBB39 NCK→PLC								保护带未保证
注：当 DBX25.3=1，将进给倍率修调复制到快速进给修调；当 DBX25.7=1，表示所有通道的主轴和进给轴被禁止								

[几何轴的状态信号 Read only]

DB21-30	来自NCK通道信号（NCK→PLC .MMC→PLC. PLC→NCK）							
字节	位7	位6	位5	位4	位3	位2	位1	位0
DBB40	几何轴1							
	进给轴/H1/					手轮/H1/		
	正	负				3	2	1
DBB41	几何轴1 机床功能 /H1/							
			Var. INC	10000 INC	1000 INC	100 INC	10 INC	1 INC
DBB42	OEM 信号几何轴1							
DBB43	几何轴1							
DBB44 MMC→PLC								
DBB46~DBB50 MMC→PLC	几何轴2参照几何轴1							
DBB52~DBB56 MMC→PLC	几何轴3参照几何轴1							
DBB57								

[从 NC 通道传输的辅助功能信号改变 Read only]

DB21-30	来自NCK通道信号（NCK→PLC）							
字节	位7	位6	位5	位4	位3	位2	位1	位0
DBB58				Mfct.5 变化/H2/	Mfct.4 变化/H2/	Mfct.3 变化/H2/	Mfct.2 变化/H2/	Mfct.1 变化/H2/
DBB59				Mfct.5 变化未解码	Mfct.4 变化未解码	Mfct.3 变化未解码	Mfct.2 变化未解码	Mfct.1 变化未解码
DBB60		Sfct.3 快速	Sfct.2 快速	Sfct.1 快速		Sfct.3 变化/H2/	Sfct.2 变化/H2/	Sfct.1 变化/H2/
DBB61		Tfct.3 快速	Tfct.2 快速	Tfct.1 快速		Tfct.3 变化/H2/	Tfct.2 变化/H2/	Tfct.1 变化/H2/
DBB62		Dfct.3 快速	Dfct.2 快速	Dfct.1 快速		Dfct.3 变化/H2/	Dfct.2 变化/H2/	Dfct.1 变化/H2/
DBB63				DLfct.快速				
DBB64		Hfct.3 快速	Hfct.2 快速	Hfct.1 快速		Hfct.3 变化/H2/	Hfct.2 变化/H2/	Hfct.1 变化/H2/
DBB65		Ffct.6 变化/H2/	Ffct.5 变化/H2/	Ffct.4 变化/H2/	Ffct.3 变化/H2/	Ffct.2 变化/H2/	Ffct.1 变化/ H2/	
DBB66				Mfct.5 快速	Mfct.4 快速	Mfct.3 快速	Mfct.2 快速	Mfct.1 快速
DBB67			Ffct.6 快速	Ffct.5 快速	Ffct.4 快速	Ffct.3 快速	Ffct.2 快速	Ffct.1 快速
注：对于 10 个十进制 T 号，只有 Tfct 变化信号可用；对于 5 个十进制 D 号，只有 Dfct 变化信号可用								

[M/S 功能传输 Read only]

DB21-30	来自 NCK 通道信号（NCK→PLC ）							
字节	位 7	位 6	位 5	位 4	位 3	位 2	位 1	位 0
DBW68			M 功能 1 扩展地址　　　（二进制）/H2/					
DBD70			M 功能 1　　　　　　　（二进制）/H2/					
DBW74～ DBD88			M 功能 2（3、4）扩展地址　　（二进制）/H2/					
DBW92			M 功能 5 扩展地址　　　（二进制）/H2/					
DBD94			M 功能 5　　　　　　　（二进制）/H2/					
DBW98			S 功能 1 扩展地址　　　/H2/					
DBD100			S 功能 1　　　　　（REAL 格式）/H2/					
DBW104			S 功能 2 扩展地址　　　/H2/					
DBD106			S 功能 2　　　　　（REAL 格式）/H2/					
DBW110			S 功能 3 扩展地址　　　/H2/					
DBD112			S 功能 3　　　　　（REAL 格式）/H2/					
注：在零件程序中编程 M 功能，INTRGER 格式（8 个十进制正符号）。"REAL 格式"表示：24 位尾数和 8 位指数								

[T/D/DL 功能传输 Read only]

DB21-30	来自 NCK 通道信号（NCK→PLC ）							
字节	位 7	位 6	位 5	位 4	位 3	位 2	位 1	位 0
DBW116			T 功能 1 扩展地址　　（16 位整数）					
DBW118 DBD118			T 功能 1　　　　　（二进制）/H2/ 对于 8 位十进制 T 号，DBD118 中使用了 T 功能 1（32 位 DINT)(参见注释)					
DBW120			T 功能 2 扩展地址　　（16 位整数）					
DBW122			T 功能 2 整数					
DBW124			T 功能 3 扩展地址　　（16 位整数）					
DBW126			T 功能 3 整数					
DBB128								
DBB129			D 功能 1　　　　　（二进制）/H2/					
DBW130 DBB130			对于 5 位十进制 D 号，DBD130 中使用了 D 功能 1（16 位 DINT)(参见注释) D 功能 2 扩展地址　　（8 位整数）					
DBB131			D 功能 2　　（8 BIT INT）（8 位整数）					
DBB132			D 功能 3 扩展地址　　　（8 位整数）					
DBB133			D 功能 3　　　　　　（8 位整数）					
DBW134			DL 功能扩展地址　　　（16 位整数）					
DBD136			DL 功能（REAL）					
注：刀具管理有效时，编程的 T 功能不输出到 PLC； 8 位十进制 T 号只出现在 T 功能 1 中； 带有名字（如 D=CUTEDGE_1）的编程的 D 功能不能以 ASCLL 的格式输出到 PLC； 5 位十进制 D 号只出现在 D 功能 1 中； REAL 格式在 STEP7 中表示浮点值（24 位尾数和 8 位指数），浮点格式最多提供 7 个有效位								

[H/F 功能传输 Read only]

DB21-30	来自 NCK 通道信号（NCK→PLC）							
字节	位 7	位 6	位 5	位 4	位 3	位 2	位 1	位 0
DBW140	H 功能 1 扩展地址 （二进制）/H2/							
DBD142	H 功能 1 （REAL 或 Dint）/H2/							
DBW146	H 功能 2 扩展地址 （二进制）/H2/							
DBD148	H 功能 2 （REAL 或 Dint）/H2/							
DBW152	H 功能 3 扩展地址 （二进制）/H2/							
DBD154	H 功能 3 （REAL 或 Dint）/H2/							
DBW158	F 功能 1 扩展地址 （二进制）/H2/							
DBD160	F 功能 1 （REAL 格式）/H2/							
DBW164～ DBD184	F 功能 2（3、4、5）扩展地址 （二进制）/H2/							
DBW188	F 功能 6 扩展地址 （二进制）/H2/							
DBD190	F 功能 6 （REAL 格式）/H2/							

注：F 功能以 REAL 的格式编程在零件程序中；

F 功能的扩展地址包括有关标识符，它具有以下含义：0=路径进给；1-31=机床轴号用于定位轴进给；

H 功能数据类型是关于 MD2210：AUXFU_H_TYPE_INT

[M 信号解码 Read only]

DB21-33	来自 NCK 通道信号（NCK→PLC）							
字节	位 7	位 6	位 5	位 4	位 3	位 2	位 1	位 0
DBB194	动态 M 功能/H2/							
	M07	M06	M05	M04	M03	M02	M01	M00
DBB195	动态 M 功能/H2/							
	M15	M14	M13	M12	M11	M10	M09	M08
DBB196	动态 M 功能/H2/							
	M23	M22	M21	M20	M19	M18	M17	M16
DBB197	动态 M 功能/H2/							
	M31	M30	M29	M28	M27	M26	M25	M24
...	动态 M 功能/H2/							
DBB205	动态 M 功能/H2/							
	M95	M94	M93	M92	M91	M90	M89	M88
DBB206	动态 M 功能/H2/							
					M99	M98	M97	M96

注：如果在通道中配置了一个主轴，标有*的 M 功能不在此为数组中解码。在这种情况下，这些 M 功能作为在
DB21-30.DBDB68ff 中和相关轴 DBDB31-61.DBB86ff 中的扩展 M 功能；

动态 M 功能（M00～M99）由基本 PLC 程序解码，PLC 用户必须使用动态 M 功能才能产生静态 M 功能

[有效 G 功能 Read only]

DB21-30	来自 NCK 通道信号（NCK→PLC ）							
字节	位 7	位 6	位 5	位 4	位 3	位 2	位 1	位 0
DBB208	G 功能组 1 中的有效 G 功能（二进制）/K1/							
DBB209	G 功能组 2 中的有效 G 功能（二进制）/K1/							
DBB210	G 功能组 3 中的有效 G 功能（二进制）/K1/							
...								
DBB270	G 功能组 n-1 中的有效 G 功能（二进制）/K1/							
DBB271	G 功能组 n 中的有效 G 功能（二进制）/K1/							
注：每次编程一个 G 功能或一个助记标识符时，功能组的有效 G 功能会更新； 　　G 功能组的 G 功能是作为二进制值输出的，以 1 开始； 　　值为 0 的 G 功能表示在此 G 功能中无有效 G 功能								

[来自 NC 通道的保护区信号 Read only]

DB21-30	来自 NCK 通道信号（NCK→PLC ）							
字节	位 7	位 6	位 5	位 4	位 3	位 2	位 1	位 0
DBB272	预先激活机床相关保护区/A3/							
	区域 8	区域 7	区域 6	区域 5	区域 4	区域 3	区域 2	区域 1
DBB273	预先激活机床相关保护区/A3/							
							区域 10	区域 9
DBB274	预先激活通道专用保护区/A3/							
	区域 8	区域 7	区域 6	区域 5	区域 4	区域 3	区域 2	区域 1
DBB275	预先激活通道专用保护区/A3/							
							区域 10	区域 9
DBB276	机床相关保护区域遭破坏/A3/							
	区域 8	区域 7	区域 6	区域 5	区域 4	区域 3	区域 2	区域 1
DBB277	机床相关保护区域遭破坏/A3/							
							区域 10	区域 9
DBB278	通道相关保护区域遭破坏/A3/							
	区域 8	区域 7	区域 6	区域 5	区域 4	区域 3	区域 2	区域 1
DBB279	通道相关保护区域遭破坏/A3/							
							区域 10	区域 9

[到达 NC 通道的指令控制信号 Read/write]

DB21-30	到达 NCK 通道信号（PLC→NCK）（SW4 和更高）							
字节	位 7	位 6	位 5	位 4	位 3	位 2	位 1	位 0
DBB280							同步作用禁止请求	保留
DBB281							同步作用禁止请求	
DBW208～298	保留							
DBB300	禁止同步作用/FBSY/							
	No.8	No.7	No.6	No.5	No.4	No.3	No.2	No.1
...								
DBB307	禁止同步作用/FBSY/							
	No.64	No.63	No.62	No.61	No.60	No.59	No.58	No.57

注：请求信号由用户设定，而且待相关数据传输后由基本程序复位

[来自 NC 通道的指令控制信号 Read only]

DB21-30	来自 NCK 通道信号（NCK→PLC）（SW4 和更高）							
字节	位 7	位 6	位 5	位 4	位 3	位 2	位 1	位 0
DBB308	禁止同步作用/FBSY/							
	No.8	No.7	No.6	No.5	No.4	No.3	No.2	No.1
...								
DBB315	禁止同步作用/FBSY/							
	No.64	No.63	No.62	No.61	No.60	No.59	No.58	No.57
	循环信号接口 NCK→：PLC							
DBB316	有效 G 功能							
								G00*（几何轴）
DBB317	刀具丢失	PTP 动作有效					达到工件设定值	外部语言方式有效
DBB318	覆盖有效	空运行进给倍率有效					搜索有效/K1/	ASUP 停止/K1/
DBB319								REPOS：MODE EDGE；ACKN

注：*表示只适用于几何轴

374

[到达定向轴信号 Read/write]

DB21-30	到达 NCK 通道信号（PLC→NCK）							
字节	位 7	位 6	位 5	位 4	位 3	位 2	位 1	位 0
DBB320	移动键		快速进给	移动键禁止	定向轴 1			
	+	-			进给停止	激活手轮（位值编码器）		
DBB321	定向轴 1							
DBB322	OEM 信号定向轴 1							
DBB323	定向轴 1							
DBB324-331	定向轴 2(3) 参照定向轴 1							

[来自定向轴信号 Read only]

DB21-30	来自 NCK 通道信号（NCK→PLC）							
字节	位 7	位 6	位 5	位 4	位 3	位 2	位 1	位 0
DBB332	定向轴 1							
	进给命令		进给请求			手轮有效（位值编码器）		
	正	负	正	负				
DBB333	定向轴 1 （有效机床功能）							
			Var. INC	10000 INC	1000 INC	100 INC	10 INC	1 INC
DBB334	OEM 信号定向轴 1							
DBB335	定向轴 1							
DBB326-343	定向轴 2(3) 参照定向轴 1							

[来自 NC 通道刀具管理信号 Read only]

DB21-30	来自 NCK 通道信号（NCK→PLC）							
字节	位 7	位 6	位 5	位 4	位 3	位 2	位 1	位 0
	刀具管理功能修改信号							
DBB344					刀库中的最后更换刀具	转为新更换刀具	达到刀具极限值	达到刀具报警前极限
DBD345-347								
	转换的刀具管理功能							
DBD348	用于刀具报警前极限的 T 号（Dint）							
DBD352	用于刀具极限的 T 号（Dint）							
DBD356	新更换刀具的 T 号（Dint）							
DBD360	最后更换的 T 号（Dint）							

DB21-30	来自 NCK 通道信号（NCK→PLC，PLC→NCK）							
字节	位 7	位 6	位 5	位 4	位 3	位 2	位 1	位 0
DBB364	CH_CYCLES_SIG_IN (Bit 位 0-7)							
DBB365	CH_CYCLES_SIG_IN (Bit 位 8-15)							
DBB366	CH_CYCLES_SIG_OUT (Bit 位 0-7)							
DBB367	CH_CYCLES_SIG_OUT (Bit 位 8-15)							
DBB368	CH_OEM_TECHNO_SIG_IN (DBB368-371)							
DBB369								
DBB370								
DBB371								
DBB372	CH_OEM_TECHNO_SIG_OUT (DBB372-375)							
DBB373								
DBB374								
DBB375								

附录 B-9 进给轴/主轴信号（DB31-61）

DB31-61	到达进给轴/主轴信号（PLC→NCK）							
字节	位 7	位 6	位 5	位 4	位 3	位 2	位 1	位 0
DBB0 进给轴 /主轴	进给倍率修调/V1/							
	H	G	F	E	D	C	B	A
DBB1 进给轴 /主轴	修调有效 /V1/	位置测量 系统 2/A2/ （闭环）	位置测量 系统 1/A2/ （半闭环）	跟随方式 /A2/	坐标轴/主轴 禁止使能 /A2/	传感器固定 停止/F1/	到达响应 固定停止 /F1/	驱动测试 动作使能
DBB2 进给轴 /主轴	参考点值/R1/				夹紧过程 /A3/	删除 剩余行程/主 轴复位/A2, S1/	控制使能 /A2/	挡块激活 /N3/
	4	3	2	1				
DBB3 进给轴 /主轴		速率/主轴 速度限值 /A3/	激活固定 进给率 4 FBMV/V1/	激活固定 进给率 3 FBMV/V1/	激活固定 进给率 2 FBMV/V1/	激活固定 进给率 1 FBMV/V1/	使能移动 到 固定停止	接受外部 ZO/K2
DBB4 进给轴 /主轴	移动键/H1/		快速进给修 调 /H1/	移动键禁止 使能 /H1/	进给停止/主 轴停止/A2/	激活手轮/H1/		
	正	负				3	2	1

DB31-61	到达进给轴/主轴信号（PLC→NCK）							
字节	位7	位6	位5	位4	位3	位2	位1	位0
DBB5 进给轴/主轴	机床功能 /H1/							
			Var. INC	10000 INC	1000 INC	100 INC	10 INC	1 INC
DBB6 进给轴/主轴	OEM 进给轴信号							
DBB7								
DBB8	请求 PLC 进给轴/主轴/K5/			激活字节改变信号/K5/	NC 轴分配给通道 /K5/			
					D	C	B	A
DBB9					锁定 NC 中参数组定义/A2/	控制参数块 /A2/ （SW2）		
						C	B	A
DBB10								REPOS DELAY
DBB11								
DBB12 进给轴	延迟回参考点/R1/				第二软件限位开关/A3/		硬件限位开关/A3/	
					正	负	正	负
DBB13 进给轴								
DBB14 进给轴								
DBB15 进给轴								
DBB16 主轴	删除 S 值 /S1/	改变齿轮级时，无 n 监控 /S1/	重新同步主轴 1 /S1/	重新同步主轴 2 /S1/	齿轮级已改变，换挡结束/S1/	实际齿轮级 /S1/		
						C	B	A
DBB17 主轴		转换 M3/M4 /S1/	在位置 2 处重新同步主轴 S1/	在位置 1 处重新同步主轴 S1/				进给率修调 f. 主轴有效/S1/
DBB18 主轴	旋转方向设定值/S1/		摆动速度使能 /S1/	由 PLC 产生振荡 /S1/				
	CCW 逆时针	CW 顺时针						
DBB19 主轴	主轴修调 /V1/							
	H	G	F	E	D	C	B	A
DBB20					速度设定值平滑 /A2/	扭矩限值 2/A2/	产生斜坡功能接口 /A2/	运行转换模式 U/F/DE1/
DBB21	脉冲使能 /A2/	N 控制器积分器禁止/A2/	选择电机 /A2/	电机选择/A2/		驱动器参数设定选择/A2/		
				B	A	C	B	A
DBB22 安全集成1				速度极限位值1	速度极限位值0		取消安全暂停	取消安全速率和暂停
DBB23 安全集成	激活测试停止			激活未端位置对 2		位值 2 传输	位值 1 传输	位值 0 传输

DB31-61	到达进给轴/主轴信号（PLC→NCK）							
字节	位 7	位 6	位 5	位 4	位 3	位 2	位 1	位 0
DBB24	主机/从机打开	CTRLOUT_值改变 1 0 改变设定值输出分配					步进电机	
							步进方式精/粗	旋转监控
DBB25								
DBB26 磨床				使能从动轴覆盖	补偿控制开通			
DBB27 磨床								
DBB28 振荡	PLC 检查轴 /P5/	停止 /P5/	下一个反转点停止/P5/	改变反转点 /P5/	设定反转点 /P5/			
DBB29 磨床			无自动同步	启动构台同步运行/G1/				
DBB30 工艺				主轴定位	自动更换齿轮级	启动主轴反转	启动主轴正转	主轴停止
DBB31 工艺								
DBB32 安全集成 1				取消外部停止 D	取消外部停止 C	取消外部停止 A		
DBB33 安全集成 1	选择修调							
	位值 3	位值 2	位值 1	位值 0				
DBB34								
DBB…								
DBB59								

注："删除剩余行程"（DBX2.2）只对基于轴专用的定位轴有效；"删除剩余行程"（DB21-30，DBX2.2）适用于通道专用。"主轴复位"（DBX2.2）适用于主轴专用

[来自进给轴/主轴信号 Read only]

DB31-61	来自进给轴/主轴信号（NCK→PLC）							
字节	位 7	位 6	位 5	位 4	位 3	位 2	位 1	位 0
DBB60 进给轴/主轴	到达位置/B1/		参考点 /同步 2 /R1/	参考点 /同步 1 /R1/	编码器超出极限频率 2/A3/	编码器超出极限频率 1/A3/	NCU_LINK 轴有效/B3/	主轴/无进给轴/S1/
	使用精准停	使用粗准停						
DBB61 进给轴/主轴	当前控制器有效/A2/	速度控制器有效/A2/	位置控制器有效/A2/	进给轴/主轴固定 n＜min /A2/	ACTIVE 跟随方式有效 /A2/	进给轴就绪 /B3/		进给请求 /F1/
DBB62		强制固定停止/F1/	到达固定停止/F1/	激活固定停止/F1/	测量有效 /M5/	旋转进给率有效	手轮覆盖有效/H1/	软件挡块有效/N3/
DBB63								
DBB64 进给轴/主轴	进给命令/H1/					手轮有效/H1/		
	正	负				3	2	1
DBB65 进给轴/主轴	有效机床功能 /H1/							
			Var. INC	10000 INC	1000 INC	100 INC	10 INC	1 INC
DBB66 进给轴/主轴	OEM 轴信号(相反)							
DBB67								

（续）

DB31-61	来自进给轴/主轴信号（NCK→PLC）							
字节	位7	位6	位5	位4	位3	位2	位1	位0
DBB68	PLC进给轴/主轴/K5/	中性进给轴/主轴/K5/	可以更换进给轴/K5/	PLC要求新类型/K5/	通道中NC进给轴/主轴 /K5/			
					D	C	B	A
DBB69	NCU网络连接中NCU号				控制参数块 /A2/（SW2）			
						C	B	A
DBB70-71								
DBB72								REPOS DELAY
DBB73-75								
DBB76 进给轴	回转轴到位	索引轴到位/T1/	定位轴/P2/					擦除脉冲/A2/
DBB77								
DBD78 进给轴	用于定位轴的F功能(REAL格式) /V1/							
DBB82 主轴					齿轮级转换，请求换挡/S1/	齿轮级设定值 /S1/		
						C	B	A
DBB83 主轴	实际旋转方向CW/S1/	速度监控/W1/	主轴在设定值范围内/S1/	超出支持区域限值/S8/	几何轴监控/W1/	设定速度增加/S1/	设定速度极限/S1/	超出速度极限/S1/
DBB84 主轴	有效主轴运行方式/S1/				无补偿夹具攻丝/S1/	CLGON有效/S8/	SUG有效（砂轮表面速度）	恒定切削速度有效
	控制方式	振荡方式	定位方式	同步方式				
DBD85 主轴								
DBB86 主轴	用于主轴的M功能(二进制) /S1/							
DBD88 主轴	用于主轴的S功能(浮点) /S1/							
DBB92 611D					速度设定值平滑有效/A2/	扭矩限值有效/A2/	HLGSS有效/A2/	设定模式有效/A2/
DBB93 611D	脉冲使能/A2/	N控制器积分器禁止/A2/	驱动器就绪/A2/	电机有效/A2/		有效驱动器参数组/A2/		
				B	A	C	B	A
	不同信号系数/A2/	Nact=nset/A2/	|nact|<nx/A2/	|nact|<nmin/A2/	Md<Mdx/A2/	斜坡上升结束/A2/	温度预热/A2/	
							散热	电机
DBB95 611D								UDC_LINK<报警门槛值/A2/

（续）

DB31-61	来自进给轴/主轴信号（NCK→PLC）							
字节	位 7	位 6	位 5	位 4	位 3	位 2	位 1	位 0
DBB96	主机/从机有效/TE3/	CTRLOUT_位值改变 1 改变设定值输出分配	0					步进电机错误旋转监控/S6/
DBB97								
DBB98 同步主轴	紧急退回有效	到达加速报警门槛值	到达速度报警门槛值	覆盖动作 /S3/		实际值偶合 /S3/	同步 /S3/(SW2) 粗	精
DBB99 同步主轴	使能紧急退回	到达最大加速度	到达最大速度	同步运行	轴加速		从主轴有效 /S3/	主轴有效 /S3/
DBB100 磨削	振荡有效 /P5/	振荡动作有效/P5/	无火花磨削有效/P5/	振荡错误 /P5/	不能启动振荡/P5/			
DBB101 龙门架	龙门架轴 /G1/	龙门架引导轴/G1/	龙门架分组同步/G1/	龙门架同步运行准备启动/G1/	超出龙门架报警限值 /G1/	超出龙门架断开限值 /G1/		
DBB102-103								
DBB104 磨削	有效横向切入轴/P5/							
	轴 8	轴 7	轴 6	轴 5	轴 4	轴 3	轴 2	轴 1
DBB105 磨削	有效横向切入轴/P5/							
	轴 16	轴 15	轴 14	轴 13	轴 12	轴 11	轴 10	轴 9
DBB106 磨削	有效横向切入轴/P5/							
	轴 24	轴 23	轴 22	轴 21	轴 20	轴 19	轴 18	轴 17
DBB107 磨削	有效横向切入轴/P5/							
		轴 31	轴 30	轴 29	轴 28	轴 27	轴 26	轴 25
DBB108	SINUMERIK 安全集成							
	轴安全回参考点					通过外部电路删除脉冲		安全速度或零速度有效
DBB109	SINUMERIK 安全集成（实际位置大于挡块位置）							
	SC4-	SC4+	SC3-	SC3+	SC2-	SC2+	SC1-	SC1+
DBB110	SINUMERIK 安全集成							
			n < nx	1 安全速度有效位值 1	安全速度有效位值 0		安全零速度有效	
DBB111	预留给 SINUMERIK 安全集成							
	停止 E 有效	停止 D 有效	停止 C 有效	停止 A/B 有效				

附录 C PLC 基本程序块分配(SINUMERIK 810D/840D)

表 C-1 组织块一览表

OB 号	名　称	含　义	软件组件
1	ZYKLUS	循环处理	基本程序
40	ALARM	处理报警	基本程序
100	NEUSTART	重新启动开始	基本程序

表 C-2 功能一览表

FC 号	名　称	含　义	软件组件
0		西门子预留	基本程序
2	GP_HP	基本程序,循环处理部分	基本程序
3	GP_PRAL	基本程序,报警控制部分	基本程序
5	GP_DIAG	基本程序,终断报警	基本程序
7	TM_REV	圆盘刀库换刀传送块	基本程序
8	TM_TRANS	刀具管理的传送块	基本程序
9	ASUP	异步子程序	基本程序
10	AL_MSG	报警/信息	基本程序
12	AUXFU	调用用户辅助功能的接口	基本程序
13	BHG_DISP	手持单元的显示控制	基本程序
15	POS_AX	定位轴	基本程序
16	PART_AX	分度轴	基本程序
17		Y-D 切换	基本程序
18	SpinCtrl	PLC 主轴控制	基本程序
19	MCP_IFM	机床控制面板和 PCU 信号至接口的分配（铣床）	基本程序
21		传输数据 PLC-NCK 交流	基本程序
22	TM_DIR	选择旋转方向	基本程序
24	MCP_IFM2	传送 MCP 信号至接口	基本程序
25	MCP_IFT	机床控制面板和 PCU 信号至接口的分配（车床）	基本程序
30		ManualTurn PLC / ShopMill,状态管理; 要求在 OB1 中调用	基本程序
31~33		ManualTurn PLC / ShopMill,状态管理; 这些块只可加载,不能修改	基本程序
34		监控 ShopMill DV1 信号的诊断块	基本程序
35		ShopMill 局域功能块,只能加载	基本程序
36~127		用户可以分配用于 FM-NC 810DE	
36~255		用户可以分配用于 810D/840D/840DE	

381

表 C-3　功能块一览表

FB 号	名　称	含　义	软件组件
0～29		西门子预留	
1	RUN_UP	基本程序引导	基本程序
2	GET	读 NC 变量	基本程序
3	PUT	写 NC 变量	基本程序
4	PI_SERV	PI 服务	基本程序
5	GETGUO	读 GUD 变量	基本程序
7	PI_SERV2	通用 PI 服务	
36～255		用户可以分配用于 810D/840D/840DE	

表 C-4　数据块一览表

DB 号	名　称	含　义	软件组件
1		西门子预留	基本程序
2～4	PLC MSG	PLC 信息	基本程序
5～8		基本程序	
9	NC COMPLE	NC 编译循环接口	基本程序
10	NC INTERFACE	中央 NC 接口	基本程序
11	BAG1	方式组接口	基本程序
12		计算机连接和传输系统	
13～14		预留	
15		基本程序	
16		PI 服务定义	
17		版本码	
18		SPL 接口（安全集成）	
19		PCU 接口	
20		PLC 机床数据	
21～30	CHANNEL1	NC 通道接口	基本程序
31～61	AXIS 1...	轴/主轴号 1～31 接口	基本程序
62～70		用户可分配	
71～74		用户刀具管理	基本程序
75～76		M 组译码	基本程序
77		刀具管理缓存器	
78～80		西门子预留	
81		PCU 的数据块，要加载	Manual Turn
82		专用机床控制面板信号的数据块，由机床制造商配置	
83～87		局部数据块，要加载并由 FC30 调用	
81		PCU 的数据块	Shop Mill
82		ShopMill 接口数据块	
83～87		内部 FC30 数据块	
88		FB4 的实参数据块	
90～399		用户可分配用于 810D/840D/840DE	

参 考 文 献

[1] 常斗南. 可编程控制器原理、应用、实验[M].第 2 版. 北京：机械工业出版社，2004.

[2] 汪晓光，等.可编程控制器原理及应用.北京：机械工业出版社，1994.

[3] 魏志清.可编程控制器应用技术.北京：电子工业出版社，1995.

[4] 吴育祖，秦鹏飞. 数控机床[M].第 3 版. 上海：上海科学技术出版社，2003.

[5] 王刚. 数控机床调试、使用与维护[M]. 北京：化学工业出版社，2006.

[6] 胡敏. 深入浅出西门子 S7-300PLC[M].北京：北京航空航天大学出版社，2004.

[7] 王移芝. 计算机文化基础教程[M]. 北京：高等教育出版社，2001.

[8] 康华光.电子技术基础[M].北京：高等教育出版社，1986.

[9] http://www.ad.siemens.com.cn/service/.

[10] http://www.bj-fanuc.com.cn/.